普通高等院校机电工程类规划教材

机械设计基础

（第2版）

唐 林 编著

清华大学出版社
北京

内 容 简 介

本书介绍了机器和装备中常用机构与零部件设计的基础知识及其在实践中的应用,包括机械设计知识在现代科技成果和各类产品中的应用,常用机构的类型、特点、功用及其运动和力学特性的分析,通用机械零件的设计计算、分析方法和选用原则。

本书适合作为高等工业学校近机械类和非机械类各个专业的《机械设计基础》或《机械原理与机械零件》课程的教材及参考读物,也可作为机械设计工程技术人员的技术参考读物。

图书在版编目(CIP)数据

机械设计基础/唐林编著. —2 版. —北京:清华大学出版社,2013.2(2024.8重印)
(普通高等院校机电工程类规划教材)
ISBN 978-7-302-30288-9

Ⅰ.①机… Ⅱ.①唐… Ⅲ.①机械设计—高等学校—教材 Ⅳ.①TH122

中国版本图书馆 CIP 数据核字(2012)第 237175 号

责任编辑:庄红权
封面设计:傅瑞学
责任校对:刘玉霞
责任印制:杨 艳

出版发行:清华大学出版社
　　　网　　址:https://www.tup.com.cn,https://www.wqxuetang.com
　　　地　　址:北京清华大学学研大厦 A 座　　　　　　邮　　编:100084
　　　社 总 机:010-83470000　　　　　　　　　　　　邮　　购:010-62786544
　　　投稿与读者服务:010-62776969,c-service@tup.tsinghua.edu.cn
　　　质量反馈:010-62772015,zhiliang@tup.tsinghua.edu.cn
印 装 者:涿州市般润文化传播有限公司
经　　销:全国新华书店
开　　本:185mm×260mm　　　印　张:23　　　字　数:557 千字
版　　次:2008 年 11 月第 1 版　2013 年 2 月第 2 版　　印　次:2024 年 8 月第 5 次印刷
定　　价:68.00 元

产品编号:048300-04

第 2 版序

《机械设计基础》第 2 版在第 1 版的基础上增添了部分内容,包括:第 7 章中"7.6.3 齿轮传动精度";第 10 章中"10.4 滚动轴承的失效形式"、"10.5 滚动轴承的寿命和承载能力计算"和"10.6 滚动轴承的组合设计"。同时听取了读者的意见,在文字表述方面做了比较大的修改。与第 2 版教材配套的教学课件将在教学过程中完善。

值得高兴的是《机械设计基础》课程被列入 2012 年上海市重点课程建设项目,进行这一课程项目建设期间,作者带领的教学团队准备在基于此教材讲授《机械设计基础》课程的过程中,进行《机械设计基础》课程的考核方式改革,即运用课程所学知识进行产品设计(见附录 A 产品设计文档),并由此评价学习者掌握机械设计知识的情况。希望学习者通过这种训练能够更深刻地领会机构与零件设计和分析的相关知识,缩短学习知识与应用知识之间的差距。教材中有些实例素材取自学习这门课程的学生作业(设计作品),在此向这些学子们表示诚挚的谢意!

非常感谢清华大学出版社对第 2 版《机械设计基础》的出版给予的支持和帮助,同时感谢责任编辑庄红权先生为本书的校对和修改付出的辛勤劳动!

作者近两年在撰写/修改《机械设计基础》补充内容的过程中,一如既往地得到了亲人们的支持和帮助,尤其是我亲爱的父母,每个假期在他们身边撰写这本教材之时,都能够感受到无私的关爱。

这本书献给读者的同时,也献给我亲爱的父母,希望他们健康愉快地生活、安度晚年。

书中存在错误及不足之处恳望读者提出宝贵意见。联系信箱:tljcyj@126.com

唐 林

2012 年 12 月于上海

第1版序

　　该教材是作者20年面向非机械类及近机械类各专业授课讲稿不断改进、完善后形成的,体系规范,思路简洁、清楚,案例丰富,结构严谨。与教材配套的教学课件,由作者本人根据讲授课程知识的教学思路及教学方法研制而成,符合教师授课需求,动画实例丰富。

　　由于非机械类及近机械类各专业学习机械设计知识的需求特点是:①掌握和了解机械设计的基础知识;②初步懂得如何运用机械设计基础知识分析机构及机械零件设计问题;③概括了解设计机械的思维方式和基本方法。因此,教材以及与其配套的教学课件中,在介绍机械设计基础知识的同时,比较注重知识点在设计实践中的作用及应用,并通过较多的实例帮助读者理解教材内容和知识,激发读者学习机械设计知识的兴趣(这对于非机械类及近机械类各专业学生学习机械设计知识非常重要),引导读者能够并且知道应该如何运用所学知识设计机构及机械零件、分析机构运动及力学特性等。

　　本教材有比较强的通用性,适合于非机械类及近机械类各专业使用。作者曾面向选矿、有色金属、钢铁、环境工程、精细化工、金属热处理、检测、模具、计算机控制、环境建设、艺术工业造型、纺织等非机械及近机械类共20余届不同专业教授过"机械设计基础"、"机械原理与机械零件"课程。讲授的"机械设计基础"课程曾获得昆明理工大学青年教师课堂教学比赛一等奖,获云南省高等院校青年教师课堂教学比赛三等奖。研制的《机械设计基础教学课件》获全国第五届多媒体课件大赛高教组三等奖。

　　与教材配套的教学课件共含11章内容(含CH00引言),总容量约480MB,幻灯片总数约1156张,链接的动画文件数约455个。具有5个方面的特色:①体系规范,资料丰富,结构严谨。通过大量的图片及动画素材介绍了机械设计知识及其在现代科技成果中的应用,能够比较好地帮助学生广泛了解、深刻理解机械设计相关知识。使学生易于掌握课程学习内容,提高非机类学生学习机械设计知识的兴趣。②教学课件是作者总结多年课堂教学经验研制而成,可以根据教学进程,适时、渐进地演示幻灯片内容,具备利用黑板教学的优点,教师可以根据课程讲解思路引导学生适时观看幻灯片内容,比较好地实现教学互动,适应教学实际需求。③人机界面简捷、大方、人性化,操作方便。④表现形式多样,综合使用文字、图片、动画、视频等演示形式。⑤界面布局合理,制作精细,色彩搭配简单、协调。

　　1990年,作者最初讲授"机械设计基础"课程的过程中,选听了机原机零教研室几乎所有教师讲授的"机械设计基础"、"机械原理"和"机械设计"课程,如果这本教材能够得到学生、授课教师及相关读者的认可,与作者学习并吸取这些教师优秀的教学经验及教学方法密不可分。

　　为提高学生学习和应用知识的能力,培养学生利用课程知识进行产品设计的兴趣和创新设计的能力,每一章末的练习题中,都附有实践性练习题,其中包括按附录要求完成的设计实践练习题。通过设计实践帮助学生理解、掌握、运用甚至发展课程知识,对于调动学生的学习智慧、培养创新型人才都非常有益。

　　作者衷心感谢清华大学出版社为此书出版付出辛勤劳动的所有同志;特别感谢责任编辑庄红权先生对此书进行了非常认真、细致的审核。同时向直接或者间接为教材撰写、为教学课件中所引素材作出贡献的各类人员表示诚挚的谢意!

　　书中难免存在错误及不足之处,希望读者提出宝贵意见。联系信箱:tljcyj@126.com

唐　林

2008 年 11 月于上海

目　　录

1 绪 论

课程学习目的和要求

◇ 掌握和了解机械设计的基础知识,包括:

    (1) 常用机构的基本几何特性、运动特性和动力特性;

    (2) 通用机械零件的工作原理、特点、应用和简单的设计计算方法;

◇ 运用机械设计基础知识分析机构和机械零件的相关特性,了解常用机构和机械零件
设计的思维方式和基本方法;

◇ 培养选择常用机构和机械零件的能力;

◇ 具备运用机械设计相关标准、规范、手册和图册等技术资料的能力;

◇ 为专业课程学习以及新科学技术的发展奠定机械设计所需的基本知识。

本章学习要求

概念:机器、机构、构件、零件(通用零件、专用零件)。

1.1 机械设计与现代科技产品

科学技术层出不穷的时代,虽然一些新型技术能够实现甚至取代部分机械、机构或机械零件的功能。但时至今日,工业设备、农业机械、交通工具、游乐设施、电器产品、家庭生活用品、孩童玩具,以及现代高科技产品中,机械系统和机械零件的众多功用仍然无法被完全取代。本节以现代高科技产品,处于发展前沿的智能机械、微型机电产品以及仿生机械为例,帮助读者认识机械、机构、机械零件、以及机械设计基础知识在现代科技产品及其设计中的重要作用。

1.1.1 微型机电产品

随着现代科学技术的发展,微电子技术越来越广泛地渗透到各个领域,机械装置也逐渐向微小型化发展,以适应生物、环境控制、医学、航空航天、数字通信、传感技术、灵巧武器等领域日益增长的需要。在生物领域,通过微型机械可以实现细胞的分离与接合;在医疗领域,装备有电子发射器、传感器、自动记录仪和电脑等元器件的微型机电产品,可以进入人体辅助医生诊断、治疗疾病、或远程控制手术;在航空航天领域,备有摄像装置的微型机器人可以在航天飞机和微型人造卫星内部搜寻和处理故障,等等。

微型机电产品通常集微型机构、微型驱动器、微型工作执行件、微能源、微型传感器,以及控制电路、信号处理装置、接口、通信等为一体,其几何尺寸一般小于 $1\,mm^3$,常采用纳米、微米或毫米级单位进行度量,具有体积小、重量轻、能耗低、集成度和智能化程度高等特点。因此,微型机电产品和微型机械零件的结构、材料、制造方法以及工作原理与传统机械和机

械零件截然不同。[1,2]纳米科技是微型机电产品设计的基础之一,由于 1 nm＝10^{-3} μm＝10^{-6} mm,约是 5 个原子排列在一起的长度,相当于一根普通头发丝直径的 6 万～7 万分之一。因此纳米级的微型机电产品或机械零件通常利用化学和生物技术,以原子、分子为基本

图 1.1　纳米齿轮[4]

单元,根据设计者的设计意愿,通过组装原子或分子,设计制造出各种纳米级装置和零部件,例如纳米泵、纳米轴承、纳米齿轮(见图 1.1),以及用于分子装配的精密运动控制器,等等。[3]1982 年,科学家们发明了扫描隧道显微镜加工技术,这种技术能对单个原子进行加工,精度非常高。随着扫描隧道显微镜的发明,诞生了以 0.1～100 nm 长度为研究对象的前沿科学。2002 年2 月,日本一位科学家 Morinobu Endo 教授领导的科技研究小组,利用扫描隧道显微镜加工技术,成功地研制出直径只有 200 μm 的纳米齿轮,该齿轮具有良好的滑动特性和抗磨损性能与抗热性能。[4]利用扫描隧道显微镜加工技术还可以加工出纳米弹簧、纳米喷嘴、纳米轴承、微型传感器、微型执行机构等零部件和元器件,为实现分子机器奠定了一定基础。[5]

　　微型机构和微型机械零件的研制工作始于 20 世纪 70 年代,由美国斯坦福大学开始研究。1987 年,美国投入大量经费资助微型机械开发,随后,斯坦福大学研制出直径为 20 μm、长度为 150 μm 的铰链连杆机构和 210 μm×100 μm 的微型滑块。美国加州大学伯克利分校试制出直径为 60 μm 的静电电机、直径为 50 μm 的旋转关节,以及齿轮驱动的滑块和灵敏弹簧。美国贝尔实验室也开发研制出直径 400 μm 的齿轮机构。[1,2]美国一直非常重视将微型机械技术应用于军事领域。20 世纪 90 年代初,美国麻省理工学院人工智能实验室的布鲁克斯教授在学生的帮助下,研制出一批蚊型机器人(图 1.2(a)),可用于收集情报、进行窃听。图 1.2(b)和图 1.2(c)分别是与蚊型机器人功能类似的机械蝇和微型飞行器。这些微型机械飞行虫不会思考,只能在程序控制下动作。

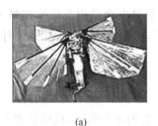　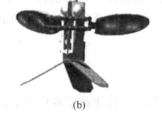　

(a)　　　　　　　　　　　　(b)　　　　　　　　　　　　(c)

图 1.2　微型机械飞行虫

(a) 蚊型机器人；(b) 机械蝇；(c) 微型飞行器

　　加拿大太空署于 2002 年 10 月发射了一颗只有手提箱大小、价值 630 万美元的微型人造卫星。通过微型人造卫星上的微型太空望远镜,有望观测到绕其他恒星公转的行星反射的光,由其传回的数据将超过许多大型太空望远镜。[6]人造卫星五脏俱全,其中不乏机械系统(图 1.3)。

　　图 1.4 是中国科学院与中国科学技术大学共同研制的一种医用微型机器人,该机器人能够在人体血管中游动以清洁动脉,还能够将药物"运输"到人体内的患病部位。这种三角形的微型机器人长约 3 mm,依靠外部磁场的作用在人体内运动。医生可以通过改变磁场的

图 1.3　人造卫星[6]

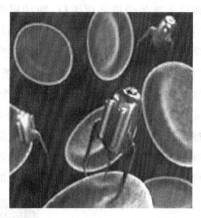

图 1.4　医用微型机器人[7]

振动频率,控制机器人在人体内的移动速度。这项研究工作目前尚处于初级阶段。根据研究人员介绍,待技术成熟后,这种微型机器人的长度能减小至 1 mm。其理想目标是研制出长度仅为 0.1 mm 可以游走于人体血管内的微型机器人,当然实现理想目标尚需等到纳米技术领域取得新突破之后。[7]图 1.5 是上海交通大学研制的一种呈正方形体、可在狭小空间内自由进出的六足记忆合金自主步行微型机器人,其外观如同一只小甲虫,外形尺寸为 25 mm×30 mm×30 mm(体长约为一枚硬币大小),重 20 g,步行速度 18 mm/min,有 12 个自由度,12 个驱动源由形状记忆合金①与偏置弹簧组成。能在管内实现上、下、左、右、前、后的全方位运动,并且可以通过直管、曲率半径较大的弯管和 L 形或 T 形管道,今后有望钻入人体内一显身手。[5,8]

(a)

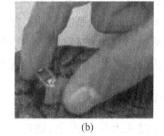

(b)

图 1.5　六足步行微型机器人[5,8]

随着太空科学技术的发展,世界上有越来越多的宇航员飞向太空,进入宇宙。这样,"太空医生"成为太空科学技术发展必须考虑的问题之一,以解决宇航员在太空生病的治疗问题。针对这一功能目标,美国内布拉斯加大学成功研制出一种能在太空为宇航员手术的微型机器人(图 1.6(a))。这种机器人体积微小,长约 7 cm,直径不到 1 cm,头部装有滑轮,机

---

　　① 形状记忆合金于 20 世纪 60 年代初期出现,由镍和钛组成(称为 NT 合金),具有记忆能力。预先将 NT 合金加工成某一形状,在 300~1000℃高温下热处理几分钟至半小时,NT 合金就会记忆其加工成的形状。在特定温度下,能将自身的塑性变形自动恢复成原始形状。除具有独特的形状记忆功能外,还具有耐磨损、抗腐蚀、高阻尼和超弹性等特点。形状记忆材料兼有传感和驱动双重功能,可以实现控制系统的微型化和智能化,如全息机器人、毫米级超微型机械手等。采用形状记忆合金的机器人,其动作不受温度以外的任何环境条件影响,有望在反应堆、加速器、太空实验室等高技术领域大显身手。

器人体内备有摄像机和照明灯,能拍摄患者的身体状况,并传给地面医生。借助电脑遥控系统,在地面医生操纵下,能够灵活使用随身携带的医疗器械,为患者手术,轻松完成地面医生的各项"指定动作",非常灵活。美国政府希望,宇航员能够尽快学会使用这种微型机器人,以使"机器人太空动手术"成为现实。微型机器人的发明研制者——微创手术和计算机辅助手术领域的专家奥利尼科夫认为:这个"太空医生"还将取代开刀式手术。[9]图 1.6(b)和图 1.6(c)是以色列海法市 Technion 研究院莫舍·索哈姆博士领导的研究小组开发研制的脊椎援助机器人及其推进系统,脊椎援助机器人头部装有一台相机,拍摄脊椎患处的图片供医生查看,尾部两个游动的尾线是制动器。机器人靠脊椎处脊髓液的推动实现移动,并将移动过程中拍摄到的信息传输给医生,帮助医生进行脊椎手术。[10]

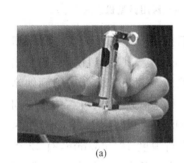

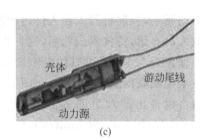

(a)　　　　　　　　　(b)　　　　　　　　　(c)

图 1.6　微型医疗机器人

(a) 太空医生[9];(b) 脊椎援助机器人[10];(c) 脊椎援助机器人推进系统[10]

据报道,日本已经组装出一种只有米粒大小的汽车;德国则研制出了长 24 mm、高 8 mm、质量只有 400 mg 的微型直升机。[11]

上述列举的各类微型机电产品都是现代科技产品的先进代表。每个微型机电产品中各个元件的动作和运动的具体实现,都与本门课程的讨论对象——机构和机械零件密切相关。

1.1.2　仿生机构

神奇的大自然经过几万年的演化,创造出千奇百怪的生物。仿生机构和仿生机器人是人们在仔细研究各种生物的系统结构、运动形式和控制方式的基础上,模仿生物特点研制而成的机构和机器人。仿生机构运用了生物的独具特性,可以模拟生物的运动特征,完成人难以或无法从事的工作。随着机构设计研究在生物学研究领域的不断渗透,仿生机构也在逐步地完善和发展。下面介绍一些仿生机构的研究成果。

1. 多自由度的机械假肢

意外事故和灾难可能会使人永远失去自己身体中的一部分。但是,随着仿生机构研究的深入、仿人身肢体的出现,先进的科学技术已经有可能让假肢"智能",使残疾人也能"活动自如",以弥补一些人丧失肢体的终生遗憾。图 1.7(a)所示的肌电假肢(指)利用人体动作时,大脑向肌肉发出的生物电信号作为信号源,经过置放在相应肌肉上的两块电极,将信号传入肌电假肢(指)的控制线路中,再经过电子控制线路放大、滤波等一系列处理,驱动假肢(指)内的微型电机,带动假肢(指)动作,由此使得肌电假肢(指)的动作与人的思维基本一致。图1.7(a)中左图是大臂三自由度肌电假肢,假肢的肘关节可以伸屈,腕关节可以旋转,手指可以张握。[12]图1.7(b)是意大利圣安娜高等学院的保罗·达里罗教授领导的生物与医学机器人研究小组发明的由大脑控制的机械手,也称电脑手。这个电脑金属手融合了精密、复杂、灵活的机构和电脑系统,可以将假指佩戴者的大脑信号转变成动力,使用者控制假指动作时,可以感觉到假指的活动。除了可以使人体产生感觉外,电脑手的机构也有很多改进。例如,5个手指可以独立活动,机械手可以拿起细小的物体,而且可以控制力度,不会将细弱物体捏碎。[13]图1.7(c)中的仿生手臂与人的健康胸部肌肉相连接。大脑发出的信息通过手臂上的一个接收器传送至仿生手臂,就能使仿生手臂在数秒钟内执行相应动作。[14]

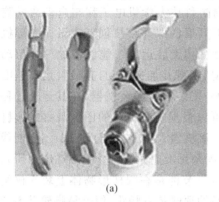  

(a) (b) (c)

图1.7 仿生肢体
(a) 肌电假肢(指)[12];(b) 电脑手[13];(c) 仿生手臂[14]

图1.8(a)是2005年上海国际工业博览会中展出的会演奏竖琴的机器人。[15]图1.8(b)所示的吹笛机器人,完全模拟人的关节,通过10个金属手指灵活地按动笛子的发音孔,即可吹奏出美妙的曲调。[8]

(a) (b)

图1.8 演奏乐器的机器人
(a) 演奏竖琴[15];(b) 吹笛

2. 探测管道故障的仿生机器人

管道机器人是一种在特殊场合下的行走机构。目前,对于管道机器人的类型、行走步态规划和控制技术均有比较深入的研究。

　　日本理化研究所和产业技术综合研究所的专家共同研制出了一种能像蛇一样游泳的机器人。这种机器人的身体由一种新型薄膜材料制成,长 14 cm,宽 1.2 cm,厚 200 μm。薄膜两面是能够进行离子交换的树脂,树脂表面镀有一层金箔。当薄膜两面镀有金箔的树脂成为电极并加上电压后,机器人所处液体环境中的离子或水分子会向电极的一面迁移,使薄膜弯曲。蛇形机器人身体的薄膜被分隔成 7 个区域,每个区域的电极分别在不同时间被施加电压,这样机器人就能像蛇一样在有液体的管道中蜿蜒游动,每秒可以游动约 4 mm。专家们计划对这种蛇形机器人进行微型化处理,期望将来能在人体的血管内游动,将药物运送到人的病患处释放。[16]

　　图 1.9 中(a)和(b)所示的蛇形机器人由我国国防科技大学机电工程与自动化学院的 5 名硕士研究生(平均年龄只有 23 岁)在导师支持下开展的课外科技创新成果。蛇形机器人长 1.2 m,直径 6 cm,质量 1.8 kg,实现了类似于蛇的“无肢运动”,能够像蛇一样扭动身躯,在地面或草丛中自主地蜿蜒运动,可以前进、后退、拐弯并加速运动,其最大运动速度可以达到 20 m/min。“蛇”的头部是机器人的控制中心,安装有视频监视器,在其运动过程中可将前方景象实时传输到后方的电脑中,科研人员可以根据实时传输的图像观察蛇形机器人运动前方的情景,并向机器人发出各种遥控指令。该机器人披上“蛇皮”外衣后,还能像蛇一样在水中游泳。[17] 图 1.9(c)所示蛇形机器人由日本东京工业大学研究生院辽广濑研究室与日本理工学振兴会开发研制。该机器人分为多节,每节都是在圆柱形物体上装 6 枚类似鱼鳍的配件,利用履带将各节连接在一起。尽管鱼鳍的顶端装有脚轮,但这种脚轮并不产生驱动力,而是通过蛇行或扭动身体来移动。这款蛇形机器人具有很强的防水性能,可以在水中通过身体蛇行,或螺旋运动向前移动,还可以上下楼梯。[18] 图 1.9(d)是德国国家信息技术研究中心研制的蛇形机器人,机器人上每一节周围都套着像手镯一样由电动机驱动的一组小轮子,这些轮子可以控制机器人前进时推力的大小。节与节之间用万向轴连接,由 3 个电动机控制其转动。另外,每一节上还装有 6 个红外传感器、微处理器和通信模块。由于每一节集成有较多功能,所以机器人较粗,直径达 18 cm,长 1.5 m。该机器人适应地形的能力比较强,不但可以在平地上蜿蜒前进,还可以翻越障碍、穿过管道。[19]

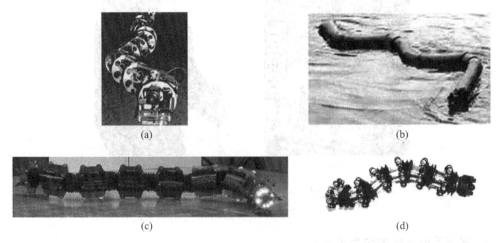

(a)　　　　　　　　　　　(b)

(c)　　　　　　　　　　　(d)

图 1.9　蛇形机器人[17~19]

　　蛇形机器人在许多领域有着广泛的应用前景。例如,在有辐射、有粉尘、有毒或者战场环境中,执行侦察任务;在地震、塌方及火灾后的废墟中寻找伤员;在狭小和危险条件下探测和疏通管道,等等。

图1.10是日本三菱电机公司研制的蚂蚁形机器人,该机器人首尾长5 mm,高6.5 mm,宽9 mm,小如蚂蚁,可以在狭窄的管道中移动。研究人员准备用这种机器人寻找电厂灼热管道中的裂缝。图1.10中所示的蚂蚁形机器人正在推开米粒前进。[18]

图1.10　蚂蚁形机器人[18]

3. 深水探测的鱼游机构

鱼类扭动身体能在水中悠闲游动,而人类制造的轮船则须依靠螺旋桨才能前进。海洋鱼类的推进方式具有效率高、噪声低、速度高、机动性强等优点,成为人们研制新型高速、低噪声、机动灵活柔体潜水器模仿的对象。近年来,西方发达国家,尤其是军界日益重视鱼游机构技术的研究。比较突出的研究成果有美国麻省理工学院的机器金枪鱼(图1.11(a))和日本的鱼形机器人(图1.11(b)),我国在机器鱼波动推进实验技术方面也形成了自己的特色(图1.11(c)和图1.11(d))。

(a)　　　　　　　　　　(b)

(c)　　　　　　　　　　(d)

图1.11　鱼游机构[19~21]

图1.11(a)是美国麻省理工学院模仿金枪鱼的特点研制而成的机器金枪鱼。它有一个柔韧的外壳,像鱼一样的骨架,由振动的金属箔驱动外壳的变形,模仿鱼摆动前进。研究人员希望将来的自主水下机器人能够利用这种高效的鱼类前进方式,深入海洋进行科学探索。[19]有些科学家正在设计金枪鱼潜艇,其行驶速度可达20节(1节=1 n mile/h),是名副其实的水下游动机器。它的灵活性远远高于现有的潜艇,几乎可以到达水下任何区域,由人遥控,可以轻而易举地进入海底深处的海沟和洞穴,作为军用侦察和科学探索工具,能够悄悄地溜进敌方的港口进行侦察,其发展和应用的前景十分广阔。图1.11(b)是日本三菱重工工业公司研制的鱼形机器人,于2005年6月9日在日本爱知世界博览会机器人展览中展出。该款机器人长1 m、质量25 kg,可在水中自主游动。[20]图1.11(c)所示鱼形机器人由北

京航空航天大学机器人研究所研制。鱼体是一个平面 6 关节机构(6 节鱼身),包括鱼头和鱼尾两部分,长 0.8 m。鱼头仿鲨鱼外形,用玻璃钢制作而成。整个鱼的动力电池、控制及信号接收部分均放在鱼头内。鱼尾有 6 个伺服电机扭转摆动作为推动器,这种推进方式比用螺旋桨推进效率高、噪声低、机动性能好。机器鱼质量 800 g,在水中最大速度为 0.6 m/s,能耗效率为 70%～90%,采用计算机遥控。这一项成果于 1999 年获得大学生"挑战杯"一等奖。[21]图 1.11(d)是我国研制的鱼形机器人。

德国不来梅国际大学研制出首台通过互联网控制、名为深水爬行者的深水机器人。深水爬行者可在水深 6000 m 处进行探测,并将测得的数据和录像资料通过光纤电缆传送给互联网。这种深水观测系统由一个陆上工作站和若干台深水机器人组成,每台机器人都携带有可以旋转、变焦的摄像机,可以在 30～50 m 的范围内对目标进行多角度观测。另外,机器人借助各种测量系统获得海底物体的高分辨率图像数据,并能通过光缆直接将图片传输出去。2004 年,科学家在美国西北海岸一个无人深水观测站附近采用这种机器人,机器人的活动通过一条 3000 km 长的光纤电缆与互联网连接。[22]

这些能在水中畅游的鱼形机器人,将被广泛应用于海洋资源勘探与海洋救生、执行军事任务、维护海上石油设施等领域。执行军事任务时,将鱼形机器人作为微型潜艇,可以轻而易举地躲过声呐的探测和鱼雷的袭击,出其不意地攻击对方舰艇和基地。[19～22]这种由螺旋桨到仿生机构推进的变革,其意义不亚于飞机进入喷气时代。

4. 步行机构

步行机构效仿生物行走的肢体运动设计而成,可以代替人类步行,取代室内外装潢、安装维修、高处清洁作业所需的脚手架或者梯子,满足在特殊地型表面行走的需要,还可以在其他星球进行探测。目前,步行机构主要有两足、三足、四足、五足、六足和八足步行机,研究内容涵盖行走机理、机械结构和控制技术等。[23～26]

2005 年在日本举办的爱知世博会(EXPO 2005)上,日本丰田公司推出了一系列的未来代步工具,图 1.12(a)是其推出的二足步行机。[24]该步行机可以代替人的双腿行走,不久的将来也许就是行走困难者的代步工具。图 1.12(b)是升降式双足步行机,可以满足人类高处作业行走的需求。利用升降式双足步行机,高处作业时不再需要辅助人员和脚手架等辅助设施,而且自由行走时具有比较好的重心补偿能力。图 1.12(c)和 1.12(d)分别是清华大学精密仪器系机器人及自动化研究室开发研制的四足全方位步行机器人和五足步行机。其中,五足步行机获得国家发明专利,具有地面步行和攀登功能。与偶数足步行方式相比,五足步行机在步态种类、灵活性和稳定性方面都具有独特优势,尤其对于允许落足点有限的地形,其运动能力和避免"死锁"的能力更强。该五足步行机可以实现从地面爬行状态到攀登状态的自动转换、车体姿态的灵活调整,以及在桁架、梯子、斜坡、台阶等复杂的、不连续地形上的移动功能。[25]图 1.12(e)是为探测火星研制的六足昆虫机器人[26],图 1.5 也是六足步行机器人。

上述各类仿生机构的设计及其动作实现,均涉及本门课程中机构设计及其分析的基本知识。与此同时,微型机电产品和仿生机构设计的研究,对于丰富和发展机械设计理论与技术,创造新颖的、具有特殊功能的新型机构和机械零件,都有着重要的指导意义和促进作用。

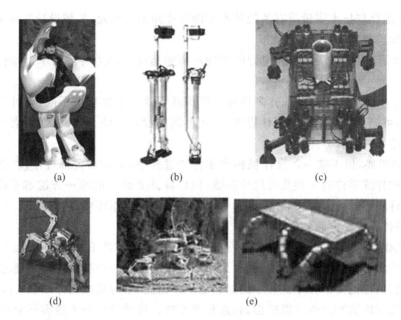

图 1.12 步行机构

(a) 二足步行机[24]；(b) 升降式双足步行机；(c) 四足全方位步行机器人[25]；

(d) 五足步行机[25]；(e) 六足昆虫机器人[26]

1.2 机械设计基础课程的研究对象和内容

大学本科学习知识的课程体系一般划分为 3 个阶段：①基础课程；②技术基础课程；③专业课程。"机械设计基础"课程属于技术基础课程，与基础课程相比，更接近工程实际；与专业课程相比，有更宽的研究面和更广的适应性。该课程介于基础课程学习和专业课程学习之间，起到承上启下的作用。

1.2.1 课程学习的内容、特点和方法

"机械设计基础"课程的讨论对象和学习内容可以概括为下述 4 个方面：

（1）机构的组成原理；

（2）常用机构的类型、特点和功用；

（3）满足预期运动和工作要求的各种机构的设计理论和方法；

（4）通用机械零件的基本知识及其选用原则和设计方法。

学习机械设计基础课程知识，掌握机构与机械零件设计的基本理论和方法，培养分析机构运动特性和力特性的能力，为现有机械的合理使用及其改革创新奠定基础。产品的创新性，很大程度上取决于机构的设计方案，因此，了解机构的类型和特点，掌握机构的设计理论、分析方法和选用原则，十分有利于产品的创新设计。

"机械设计基础"课程知识具有下述 4 个特点。

（1）多学科知识的综合。机械设计有其自身特定的知识内容，同时还需掌握数学、物理学、理论力学、材料力学、机械制图等相关的基础课程知识，了解机械制造基础、金属材料及

热处理、公差配合与技术测量等有关的技术基础课程知识。因此,机械设计实际上是综合运用多门学科知识的过程。

(2) 主要解决两个问题,即机构如何实现所需的运动和动力特性要求？零件怎样才能正常工作？

(3) 设计步骤和设计结果具有多样性。机构或零件的工作环境不同,设计者具备的设计条件不同,可能会产生不同的设计思维,采用不同的设计方法。因此,设计者采用的设计步骤和设计结果都具有多样性。

(4) 计算重要,但不唯一。设计机构和零件的过程中,常常需要通过刚度、强度等方面的计算确定构件或零件的一些几何尺寸参数,但计算并非设计的唯一方法和手段。设计机械、机构、部件和零件的过程中,还需综合考虑设计对象的工作环境、结构设计、工艺设计、材料选择、经济性等各个方面的因素。

学习"机械设计基础"课程知识与学习基础课程知识的方法有所不同,机械设计的理论基础多源自数学、物理学、理论力学、材料力学和机械制图等一些基础课程的理论知识,同时也是基础课程的理论知识在本课程中的综合应用。因此,学习机械设计知识的过程中,应注意了解运用知识解决和分析问题的思路、途径及方法。机械设计与工程实际密切相关,注重培养创新思维能力和创新意识非常重要,这就需要在重视逻辑思维的同时,还应加强形象思维能力的培养,平时善于观察、分析身边的事和物,注意运用课程知识解决实际问题。这样,从事设计工作时,就能够从日常积累中获得创造灵感,设计出符合用户需求、能够使用户喜欢的产品。勤思考、多练习,与各类设计者、制造者以及产品的使用者多交流,是巩固、深化和扩展课程知识的最好途径。

1.2.2　机械的基本概念和特征

机器(械)的种类非常多,例如,工业设备中的内燃机、加工机床等;交通运输设备中的汽车、飞机、轮船等;家用设备中的缝纫机、自行车等;轻工业装备中的包装机械、食品机械,等等。这些机器的组成、功用、性能和运动特征都各不相同。由于机械设计研究机器设计的共性理论,因此,必须对机器进行概括和抽象。

下面通过一些实例,了解机械的组成,探讨机械的共性问题,同时概括抽象出它们的共同特征。

实例 1　内燃机[27,28]

1) 内燃机的组成

图 1.13 中的内燃机,其组成零部件有汽缸体、活塞、连杆、曲轴、齿轮、凸轮、顶杆、进气阀、排气阀等。将组成内燃机的所有零部件抽象为"实物",则内燃机就是由这些实物组合而成的组合体。

2) 内燃机的工作原理

内燃机是将燃气燃烧时的热能转化为机械能的机器,其工作过程可以概括为如图 1.14所示的 4 个阶段:

(1) 进气。如图 1.14(a)所示,内燃机进气过程中,汽缸体内的活塞向下运动,与此同时进气阀打开,燃气被吸入汽缸体中活塞的上方。图 1.14(a)中,入口处的箭头表示燃气流动方向;活塞处的箭头表示活塞运动方向;进气顶杆处的箭头表示进气阀运动方向。

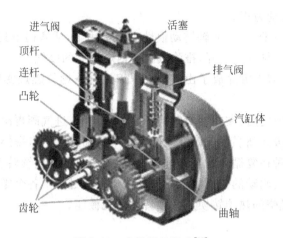

图 1.13 内燃机的组成[27]

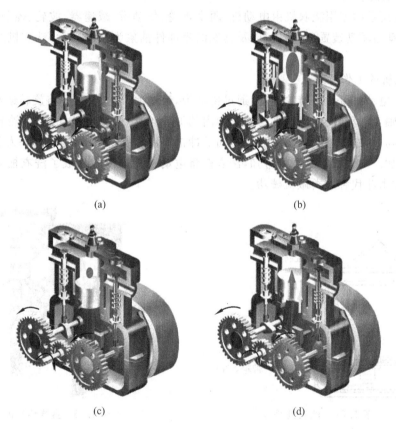

(a)　　　　　　　　　　(b)

(c)　　　　　　　　　　(d)

图 1.14 内燃机工作过程[28]

(a) 进气；(b) 压缩燃气；(c) 燃气燃烧膨胀；(d) 排气

（2）压缩燃气。压缩燃气的过程如图 1.14(b)所示，进气过程完成后，活塞开始向上运动，与此同时进气阀关闭，活塞上方的燃气被压缩。

（3）燃气燃烧膨胀。燃气燃烧时的情形如图 1.14(c)所示。活塞上方压缩后的燃气产生较大气压，点火后，被压缩的燃气燃烧膨胀，推动活塞向下运动，活塞的这一运动经过连杆带动曲轴旋转,输出转动力矩。

(4) 排气(图1.14(d))。在曲轴转动惯性力的作用下,活塞向下运动到极限位置后,再次向上运动,与此同时,排气阀打开,排除汽缸体内燃烧后的废气。

至此,汽缸体内活塞上方完成了由进气→压缩燃气→燃气燃烧膨胀→排除废气的一个循环过程。

一个工作循环完成之后,在曲轴旋转惯性力的作用下,进气阀再次打开,活塞向下运动,汽缸体内活塞的上方吸入新燃气→活塞向上运动→压缩燃气→点燃燃气→燃气燃烧膨胀→活塞下行……活塞这种往复循环的工作过程,带动内燃机曲轴连续转动,并将这一转矩能量通过输出轴传递给由其驱动的工作执行机构。内燃机通过其中各个零部件(实物)之间的协调配合动作,将燃气燃烧的热能转换成曲轴转动的机械能。

实例2　洗衣机

1) 洗衣机的组成

图1.15所示的家用洗衣机由电动机、两个带轮、传动带、减速器、波轮、控制器等组成。将洗衣机的动力驱动装置(电动机)以及其他的零部件抽象为"实物"后,洗衣机则是这些实物的组合体。

2) 洗衣机的工作原理

洗衣时,电动机带动小带轮转动,通过传动带,带动大带轮旋转,并将旋转运动传递给减速器的输入轴,减速器的输出轴则与洗衣桶内的波轮连接,并带动波轮旋转,波轮搅动洗涤液和洗涤衣物,通过洗涤液与洗涤衣物之间的冲击力清除衣物上的污垢,代替人类完成洁衣所做的机械功。由洗衣机的功效可知,洗衣机将电动机的电能转化成了洗衣桶内波轮转动的机械能,并由此代替人类做机械功。

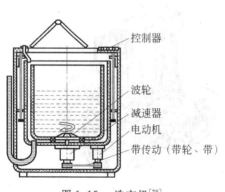

图1.15　洗衣机[29]

图1.16　蛋糕切片机

实例3　蛋糕切片机

1) 蛋糕切片机的组成

图1.16所示的蛋糕切片机由电动机、带传动机构、齿轮传动机构、偏心轮机构、切片机构组成。将电动机以及这些机构抽象为"实物"后,蛋糕切片机则是这些实物的组合体。

2) 蛋糕切片机的工作原理

电动机驱动带传动机构中的主动带轮旋转,通过带传动机构将运动传递给齿轮机构,齿轮机构又带动偏心轮转动,切片机构是一个双曲柄正平行四边形机构(两个曲柄是偏心轮),切蛋糕的刀片是双曲柄机构中形状为矩形的连杆,主动偏心轮转动时,带动切片机构中连杆(刀片)作平移运动,将整块蛋糕切成均匀的薄片。由蛋糕切片机的工作过程可见,蛋糕切片机将电动机的电能转换成了切片刀具的机械能。

实例 4 玩具小鸡

1) 玩具小鸡的组成

图 1.17 所示的玩具小鸡由电动机、摆动导杆机构和拉伸弹簧等组成,摆动导杆机构中有 3 个活动构件:曲柄、滑块和形状不规则的摆动导杆(小鸡跳跃的脚)。将玩具小鸡中的电动机、曲柄、滑块、导杆和弹簧抽象为"实物"后,玩具小鸡则是这些实物的组合体。

2) 玩具小鸡的工作原理

电动机驱动曲柄旋转,连接在曲柄顶端的滑块,一方面随曲柄一同绕曲柄的回转中心转动,另一方面与曲柄之间存在相对转动(其相对转动中心是滑块与曲柄连接处运动副的中心线),并且带动摆动导杆绕着导杆的转动中心摆动,摆动导杆在拉伸弹簧的作用下复位,滑块运动时迫使摆动导杆离开初始位置,由此实现小鸡的跳跃动作。玩具小鸡实现跳跃的过程,也是将电动机的电能转换成小鸡跳跃机械能的过程。

图 1.17 玩具小鸡

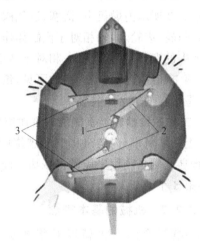

图 1.18 爬行乌龟

实例 5 爬行乌龟

1) 爬行乌龟的组成

图 1.18 所示的爬行乌龟由电动机、杆件 1、两个杆件 2 和两个杆件 3、乌龟壳、乌龟爪和乌龟头组成。其中,杆件 1、两个杆件 2 和两个杆件 3 分别构成两个曲柄摇杆机构。将电动机、构成曲柄摇杆机构的各个杆件、乌龟壳体、乌龟爪以及乌龟头抽象为"实物"后,爬行乌龟则是这些实物的组合体。

2) 爬行乌龟的工作原理

爬行乌龟中部的杆件 1(曲柄)由电动机驱动旋转,与乌龟脚相连的两个杆件 3 是曲柄摇杆中的摇杆,连接曲柄和摇杆的两个杆件 2 则分别是两个曲柄摇杆机构中的连杆。曲柄 1 的旋转运动通过连杆 2 将驱动力传递给摇杆 3,使摇杆 3 绕其回转中心摆动,由此带动连接在摇杆 3 两端的乌龟脚实现爬行动作。实现乌龟爬行动作的过程是将电动机的电能转换成乌龟爬行机械能的过程。

1.2.2.1　机械的特征

上述介绍的内燃机、洗衣机、蛋糕切片机、玩具小鸡、爬行乌龟属于不同类型的机械。其中,内燃机是工业用机械,洗衣机是生活用机械,蛋糕切片机是食品机械,玩具小鸡和爬行乌龟则属于玩具类机械。这些机械虽然类型不同、用途不同,但是它们有 3 个共同的特征:①是若干实物(机件)的组合体;②各组成部分(实物)之间有确定的相对运动;③工作时能够转换机械能或者做有效的机械功。这 3 个特征实际上就是各种不同机械特征的高度概括与抽象,也是所有机械具有的特征。

1. 是若干实物(机件)的组合体

观察上述各个实例,内燃机中的活塞、连杆、曲轴、汽缸体、齿轮、凸轮、进气阀、排气阀及其顶杆等,洗衣机、蛋糕切片机、玩具小鸡、爬行乌龟中的电动机、滑块、齿轮、偏心轮、带传动机构、各种不同形状的杆(构)件等,都可以视为组成机械的实物(或机件)。换言之,机械实际上是由若干个实物组合而成的组合体。这是机械的第 1 个特征。

2. 各组成部分(实物)之间有确定的相对运动

图 1.13 所示内燃机中,活塞、进气阀的顶杆、排气阀的顶杆分别相对于汽缸体作往复直线运动,凸轮、齿轮、曲轴相对于汽缸体作旋转运动,连杆则相对于曲轴和活塞作旋转运动;图 1.18 中的爬行乌龟,曲柄 1 相对于乌龟壳体转动,摇杆 3 相对于乌龟壳体摆动,连杆 2 相对于曲柄 1 和摇杆 3 转动。由此可见,组成一台机械的各个实物之间都具有确定的相对运动。这是机械的第 2 个特征。

3. 工作时能够转换机械能或者做有效的机械功

在上述实例中,内燃机将燃气燃烧的热能转换成机械能,洗衣机、蛋糕切片机、玩具小鸡、爬行乌龟则是利用电能做机械功。即机械可以转换机械能或者做有效的机械功。这是机械的第 3 个特征。

1.2.2.2　机械的基本概念

本节通过介绍与机械以及组成机械实物相关的术语,阐述关于机械的若干基本概念。[30]

1. 机器

机器是执行机械运动的装置,可以变换或者传递能量、物料和信息,同时具备机械的 3 个特征。根据机器的工作性质,将机器分为原动机和工作机两大类别。

1) 原动机

原动机是将非机械能转变为机械能的机器。例如,图 1.19(a)所示电动机,将电能转变为机械能;图 1.19(b)中的柴油发电机,首先将柴油燃烧的热能转变为机械能(使发电机中的转子或定子转动),再将机械能转变成电能(转子和定子相对转动的过程中,切割磁场中的磁力线,产生电);图 1.13 中的内燃机,将燃气燃烧产生的热能转变为机械能。这类能够将非机械能转换成机械能的机器均称为原动机。

2) 工作机

工作机是改变被加工物料的位置、形状、性能、尺寸和状态的机器。例如,图 1.15 所示

图 1.19　原动机

(a) 电动机；(b) 柴油发电机

洗衣机用于洁净衣物,通过洗涤液和洗涤衣物之间的冲击力清除脏衣物上的污垢,变脏衣物为洁净衣物,因此,洗衣机是改变物料状态的工作机。图 1.16 中的蛋糕切片机,将整块蛋糕切成片状蛋糕;图 1.20(a)所示的金属切削机床,将工件毛坯切削成所需的零件形状。蛋糕切片机和金属切削机床都是改变物料形状和尺寸的工作机。汽车和起重机(图 1.20(b))的功用是运输和传送物料,属于改变物料位置的工作机。另外,录音机、照相(摄像)机和计算机等电子产品,也可以视为获取和变换信息的工作机。

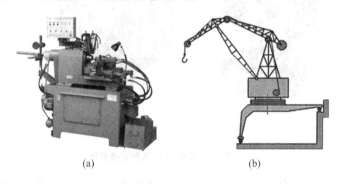

图 1.20　工作机

(a) 机床；(b) 起重机

2. 机构

机构是传递运动和力的构件系统,由若干个构件通过可动连接方式形成,组成机构的构件之间有确定的相对运动,具备机械的前两个特征。例如,实现玩具小鸡跳跃动作的摆动导杆机构(图 1.17),曲柄与小鸡鸡身、曲柄与滑块、导杆与滑块、导杆与小鸡鸡身之间的连接均为可动连接,并且相互之间存在确定的相对运动。图 1.18 中,模拟乌龟爬行动作的曲柄摇杆机构中,曲柄 1 与乌龟壳体、曲柄 1 与连杆 2、连杆 2 与摇杆 3、摇杆 3 与乌龟壳体之间也是可动连接,这些构件之间都有确定的相对运动。

机构分为平面机构和空间机构两大类型。如果组成机构的所有构件,其运动均在同一平面或者相互平行的平面内,则为平面机构。例如,图 1.21(a)所示定轴轮系,各个齿轮的运动所在平面相互平行;图 1.21(b)所示盘形凸轮机构,凸轮的旋转运动与推杆的往复直线运动在同一个平面内。因此,这两个机构都属于平面机构。如果组成机构的各个构件不在相互平行的平面内运动,则为空间机构。例如,图 1.22(a)所示的圆锥齿轮机构中,两个圆锥齿轮旋转运动所在平面相互垂直;图1.22(b)所示的间歇运动机构中,槽轮的旋转运动平面和拨杆转动所在平面也相互垂直。组成这两个机构的构件运动平面不平行,故属于空间机构。

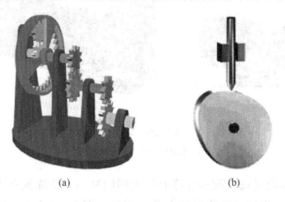

(a) (b)

图 1.21　平面机构

(a)定轴轮系;(b)盘形凸轮机构

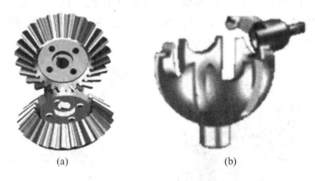

(a) (b)

图 1.22　空间机构

(a)圆锥齿轮机构;(b)间歇运动机构

机构是机器的组成部分。图1.23(a)所示内燃机中,活塞、连杆及曲轴组成曲柄滑块机构(图1.23(b)),将活塞的往复直线运动转换成曲轴的转动,直接将燃气燃烧的热能转换成机械能;凸轮机构(图1.23(c))则控制进气阀和排气阀,协调进气与排气的动作;燃气热能转换成机械能,通过齿轮机构(图1.23(d))输出。曲柄滑块机构、凸轮机构和齿轮机构是组成内燃机的主要机构。

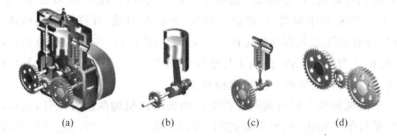

(a) (b) (c) (d)

图 1.23　内燃机的组成[28]

(a)内燃机;(b)曲柄滑块机构;(c)凸轮机构(进气、排气机构);(d)齿轮机构

3. 构件

构件是机构中的运动单元,可以是单一的整体,也可以是由若干元素组合在一起后形成的刚性构件。内燃机中,由图 1.23(b)所示的曲轴、活塞和连杆组成的曲柄滑块机构,其曲轴是一个单一的刚性构件(图 1.24(a)),也是一个运动的整体;而图 1.24(b)中的连杆则是由连杆体、连杆盖、轴瓦、螺栓及螺母组合在一起后,形成的一个刚性整体(1.24(c))。在曲柄滑块机构中,连杆是一个运动的整体。

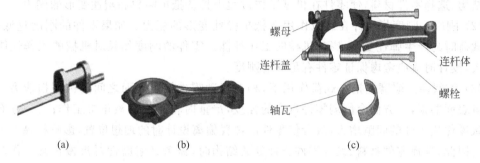

螺母
连杆盖
轴瓦
连杆体
螺栓

(a)　　　　　　　(b)　　　　　　　(c)

图 1.24　构件和零件

(a) 曲轴[28];(b) 连杆;(c) 组成连杆的零件

构件是机构的组成部分。曲轴和连杆分别是内燃机中的两个运动单元,也是组成曲柄滑块机构的两个构件。

4. 零件

零件是组成构件或机构的单元,亦称制造单元。图 1.24(a)中的曲轴在图 1.23(b)所示内燃机的曲柄滑块机构中是一个运动单元,也是一个制造单元。因此,该曲轴既是一个构件,也是一个零件。而图 1.24(c)中,组成连杆的连杆体、连杆盖、轴瓦、螺栓和螺母则分别是不同的制造单元,属于零件。

机械零件有通用零件和专用零件两大类。通用零件是各类机械中常用的、具有同一功用和性能的零件,例如齿轮、轴承、螺栓、螺母等。专用零件是为特定机械专门制造的零件,例如,内燃机中的曲轴、活塞均属于专用零件。

由机器、机构、构件和零件的性质与特征可见,机器由机构组成;机构由构件组成;构件可以是单一的整体,也可以由若干个零件组成。机器和机构统称为机械。构件和零件之间的主要区别是:构件是运动单元,零件是制造单元。如果构件是一个单一的整体,则构件既是一个运动单元,又是一个制造元件。

1.3　机械设计的基本要求和一般步骤

1.3.1　机械的基本要求

1. 运动和动力性能要求

运动和动力性能是设计机械必须考虑的重要因素,也是机械设计的重要依据。设计机械之初,往往首先根据运动要求、承载要求和运动时的力学性能要求,确定机械的工作原理,然后再确定实现工作原理的执行机构,随之确定机械的传动方案。

2. 工作可靠性要求

从设计机械的角度看,零件是组成机械的基本元件,为保证机械工作可靠,必须从下述几个方面保证零件的可靠性。[30]

(1) 强度。零件的强度指零件在载荷作用下抵抗断裂或者抵抗塑性变形的能力。机械中的零件,如果在其工作过程中产生断裂或者发生塑性变形,会直接影响机械正常工作。因此,设计机械/机构/构件的组成元素(零件)时,必须根据零件承受的载荷情况,正确地设计零件结构、选择零件材料,使零件在机械工作过程中具备抵抗断裂和塑性变形的能力。

(2) 刚度。刚度指零件在载荷作用下抵抗弹性变形的能力。如果零件的刚度过低,则承受载荷时易产生弹性变形,影响机械的工作性能。零件的刚度如果对机械的工作性能影响较大,设计时就应考虑保证零件有足够的刚度。

(3) 耐磨性。耐磨性指在载荷作用下,相对运动零件接触表面之间的抗磨损能力。零件接触表面磨损,一方面会削弱零件自身的强度,严重时将影响机械正常工作;另一方面还会导致零件连接处的间隙增大,或者使零件的位置偏离设计时的理想位置,影响机械的工作性能。因此,选择零件材料、设计零件连接处的结构时,需考虑耐磨性对机械正常工作及其工作性能产生的影响。

(4) 耐热性。耐热性指零件在规定的工作温度环境中抗氧化、抗热变形和抗蠕变[①]的能力。温度对零件材料的力学性能和化学性能有直接影响,会使零件受热变形,产生热应力。零件工作温度过高,将产生较大的热变形,引起较大的热应力,还会降低零件材料的抗氧化能力。零件如果受热变形、产生热应力、抗氧化能力降低、产生蠕变,都将对机械的工作性能和使用寿命产生影响,甚至影响机械正常工作。为保证机械能够在规定的工作温度环境下正常工作,设计零件时,需计算其耐热性能,即考虑热变形和热应力等对零件的刚度和强度等方面产生的影响,也要保证机械在高温下能够正常工作。

(5) 避免产生共振。机械中,零件的自激振动频率接近于外界干扰频率时,会出现共振现象(即强烈振动),共振时振幅非常大(振幅的理论值趋于∞)。如果零件强烈振动,一方面会缩短零件和机械的使用寿命,降低机械的工作质量和工作性能;另一方面,会产生比较大的噪声,恶化工作环境。因此,设计机械零件时,应防止零件的自激振动频率接近外界干扰频率。

3. 经济性要求

机械的经济性主要体现在制造、使用和维护 3 个方面。机械的制造、使用和维护成本越低,经济性越好。设计时可以从下述 3 个方面考虑机械的经济性。

(1) 正确选择零件材料。正确选择材料可以降低零件的制造成本。铸造是成形零件毛坯的一种比较经济的方法,尤其对于形状复杂的零件,更能显示出其经济性。对于汽车发动机的缸体和缸盖、船舶螺旋桨等一些难以通过切削方式加工的零件,如果选用少切削或者无切削加工的铸造材料,则可有效地降低零件的制造成本。无切削加工是提高材料利用率和劳动生产率、降低能源消耗的重要措施之一。[31]

(2) 合理确定零件的结构形状和尺寸。结构尺寸往往直接影响到零件的强度和刚度。一般情况下,结构尺寸大,零件的强度和刚度相应提高。设计零件时,在满足强度和刚度要求的情况下,应尽量减小结构尺寸,这样可以节约原材料,同时降低机械运转时的能源消耗。

---

① 蠕变是高温环境下,零件受应力作用,其尺寸和形状缓慢发生连续性永久变化的现象。

设计零件结构形状时,还应注意零件的回收与再利用性能。

（3）尽量采用标准化零件。采用标准化零件,可以降低机械的加工和维护费用。

4. 操作安全、方便

操作控制装置是供操作者发出的各种指令改变机械工作运行状态的重要装置。设计操作控制装置时,必须充分考虑人的生理和心理因素。例如,设计和布局机械上的操纵杆、方向盘、键盘、按钮这类装置时,应该充分考虑人输入信息的能力和操作者的行为特征,操作控制装置的安装位置、操纵力和操纵速度等,都应该按照人的中、下限能力进行设计,以适于大多数人操作,操作者使用时能够得心应手、方便、省力而且高效。操作装置要保证人的操作姿势合理、操作时的动作轨迹和操作频率容易实现,避免产生操作控制事故。操作控制装置的排列顺序应符合人的操作习惯,一般自上而下、自左向右排列。通常,手和手指适合于精确和迅速的操作活动;手臂和脚则适合于用力较大的操作活动。操作件的运动方向应与操作对象的反应方向一致。例如,汽车驾驶室中的圆形方向盘控制汽车转向时,其操作控制方向与汽车行驶方向一致。[32]

5. 造型美观、大方,结构紧凑

机械的造型设计,一方面要构造出使人能够产生视觉美感和艺术享受的实体造型,同时也要保证其造型的实用功能,带给人们精神和物质功能的双重享受。造型设计主要解决人-机械-环境之间的关系问题,以人的生理和心理需求为中心。

机械造型设计的基本内容包括4个方面:

（1）人机工程设计。结合人的生理、心理因素,获得人-机械-环境的协调与最佳匹配。

（2）机械的外廓形态设计。使机械的外廓形态符合美学法则,通过正确地选择材料、表面修饰工艺,形成与机械的功能、环境条件等因素相适应的外观质量。

（3）机械外廓的色彩设计。色彩是完善机械外廓造型的一个基本要素,设计中应综合机械外廓的各种要素,制定出合适的配色方案。

（4）机械的铭牌、标志、字体等设计,应该以形象、鲜明、突出、醒目的标志、图案或字体形态,加深人们对机械外观的美好印象。[32]

1.3.2 机械设计的程序步骤

设计机械的过程可以概括为明确设计要求、拟订设计方案、试制样机、产品定型和生产制造4个阶段。

1. 明确设计要求

明确设计要求是设计机械的首要环节,该阶段的主要工作是:根据市场或用户需求,明确机械欲实现的功能及其相关技术参数,同时对机械的工作环境、制造机械的生产条件等提出具体要求,并制定出详细的设计任务书。

设计要求是设计、制造、试验和鉴定机械的依据,包括机械的功能要求、适应性要求、性能要求、生产能力要求、制造工艺要求、可靠性要求、使用寿命要求、经济性要求、人机工程要求、安全性要求、环保要求、包装运输要求,等等。此外,还应在技术性能、经济指标、整体造型、使用维护等方面都能够做到统筹兼顾、协调一致。因此,设计要求应详细而明确,先进又合理。所谓详细,就是尽可能列出全部设计要求,尤其不要遗漏重要的设计要求。所谓明确,就是尽可能用定量的方式描述设计要求,包括机械的基本功能要求和相关参数,以及希望达到的附加要求和性能指标。所谓先进,就是与国内外同类产品相比,产品的功能、技术性能、经济指标等方面都具有先进性。所谓合理,就是设计要求要定得适度,实事求是。[33]

2. 拟订设计方案

明确设计任务之后,即可根据机械功能等方面的要求,确定相应的原理方案;根据原理方案,设计相应的结构方案;根据结构方案,形成技术设计方案。拟订设计方案阶段的工作,实质上就是将抽象的设计要求逐步转变成不同阶段的具体设计方案,包括:用简图表达功能实现方法的原理方案;用具体结构表现原理实现方法的结构方案;用材料、构形、尺寸、加工制造工艺等表述的、使结构方案物理实现的技术设计方案。

机械功能比较复杂时,即组成机械的单元不仅仅是机械零件,还包含其他类别的元器件(如液压元件、气动元件、电器元件)时,应考虑机械中不同单元的功能组合与协调问题,即进行方案的总体设计。

拟订设计方案的过程中,通常都会涉及方案的评价和优选问题。例如,机械功能的使用性能、可靠性、先进性、经济性等,往往是用户关注的焦点,而实现功能的原理设计、实现原理的结构设计以及使结构物理实现的技术设计,都会直接影响机械功能的使用性能、可靠性、先进性和经济性等。因此,在评价、优选方案的过程中,听取用户和加工制造技术人员的意见和建议十分重要。

3. 试制样机

机械结构方案和技术设计方案确定之后,即可进入样机试制的施工阶段。通过试验检测并鉴定样机,甄别样机的功能和性能指标等是否符合设计任务书中规定的要求,并进行改进和完善。

4. 产品定型和生产制造

产品定型和生产制造阶段的工作是依照完善后的样机,生产制造可供用户直接使用的商业化产品。

机械设计过程 4 个阶段的工作内容具有相关性,各个阶段的工作内容往往交叉进行,其整个设计过程是一个不断改进和完善的过程。

习　　题

选择填空及填空题

1. 机器和机构中的运动单元是_____,制造单元是_____。

　　A. 零件　　　　　B. 构件　　　　　C. 机架

2. 一个机械如果同时满足下述 3 个特征,则称其为_____;如果只满足前两个特征,则称其为_____。

特征:①许多实物(机件)的组合体;②各个组成部分(实物)之间有确定的相对运动;③工作时能够转换机械能,或者做有效的机械功。

3. 机器由_____组成,机构由_____组成。

4. 机器是执行机械运动的装置,可以分成两大类,即_____机和_____机。

实践练习题

试在你熟悉的产品、设备、机械及生活用品中,找出两种以上本书没有介绍过的通用零件和专用零件。

2 平面机构运动简图及其自由度

本章学习要求

◇ 看懂和绘制平面机构运动简图;

◇ 正确辨别高副和低副;

◇ 正确计算平面机构自由度。注意运动副的 3 种特殊情形:

(1) 复合铰链;

(2) 局部自由度;

(3) 虚约束。

2.1 运动副及其分类

2.1.1 构件自由度

构件自由度指构件具有的独立运动数目,是描述构件独立运动的参数。独立运动是没有其他运动形式可以替代的运动。例如,图 2.1 中,构件 S "沿 x 轴线的移动",无法用 "沿 y 轴线的移动" 或其他的运动形式替代,因此是一种独立运动。

图 2.1 中,构件 S 可以在 Oxy 平面内自由运动(即没有受到任何约束的运动),其运动形式可以通过沿 x 轴线的移动、沿 y 轴线的移动以及绕 z 轴的转动进行完整的描述。构件 S 在 Oxy 平面内的运动,可能是上述 3 种运动形式中的一种,也可能是 3 种运动形式中的两种及两种以上运动形式的合成。例如,构件 S 沿 F 方向移动,实际上可以看成是沿 x 和 y 两个轴

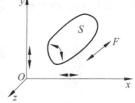

图 2.1 构件自由度

线方向移动的合成。即借助沿 x 和 y 这两根轴线方向的移动,可以描绘出构件 S 在 Oxy 平面内沿任意方向的移动。构件 S 在 Oxy 面内的平面运动则可通过其沿着 x 和 y 轴线的移动以及绕 z 轴转动的合成运动进行描述。由此可见,平面内没有受到任何约束的构件,实际上只有 3 种独立运动的可能性:①沿 x 轴线移动;②沿 y 轴线移动;③绕 z 轴转动。

根据构件自由度的定义以及上述分析,在平面内自由运动的构件有 3 个自由度,即运动在运动平面内沿着两个相互垂直的坐标轴线(图 2.1 中 x 轴和 y 轴)的移动;绕着垂直于运动平面轴线(图 2.1 中 z 轴)的转动。而在空间自由运动的构件则存在 6 个自由度,即沿直角坐标系中 3 个坐标轴线(x 轴、y 轴和 z 轴)的移动和绕这 3 个坐标轴的转动。应该注意:自由运动的构件没有受到任何约束,如果构件受到约束,其自由度数将减少。

2.1.2 运动副及其类别

2.1.2.1 运动副的基本概念

根据1.2.2.2所述机构及构件的知识,我们知道,若干个构件通过可动连接组成机构。机构中,每个构件都是一个运动单元,即构件连接在一起时,构件之间应该有确定的相对运动。这种两个构件直接接触,并能产生确定相对运动的连接称为运动副。"副"即成对之意。

图1.13所示的内燃机中,活塞与连杆的连接、连杆与曲轴的连接、活塞与汽缸体的直接接触、顶杆与凸轮的直接接触,等等,这种两两构件之间直接接触形成的连接,保证了构件之间具有确定的相对运动,我们将具有确定的相对运动的直接接触形成的连接称为运动副。

2.1.2.2 运动副的类别

两个构件直接接触形成运动副时,其接触处的接触形式不外乎点接触、线接触或者面接触。构件连接形成运动副时,根据连接处的接触特性,将平面机构中的运动副分成低副和高副两大类别。空间机构中,常常用到的运动副类别还有球面副和螺旋副等。

1. 低副

平面机构中,两个构件通过面接触形成的运动副称为低副。根据组成低副构件的相对运动形式,又可将低副分为转动副和移动副。

1) 转动副

如果组成低副的两个构件绕同一轴线相对转动,则称这类低副为转动副(图2.2)。构件组成转动副时,其相对运动形式类似于日常生活中的铰链,所以,转动副亦称为铰链。铰链有两种类型:组成转动副的两个构件中,若有一个构件固定不动,则称这类转动副为固定铰链(图2.2(b));若两个构件均未固定,都能够运动,则称该转动副为活动铰链(图2.2(c))。

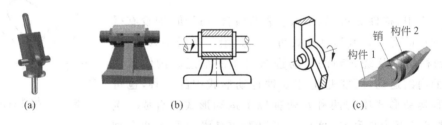

图 2.2 转动副

(a) 铰链[34];(b) 固定铰链[27];(c) 活动铰链[34]

2) 移动副

如果组成低副的两个构件沿着一直线相对移动,则称这类低副为移动副(图2.3)。图1.13所示内燃机中,活塞与汽缸体的连接形式为面接触,形成低副。此外,活塞相对于汽缸体作往复直线运动,因此该运动副是移动副。同样,控制进气阀和排气阀动作的顶杆与汽缸体的连接呈面接触,属于低副。顶杆与汽缸体之间的相对运动是往复直线运动,两者组成移动副。

2. 高副

平面机构中,两个构件通过点接触或者线接触连接形成的运动副,称为高副。两个构件连接形成高副时,构件在接触处的相对运动是绕接触点(或接触线)的相对转动,以及沿接触点(或接触线)切线方向的相对移动。图2.4所示高副连接中,车轮与轨道呈线接触

(图 2.4(a));推杆与凸轮呈点接触(图 2.4(b));两个齿轮啮合呈线接触(图 2.4(c))。构件连接形成高副时,由于接触处呈点接触或线接触,因此,接触部位的压强比较高。

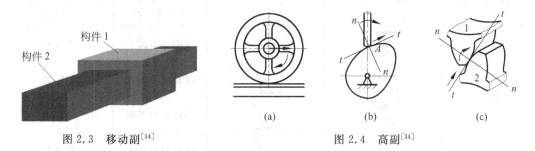

图 2.3 移动副[34]　　　　　　　　　　　　　(a)　　　　(b)　　　　(c)

图 2.4 高副[34]

3. 球面副

两个构件通过球面接触形成的运动副,称为球面副。组成球面运动副的两个构件,可以绕笛卡儿坐标系中的 x 轴、y 轴和 z 轴独立转动(图 2.5),两者间的相对运动是空间运动。

4. 螺旋副

螺旋副是两个构件通过螺旋面接触形成的运动副(图 2.6),两个构件间的相对运动是绕螺旋体轴线 nn 的相对转动与沿轴线 nn 相对移动的合成运动。

组成球面副和螺旋副的两个构件之间的相对运动是空间运动,因此,也称其为空间低副。表 2.1 是各种类型运动副的符号表示方法[27,35]及其相关特征。

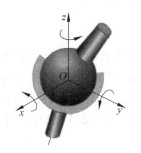

图 2.5 球面副[34]

图 2.6 螺旋副[34]

表 2.1 运动副类型及其表示符号和相关特征

运动副类型		图 形	符 号	说 明	
				连接面形状	接触形式
低副	转动副		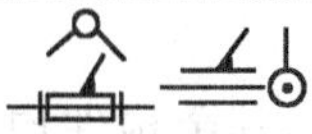		面接触
	移动副				面接触
	平面副			平面与平面	面接触
	球面副			球面与球面	面接触

续表

运动副类型	图　形	符　号	说　明	
			连接面形状	接触形式
高副			曲面与曲面	线接触
		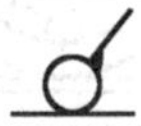	球面与平面	点接触
			圆柱面与平面	线接触
			球面与圆柱面	线接触
螺旋副				

2.2　平面机构运动简图

2.2.1　机构的组成

机构由若干个构件通过可动连接方式连接而成。组成机构的构件,按其运动性质分为固定件、原动件和从动件 3 种类型。

1. 固定件

固定件是机构中支承活动构件的构件。任何机构,一定存在一个相对固定的构件,这一构件称为机构中的固定件。例如,图 1.13 中的内燃机,汽缸体相对于活塞、连杆、曲轴、齿轮、凸轮及其顶杆等活动构件固定不动,是内燃机的固定件,也是内燃机中曲柄滑块机构(图 1.23(b))、进气和排气机构(图 1.23(c))、齿轮机构(图 1.23(d))中的固定件。任何机构中都存在一个相对固定的构件,即固定件,也称为机架。

2. 原动件

机构中运动规律已知的构件称为原动件。原动件的运动规律由外界给定。例如,内燃机中的活塞,其运动规律取决于进气的时间、气体压力和气体流量等,而这些参数均由外界给定,并不依赖于内燃机中机构或构件的运动。原动件是机构获取运动源的构件,也称机构中的主动件。欲使机构产生运动,一个机构中至少有一个原动件。

3. 从动件

机构中的构件,除固定件(机架)外,其余构件均为活动构件。活动构件中,除原动件以外,其余都是从动件。机构中的从动件由原动件驱动。例如,图 1.23(b)所示内燃机的曲柄滑块机构中,连杆和曲轴是从动件,由原动件(活塞(滑块))带动它们运动。

2.2.2　机构运动简图

机器由机构组成,对机器中的机构进行运动分析及力学分析时,或者构思机器中新机构的运动方案时,或者对组成机械的各种机构作运动及动力设计时,都需要一种表示机构的简明图形,即机构运动简图。机构运动简图用国家标准(GB 4460—1984)规定的简单符号和线条表示机构中的运动副和构件,并且按一定的比例确定机构的运动尺寸,绘制出反映机构各个构件之间相对运动关系的简明图形。机构运动简图中各个构件的运动特性与机构原型中的对应构件的运动特性完全相同。

机构运动简图与机构示意图不同。机构示意图只是表明机械的组成状况和结构特征,绘制机构示意图时,不必考虑机构中各个构件之间的尺寸比例关系。而绘制机构运动简图时,则必须按比例确定机构中的构件尺寸,这样才能准确地分析机构的运动特性和力特性。图 2.7(a)是反映车轮联动机构原型的结构示意图,图 2.7(b)是与其对应的机构运动简图。图 2.8(a)是内燃机中控制进气阀或排气阀动作的凸轮机构示意图,图 2.8(b)是与其对应的机构运动简图。

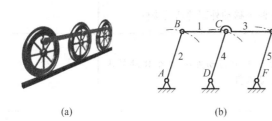
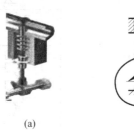

(a)　　　　　　　　(b)　　　　　　　　　　(a)　　　　　　(b)

图 2.7　车轮联动机构　　　　　　　　　图 2.8　内燃机进气、排气机构

(a) 机构示意图;(b) 机构运动简图　　　　(a) 机构示意图[27];(b) 机构运动简图

2.2.2.1　机构运动简图的特征

机构运动简图主要用于机构的运动分析和受力分析,其特征主要表现为 4 个方面。

1. 撇开了与运动无关的构件外形和运动副的具体结构

如果不考虑强度问题,仅仅对机构进行运动分析或受力分析,机构中构件的结构外形对其运动和受力情况并没有影响。另一方面,实际构件的外形通常比较复杂,为了突出所改内容的主要方面,使图形简单清晰,绘制机构运动简图,对机构的运动和受力情况进行分析时,撇开了与运动无关的构件结构形状和运动副的具体结构。

2. 用规定的简单线条和符号表示构件和运动副

机构运动简图中的运动副和构件均采用国家标准(GB 4460—1984)中规定的符号绘制。表 2.1~表 2.3 列举了国家标准(GB 4460—1984)中常用运动副和构件的符号表示方法。[27,35] 由表 2.1 和表 2.3 可见,运动副的符号,仅仅取决于组成运动副的两个构件之间相对运动的性质。表 2.4 是常用机构运动简图的符号表示方法。[27,35]

表 2.2　构件符号

构件名称	符号[27,35]	说　　明	构件性质
机架		机构中相对固定的构件	
杆、轴			
刚性连接构件		两个构件通过刚性连接形成一个整体	

续表

构 件 名 称	符号[27,35]	说　　明	构 件 性 质
与轴或杆刚性连接的构件	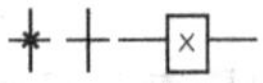	构件与轴或杆刚性连接形成一个整体	
可调连接构件		两个构件通过连接形成一个运动整体,但是构件之间的相对位置可以调节	
双副元素构件		偏心轮	偏心轮代替曲柄
	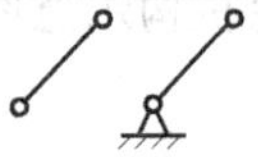	含有 2 个转动外副的活动构件	
	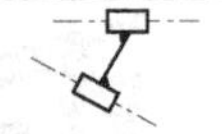	含有两个移动外副的活动构件	
	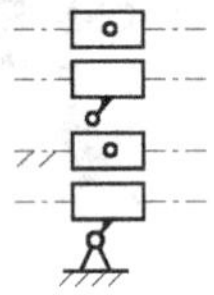	含有 1 个转动外副、1 个移动外副的活动构件	
	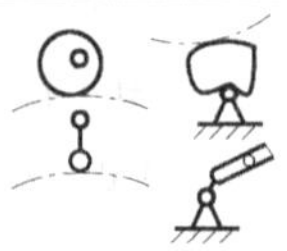	含有 1 个转动外副、1 个平面高外副的活动构件	
三副元素构件	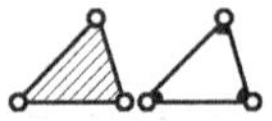	含有 3 个转动外副的活动构件	封闭三角形构件
	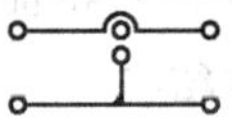	含有 3 个转动外副的活动构件	
	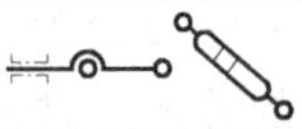	含有 2 个转动外副、1 个移动外副的活动构件	
	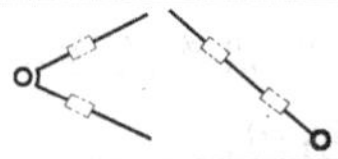	含有 1 个转动外副、两个移动外副的活动构件	

注：转动外副指以转动副的形式与其他构件连接；移动外副指以移动副的形式与其他构件连接；平面高外副指以高副的形式与其他构件连接。

表 2.3　构件与运动副连接表示符号

连 接 类 型	符号[27,35]	连 接 说 明
转动副连接	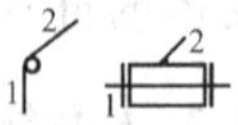	两个活动构件连接
	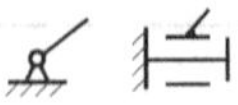	活动构件与机架连接
移动副连接	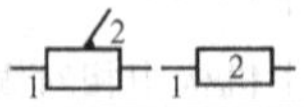	两个活动构件连接
	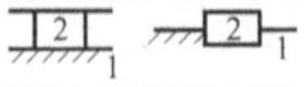	活动构件与机架连接
平面高副连接		两个活动构件连接
		活动构件与机架连接

表 2.4 常用机构运动简图表示符号

机构名称			机构示意构图[27]	运动简图符号[27,35]				示例
凸轮机构	直动凸轮机构	盘形凸轮		凸轮		从动件		
				符号	说明	符号	说明	
					盘状凸轮	尖顶直动杆	
						曲面直动杆	
		移动凸轮			移动凸轮	滚子直动杆	
						平底直动杆	
	摆动凸轮机构				槽状凸轮	尖顶摆动杆	
						曲面摆动杆	
						滚子摆动杆	
						平底摆动杆	
螺旋机构								
带传动机构				带类型				V带传动
				符号	说明			
					V带			
					圆形带			
					平带			
					同步带			
链传动机构				链条类型				无声链传动
				符号	说明			
					环形链			
					滚子链			
					无声链			
齿轮机构	外圆柱齿轮				轮齿类型			斜齿圆柱齿轮传动
	内圆柱齿轮			符号	说明			
					直齿			
	齿轮齿条				斜齿			
	非圆齿轮				人字齿			

机 构 名 称		机构示意构图[27,29]	运 动 简 图 符 号[27,35]		示　　例
齿轮机构	交错齿轮				
	蜗杆蜗轮				
	圆锥齿轮		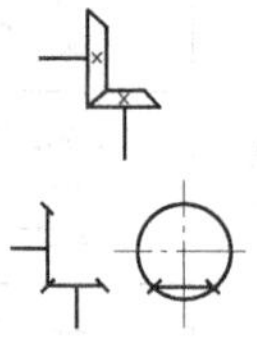	轮齿类型	
				符号	说明
					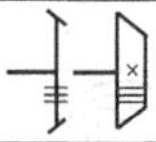 直齿
					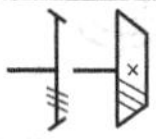 斜齿
					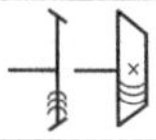 曲齿
电动机					

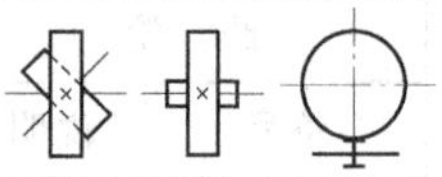

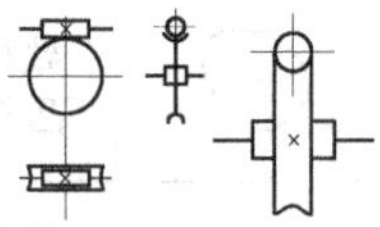

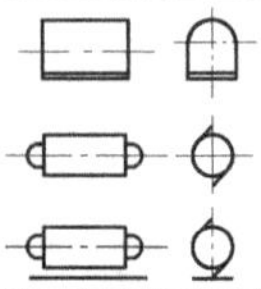

3. 运动副之间的相对位置按比例确定

机构中,构件上不同点的运动轨迹、运动速度和运动加速度等,与构件上的点至运动副之间的距离有关。因此,机构运动简图中,只有按比例确定各个运动副之间的相对位置,才能够准确地分析机构中构件上点的运动特性。

4. 保证机构的运动特征不变

机构运动简图用于分析机构的运动和受力情况,因此,必须保证机构运动简图的运动特性与原型机构的运动特性一致。按比例绘制机构运动副之间的相对位置以及构件的相对尺寸,可以得到与原型机构运动特性一致的机构运动简图。

2.2.2.2　绘制机构运动简图的方法和一般步骤

绘制机构运动简图的过程可以划分成 5 个步骤,绘图方法涵盖在每个步骤中。下面分别介绍每个步骤的具体内容和方法,并通过绘制机构运动简图的两个实例,熟悉和掌握这 5 个步骤的具体内涵。

1. 绘制机构运动简图的步骤

(1)明确机构的组成。绘制机构运动简图之前,首先应明确机构的组成,辨别清楚机构中的固定件、原动件和从动件。

(2)分析机构的运动。明确机构组成之后,在固定件的基础上,从原动件开始,按照机构中的运动传递顺序,分析各个构件之间的相对运动性质,辨别相互连接的两个构件是相对转动、相对移动,还是既相对转动又相对移动。

(3)确定运动副的类型和数目。根据构件之间的相对运动性质,辨别构件与构件连接形成的运动副是转动副、移动副还是高副,并且确定各种类型运动副(低副、高副)的数目。

(4) 选择视图平面和原动件位置。绘制机构运动简图时,一般选择与各个构件(或者与大多数构件)运动平面相互平行的平面作为机构运动简图的视图平面,这样容易表达清楚机构的组成和运动情况。

(5) 绘制机构运动简图。选择适当的比例尺(比例尺指图纸尺寸与机构实际尺寸之比),在所选视图平面中,按选定的尺寸比例,确定各个运动副之间的相对位置,并用国家标准 GB 4460—1984 中规定的符号(表 2.1～表 2.4)绘制各个构件和运动副,得到机构运动简图。

2. 机构运动简图绘制实例

下面结合两个实例,进一步熟悉、理解和掌握绘制机构运动简图每一步骤中的具体内容和方法。

实例 1 绘制图 2.9(a)所示颚式破碎机的机构运动简图

1) 明确机构的组成

图 2.9(a)中的颚式破碎机由机架 1、偏心轮 2、动颚 3 和摇杆 4 等组成。

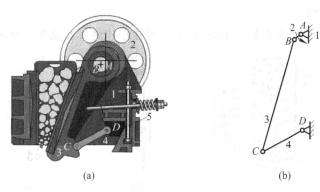

(a) (b)

图 2.9 颚式破碎机

(a) 机构示意图[34];(b) 机构运动简图

2) 分析机构的运动

图 2.9(a)所示颚式破碎机中的各个构件运动情况如下:

(1) 偏心轮 2 与机架 1 在 A 点连接,由驱动源带动,并绕 A 点作旋转运动。

(2) 动颚 3 作平面运动。

(3) 摇杆 4 与机架在 D 点连接,并绕 D 点摆动。

(4) 弹簧和支承杆 5 起到辅助支承的作用,其目的是改善机构的受力状况,加强机构的刚性。从运动角度看,有无支承杆 5 及弹簧,都不会改变机构的运动形式,即支承杆 5 和弹簧不会对机构的运动产生影响。

根据上述运动分析,图 2.9(a)所示颚式破碎机中,对机构运动产生影响的活动构件只有偏心轮 2、动颚 3 和摇杆 4。

3) 确定运动副的类型和数目

(1) 偏心轮 2 上的圆柱销与动颚 3 上的圆柱孔装配在一起,两个构件之间的相对运动为转动,因此,偏心轮 2 与动颚 3 的连接构成转动副。

（2）动颚 3 与摇杆 4 通过销与孔连接在一起,两者相对转动,其连接处构成转动副。

（3）偏心轮 2 与机架 1 连接,并相对于机架 1 转动,两者构成转动副。

（4）摇杆 4 与机架 1 连接,相对于机架 1 转动,两者构成转动副。

通过上述分析知,图 2.9(a)所示颚式破碎机中,共有 4 个低副,均为转动副。

4）选择视图平面和原动件位置

选择机构运动简图的视图平面时,应尽量使组成机构的所有构件和运动副都能够在视图中表达清楚。对于平面机构,选择构件的运动平面作为视图平面,一般可以满足这一要求。图 2.9(a)所示颚式破碎机的 3 个活动构件:偏心轮 2、动颚 3 和摇杆 4 的运动均在纸平面内,因此,选择该平面作为绘制颚式破碎机的机构运动简图视图平面。

5）绘制机构运动简图

根据表 2.1～表 2.3 或者采用国家标准(GB 4460—1984)中构件和运动副的表示方法,在所选的视图平面内绘制机构运动简图。图 2.9(b)是与图 2.9(a)所示颚式破碎机的机构示意图相对应的机构运动简图。

实例 2　绘制图 2.10(a)所示机构的运动简图

1）明确机构的组成

图 2.10(a)所示机构由心轴 2、块状构件 3、圆柱形构件 4 和机架 1 组成。

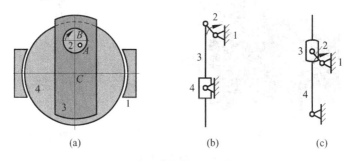

（a）　　　　　　　　　（b）　　　　　　　　　（c）

图 2.10　机构运动简图[34]

(a) 机构示意图；(b) 曲柄摇块机构；(c) 曲柄导杆机构

2）分析机构运动

机构中各个构件的运动情况如下:

（1）心轴 2 与机架 1 在 A 点连接,由驱动源带动旋转。心轴 2 的几何中心 B 绕 A 点转动,运动效果类似于偏心轮的旋转运动。

（2）构件 3 与心轴 2 之间作相对旋转运动。

（3）构件 3 嵌在圆柱形构件 4 的滑槽中,带动构件 4 运动,两者相对滑动。

（4）圆柱形构件 4 相对于机架 1 转动。

3）确定运动副的类型和数目

（1）心轴 2 与机架 1 在 A 点连接,相对于机架 1 转动,两者构成转动副。

（2）心轴 2 与构件 3 上的圆柱孔配合在一起,两者相对转动,构成转动副。

（3）构件 3 与构件 4 上矩形槽两侧保持接触,构件 3 在构件 4 的矩形槽中滑动,两者相对移动,构成移动副。

（4）构件 4 相对于机架 1 转动,两者构成转动副。

4) 选择视图平面和原动件位置

由机构运动分析知,图2.10(a)所示机构中,3个活动构件的运动,即心轴2的转动、构件3的平面运动以及构件4的摆动均在纸平面内,因此,选择该平面作为机构运动简图的视图平面。

5) 绘制机构运动简图

与图2.10(a)机构示意图对应的机构运动简图有两种画法。

(1) 如果将构件3视为杆件,构件4视为块,则构件3在构件4中滑动,形成图2.10(b)所示的曲柄摇块机构,杆件3(构件3)在摇块4(构件4)中滑动。

(2) 如果将构件3视为块,构件4视为杆件,则构件4在构件3中滑动,此时构件4变成导杆,在块3中滑动,形成图2.10(c)所示的曲柄导杆机构。

由此可见,同一种机构,将机构中的同一个构件视为不同的结构形式,得到的机构类型不一定相同,机构运动简图也有所不同。但是,无论机构类型如何改变,构件之间的相对运动性质保持不变。例如,图2.10(a)所示的机构示意图中,将构件3视为杆件,得到图2.10(b)所示的曲柄摇块机构;将构件3视为块,则得到图2.10(c)所示的曲柄导杆机构。但是,无论将构件3看成杆件还是看成块,在两种机构类型中,即图2.10(b)和图2.10(c)表示的机构运动简图中,各个构件之间的相对运动性质并没有发生变化,即构件3与构件4之间均保持相对移动,构件3与构件2之间、构件2与机架1之间、构件4与机架1之间仍然是相对转动。

2.3　平面机构自由度

2.3.1　平面机构自由度的基本概念

由1.2.2.2节中的讨论知,平面中一个没有受到任何约束的构件有3个自由度。另外,机构由若干个构件通过运动副连接形成。这样,当构件通过运动副连接形成机构后,构件之间的相对运动便受到运动副的约束,构件的自由度数目也随之减少。对于不同类型的运动副,引入的约束不同,保留的自由度也将不相同。现以图2.11所示的凸轮机构为例,讨论平面机构中不同类型运动副(包括转动副、移动副和高副)引入约束和保留自由度的情况。

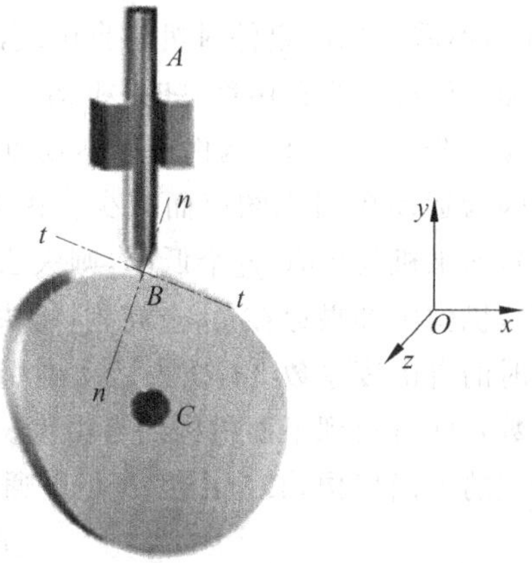

1. 低副引入的约束数

图2.11所示凸轮机构中有两个低副,分别是凸轮与机架构成的转动副C以及推杆与机架构成的移动副A。下面针对这两种类型的低副,讨论其引入约束、保留自由度的情况。

1) 转动副引入的约束数

图2.11中,凸轮相对于机架转动,两者构成的转动副C约束了凸轮沿x和y两个轴线方向移动的自由度,保留了凸轮绕z轴转动的自由度。由此得出结论:平面机构中,一个转

图2.11　凸轮机构[28]

动副引入两个约束,保留一个自由度。

2) 移动副引入的约束数

图 2.11 所示凸轮机构中的推杆相对于机架移动,推杆与机架在 A 点处构成移动副。移动副 A 限制了推杆沿 x 轴线移动和绕 z 轴转动的自由度,保留了推杆沿 y 轴线移动的自由度。引出结论:平面机构中,一个移动副引入两个约束,保留一个自由度。

转动副和移动副是平面机构中两种不同的低副类型,这两种类型的低副,虽然约束构件的运动特征不同,转动副约束了构件在运动平面内沿两个相互垂直坐标轴线移动的自由度,保留了构件绕垂直于运动平面轴线转动的自由度;移动副则约束了构件在运动平面内沿笛卡儿坐标系中一个轴线方向移动的自由度和构件绕垂直于运动平面轴线转动的自由度,保留了构件沿运动平面内另一坐标轴线方向移动的自由度。

上述关于低副引入约束的分析结果表明,平面机构中,一个低副,无论是转动副还是移动副,两者引入的约束数目相同(引入两个约束);保留的自由度数目一样(保留一个自由度)。由此得出结论:平面机构中,一个低副引入两个约束(失去两个自由度),保留一个自由度。

2. 高副引入的约束数

图 2.11 所示凸轮机构中,推杆与凸轮接触处构成的运动副 B 是一个高副。高副 B 约束了推杆和凸轮沿接触点公法线 nn 方向相对移动的自由度,该约束一方面限制了推杆与凸轮分离,以保证凸轮的运动能够传递给推杆;另一方面限制推杆沿法线方向向凸轮体内移动,避免推杆嵌入凸轮体内,损坏凸轮。同时,高副 B 保留了推杆与凸轮之间绕两者接触点的相对转动及两者沿接触点切线 tt 方向的相对移动。这一分析结果表明:平面机构中,一个高副保留两个自由度,引入一个约束。

3. 平面机构的自由度数 F

设:一个平面机构中,构件总数为 K,机构中的低副数为 p_L,高副数是 p_H。

任何一个机构,一定存在一个相对固定的构件,如果用 n 表示平面机构中活动构件的数目,则 $n=K-1$。由于固定构件的自由度为零,不影响机构的自由度,所以计算机构自由度 F 时,不需考虑固定件对机构自由度的影响。由 2.1.1 节讨论知,一个没有受到任何约束的活动构件有 3 个自由度,如果机构中 n 个活动构件都没有受到任何约束,则机构的自由度总数应是 $3n$。事实上,构件通过运动副连接形成机构,构件之间通过运动副连接后,其自由度会因为运动副引入约束而减少。由上述讨论可知,一个低副引入 2 个约束(失去两个自由度),如果机构中有 p_L 个低副,则失去 $2p_L$ 个自由度;一个高副引入 1 个约束(失去一个自由度),机构中如果存在 p_H 个高副,将失去 p_H 个自由度。用机构中活动构件没有受到任何约束时的自由度总数 $3n$,减去运动副引入的约束总数(构件通过运动副连接后失去自由度的总数),即可得到平面机构的自由度。换言之,一个由 n 个活动构件、p_L 个低副和 p_H 个高副组成的平面机构,其自由度 F 可以通过下式计算求得

$$F = 3n - 2p_L - p_H \tag{2-1}$$

由机构自由度计算公式(2-1)可见,机构的自由度数 F 取决于机构中活动构件的数目 n 以及运动副的性质(高副或低副)和数目。

例 2-1 求解图 2.11 所示凸轮机构的自由度。

求解方法 计算机构自由度时,首先确定机构的活动构件数目 n,再找出机构中含有的

低副和高副数目 p_L 及 p_H。根据式(2-1)，用机构中活动构件(包括原动件和从动件)没有受到任何约束时的总自由度数 $3n$，减去所有运动副引入的约束数，即可求得机构的自由度 F。

解 图 2.11 所示凸轮机构中的凸轮和推杆是活动构件，即机构的活动构件数 $n=2$；推杆与机架是面接触，组成移动副 A；凸轮与机架也是面接触，组成转动副 C。故机构中有两个低副，即 $p_L=2$；凸轮与推杆之间的接触是点接触，两者在接触点 B 构成一个高副，即机构中的高副数 $p_H=1$。根据这一分析结果，由式(2-1)可以求得该凸轮机构的自由度 F 为

$$F = 3n - 2p_L - p_H = 3\times 2 - 2\times 2 - 1\times 1 = 1$$

2.3.2 平面机构有确定运动的条件

机构由固定件、从动件和原动件组成。其中，固定件相对不动；从动件由原动件带动才能运动。即从动件不能独立运动；原动件由驱动源驱动，其运动特征取决于驱动源的运动规律，而驱动源的运动规律并不依赖于机构中构件的运动，故具有独立性。因此，原动件的运动是独立运动。一般情况下，外界不会同时给一个原动件两种运动规律，换言之，一个原动件通常只有一个独立运动。例如，我们通常见到的原动机，或者驱动原动件转动，或者驱动原动件移动，很少有一个原动机同时驱动原动件既转动又移动。

根据 2.1.1 节中关于构件自由度的定义：构件自由度是构件具有独立运动的数目。依此类推，机构自由度是机构具有的独立运动数目。由于机构中只有原动件的运动是独立运动，因此，机构自由度实质上是原动件具有的独立运动数目。另外，一般情况下，一个原动件只有一个独立运动，所以，机构自由度也等于机构中原动件的数目。

如果机构自由度大于或者小于原动件数目，或者机构自由度数为零时，机构的运动会出现什么现象？下面分别对这 3 种情况进行讨论与分析。

1. 机构自由度大于原动件数目时机构的运动状况

如果机构自由度大于原动件的数目，则机构的运动将遵循最小阻力定律，即机构中的从动件将沿着机构中阻力最小的方向作无规则的运动。以图 2.12 中的五杆机构为例，由式(2-1)求得该机构有两个自由度，即 $F=2$，如果机构中只有一个原动件(构件 1)，由图 2.12(b)可以看出，原动构件 1 运动到同一个位置时，3 个从动构件——构件 2、构件 3 和构件 4，并没有重复运动到同一个位置。即原动件 1 按给定的运动规律运动时，从动件的运动处于不确定状态，作无规则的运动。这一现象说明，机构自由度大于原动件的数目时，机构中从动件的运动不确定。如果给图 2.12(a)所示五杆机构两个原动件，如图 2.12(c)中，将构件 1 和构件 4 同时作为原动件，此时机构原动件的数目等于机构自由度(均为 2)，则机构中的从动件作规则有序的运动。该例说明，欲使机构中的从动件有确定的运动，机构的自由度数不能大于而应等于原动件的数目。

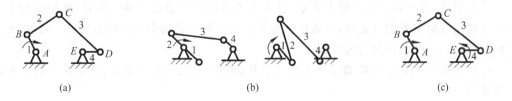

图 2.12 自由度为 2 的五杆机构[27]

(a) 一个原动件；(b) 从动件位置不确定；(c) 两个原动件

2. 机构自由度小于原动件数目时机构的运动状况

图2.13(a)所示的四杆机构,由式(2-1)计算求得其自由度$F=1$。如果机构中有两个原动件,假设构件1和构件3同时作为原动件图2.13(a),则机构的自由度数小于机构中的原动件数目。这样,机构运动时,构件内部的运动关系产生矛盾,导致机构中最薄弱的环节损坏[36],如图2.13(b)所示。如果只给该机构一个原动构件(图2.13(c)中,构件1为原动件),则机构的自由度数等于机构中原动件的数目,此时机构可以正常完好地运动。由此可见,欲使机构中的从动件正常运动,机构的自由度数不能小于而应等于机构中原动件的数目。

图2.13　自由度为1的四杆机构[27]

(a) 两个原动件；(b) 薄弱环节损坏；(c) 一个原动件

3. "机构"自由度等于零时机构的运动状况

图2.14(a)所示"机构"由构件1、构件2和构件3及转动副A、转动副B和转动副C组成。其中,构件1为机架。由式(2-1)计算求得该"机构"的自由度数$F=0$。此时,"机构"中活动构件的自由度总数等于"机构"中运动副引入的约束数,这种情形意味着"机构"中所有的活动构件都失去了自由度,即构件之间不再有相对运动。由1.2.2.2节关于机械特征的讨论知,组成机械(机器或机构)的构件之间具有确定的相对运动。换言之,如果组成机构的构件之间没有确定的相对运动,则这些构件连接在一起后,不能成为机构。

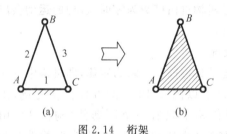

图2.14　桁架

即构件通过连接形成机构的首要条件是:机构的自由度数F应大于零。当"机构"的自由度数$F=0$时,说明"机构"中构件之间没有相对运动,这些构件连接形成的组合物成为桁架,不能再称之为机构。尚未求出机构自由度之前,可以将通过运动副连接在一起的构件组合物视为机构,如果由式(2-1)求得"机构"的自由度$F=0$,即可确认这一组合物为桁架而不是机构,这正是标题中在"机构"两字上添加引号的原因。

4. 平面机构有确定运动的条件

综上所述,机构自由度必须大于零,组成机构的构件才能够运动。同时,欲使机构中各个构件之间有确定的相对运动,必须使机构的自由度等于机构中原动件的数目。所以,平面机构有确定运动的条件归结为两点:

(1) 机构自由度大于零,即$F>0$(由于机构的自由度数一定是整数,所以该条件也可以表达成$F\geq1$);

(2) 机构的自由度数等于机构中原动件的数目。

2.3.3 计算平面机构自由度的注意事项

计算机构自由度,辨别机构是否具有确定运动,有时会出现分析结果与机构实际运动情况不吻合。例如,计算求得的机构自由度数与机构中原动件的数目不相等,但实际机构却有确定的运动。产生这一现象的主要原因是计算机构自由度的过程中,没有注意到机构组成的一些特殊情形。本节主要讨论计算机构自由度时应该注意的 3 种特殊情形:复合铰链、局部自由度和虚约束。

2.3.3.1 复合铰链

机构中,两个以上的构件,在同一轴线处,通过转动副形成的可动连接称为复合铰链。

图 2.15(a)是复合铰链的结构模型,图 2.15(b)是与图 2.15(a)所示复合铰链对应的运动副符号。由图 2.15(b)可见,构件 1 与构件 2 组成转动副 A、与构件 3 组成转动副 B,这两个转动副的轴线重合。由于转动副 A 与转动副 B 轴线重合,当选择构件的运动平面作为机构运动简图的视图平面时(即图 2.15(b)上方图形),转动副 A 与转动副 B 的符号重叠,只显示出一个转动副符号。这样,常常容易漏算运动副数目,导致机构自由度计算错误。由图 2.15 知,3 个构件在同一轴线处形成的复合铰链组成两个转动副。以此类推:机构中,如果有 K 个构件在同一轴线处形成复合铰链,则复合铰链处组成的转动副数目为 $(K-1)$ 个。因此,机构运动简图中,如果与一个转动副符号连接的构件数目超过两个,则为复合铰链。计算机构自由度时,应注意辨别复合铰链,准确地确定复合铰链处的运动副数目。

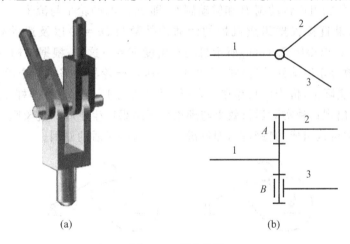

图 2.15　复合铰链

(a) 结构图[34];(b) 运动副符号

例 2-2　求图 2.16(a)所示摇筛机构的自由度。

观察分析　图 2.16(a)摇筛机构中,运动副 C 处有三个构件(构件 2、构件 3 和构件 4)与转动副的符号关联,说明运动副 C 是复合铰链。根据复合铰链处转动副数目的计算规律知,运动副 C 处的复合铰链含有 3-1=2 个转动副。

解　在图 2.16(a)所示摇筛机构中,构件 1、构件 2、构件 3、构件 4 和构件 5 是活动构件,即机构中的活动构件数 $n=5$;构件 1 分别与机架及构件 2 组成转动副 A 和转动副 B;构件 2 与构件 4 组成转动副 C_2(图 2.16(b));构件 3 分别与机架及构件 4 组成转动副 F 和转

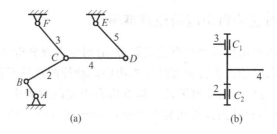

图 2.16　摇筛机构[27]

(a) 机构运动简图；(b) 复合铰链 C 处的俯视图

动副 C_1(图 2.16(b))；构件 5 分别与机架及构件 4 组成转动副 E 和转动副 D。这样，机构中共有 7 个低副，$p_L=7$，没有高副，即高副数 $p_H=0$。根据上述分析结果，由式(2-1)求得机构自由度 F 为

$$F = 3n - 2p_L - p_H = 3 \times 5 - 2 \times 7 - 1 \times 0 = 1$$

2.3.3.2　局部自由度(多余自由度)

机构中不影响其他构件运动，仅与自身局部运动有关的自由度称为局部自由度。

图 2.17 是摆动从动件凸轮机构。图 2.17(a)中摆杆 2 的端部通过一活动滚子 3 与凸轮 1 接触；图 2.17(b)中摆杆 2 的端部为圆形，没有活动滚子。计算图 2.17(a)所示机构自由度时，凸轮 1、摆杆 2 以及滚子 3 是活动构件，即 $n=3$；凸轮 1 与机架组成转动副 A，摆杆 2 与机架及滚子 3 分别组成转动副 B 和转动副 D，即 $p_L=3$；凸轮 1 与滚子 3 接触处构成高副 C，即 $p_H=1$。如果直接根据组成机构的活动构件数目($n=3$)以及运动副数目($p_L=3$，$p_H=1$)，由式(2-1)求得图 2.17(a)所示机构自由度 $F=2$；这样，根据机构有确定运动的条件(机构自由度数等于原动件数目)知，图 2.17(a)所示凸轮机构需有两个原动件，才可能有确定的运动。而实际上，机构中只存在一个原动件(凸轮 1)，从动件(摆杆 2)却能有确定的运动。为什么会出现这种实际运行效果与理论分析结果产生矛盾的现象呢？通过分析机构的运动情况，了解机构组成的特殊性，即可辨明产生这一矛盾的原因。

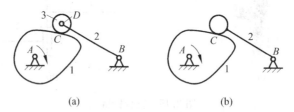

图 2.17　摆动从动件凸轮机构

(a) 有滚子；(b) 无滚子

1. 机构运动情况分析

如图 2.17(a)所示，摆动从动件凸轮机构有滚子时，原动件(凸轮 1)的运动通过滚子 3 传递给摆杆 2。如果将滚子与摆杆焊接成一体，形成一个如图 2.17(b)所示的没有滚子的摆杆，则原动件(凸轮 1)直接推动摆杆 2 往复摆动。由此可见，无论是否有滚子 3，滚子是否转动，并不影响凸轮 1 将运动传递给摆杆 2，也没有影响摆杆的往复运动。换言之，图 2.17(a)中的滚子 3 及其与摆杆 2 连接形成的转动副 D，对凸轮机构的运动没有产生影响。因此，滚

子 3 及其与摆杆 2 连接形成的转动副 D 属于局部自由度。

　　求解机构自由度时,应注意去除构成局部自由度的构件和运动副,这样才能得出正确的计算和分析结果。计算图 2.17(a)所示凸轮机构的自由度时,如果去除不影响机构输出运动的滚子 3 及其与摆杆 2 连接形成的运动副 D,即设想滚子 3 与摆杆 2 固结在一起(图 2.17(b)),这样,活动构件数 $n=3-1=2$,运动副数:$p_L=3-1=2$,$p_H=1$,计算得到的机构自由度 $F=1$,与原动件数目相等,符合机构有确定运动的条件,与机构的实际运动情况完全相符。

　　由于机构中的局部自由度,不影响其他构件的运动,也不影响机构的输出运动,因此,也称为多余自由度。

2. 局部自由度应用场合

　　由物理学原理知,滚动摩擦系数比滑动摩擦系数小。实际机构中,为了减少构件接触面间的摩擦和磨损,尤其在高副处,构件的接触通常为点接触或者线接触,承受的压强比较大。因此,如果在组成高副的一个构件上安装滚子、滚轮或者滚动轴承等,即通过机构中的局部自由度,就可以将组成高副构件间的滑动摩擦转换成滚动摩擦,减少构件的磨损。

2.3.3.3　虚约束(消极约束)

　　对机构自由度不起独立限制作用的重复约束称为虚约束。

　　图 2.18 是一个等宽凸轮机构,从动件框架 2 与机架构成两个移动副 B_1 和 B_2,如果去掉其中一个移动副,从运动学角度看,不会影响框架与机架之间的相对运动,因此,在两个移动副 B_1 和 B_2 中,有一个移动副对机构的自由度没有起到独立限制作用,属于虚约束。但是,从力学角度考虑,采用两个移动副改善了框架与机架之间的受力情况。如果只有一个移动副,框架相当于一个悬臂梁,悬臂梁的支承处(移动副所在位置)不仅有支承力的作用,而且还有比较大的弯曲力矩。再看凸轮 1 与框架 2,在 C_1 和 C_2 两处接触,由于接触处为线接触,形成两个平面高副。机构运动时,高副 C_1 和高副 C_2 之间的距离保持不变,这意味着两个高副 C_1 和 C_2 中,有一个高副对机构的自由度没有起到独立限制的作用,即只需一个高副,就可以将凸轮 1 的运动传递给从动框架 2,所以,其中一个高副属于虚约束。

　　图 2.19 所示的椭圆仪中,曲柄 1、连杆 2、滑块 3 及滑块 4 均是活动构件。其中,曲柄 1 分别与机架 5 及连杆 2 在 A 和 B 两处构成转动副;连杆 2 分别与滑块 3 及滑块 4 在 D 和 C 两处构成转动副;滑块 3 和滑块 4 分别与机架 5 在 D 和 C 两处构成移动副。机构中,构件之间存在几何尺寸关系:$AB=BD=BC$,$\angle DAC=90°$。介于这种特殊的几何关系,连杆 2 上,B 点的运动轨迹是圆心在 A 点、半径与曲柄 1 长度相等的圆,C 点的运动轨迹是沿着

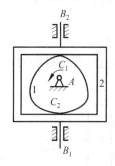

图 2.18　等宽凸轮机构

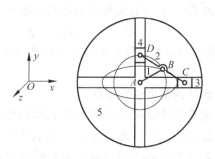

图 2.19　椭圆仪[28]

x 轴运动的直线,D 点的运动轨迹则是沿着 y 轴运动的直线。除 B、C、D 3 点之外,连杆 2 上其余各点的轨迹均为椭圆。机构中,滑块 4 虽然与连杆 2 在 D 点用转动副相连,并与机架 5 构成移动副,实际上,无论连杆 2 上的 D 点是否与滑块 4 构成转动副、滑块 4 是否与机架 5 组成移动副,连杆 2 上 D 点的轨迹均沿着 y 轴作直线运动,即滑块 4 与连杆 2 上 D 点组成的转动副,以及滑块 4 与机架 5 组成的移动副,对机构自由度没有起到独立限制的作用,属于虚约束。

例 2-3　在图 2.7(b)所示车轮联动机构中,已知各杆的长度关系:$l_2 = l_4 = l_5$,$l_{AD} = l_{BC}$,$l_{AF} = l_{BE}$。求机构自由度。

观察分析　由图 2.7(b)所示机构运动简图知,车轮联动机构有 4 个活动构件,6 个转动副,如果直接根据机构运动简图中的活动构件数目和运动副的数目,由式(2-1)计算求得机构自由度数 $F = 0$。这一计算结果表明,图 2.7(b)所示车轮联动机构无法运动。实际上,火车的车轮联动机构不仅能够运动,而且有确定的运动。分析机构的运动,可以得知产生这一现象的原因。

根据题目给定构件长度的特殊配置,机构中的构件组成两个平行四边形。在这两个平行四边形中,构件 3 的运动为平动。从组成机构的结构形式看,构件 3 上的 B 点、C 点和 E 点处,分别与 3 个等长度的转动构件(构件 2、构件 4 和构件 5)连接形成 3 个转动副;从构件 3 的运动效果看,等长度的构件 2、构件 4 和构件 5 中,只需其中任意两者与构件 3 连接,机构的运动效果与这 3 个等长构件同时与构件 3 连接时的运动效果完全相同。这一现象说明,等长构件 2、构件 4 和构件 5 中,有一者及其构成的运动副,对机构的运动并没有起到独立的限制作用,可谓虚约束。以构件 4 及其构成的运动副为例,构件 4 与构件 3 在 C 点连接形成转动副,构件 3 上 C 点的运动轨迹与构件 4 上 C 点的运动轨迹重合,都是以 D 点为圆心,以 l_{CD} 为半径的圆。如果去除图 2.7(b)中的构件 4,构件 3 上 C 点的运动轨迹不会因此受到影响,仍然是以 D 为圆心,以 l_{CD} 为半径的圆,即构件 3 的运动规律并没有因为去掉构件 4 及运动副 C 和 D 而改变。这一现象表明,构件 4 及其与机架及构件 3 连接形成的转动副 C 和转动副 D 的存在与否,不影响整个机构的运动,不具有独立限制作用,属于虚约束。如果保留构件 4,去除构件 2(或者构件 5)以及由其构成的运动副 A 和 B(或者 E 和 F),机构及其构件 3 的运动规律同样不会改变。

计算机构自由度时应去除构成虚约束的构件以及由其构成的运动副。

解　假设去掉图 2.7(b)中构成虚约束的构件 4,以及与其连接形成的转动副 C 和转动副 D,则计算机构自由度时,机构中的活动构件数 $n = 4 - 1 = 3$,低副数 $p_L = 6 - 2 = 4$,高副数 $p_H = 0$,由式(2-1)求得机构的实际自由度 F 为

$$F = 3n - 2p_L - p_H = 3(4 - 1) - 2(6 - 2) = 1$$

机构自由度的计算结果与车轮联动机构的实际运动情况吻合,符合机构有确定运动的条件。

1. 虚约束常出现的场合

1) 两个构件组成多个轴线重合的转动副

图 2.20 中,两个轴承支承一根装有零件 2 的轴 1,轴 1 与机架之间组成两个轴线重合的转动副 A_1 和 A_2,从运动的角度看,转动副 A_1 和

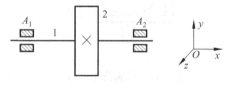

图 2.20　轴线重合的转动副

A_2 对轴 1 运动的约束作用完全相同,都限制轴 1 沿 y 轴和 z 轴方向移动的自由度,保留轴 1 绕 x 轴转动的自由度,如果去掉转动副 A_1 和 A_2 中的一个,并不会影响轴 1 绕 x 轴的转动。即转动副 A_1 和 A_2 中,实际上只有一个对轴 1 的运动起到独立限制作用,另一个则是虚约束。

图 2.21(a)所示自动送料机构中的凸轮 1 与机架构成两个转动副 A_1 和 A_2,这两个转动副均限制凸轮 1 沿 y 轴及 z 轴方向移动的自由度,保留凸轮 1 绕 x 轴转动的自由度,因此,其中一个是虚约束。

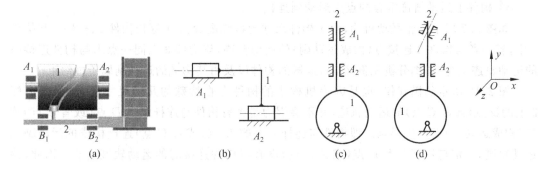

图 2.21　导路平行的移动副

(a) 送料机构[34];(b) 双滑块运动构件;(c),(d) 凸轮机构[27]

2)两个构件组成多个导路平行的移动副

图 2.21 是多个导路平行移动副的 3 个应用实例。图 2.21(a)所示自动送料机构中的推杆 2 与机架组成两个移动副 B_1 和 B_2,这两个移动副作用相同,都限制推杆 2 只能沿 x 轴线方向移动,去掉其中之一,不会影响推杆 2 的运动,故两个移动副 B_1 和 B_2 中有一个是虚约束。

图 2.21(b)所示双滑块运动构件中的构件 1 两端分别有一个滑块,两个滑块分别与机架构成两个移动副 A_1 和 A_2,这两个移动副的导路中心线平行,从运动角度看,去掉其中之一,不会对构件 1 的运动产生影响。即移动副 A_1 和 A_2 中,只有一个对构件 1 起到独立限制作用,另外一个则属于虚约束。图 2.21(c)所示直动从动件凸轮机构中的推杆 2 与机架组成两个移动副 A_1 和 A_2,这两个移动副都限制推杆 2 只能沿 y 轴线方向移动,其中,只有一个具有独立限制作用,另外一个则是重复约束,属于虚约束。

综上所述,两个构件组成两个以上导路平行的移动副时,其中,只有一个移动副具有独立限制作用,其余都属于虚约束。但是,如果两个构件组成多个移动副的导路不平行,或者不重合,则对构件的运动将起到约束作用,变成实际约束。图 2.21(d)中,推杆 2 与机架组成两个移动副 A_1 和 A_2,这两个移动副的导路中心线不平行,也不重合,此时,构件 2 被移动副 A_1 卡死,无法运动。这样,导路中心线平行时的虚约束(图 2.21(c))就变成了实际约束。在图 2.21(b)所示的双滑块运动构件中,如果运动副 A_1 和 A_2 的导路中心线不平行,则构件 1 也无法正常运动,这种情况下,两个运动副都变成对构件 1 的运动产生影响的实际约束。

3)机构中对运动不起作用的对称部分

如图 2.22 所示行星轮系,从运动角度看,轮系中有

图 2.22　行星轮系[29]

3 个行星轮与只有一个行星轮时的运动效果完全相同,即行星轮系运转时,实际上只有一个行星轮对轮系的运动起到约束作用,其余两个行星轮对轮系的运动没有独立限制作用。但是,为了使机构受力均衡、加强机构的刚性、改善机构的受力状况,以便传递比较大的功率,图 2.22 所示行星轮系中采用了 3 个行星轮。增加 2 个行星轮后,机构中的运动副随之增加,即增添了 2 个行星轮与转臂构成的转动副(有 2 个),行星轮与 2 个中心齿轮①构成的高副(有 4 个)。增加的行星轮及运动副不影响机构的运动,因此属于虚约束。

4) 构件上运动轨迹重合的点用运动副连接

如图 2.7 所示车轮联动机构,由于构件尺寸的特殊配置,3 个等长构件 2、构件 4 和构件 5 中,有一者与构件 3 连接点(构成运动副)的运动轨迹,与构件 3 上同一点未与构件连接时的运动轨迹重合(详细分析见例 2-3),这样的构件以及由其构成的运动副属于虚约束。

图 2.19 所示的椭圆仪,也是因为机构中的构件存在特殊的几何尺寸关系,使得连杆 2 上的 D 点(或者 C 点)的运动轨迹,并不会因为是否有构件与连杆 2 上 D 点(或者 C 点)连接(构成运动副)而产生影响。即构件与连杆 2 上的 D 点(或者 C 点)连接构成的运动副的运动轨迹,一定与连杆 2 上 D 点(或者 C 点)没有与构件连接时的运动轨迹重合。因此,该构件及其连接产生的运动副属于虚约束。

5) 两个构件上距离保持不变的点用运动副连接

图 2.18 所示等宽凸轮机构的框架 2 与凸轮 1 之间构成两个平面高副 C_1 和 C_2。机构运动过程中,这两个高副之间的距离始终保持不变,如果去除其中一个高副,不会影响机构的运动。因此高副 C_1 和 C_2 中,有一个是虚约束。

图 2.23(a)所示连杆机构在运动过程中,两个与机架连接的三角形构件上 A、B 两点之间的距离始终保持不变。如果在 A、B 之间添加构件 1,并使构件 1 的两端分别与两个连架杆(与机架相连的杆件)上的 A 点和 B 点连接形成运动副(图 2.23(b)),则 A 点和 B 点之间的距离不会因为构件 1 的引入产生变化,即构件 1 与两个连架杆上的 A、B 两点连接形成运动副后,并不会对机构的运动产生影响。因此,图 2.23(b)中的构件 1 及其在 A、B 两点连接形成的运动副属于虚约束。

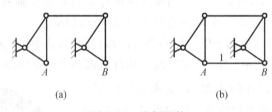

(a)　　　　　　　　　(b)

图 2.23　连杆机构

上述两例说明,两个构件上距离保持不变的两点之间,通过构件及运动副连接后,不会对机构的运动产生影响。

2. 虚约束的作用

机构中的虚约束是对机构运动不产生独立限制作用的重复约束,不会对机构以及机构中构件的运动产生影响。采用虚约束的目的,通常是为了改善机构中构件的受力情况,增强

---

① 关于行星轮系中转臂及中心齿轮的概念详见第 8 章"轮系"中的论述。

构件的刚性,以满足传递较大功率或者其他特定要求。例如,图 2.18 所示等宽凸轮机构中的虚约束、图 2.19 所示椭圆仪中连杆 2 端部的 D(或者 C)点处的虚约束、图 2.20 中轴 1 与机架构成的虚约束、图 2.21(a)所示送料机构中的虚约束、图 2.21(c)所示凸轮机构中的虚约束、图 2.22 所示行星轮系中的虚约束,以及图 2.23 所示连杆机构中的虚约束,都是为了改善构件的受力情况,增强构件的刚性,或者满足大功率传递的需要。而图 2.21(b)所示双滑块运动构件与机架构成的虚约束,则是为了满足特殊运动情形的需要。设计机构,为保证某种需求,必须使用虚约束时,应注意严格保证运动副的设计、加工和装配精度,以满足虚约束必需的几何条件,否则有可能导致虚约束变成实际约束(图 2.21(d)所示情形),影响机构正常运动。

习　　题

思考题

1. 图 2.1 中,构件 S 沿 F 方向线的移动,能否视为一种独立的运动? 为什么?

2. 图 1.13 所示内燃机中,有几个转动副? 几个移动副? 几个高副? 说明你辨别各个运动副类型的依据以及组成各个运动副的(2 个)构件名称。

3. 2.3.2 节中归纳了平面机构有确定运动的条件是:①机构自由度大于零,即 $F>0$(或者 $F\geqslant1$);②机构自由度数等于机构中原动件的数目。请阐述机构自由度 $F\geqslant1$ 能够与 $F>0$ 等价的理由。

选择填空及填空题

1. 用简单的线条及规定的符号表示构件和运动副,并按一定比例绘制的图形称为_____。

　　A. 机构的运动线图　　　B. 机构示意图　　　C. 机构运动简图　　　D. 机构装配图

2. 机构自由度指_____数目,通常等于_____数目。

　　A. 机构中的原动件　　　　　　　　　B. 组成机构的构件

　　C. 机构具有的独立运动　　　　　　　D. 机构中具有的运动副

3. 机构具有确定相对运动的条件是机构的_____。

　　A. 自由度数 $F\geqslant0$ 　　　　　　　　B. 活动构件数 $n\geqslant4$

　　C. 原动件数目>1 　　　　　　　　　D. 自由度数 $F=$原动件数目

4. 组成低副的两个构件之间是_____接触,组成高副的两个构件之间是_____接触。

　　A. 线　　　　　　　B. 点　　　　　　　C. 面　　　　　　　D. 没有

5. 平面机构中,一个低副具有_____个约束,_____个自由度;一个高副具有_____个约束,_____个自由度。

分析作图题

1. 试绘制图 1.18 所示爬行乌龟的机构运动简图,并计算其自由度,说明爬行乌龟需要几个原动件才能够有确定的相对运动。

2. 试绘制图 3.38 所示手动抽水泵的机构运动简图,并在机构运动简图中标示出图 3.38 中对应构件的标号。

3. 图 2.24 所示各机构中,构件 1 均为机架,试绘制各机构的运动简图,并计算机构的自由度。

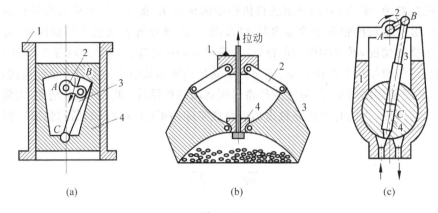

(a)　　　　　　　　　　(b)　　　　　　　　　　(c)

图　2.24

(a) 冲压机构;(b) 抓斗机构;(c) 油泵机构

计算题

计算图 2.25 所示各机构的自由度。机构中如果存在复合铰链、局部自由度或者虚约束,请在图中指出,并用文字注明。说明图(a)～(e)所示机构是否有确定运动。图(f)～(i)中的机构需要几个原动件才能有确定运动。

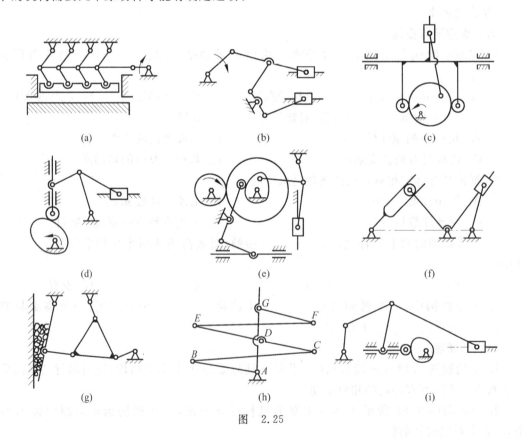

(a)　　　　　　　　　　(b)　　　　　　　　　　(c)

(d)　　　　　　　　　　(e)　　　　　　　　　　(f)

(g)　　　　　　　　　　(h)　　　　　　　　　　(i)

图　2.25

3 平面连杆机构

本章学习要求

◇ 四杆机构的基本形式、应用及其演化；

◇ 行程速比系数 K、极位夹角 θ、传动角 γ、压力角 α、机构死点位置等基本概念；

◇ 铰链四杆机构存在曲柄的条件；

◇ 四杆机构设计常见的两种基本类型：

  （1）按给定的行程速比系数 K 设计四杆机构；

  （2）按给定的连杆位置设计四杆机构。

3.1 平面连杆机构的基本型式和特性

3.1.1 平面连杆机构概述

1. 平面连杆机构的基本概念

平面连杆机构由若干个刚性构件通过低副（转动副及移动副）连接而成。组成平面连杆机构的各个构件均在同一个平面内或者在相互平行的平面内运动。平面连杆机构的显著特征是：机构中有一个构件作平面运动，这个构件称为连杆。平面连杆机构的名称由此而来。

图 3.1 所示机构中，构件 4 是机架，其余 3 个构件：构件 1、构件 2 和构件 3 是活动构件，这些构件之间通过低副连接形成机构。机构中的 3 个活动构件均在纸平面内运动，其中，活动构件 2 作平面运动，是机构中的连杆，因此，这两个机构都是平面连杆机构。其中，图 3.1(a)所示机构有 4 个构件（包括机架），机构中所有构件之间均通过转动副连接，这种 4 个构件通过转动副连接形成的平面连杆机构也称为铰链四杆机构。

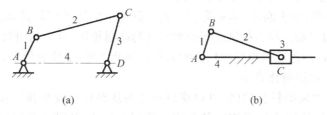

(a)   （b）

图 3.1　平面连杆机构

（a）铰链四杆机构；（b）曲柄滑块机构

如果机构中的构件之间均为低副连接（包括平面低副和空间低副），并且有一个或一个以上的构件不在相互平行的平面内运动，则称其为空间连杆机构。图 3.2 所示机构中，构件之间通过平面低副（转动副、移动副）和空间低副（球面副）连接而成，各个活动构件的运动不在同一个平面，也不在相互平行的平面内，是空间连杆机构。

图 3.2(a)～3.2(e)名称中的代号含义分别为：R 表示转动副(Revolute pair)、P 表示移动副(Prismatic pair)、S 表示球面副(Spherical pair)、C 表示圆柱副(Cylindrical pair)。空间连杆机构的类型代号反映出机构中连接构件的运动副类型和顺序，如图 3.2(b)所示机构中，连接构件的运动副类型和顺序为转动副 R→球面副 S→球面副 S→移动副 P，因此用代号"$RSSP$"表示该空连杆机构的类型。

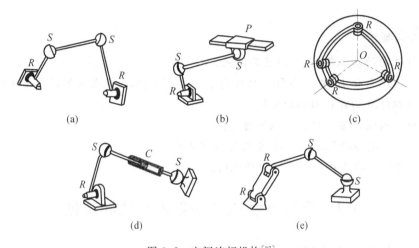

(a)　　　　　　　　(b)　　　　　　　　(c)

(d)　　　　　　　　　　　(e)

图 3.2　空间连杆机构[37]

(a) $RSSR$ 型；(b) $RSSP$ 型；(c) 球面 $4R$ 型；(d) $RSCS$ 型；(e) $RRSS$ 型

平面连杆机构在常规机械设备中应用非常广泛，空间连杆机构则在数控加工设备和航空航天设备中有着越来越广泛的应用。本书只针对平面连杆机构的形式、应用、特性及其设计进行讨论。平面连杆机构的设计、分析方法也是进一步学习、探讨和解决空间连杆机构设计问题的基础。

2. 平面连杆机构的特点

平面连杆机构的特点可以概括成以下 7 个方面：

(1) 运动副形状简单，便于制造，容易获得比较高的制造精度。组成连杆机构的构件之间均通过低副连接，低副元素的几何形状比较简单，通常是平面或圆柱面(见图 2.2)或棱柱面(见图 2.3)，因此便于加工制造，成本低廉。

(2) 承载能力强，便于润滑，不易磨损。连杆机构中的运动副均是低副，而组成低副的两个元素之间是面接触。与点接触或线接触形式的高副相比，载荷相同时，呈面接触的低副元素受到的压强低，因此可以承受比较大的载荷。除此之外，面接触的运动副利于存储润滑油，容易形成油膜，故磨损比较小。

(3) 改变构件之间的杆长比例，可以获得不同的从动件运动规律。在原动件运动规律不变的情况下，只要改变连杆机构中各个构件的相对尺寸，从动件便能实现不同的运动规律、满足不同的运动要求。1784 年瓦特发明蒸汽机，设计了图 3.3(a)所示的能够实现直线运动的连杆机构，该连杆机构与一个曲柄摇杆机构(即图 3.3(b)中，由曲柄(构件 5)、连杆(构件 4)、摇杆(构件 3)以及机架连接形成的机构)串联后，将蒸汽机中活塞的往复直线运动通过摇杆 3 和连杆 4 转换成曲柄 5 的连续转动。蒸汽机经过这一重大技术创新之后，成为真正意义上能够连续输出旋转运动的原动机，其应用范围因此而扩大，蒸汽机从此成为大工业中普遍应用的动力机械。[32]图 3.4 中的连杆机构与图 3.3(a)中的蒸汽机所用连杆机构类同,其原动件都是左边绕机架上固定点摆动的构件 1;图 3.3(a)与图 3.4 所示的3个机构中,原动件摆杆 1 的运动规律完全相同,机构的输出运动均为连杆 2 上一点的运动轨迹,但是,由于机构中构件之间的杆长比例不同。例如,图 3.3(a)和图 3.4 所示的 3 个机构中,连杆 2 上的轨迹点到原动件 1 摆动中心的距离不同、摆杆 1 与摆杆 3 的摆动中心之间的距离也不同,因而,连杆 2 上轨迹点绘制出的轨迹形状及轨迹长度均有所不同,轨迹点的速度和加速度规律也产生了相应的变化。这一现象表明,连杆机构中,在不改变主动件运动规律的情况下,改变机构中构件之间的杆长比例,就可以获得不同的从动件运动规律。

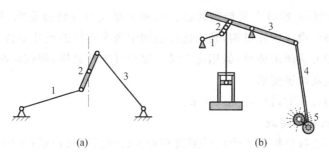

图 3.3　蒸汽机连杆机构[36]

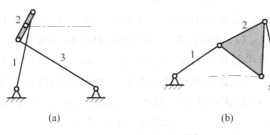

图 3.4　连杆机构[36]

(4) 连杆曲线丰富,能够满足不同要求。连杆机构运动时,连杆上不同位置点的轨迹呈现出不同形状的曲线,称其为连杆曲线。由图 3.5 可见,连杆曲线具有多样性。可以将连杆机构中的连杆看成在所有方向上无限扩展的一个平面,这一平面称为连杆平面。机构运动过程中,固接在连杆平面不同位置的轨迹描绘点,可以描绘出不同的连杆曲线形状。换言之,连杆曲线的形状随着机构中构件之间杆长比例的改变而改变。利用连杆机构的这一特点,改变机构中构件之间的杆长比例,可以得到形式众多的连杆曲线形状。这些千变万化、形式多样的连杆曲线,可以满足不同轨迹形状的设计要求。连杆机构的这一特点在工程实践中具有非常重要的应用价值,在机械工程中也得到了非常广泛的应用。

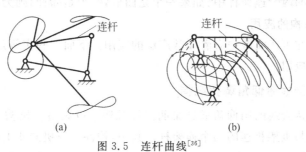

图 3.5　连杆曲线[36]

（5）不适用于高速运动的场合。连杆机构运动过程中，一些构件（例如，连杆）的质心作变速运动，故容易产生难以平衡的惯性力，增加机构的动载荷，使机构产生强迫振动。因此，连杆机构通常不适用于高速运动的场合。

（6）传递运动的累积误差比较大，机械效率低。连杆机构的构件尺寸很难保证精确，另外，运动副处的构件连接通常存在间隙，这样，运动由原动件传递到从动件的过程中，一般需经过若干个中间构件和运动副，运动的传递路线比较长，容易产生比较大的积累误差，因而机械效率低。

（7）机构设计复杂，难以实现精确轨迹。根据运动规律或轨迹要求，可以采用解析法、图解法和几何实验法设计连杆机构，确定连杆机构中各个构件的尺寸参数。目前，计算机辅助机构设计理论和方法尚未成熟，运用这 3 种方法设计连杆机构，均难以准确地满足运动规律要求和精确的运动轨迹要求。

关于连杆机构设计的讨论详见 3.4 节。

3. 铰链四杆机构的组成

最常见的平面连杆机构由 4 个构件通过转动副（铰链）连接而成（见图 3.1(a)），称这类连杆机构为平面四杆机构或铰链四杆机构。铰链四杆机构是平面连杆机构的基本形式。组成铰链四杆机构的构件类型可以划分成 3 大类：

（1）机架 —— 机构中固定不动的构件。任何机构都一定存在一个固定不动的构件，铰链四杆机构也不例外，图 3.1(a)中的构件 4 是铰链四杆机构中的机架。

（2）连架杆 —— 机构中与机架直接连接的构件。图 3.1(a)中的构件 1 及构件 3 与机架之间通过转动副连接在一起，是机构中的连架杆。如果连架杆相对于机架能够作整周转动，称其为曲柄；如果连架杆相对于机架只能在一定的角度范围内摆动，则称其为摇杆。

（3）连杆 —— 机构中不直接与机架连接的构件。图 3.1(a)中，构件 2 的两端分别与连架杆 1 及连架杆 3 通过转动副连接在一起，没有直接与机架 4 连接，是铰链四杆机构中的连杆。铰链四杆机构中一定存在一个连杆。

3.1.2　铰链四杆机构的基本型式和性质

铰链四杆机构的基本形式根据机构中的两连架杆是曲柄还是摇杆可以将其分为 3 种，即曲柄摇杆机构、双曲柄机构和双摇杆机构。本节主要介绍这 3 种铰链四杆机构的特性及其应用。

3.1.2.1　曲柄摇杆机构

铰链四杆机构的两个连架杆中，如果一个是曲柄，一个是摇杆，则为曲柄摇杆机构。

1. 曲柄摇杆机构的应用

曲柄摇杆机构在生产实践中有着非常广泛的应用。下面一些实例是曲柄摇杆机构在生活和生产实践中的应用。

实例 1　雷达天线俯仰角调整机构

图 3.6 所示雷达天线的俯仰角通过曲柄摇杆机构予以调整。机构中的构件 4 是机架；构件 1 和构件 3 是与机架相连的两个连架杆。其中，构件 1 绕机架 4 上的固定点整周转动，是曲柄；构件 3 绕机架 4 上的固定点在一定的角度范围内摆动，是摇杆。构件 2 不与机架直

接连接，是连杆。雷达天线与摇杆 3 固连并与其一同转动。转动曲柄 1 是原动件，通过连杆 2 带动摇杆 3 在一定角度范围内摆动，由此调整雷达天线俯仰角。

实例 2　搅拌机构

图 3.7 所示搅拌机构，利用曲柄摇杆中连杆上延伸点 A 的运动轨迹实现所需的搅拌动作，如搅面机中的搅面动作。

图 3.6　雷达天线调整机构[36]　　　　　图 3.7　搅拌机构

实例 3　插齿机构

图 3.8(a)中的插齿机构由曲柄摇杆机构和摇杆滑块机构组成。其中，构件 1(曲柄)、构件 2(连杆)、构件 3(摇杆)以及机架组成曲柄摇杆机构；构件 3(摇杆)、构件 4(连杆)、构件 5(滑块)和机架组成摇杆滑块机构。这两个机构串联后，将曲柄 1(插齿机构的原动件)的连续转动转换成滑块 5(插齿刀)的往复直线运动。图 3.8(b)所示插齿机构由曲柄摇杆机构和齿轮齿条机构组成。其中，曲柄摇杆机构由构件 1、构件 2、构件 3 及机架组成；摇杆端部的扇形齿轮与齿条 4 形成齿轮齿条机构。

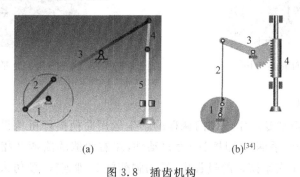

(a)　　　　　　　　(b)[34]

图 3.8　插齿机构

实例 4　步进输送机构

图 3.9 是用于自动生产线上的步进输送机构，机构借助曲柄摇杆机构中连杆上 E 点的轨迹满足步进输送机构间歇输送工件的要求。曲柄 1 是曲柄摇杆机构的原动件，作整周转动，连杆 2 上 E 点的轨迹形似卵形曲线，轨迹上方是一段近似水平的直线。输送构件 5 与连杆 2 上的 E 点用转动副连接，这样，构件 5 上各点的运动轨迹与曲柄摇杆机构中连杆 2 上 E 点的卵形轨迹相同。当连杆 2 上 E 点行经卵形曲线上部时，输送构件 5 作近似水平直线移动，带动输送带上的工件水平向前移动。曲柄 1 每转动 1 周，工件向前移动一个工位。

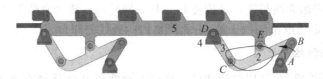

图 3.9 步进输送机构[34]

实例 5 颚式破碎机

图 2.9(a)所示颚式破碎机利用了曲柄摇杆机构的工作原理(图 2.9(b))。对比图 2.9(a)及图 2.9(b)可见,颚式破碎机中的偏心轮 2 相当于曲柄摇杆机构中的曲柄;动颚 3 是曲柄摇杆机构中的连杆;杆件 4 则是曲柄摇杆机构中的摇杆。

实例 6 旋转泵

图 3.10 所示旋转泵也利用了曲柄摇杆机构的工作原理。图中,偏心轮 1 类似于曲柄摇杆机构中的曲柄,其几何中心 B 绕点 A 整周旋转,A、B 两点之间的距离是曲柄长度;转动副 C 是构件 2 与构件 3 的连接点,偏心轮几何中心 B 与转动副 C 中心之间的距离 BC 是曲柄摇杆机构中连杆的长度;构件 3 与连杆 2 及机架 4 的连接点之间的距离 CD 是曲柄摇杆机构中摇杆的长度。

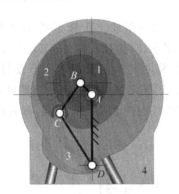

图 3.10 旋转泵机构[34]

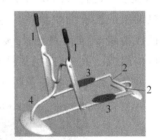

图 3.11 散步机

实例 7 散步机

图 3.11 是艺术造型专业学习该门课程的学生运用曲柄摇杆机构设计的散步机。散步机左右两侧交错摆动的手柄 1(即摇杆)为原动件,左右两侧的曲柄 2 相对于其回转中心错位 180°,在两个手柄 1 交错摆动的过程中,带动脚踏杆 3(即连杆)模仿人双脚行走时的运动步态交错地进行上下抬步和前后运动,构件 4 是散步机固定不动的机架。

实例 8 织机打纬机构

图 3.12 是纺织机械中织机的打纬机构。其中,构件 1、构件 2、构件 3 以及机架连接形成曲柄摇杆机构。钢扣 4 与摇杆 3 固连成一体,随摇杆 3 一同摆动,其作用是将纬纱推向织口两根经线交接处。曲柄摇杆机构中,摇杆 3 是打纬机构的筘座脚,钢扣 4 随摇杆 3 一同运动,连杆 2 是打纬机构的牵手。织布时,曲柄 1 连续转运,通过牵手 2 带动摇杆 3(钢扣 4)往复摆动,钢扣 4 将穿过上下经线之间的纬纱推向织口两根经线的交接处。

2. 曲柄摇杆机构的急回运动特性

图 3.13 是曲柄摇杆机构中的摇杆位于两个极限位置 DC_1 和 DC_2 时,机构中其余构件所处的位置状态。由图可见,曲柄 AB 转动 1 周的过程中,与连杆 BC 两次处于共线位置,即曲柄 AB 与连杆 BC 位于同一直线上。当摇杆处于右极限位置 DC_1 时,曲柄在 AB_1 位置,此时摇杆上的 C_1 点距离曲柄转动中心 A 最远,曲柄 AB 与连杆 BC 呈现为拉直共线。当摇杆处于左极限位置 DC_2 时,曲柄在 AB_2 位置,此时摇杆上的 C_2 点距离曲柄转动中心 A 最近,曲柄 AB 与连杆 BC 呈现为重叠共线。为便于分析机构的运动特性,对机构在这两个特殊位置时的相关角度予以定义。

图 3.12 织机打纬机构[38]

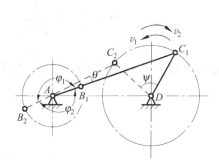

图 3.13 曲柄摇杆机构运动分析

摇杆摆角ψ:指曲柄摇杆机构中,摇杆两个极限位置 DC_1 和 DC_2 之间的夹角。

极位夹角θ:机构中输出运动的从动件位于极限位置时,原动件在对应位置之间所夹锐角。如果原动件在对应位置之间的夹角为钝角,则机构的极位夹角 θ 等于 180°减去原动件在对应位置间所夹钝角。图 3.13 所示曲柄摇杆机构中,从动件摇杆 DC 在两个极限位置 DC_1 和 DC_2 时,原动件曲柄 AB 所处的对应位置分别是 AB_1 和 AB_2,由图 3.13 知,曲柄 AB 的两个极限位置 AB_1 和 AB_2 之间的直接夹角 φ_1 和 φ_2 均为钝角,不符合极位夹角是锐角的定义。这种情况下,该机构的极位夹角 θ 实际上是曲柄 AB 在极限位置 AB_1 的延长线与 AB_2 之间所夹的锐角。

图 3.13 所示曲柄摇杆机构中,设曲柄 AB 是原动件,作逆时针匀速转动。分析机构输出运动的构件——摇杆 DC 的运动属性时,可以将曲柄 AB 转动一圈的过程分解成两大步骤,表 3.1 是与图 3.13 对应的机构运动分析。

表 3.1 曲柄摇杆机构运动分析

步骤	构件	起始位置	终止位置	转过角度	时间	摇杆上 C 点的平均速度
1	曲柄	AB_1	AB_2	$\varphi_1 = 180° + \theta$	t_1	
	摇杆	DC_1	DC_2	ψ		$v_1 = \widehat{C_1 C_2}/t_1$
2	曲柄	AB_2	AB_1	$\varphi_2 = 180° - \theta$	t_2	
	摇杆	DC_2	DC_1	ψ		$v_2 = \widehat{C_2 C_1}/t_2$

如果机构的极位夹角 $\theta \neq 0$,则 $\varphi_1 > \varphi_2$,由于曲柄 AB 匀速转动,所以 $t_1 > t_2$,这样,摇杆

上 C 点的运动速度 $v_1 < v_2$。这一分析结果表明,曲柄摇杆机构中,若以曲柄为原动件,摇杆为从动件,则摇杆往复摆动的速度不相等。图 3.13 中,将摇杆由 DC_1 摆动到 DC_2 的运动作为工作行程,其速度 $v_工 = v_1$;摇杆由 DC_2 摆动到 DC_1 的运动作为空回行程,其速度 $v_空 = v_2$。则摇杆在空回行程时的速度 $v_空$ 大于工作行程时的速度 $v_工$,即摇杆具有急速返回的运动特性,将机构工作时,输出运动的从动件急速返回的特性,称为机构的急回运动特性,并用行程速比系数 K 表示。规定:

$$K = \frac{v_空}{v_工} = \frac{v_2}{v_1} \tag{3-1}$$

由图 3.13 及表 3.1 可得

$$K = \frac{v_2}{v_1} = \frac{\dfrac{\overset{\frown}{C_2 C_1}}{t_2}}{\dfrac{\overset{\frown}{C_1 C_2}}{t_1}} = \frac{t_1}{t_2} = \frac{\varphi_1}{\varphi_2} = \frac{180° + \theta}{180° - \theta}$$

即行程速比系数 K 与机构的极位夹角 θ 之间存在以下关系:

$$K = \frac{180° + \theta}{180° - \theta} \tag{3-2}$$

或者

$$\theta = 180° \frac{K - 1}{K + 1} \tag{3-3}$$

行程速比系数 K 的计算公式(3-2)表明,机构有无急回运动特性,取决于机构是否存在极位夹角 θ。如果机构的极位夹角 $\theta \neq 0$,则行程速比系数 $K > 1$,式(3-1)说明从动件在空回行程时的速度 $v_空$ 大于工作行程时的速度 $v_工$,机构有急回运动特性。极位夹角 θ 越大,行程速比系数 K 值就越大,机构的急回运动特性越显著。

设计要求具有急回运动的机构时,通常根据所需的 K 值,由式(3-3)求解机构的极位夹角 θ 值,然后再根据极位夹角 θ 确定机构中各个构件的尺寸。由于机构的极位夹角 θ 定义为锐角,即 $\theta < 90°$,根据式(3-2)可以求得行程速比系数 K 的最大理论值是 3。但是设计机构时,不仅要考虑机构的运动特性,通常还需考虑机构的动力特性,而机构的动力特性受到机构最小传动角的限制(机构最小传动角相关内容讨论详见本节"3. 曲柄摇杆机构传力性能分析")。因此,实际应用中,一般取机构的行程速比系数 $K \leqslant 1.4$。

3. 曲柄摇杆机构传力性能分析

机构的传力性能通过机构压力角或者机构传动角予以衡量。这里,以曲柄摇杆为对象,讨论机构压力角和传动角对机构传力性能的影响,其概念与分析方法同样适合于其他类型机构的传力性能分析。

1) 机构压力角 α 和传动角 γ 对机构传力性能的影响

不计运动副处的摩擦时,机构输出运动的构件上,驱动力受力点处力的方向线与该点运动方向线所夹锐角称为机构的压力角,用 α 表示。

在图 3.14(a)所示曲柄摇杆机构中,设曲柄 AB 为原动件,摇杆 DC 为输出运动的构件。如果不计机构中各个构件的质量及运动副处的摩擦,则连杆 BC 是一个二力构件,此时,连杆 BC 上 C 点的受力作用线沿着连杆上运动副 B 和 C 的中心连线。摇杆 DC 上 C 点受到的力与连杆 BC 上 C 点所受的力是作用力与反作用力关系,两者大小相等,方向相反。因此,摇杆上 C 点所受力 F 的方向线也是沿着连杆上 B、C 两点中心的连线。另外,摇杆上 C 点是摇杆驱动力的受力点,该点的速度 v_C 与摇杆上 D、C 两点中心连线垂直。根据压力角的定义,图 3.14(a) 中,输出运动的构件摇杆 DC 上 C 点所受力 F 的作用线与 C 点的速度 v_C 方向线之间所夹的锐角 α 就是机构在此位置状态下的压力角。应当注意,由于压力角定义为锐角,如果机构输出运动的构件上,驱动力受力点处力 F 的作用线与速度 v_C 方向线之间的夹角不是锐角,则机构的压力角是力作用线与速度方向线间夹角的补角,即机构压力角等于 $180°$ 减去力作用线与速度方向线之间的夹角。

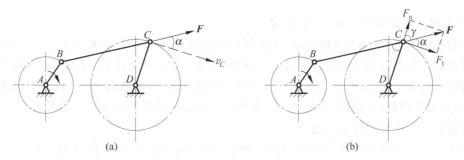

图 3.14 曲柄摇杆机构力分析

机构压力角 α 的余角称为机构的传动角,用 γ 表示,$\gamma = 90° - \alpha$。

分析机构传力性能时,通常在机构输出运动构件上的驱动力受力点处度量机构的传动角,并由此判断机构的传力性能。下面详细分析和讨论机构压力角 α (或传动角 γ) 对机构传力性能的影响。

图 3.14(b) 中,摇杆上 C 点受到的作用力 F 可以分解成两个相互垂直的分力 F_t 和 F_n。其中,力 F_t 的作用线垂直于摇杆上 C、D 两点的连线,即与摇杆上 C 点速度 v_C 的方向线重合,称其为切向分力。切向分力 F_t 是驱动摇杆转动的有效分力。力 F_n 的作用线与摇杆上 C、D 两点的连线重合,称其为径向分力,该力使摇杆承受拉力或者压力。由图 3.14(b) 中力的矢量关系图得

$$\left. \begin{array}{l} F_t = F\cos \alpha \\ F_n = F\sin \alpha \end{array} \right\} \tag{3-4}$$

由式 (3-4) 可知,机构压力角 α 越小,切向分力 F_t 就越大,机构能做的有效功也越大;同时,径向分力 F_n 越小,摇杆 DC 在 C 点处受到的摩擦力越小,机械效率就越高。两者综合后得出结论:机构的压力角 α 越小,其传力性能越好。因此,通过机构压力角的大小可以判断机构传力性能的优劣。由图 3.14(b) 所示曲柄摇杆机构知,当连杆 BC 与摇杆 DC 之间的夹角为锐角时,机构的传动角 γ 等于连杆 BC 与摇杆 DC 之间的夹角。实际应用中,为便于测定机构的传力性能,一般直接借助传动角 γ (图 3.14(b) 中是连杆 BC 与摇杆 DC 之间的夹角) 判断机构的传力性能。传动角 γ 越大 (即压力角 α 越小),机构的工作效率越高,传力性能越好。因此,设计机构时,通常规定机构的最小传动角 γ_{min} 大于一定值,以保证机构能够有良好的传力性能。

机构运转到不同位置时,其传动角 γ 具有不同的值。为使机构在整个运动循环过程中均能保证良好的传力性能,必须让机构运动过程中的最小传动角 γ_{min} 大于一定值。机构传

动角 γ 允许的最小值,取决于机构传递的功率大小。表 3.2 中推荐了不同功率的机器中机构最小传动角的取值范围。

表 3.2　机构最小传动角 γ_{min} 的取值范围

γ_{min} 取值	机器传递功率的类别
$\gamma_{min} \geqslant 50°$	大功率传动机器,如颚式破碎机
$\gamma_{min} \geqslant 40°$	一般传动,如普通金属切削机床
γ_{min} 略小于 $40°$	小功率传动,如仪器、仪表

2) 机构出现最小传动角 γ_{min} 的位置

机构传动角越大,传力性能越好,如果能够保证机构的最小传动角 γ_{min} 大于一定值,则机构运动到非最小传动角的位置时,也一定能够保持良好的传力性能。因此,根据传动角分析机构的传力性能时,首先需要找出机构的最小传动角 γ_{min} ,再判断 γ_{min} 是否大于传动角的规定值,并由此判断机构的传力性能。了解机构出现最小传动角 γ_{min} 的位置状态特征,以利定性分析和判断机构的传力性能。

在图 3.15(a)所示曲柄摇杆机构中,曲柄原主动件时,机构的传动角可以通过连杆 BC 与摇杆 DC 之间的夹角 $\angle BCD$ 求得。由于传动角 γ 一定是锐角,故 $\angle BCD < 90°$ 时, $\gamma = \angle BCD$ (图 3.15(a)及图 3.15(b));当 $\angle BCD > 90°$ 时, $\gamma = 180° - \angle BCD$ (图 3.15(c))。由图 3.15(a)可见, $\angle BCD$ 与 BD 边对应。 BD 边越长, $\angle BCD$ 越大。图 3.15(b)是曲柄 AB 与机架 AD 重叠共线的情形,此时, BD 边最短($BD = B_1 D$),机构在这一位置状态时, $\angle BCD$ 最小。如果 $\angle BCD_{min} < 90°$,则机构最小传动角 γ_{min} 可能出现在 $\angle BCD_{min}$ 处,即 $\gamma_{min} = \angle BCD_{min}$ (图 3.15(b))。图 3.15(c)中,曲柄 AB 与机架 AD 处于拉直共线位置,此时 BD 边最长($BD = B_2 D$),与其对应的 $\angle BCD$ 也最大,如果 $\angle BCD_{max} > 90°$,则机构最小传动角 $\gamma_{min} = 180° - \angle BCD_{max}$,即 γ_{min} 也可能出现在 $\angle BCD_{max}$ 处。

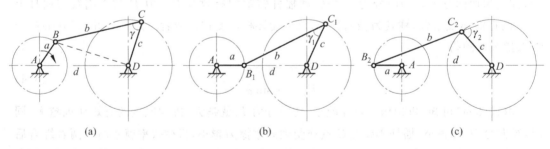

图 3.15　机构传动角
(a) $\gamma = \angle BCD$; (b) $\gamma_1 = \angle B_1 C_1 D$; (c) $\gamma_2 = 180° - \angle B_2 C_2 D$

根据上述分析得出结论:<u>曲柄摇杆机构中,曲柄作为主动件时,机构的最小传动角 γ_{min} 一定出现在曲柄与机架共线(拉直共线或者重叠共线)的位置</u>。求解机构最小传动角 γ_{min} 时,首先求出曲柄与机架在两个共线位置时连杆与摇杆之间的夹角 $\angle BCD$,进而求得机构在这两个位置的传动角 γ_1 和 γ_2 ,其中较小者即机构的最小传动角 γ_{min} 。

例 3-1　求解图 3.16 中曲柄摇杆机构的最小传动角 γ_{min} 。

观察分析　图 3.16(a)中,曲柄 AB 与机架 AD 在拉直共线位置 $AB_1 C_1 D$ 和重叠共线

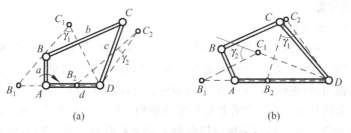

图 3.16　曲柄摇杆机构传动角[27]

位置 AB_2C_2D 时的传动角 γ_1 和 γ_2 均为锐角,因此,机构最小传动角 γ_{min} 是两者中的较小者,即 $\gamma_{min}=\angle BCD_{min}=\angle B_2C_2D$。

图 3.16(b)中,曲柄与机架处于重叠共线位置 AB_2C_2D 时,$\angle B_2C_2D$ 最小且为锐角,即 $\angle BCD_{min}=\angle B_2C_2D<90°$,此时,机构传动角 $\gamma_1=\angle BCD_{min}=\angle B_2C_2D$;曲柄与机架处于拉直共线位置 AB_1C_1D 时,$\angle BCD$ 最大且为钝角,即 $\angle BCD_{max}=\angle B_1C_1D>90°$,此时,机构传动角 $\gamma_2=180°-\angle BCD_{max}=180°-\angle B_1C_1D$。在这种情况下,机构最小传动角 γ_{min} 是 γ_1 和 γ_2 中的较小者。

例 3-2　确定图 3.17 中客车车门开闭机构在图示位置时的传动角 γ。

观察分析　图 3.17 所示车门开闭机构,由汽缸 1、直角形摇杆 2、直角形连杆 3(车门)、滑块 4 及机架组成。汽缸 1 左(或右)端进气时,其内的活塞杆右(或左)移,带动摇杆 2 绕机架上的固定点摆动。滑块 4 在机架槽中,沿水平方向往复移动,是机构中输出运动的构件。车门 3 分别与摇杆 2 及滑块 4 连接,不与机架直接连接,因此是机构中的

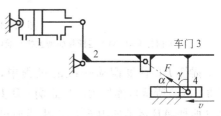

图 3.17　车门开闭机构[29]

连杆。如果忽略机构中各个构件的质量以及运动副处摩擦力的影响,直角形连杆 3(车门)可以视为二力构件,即连杆 3 仅仅在与摇杆 2 及滑块 4 的连接处受到力的作用,两处的力的作用线与连杆 3 两端转动副的连线重合。滑块 4 是车门机构运动终端的从动件,分析机构中滑块 4 驱动力受力点处的传动角可以判断该机构的传力性能。滑块 4 上与连杆 3 连接点处受到的力驱动 F,与连杆 3 在该点受到的力呈作用力和反作用力关系,两者大小相等,方向相反。因此,力 F 的方向线与连杆 3 两端转动副的连线重合。另外,滑块 4 只能沿机架中的水平槽沿水平方向左右移动。因此,图 3.17 所示车门开闭机构的压力角 α 就是滑块 4 上驱动力受力点处的力方向线和运动方向线之间的夹角。压力角 α 的补角即为该机构的传动角 γ。

4. 极位夹角 θ、压力角 α、传动角 γ 特征比较

机构的极位夹角 θ、压力角 α 和传动角 γ 具有的共同特征是 3 个角度均为锐角。三者不同之处表现为:极位夹角 θ 反映机构运动输出构件的急回运动特性,与机构中的原动件相关;压力角 α 和传动角 γ 反映机构的传力性能,在机构输出运动构件上的驱动力受力点处度量。

确定机构系统的压力角及传动角时应注意:机构系统的压力角 α 及传动角 γ 应在系统终端输出运动的构件上度量。

5. 机构死点位置

1) 机构死点位置分析

在图 3.18(a)所示曲柄摇杆机构中,摇杆 DC 为原动件,曲柄 AB 是机构输出运动的构件,作用在摇杆 DC 上的驱动力通过运动副 C 传递给连杆 BC,如果不考虑连杆 BC 的质量及运动副中的摩擦力,则连杆 BC 是一个二力构件。这样,摇杆 DC 在运动副 C 处传递给连杆 BC 的作用力,以及连杆 BC 在运动副 B 处传递给曲柄 AB 的作用力 F',其作用线都与连杆上 B、C 两点的连线重合。力 F' 可以分解成切向分力 F_t 和径向分力 F_n,其中,切向分力 F_t 始终与曲柄 AB 垂直,对 A 点产生力矩,使曲柄 AB 转动。由图 3.18(a)中力的矢量关系可得

$$\left.\begin{array}{l} F_t = F'\cos\alpha \\ F_n = F'\sin\alpha \end{array}\right\} \tag{3-5}$$

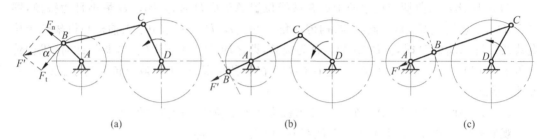

图 3.18　机构死点位置分析

(a) 摇杆主动;(b) 连杆与曲柄重叠共线($\alpha=90°$,$\gamma=0°$);(c) 连杆与曲柄拉直共线($\alpha=90°$,$\gamma=0°$)

摇杆 DC 往复摆动一次的过程中,连杆 BC 与曲柄 AB 两次共线(如图 3.18(b)和图 3.18(c)所示),连杆 BC 与曲柄 AB 共线时,机构的压力角 $\alpha=90°$,传动角 $\gamma=0°$。此时,驱动曲柄 AB 运动的力 F' 的作用线通过其回转中心 A,$F_t=F'\cos90°=0$,即力 F_t 对 A 点的力矩为零,这种情况下,无论在摇杆 DC 上施加多大的驱动力矩,即无论力 F' 有多大,都无法驱动曲柄 AB 转动,这种位置状态称为机构的死点位置。

根据上述分析得出结论:曲柄摇杆机构中,如果摇杆作为主动件,则曲柄与连杆共线时,机构处于死点位置。

2) 死点位置对机构运动的影响

机构处于死点位置时,一方面,会导致从动件运动时出现卡死或者自锁现象,此时无论给原动件施加多大的驱动力或者驱动力矩,机构运动终端的从动件都无法运动。另一方面,也会引起机构的从动件产生运动不确定现象。图 3.18(b)和图 3.18(c)中,机构处于死点位置时,输出运动的曲柄 AB,存在两种可能的运动方向,即继续沿原方向转动,或者向与原运动相反的方向转动。图 3.19 所示的缝纫机踏板机构,是以摇杆 1 为原动件的曲柄摇杆机构。踏板 1(摇杆)往复摆动,通过连杆 2 将运动传递给与带轮固连的曲轴 3(曲柄),驱动带轮转动,带轮则将运动传递给缝纫机头部的主轴。使用缝纫机时,经常会出现脚踏不动,或带轮反转现象,这实际上正是机构处于死点位置

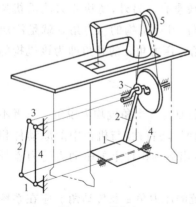

图 3.19　缝纫机

（连杆2与曲柄3共线）引起从动曲柄3卡死（自锁），导致脚踏不动踏板。带轮反转则是因为从动曲柄3产生了运动不确定现象。缝纫机正常工作时，借助于安装在缝纫机头部的飞轮5（亦是从动带轮）的惯性力，使缝纫机踏板机构中的曲柄冲过死点位置。

3）机构死点位置的应用

机构死点位置并非只对机构的运动产生负面影响。工程实践中，很多场合利用了机构死点位置的工作特性。

图3.20中的飞机起落架采用平面四杆机构。飞机放下着陆轮后（图3.20（a）），连杆 BC 与连架杆 DC 位于同一直线上，机构处于死点位置。此时，地面对着陆轮有一个支承反力，由于机构处于死点位置，此时，地面对着陆轮的支承反力再大，也无法驱动连架杆 DC 绕 D 点转动。换言之，飞机着陆轮着地之后，支承着陆轮的起落架不会因为受到地面支承反力的作用而折回。飞机起落架借助了机构死点位置保证着陆轮工作的可靠性。飞机起飞欲收回着陆轮时，必须通过外部驱动力驱动构件 DC 绕 D 点转动（图3.20（b））。

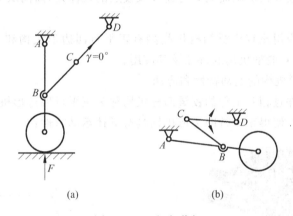

图 3.20 飞机起落架

（a）着陆；（b）收起

图3.21所示手动夹具机构由连架杆1、连杆2、连架杆3及机架4组成。其中，连杆2是夹具机构的施力手柄。在施力手柄2上施加向下的作用力 P，工件被夹紧后，构件2与构件3位于同一直线，机构处于死点位置状态（图3.21（b））。如果不计构件质量及运动副中的摩擦力，构件2是一个二力构件，其上 B、C 两点受到的力作用线与运动副 B、C 的中心连线重合。夹具夹紧工件并去除施加在手柄上的力 P 后，工件作用在连架杆1上的力

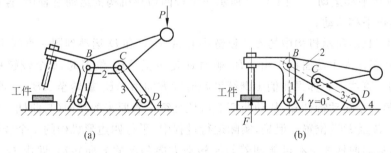

图 3.21 手动夹具机构

（a）松开夹具；（b）夹紧工件

F 经过连杆2在运动副 C 处传递至连架杆3(此时,连架杆3是机构运动终端的从动件),因此,连架杆3上 C 点受到的力与连杆2上 C 点的力呈作用力与反作用力关系,两者大小相等,方向相反,其上 C 点力的作用线也沿着 B、C 两点的连线,并且通过转动中心 D。另外,连架杆3上 C 点的速度方向线垂直于 C、D 两点的连线。由机构压力角的定义知,手动夹具机构在图3.2(b)所示夹紧位置时的压力角 $\alpha = 90°$,传动角 $\gamma = 0°$,处于死点位置。这意味着,夹具夹紧工件时,工件作用于连架杆1上的力 F 再大,也无法驱动连架杆3绕 D 点转动,即夹具不会因为工件反作用力 F 的作用而产生松动,由此保证了夹具工作的可靠性。欲取出被夹紧的工件,必须在手柄(连杆2)上施加一个向上的作用力,才能松开夹具。

3.1.2.2 双曲柄机构

铰链四杆机构中,如果两个连架杆均为曲柄,则是双曲柄机构。

图3.22所示惯性筛是双曲柄机构的一个应用实例,其中,主动曲柄1等速旋转,从动曲柄2变速转动,筛子连接在从动曲柄2与连杆铰接点的延伸处,随同从动曲柄2作变速的往复直线运动。

双曲柄机构中,应用比较广泛的机构类型有正平行四边形机构和反平行四边形机构。下面分别讨论这两类双曲柄机构的特征及其应用。

1) 正平行四边形机构的运动特性和应用

对边杆长相等,并且相互平行的铰链四杆机构称为正平行四边形机构(图3.23)。由于构件尺寸的特殊配置,使得正平行四边形机构具有下述运动特性:

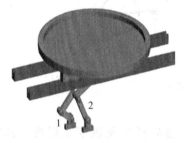

图 3.22 惯性筛[39]

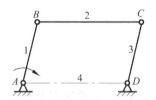

图 3.23 正平行四边形机构

(1) 机构中的主动曲柄与从动曲柄同速同方向转动。图3.23中,如果曲柄1是原动件,沿顺时针方向匀速旋转,则从动曲柄3也沿顺时针方向匀速转动。

(2) 连杆作平移运动。在图3.23所示正平行四边形机构的运动过程中,连杆2上各点的速度相等,作平移运动。

(3) 图3.24(a)所示机构中的4个铰链中心 A、B、C 和 D 运动到同一直线上时,其运动处于不确定状态。即主动曲柄1由 AB_1 顺时针旋转至 AB_2 位置时,4个铰链中心 A、B_2、D、C_2 位于同一直线上。如果曲柄1继续沿顺时针方向由 AB_2 旋转至 AB_3 位置,由平行四边形机构的第一个运动特性知,从动曲柄3应该继续沿着原来的转向(与曲柄1相同的转动方向)由 DC_2 转至 DC_3' 位置。但是,实际运行过程中,平行四边形机构的4个铰链中心位于同一直线时,从动曲柄3也有可能朝着与原转动方向相反的方向转动,即由 DC_2 逆时针转至 DC_3'' 位置。此时,曲柄3出现了朝两个方向转动的可能性,机构处于运动不确定状态。

为消除正平行四边形机构的运动不确定状态,通常在主动曲柄及从动曲柄上错开一定角度,固连一组杆长比例相同的平行四边形机构。图3.24(b)所示这样,当第一组平行四边形机构的4个铰链中心位于同一直线上时,与其固连的第二组平行四边形机构仍然处于正常的工作位置(图3.24(b)中虚线所示机构的位置状态),由此消除了4个铰链中心处于共线位置时机构的运动不确定状态。图3.24(c)和图3.24(d)中的车轮联动机构,将车厢两侧正平行四边形机构的曲柄位置错开90°布置(图3.24(c)),这样,当车厢一侧的正平行四边形机构中各个铰链点位于同一直线上时,车厢另一侧的正平行四边形机构仍然处于正常的工作位置,由此避免了运动不确定现象。

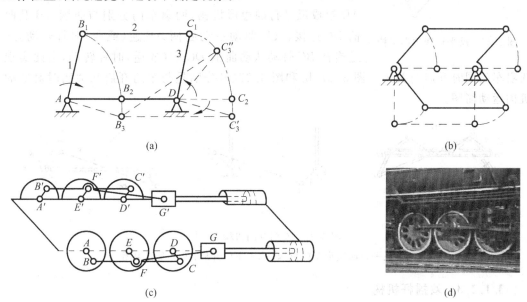

图 3.24 正平行四边形机构运动不确定现象及其消除方法
(a) 运动不确定现象;(b) 双平行四边形机构;(c) 车轮联动机构[29];(d) 火车车轮[28]

图3.25是正平行四边形机构在生产实践中的一些应用实例。图3.25(a)中的天平,采用两个对称并且联动的正平行四边形机构,保证两端秤盘中物料的重量平衡,并通过随正平行四边形机构中曲柄一同转动的指针,指示出两个秤盘中物料重量的差值。图3.25(b)所示的升降平台通过液压或气动装置驱动连杆,并利用两个曲柄末端的运动推动平台上下运动。图3.25(c)所示的摄影平台机利用了正平行四边形机构中连杆平移的运动特性,使摄影平台能够平稳地上升和下降。

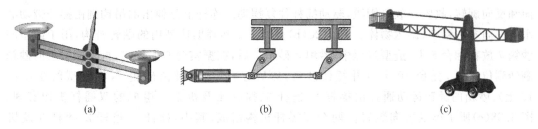

图 3.25 正平行四边形机构应用实例
(a) 天平[29];(b) 升降平台;(c) 摄影平台升降机[39]

2) 反平行四边形机构的运动特性及应用

对边杆长相等,但是连杆与机架不平行的铰链四杆机构称为反平行四边形机构。在如图 3.26 所示的反平行四边形机构中,主动曲柄匀速旋转时,从动曲柄作与主动曲柄转向相反的变速转动。图 3.26 中,主动曲柄 1 沿顺时针方向匀速旋转,从动曲柄 3 则沿逆时针方向变速转动。

图 3.27 是利用反平行四边形机构设计的车门开闭机构。图 3.27(a)中的曲柄 AB、曲柄 DC、连杆 BC 以及机架 AD 组成反平行四边形机构,两扇车门分别与曲柄 AB 及曲柄 DC 连接,汽缸驱动主动曲柄 AB 逆(或顺)时针转动,通过连杆 BC 带动从动曲柄 DC 顺(或逆)时针转动,由此实现两扇车门同时开启与关闭。图 3.27(b)和图 3.27(c)分别是与车门开启和关闭时对应的机构运动简图。

图 3.26 反平行四边形机构

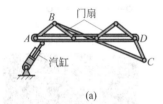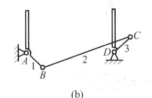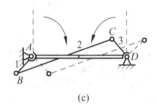

图 3.27   车门开闭机构[29, 34]

(a) 反平行四边形车门机构;(b) 车门开启;(c) 车门关闭

3.1.2.3 双摇杆机构

铰链四杆机构中,如果两个连架杆均为摇杆,则是双摇杆机构。双摇杆机构中的连杆有两种运动情形:①连杆能够整周转动;②连杆只是摆动。

双摇杆机构在生产实践中有着非常广泛的应用。图 3.20 中的飞机起落架、图 3.21 所示的工件夹紧机构,其机构原型均为双摇杆机构。图 3.20 中,摇杆 DC 是飞机起落架的原动件,摇杆 AB 与着陆轮固连。飞机着陆之前,主动摇杆 DC 绕 D 点逆时针转动(图 3.20(b)),通过连杆 BC 带动从动摇杆 AB 绕 A 点顺时针旋转,推出着陆轮,图 3.20(a)是着陆轮的着陆状态。飞机起飞时,主动摇杆 DC 绕 D 点顺时针转动(图 3.20(a)),通过连杆 BC 带动从动摇杆 AB 绕 A 点逆时针转动,着陆轮收回到机体内部(图 3.20(b))。

图 3.28 是双摇杆机构的另一些应用实例。图 3.28(a)所示鹤式起重机通过电动机正向和反向旋转,收紧与放松钢缆,驱动摇杆往复摆动。连杆上延伸出的吊钩则由摇杆带动沿水平方向左右移动,调运物体。图 3.28(b)是铸工车间辅助造型用的翻转机构,用于造型的沙箱 7 放在翻台 8 上,造型过程中,砂填入砂箱 7 后,在振实台 9 上振实,再将振实后的砂箱翻转到位置Ⅱ,托台 10 上升并托住砂箱,然后起模(向上抽离砂箱 7,将砂型留在托台 10 上)。砂箱的翻转运动通过由摇杆 2、连杆 3、摇杆 4 及机架 1 组成的双摇杆机构实现。图 3.28(c)所示车辆转向装置由两个双摇杆机构组成,其中,摇杆 1、连杆 2、摇杆 3 及机架 6 组成一个双摇杆机构;摇杆 3、连杆 4、摇杆 5(其杆长是扇形齿轮的偏心距)及机架 6 组成另一个双摇杆机构。方向盘与螺杆固连成一体,汽车的两个前轮分别与摇杆 1 和摇杆 3 固连。转动方向盘,即驱动扇形齿轮 5(机构中的摇杆)运动,通过连杆 4 带动摇杆 3 摆

动,摇杆 3 的运动又由连杆 2 传递给摇杆 1,由此实现汽车前轮的转向动作。图 3.28(d)是双摇杆机构在摇头风扇中的应用。其中,摇杆 CB、连杆 AB、摇杆 DA 和机架 CD 组成双摇杆机构。摇杆 DA 与风扇头部固连,电动机安装在风扇头的内部,电动机驱动风扇叶片转动的同时,也带动蜗杆旋转,从而驱动蜗轮转动。双摇杆机构中的两个连架杆 CB 和 DA 通过转动副分别与蜗轮上 B 和 A 两点连接,BA 之间的距离即是双摇杆机构中连杆的长度,其中,连杆上的 B 点随蜗轮一同绕蜗轮中心 A 转动。即连杆 BA 作整周转动,是双摇杆机构中的原动件,由其带动摇杆 CB 和摇杆 DA 摆动,风扇头部随摇杆 DA 一同摆动。借助双摇杆机构,摇头风扇中的电动机在驱动风扇叶片旋转的同时,也带动了风扇头部实现摇摆动作。

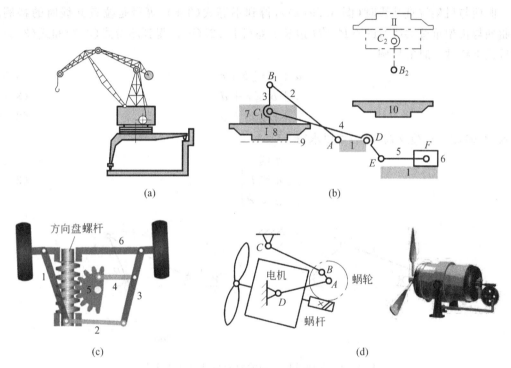

图 3.28　双摇杆机构应用实例[34,39]

(a) 鹤式起重机；(b) 造型翻转台；(c) 车辆转向机构；(d) 摇头风扇

3.2　平面连杆机构存在曲柄的条件

　　根据铰链四杆机构中两个连架杆的运动情况,可将其分为：曲柄摇杆机构、双曲柄机构和双摇杆机构。

　　(1) 曲柄摇杆机构中,一个连架杆整周转动,是曲柄；一个连架杆在一定角度范围内摆动,是摇杆。

　　(2) 双曲柄机构中,两个连架杆均整周转动,都是曲柄。

　　(3) 双摇杆机构中,两个连架杆只能在一定角度范围内摆动,都是摇杆。

　　分析根据上述 3 种形式铰链四杆中连架杆的运动特征,判断铰链四杆机构类型时,首先,分析机构中有没有曲柄,然后再判断机构中有几个曲柄。铰链四杆机构中,若只有一个连架杆整周转动(是曲柄),则为曲柄摇杆机构;若两个连架杆都是曲柄,则为双曲柄机构;如果两个连架杆都不是曲柄,则是双摇杆机构。

3.2.1　铰链四杆机构有一个曲柄的条件

观察曲柄摇杆机构的运动可以发现,曲柄转动1圈的过程中,两次与机架共线,一次与机架呈拉直共线,一次与机架呈重叠共线。曲柄与机架处于拉直共线位置时(图 3.29(a)),机构中的构件之间形成 $\triangle B'C'D$;曲柄与机架处于重叠共线位置时(图 3.29(b)),机构中的构件之间形成 $\triangle B''C''D$。根据三角形的边长关系:三角形任一边长度小于其余两边长度之和。曲柄与机架拉直共线时(图 3.29(a)),得到不等式(3-6),等号是拉直共线时的特例。由曲柄与机架重叠共线时的 $\triangle B''C''D$ 边长关系(图 3.29(b)),得到不等式(3-7)和式(3-8),等号是重叠共线时的特例。

$$a+d \leqslant b+c \tag{3-6}$$
$$a+b \leqslant c+d \tag{3-7}$$
$$a+c \leqslant b+d \tag{3-8}$$

由式(3-6)、式(3-7)及式(3-8)可以求得

$$\left.\begin{array}{c} a \leqslant c \\ a \leqslant b \\ a \leqslant d \end{array}\right\} \tag{3-9}$$

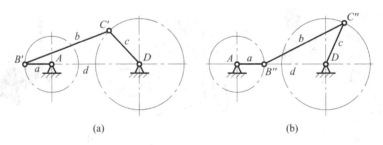

图 3.29　曲柄摇杆机构的曲柄与机架共线状态
(a) 拉直共线；(b) 重叠共线

式(3-6)～式(3-8),以及不等式组(3-9)均由图 3.29 所示曲柄摇杆机构为对象推导得出。不等式组(3-9)表明:铰链四杆机构中,如果只有一个曲柄,则曲柄是最短杆。式(3-6)～式(3-8)则说明:铰链四杆机构中,如果有曲柄,则机构中最短杆与最长杆长度之和一定小于或者等于其余两杆长度之和。由此得到,铰链四杆机构有一个曲柄的条件如下。

(1) 曲柄是最短杆;

(2) 机构中最短杆与最长杆长度之和一定小于或者等于其余两杆长度之和。即

$$l_{\min} + l_{\max} \leqslant l' + l'' \tag{3-10}$$

式中,$l_{\min}$ 为铰链四杆机构中的最短杆的长度;$l_{\max}$ 为铰链四杆机构中的最长杆的长度;l'、l'' 为铰链四杆机构中其余两杆的长度。

应当注意:条件(1)只适用于铰链四杆机构仅有“一个”曲柄的情况,如果机构中的两个连架杆均为曲柄,则曲柄未必是最短杆(详见 3.2.2 节中的讨论)。

3.2.2 铰链四杆机构的型式判断

式(3-10)是根据曲柄摇杆机构分析得到的铰链四杆机构存在曲柄的杆长条件。本节将进一步分析讨论,满足式(3-10)杆长条件的铰链四杆机构是否一定存在曲柄,如何判断机构是否存在曲柄,存在几个曲柄。根据机构存在曲柄与否以及机构中曲柄的个数,即可方便地判断铰链四杆机构的类型。

3.2.2.1 机构满足杆长条件 $l_{min} + l_{max} \leqslant l' + l''$

式(3-10)的杆长条件 $l_{min} + l_{max} \leqslant l' + l''$ 是铰链四杆机构存在曲柄的基本条件,但并不意味着满足杆长条件 $l_{min} + l_{max} \leqslant l' + l''$ 的铰链四杆机构一定存在曲柄。分析曲柄摇杆机构中构件之间的相对运动情况,可以判别铰链四杆机构的类型。

图3.30(a)所示曲柄摇杆机构,连架杆 AB 是曲柄,绕机架上固定点 A 整周转动,因此,曲柄 AB 与机架 AD 之间夹角 φ 以及曲柄 AB 与连杆 BC 之间夹角 β 的变化范围是0°~360°。连架杆 DC 是摇杆,只能绕机架上固定点 D 在一定角度范围摆动,这样,摇杆 DC 与机架 AD 之间夹角 ψ 以及摇杆 DC 与连杆 BC 之间的夹角 γ 只能在小于360°的角度范围内变化。与机架连接的构件(连架杆)如果能够绕其与机架连接的运动副中心整周转动,则是曲柄,否则为摇杆。根据铰链四杆机构中构件之间的角度变化范围,以及连架杆为曲柄时能够整周转动的运动特征,即可判断出满足杆长条件(式(3-10))的铰链四杆机构的类型。

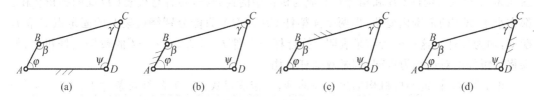

图3.30 铰链四杆机构
(a) 曲柄摇杆机构;(b) 最短杆是机架(双曲柄机构);
(c) 最短杆邻边是机架(曲柄摇杆机构);(d) 最短杆对边是机架(双摇杆机构)

由上述分析知,曲柄摇杆机构符合杆长条件 $l_{min} + l_{max} \leqslant l' + l''$。现基于图3.30(a)所示的曲柄摇杆机构,根据构件之间的相对转角 φ、β、γ 及 ψ 的变化范围,进一步分析机构中以不同的构件为机架时,其连架杆的运动特征,进而确定机构的型式。

1. 最短杆作为机架

判断铰链四杆机构的类型时,主要看连架杆能否绕其与机架连接的运动副中心整周转动,如果可以整周转动,是曲柄,否则为摇杆。然后再根据两个连架杆是曲柄还是摇杆判断机构的类型。分析机构中构件的运动特征时应当注意,同一机构中,两个构件通过低副连接后,其相对运动关系不会随机构中固定构件的改变产生变化。

图3.30(a)所示铰链四杆机构中,如果将最短杆 AB 作为机架(图3.30(b)),则 A、B 两点固定不动,由上述构件之间转角变化范围分析知,图3.30(b)中,连架杆 BC 与机架 AB 之间的夹角 β 的变化范围是0°~360°,说明连架杆 BC 能够绕机架上的固定点 B 整周转动,是曲柄;连架杆 AD 与机架 AB 之间夹角 φ 的变化范围与图3.30(a)相同,还是0°~360°,即连

架杆 AD 能够绕机架上的固定点 A 整周转动,也是曲柄;因图 3.30(b)所示机构中的两个连架杆 BC 和 AD 均为曲柄,故为双曲柄机构。根据这一分析结果得出结论:符合杆长条件 $l_{\min}+l_{\max} \leqslant l'+l''$ 的铰链四杆机构,若以最短杆为机架,则是双曲柄机构。

由此可见,铰链四杆机构中的两个连架杆均为曲柄时,曲柄并非机构中的最短杆。

2. 最短杆相邻构件作为机架

在图 3.30 所示铰链四杆机构中,构件 BC 及构件 AD 与最短杆 AB 相邻。图 3.30(a)中,构件 AD 为机架,构件 AB 和构件 DC 分别为连架杆,机构类型是曲柄摇杆机构。如果将与最短杆 AB 相邻的另一构件 BC 作为机架,如图 3.30(c)所示,连架杆仍然是构件 BA 和构件 CD,与图 3.30(a)中以构件 AD 为机架的情形相同,但是两者与机架连接的铰接点与图 3.30(a)所示机构不同,分别为 B 点及 C 点,这样,连架杆与机架之间的夹角发生了变化。由图 3.30(c)知,连架杆 BA 与机架 BC 之间的夹角为 β,其变化范围为 0°～360°,说明连架杆 BA 可以绕机架上固定点 B 整周转动,是曲柄;连架杆 CD 与机架 BC 之间的夹角为 γ,其变化范围小于 360°,故连架杆 CD 只能绕机架上的固定点 C 摆动,是摇杆。因此,图 3.30(c)所示机构中的两个连架杆,一个是曲柄,一个是摇杆,机构类型与图 3.30(a)相同,也是曲柄摇杆机构。图 3.30(a)及图 3.30(c)中连架杆的运动分析结果表明:符合杆长条件 $l_{\min}+l_{\max} \leqslant l'+l''$ 的铰链四杆机构,若以最短杆的邻边为机架,则是曲柄摇杆机构。

3. 最短杆的对边构件作为机架

图 3.30 所示铰链四杆机构中,最短杆 AB 的对边是构件 CD,将构件 CD 作为机架,如图 3.30(d)所示,构件 CB 和构件 DA 成为机构中的连架杆,两者与机架 CD 间的夹角 γ 和 ψ 都在小于 360° 的范围内变化,即两个连架杆 CB 和 DA 只能分别绕机架上的固定点 C 和 D 摆动,均为摇杆。这一分析结果表明:符合杆长条件 $l_{\min}+l_{\max} \leqslant l'+l''$ 的铰链四杆机构,如果将最短杆的对边作为机架,则是双摇杆机构。

由此可见,铰链四杆机构如果存在曲柄,一定满足式(3-10)的杆长条件 $l_{\min}+l_{\max} \leqslant l'+l''$。而满足杆长条件 $l_{\min}+l_{\max} \leqslant l'+l''$ 的铰链四杆机构未必存在曲柄(图 3.30(d))。因此,式(3-10)的杆长条件只是铰链四杆机构存在曲柄的必要条件,而不是充分条件。

3.2.2.2　机构杆长关系 $l_{\min}+l_{\max}>l'+l''$

满足式(3-10)的杆长条件 $l_{\min}+l_{\max} \leqslant l'+l''$ 是机构存在曲柄的必要条件,如果铰链四杆机构中的构件尺寸不符合式(3-10)的杆长条件,即 $l_{\min}+l_{\max}>l'+l''$,则机构中没有曲柄。此时,无论以什么构件为机架,机构类型都是双摇杆机构。

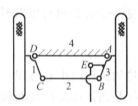

图 3.31　车轮转向机构

在图 3.31 的车轮转向机构中,连架杆 1 和 3、连杆 2 以及机架 4 组成的机构呈等腰梯形。其中,两个连架杆 1 和 3 是机构中的最短杆,也是等腰梯形中的两个腰,在这种情况下,机构最短杆与最长杆长度之和必定大于其余两杆长度之和,即 $l_{\min}+l_{\max}>l'+l''$。此时,无论哪个构件作为机构中的机架,均为双摇杆机构。

3.2.2.3　铰链四杆机构中存在曲柄的条件

根据上述讨论,判断铰链四杆机构存在曲柄的方法概括为下述 3 点:

(1) 式(3-10)表示的杆长条件 $l_{\min}+l_{\max} \leqslant l'+l''$ 是铰链四杆机构存在曲柄的基本条件。

如果机构中的构件尺寸不满足式(3-10)的杆长条件,则机构中无论哪个构件作为机架,均无曲柄。

(2) 在满足杆长条件 $l_{min}+l_{max} \leqslant l'+l''$ 的情况下,若机构的连架杆或者机架中有一个是最短杆,则存在曲柄。若最短杆为机架,是双曲柄机构;若最短杆的邻边为机架(此时,最短杆呈机构中的一个连架杆),则是曲柄摇杆机构。

(3) 机构满足杆长条件 $l_{min}+l_{max} \leqslant l'+l''$ 未必存在曲柄。例如,将最短杆的对边作为机架时,呈双摇杆机构。这种情况下,机构虽然满足杆长条件,但不存在曲柄。

3.3 平面连杆机构的演化

3.3.1 曲柄滑块机构

改变机构中运动副的形状和尺寸,能够得到不同的机构类型和运动特性。曲柄滑块机构实质上是通过改变曲柄摇杆机构的运动副形状及尺寸演化而成。

1. 曲柄滑块机构的演化过程

图 3.32 是曲柄摇杆机构演化成曲柄滑块机构的过程。图 3.32(a)所示曲柄摇杆机构中,摇杆上转动副 C 点的运动轨迹是以 D 为圆心,以 DC 为半径的圆弧;图 3.32(b)中,将曲柄摇杆机构中摇杆 DC 与连杆 BC 构成的转动副 C 转换成沿弧形导槽运动的圆弧移动副后,摇杆 DC 演变成滑块,机构中 C 点的运动轨迹与图 3.32(a)相同,但机构类型发生了变化,由原来图 3.22(a)所示曲柄摇杆机构演化成图 3.32(b)所示的曲柄滑块机构。若使图 3.32(b)中的圆弧移动副半径 CD 趋于无穷大,则图 3.32(b)所示曲柄滑块机构中的圆弧移动副演变成图 3.32(c)和图 3.32(d)所示的直线移动副,此时,机构类型与图 3.32(b)相同,仍然是曲柄滑块机构,但是机构的运动特性发生了变化。

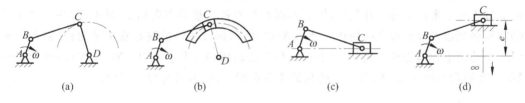

(a)　　　　　　(b)　　　　　　(c)　　　　　　(d)

图 3.32　曲柄摇杆机构演化成曲柄滑块机构

(a) 曲柄摇杆机构;(b) 运动副/构件演变;(c) 对心曲柄滑块机构;(d) 偏置曲柄滑块机构

2. 曲柄滑块机构的类型

曲柄滑块机构中,根据滑块移动的导路中心线是否通过曲柄的回转中心,划分成对心曲柄滑块机构和偏置曲柄滑块机构两种类型。

图 3.32(c)所示的曲柄滑块机构,滑块的导路中心线通过曲柄的回转中心 A,为对心曲柄滑块机构。如果将对心曲柄滑块机构中的滑块 C 作为机构运动的输出件,则滑块 C 运动到两个极限位置时,原动件曲柄 AB 在对应位置间的夹角等于零,即机构的极位夹角 $\theta=0°$,说明对心曲柄滑块机构没有急回运动特性。

图 3.32(d)所示曲柄滑块机构,滑块的导路中心线不通过曲柄的回转中心 A,为偏置曲柄滑块机构。与对心曲柄滑块机构不同,如果将偏置曲柄滑块机构中的滑块 C 作为机构

运动的输出件,则偏置曲柄滑块机构具有急回运动特性。读者可以根据极位夹角的定义,自行验证偏置曲柄滑块机构的这一运动特性。

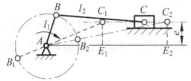

图 3.33 偏置曲柄滑块机构

设计曲柄滑块机构时,为保证原动件能够绕其与机架固定的点整周旋转,必须满足一定的杆长条件。

图 3.33 所示偏置滑块机构由原动件 AB、连杆 BC、滑块 C 以及机架组成。设:机构中构件 AB 长 l_1,连杆 BC 长 l_2,滑块移动的导路中心线与构件 AB 的回转中心 A 之间的偏置距离是 e。分析机构满足什么杆长条件时,才能够保证构件 AB 绕机架固定点 A 整周旋转,成为曲柄。即偏置滑块机构存在曲柄的杆长条件是什么?

如果构件 AB 是曲柄,则能够绕 A 点整周转动,曲柄上 B 点应能通过曲柄 AB 与连杆 BC 的两个共线位置 AB_1(重叠共线)和 AB_2(拉直共线)。曲柄 AB 与连杆 BC 处于重叠共线位置时,由 $\triangle AC_1E_1$ 的边长关系可得 $AC_1 > C_1E_1$,即

$$l_2 - l_1 > e \tag{3-11}$$

曲柄 AB 与连杆 BC 处于拉直共线位置时,由 $\triangle AC_2E_2$ 的边长关系可得 $AC_2 > C_2E_2$,即

$$l_2 + l_1 > e \tag{3-12}$$

比较式(3-11)和式(3-12)知,机构中构件的杆长尺寸如果满足式(3-11),则必定满足式(3-12)。由此得到偏置滑块机构存在曲柄的杆长条件是:机构中连杆与曲柄的杆长之差 $(l_2 - l_1)$ 应大于滑块移动的导路中心线与曲柄回转中心之间的偏距 e。换言之,式(3-11)是偏置滑块机构存在曲柄的杆长条件。

3. 曲柄滑块机构的应用

图 1.23(a)所示内燃机中的活塞、曲轴、连杆以及汽缸体,实际上利用了曲柄滑块机构的运动特征。其中,活塞相当于曲柄滑块机构中的滑块,曲轴是曲柄,汽缸体是机架,连杆分别与活塞及曲轴连接(图 1.23(b))。图 3.34(a)中的机械手,滑块 1 上下往复运动,是原动件,通过连杆 2 带动构件 3 往复摆动,左右两侧的构件 3 摆动方向相反,使夹爪(构件 3 延伸端)能够夹紧或者放松被夹持物体。图 3.34(b)所示锯管机中的偏心轮 1 是曲柄,锯条 3 是滑块,电动机带动偏心轮 1 转动,并通过连杆 2 带动锯条 3 往复移动。图 3.34(c)所示机械筛的工作原理与图 3.34(b)所示锯管机的工作原理类同,读者可以自行分析。

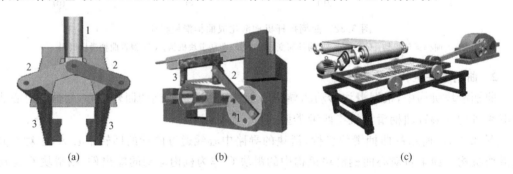

(a)   (b)   (c)

图 3.34 曲柄滑块机构应用实例

(a)机械手;(b)锯管机;(c)机械筛

4. 曲柄滑块机构的演化

曲柄滑块机构中,取不同的构件为机架,或者改变机构中运动副的形式,能够演化成

图 3.35 所示的不同的机构类型,如图 3.35 所示。图 3.39 则是改变曲柄滑块机构中的运动副类型后,演化得到的机构类型。

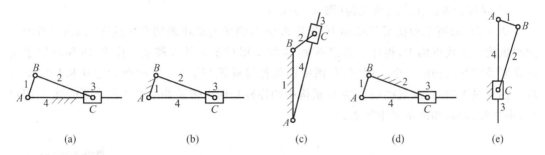

图 3.35 变换机架的曲柄滑块机构演化

(a)曲柄滑块机构;(b)转动导杆机构;(c)摆动导杆机构;(d)摇块机构;(e)定块机构

1) 固定曲柄演化成导杆机构(图 3.35(b)及图 3.35(c))

图 3.35(a)所示曲柄滑块机构中,固定曲柄 1,则曲柄滑块机构演变成图 3.35(b)及图 3.35(c)所示的导杆机构。导杆机构中的滑块 3 相对于导杆 4 移动,并且随着导杆 4 一同转动或者摆动。根据导杆能否整周转动,导杆机构分为转动导杆机构和摆动导杆机构两种类型。转动导杆机构中的导杆可以在 360°范围内转动,而摆动导杆机构中的导杆只能在一定的角度范围内摆动。图 3.35(b)所示导杆机构中,机架 1 是机构中的最短杆,连架杆 2 和导杆 4 均可绕其与机架连接的点整周转动,因此是转动导杆机构。图 3.35(c)所示的导杆机构中,机架 1 的长度大于连架杆 2 的杆长,导杆 4 只能在一定角度范围内摆动,类似于摇杆,因此是摆动导杆机构。图 3.36 所示的牛头刨床利用摆动导杆机构驱使滑枕实现往复直线移动,由此带动安装在滑枕上的刨刀刨削工件。

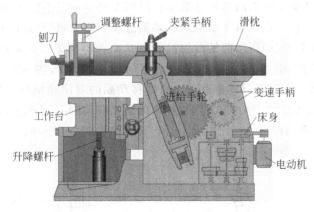

图 3.36 牛头刨床结构[34]

2) 固定连杆演化成摇块机构(图 3.35(d))

图 3.35(a)所示曲柄滑块机构中,固定连杆 2 后,曲柄滑块机构演化成图 3.35(d)所示的摇块机构。摇块机构中,构件 1 是曲柄还是摇杆取决于构件 1 与构件 4 的杆长比例,摇块 3 绕铰链中心 C 往复摆动。图 3.37 中的自卸卡车,利用了摇块机构的运动特征。自卸卡车中的油缸 3 与图 3.35(d)中的摇块 3 对应,油缸 3 中可以伸缩的活塞杆类似于图 3.35(d)中的构件 4,卡车车厢则是图 3.35(d)中的连架杆 1。欲卸下车厢内的物料,油缸 3 推出活塞

杆 4,再由活塞杆 4 推动车厢 1 绕车底盘尾部的铰接点转动,车厢翻转到一定角度时,厢内的物料自动卸下。

3) 固定滑块演化成定块机构(图 3.35(e))

图 3.35(a)所示曲柄滑块机构中,固定滑块 3,则曲柄滑块机构演化成图 3.35(e)所示的定块机构。定块机构中,构件 3 固定不动,构件 4 相对于构件 3 移动。图 3.38 所示的手动抽水泵是定块机构的一个应用实例,图中的构件号标识与图 3.35(e)所示定块机构完全对应。抽水泵工作时,反复摇动手柄 1(机构中的连杆),即可带动抽水杆 4 在水泵壳体 3(固定块)中往复移动,抽出水泵中的水。

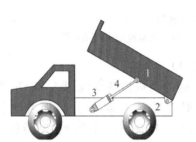  

图 3.37　自卸卡车[34]　　　　　　　　图 3.38　手动抽水泵

4) 改变运动副类型演化成双滑块机构(图 3.39)

双滑块机构是含有两个移动副的四杆机构,由曲柄滑块机构演化而成,其演化原理和方法与曲柄摇杆机构演化成曲柄滑块机构类同。图 3.39(a)所示曲柄滑块机构中,B 点相对于 C 点的运动轨迹是以 C 点为圆心,以 CB 为半径的圆弧。将曲柄滑块机构中曲柄 1 与连杆 2 连接的转动副 B 变换成沿圆弧形导槽运动的圆弧移动副(图 3.39(b)),连杆 2 则演变成了滑块,但是,机构中 B 点相对于 C 点的运动轨迹没有改变,仍然是以 C 点为圆心,以 CB 为半径的圆弧(与图 3.39(a)所示曲柄滑块机构中 B、C 两点间的相对运动轨迹相同)。但是机构类型发生了变化,由原来只有一个移动副的曲柄滑块机构(图 3.39(a)),演化成图 3.39(b)所示含有一个圆弧移动副和一个直线移动副的双滑块机构。如果将图 3.39(b)中圆弧移动副的半径 CB 趋于无穷大,则机构中的圆弧移动副演变成图 3.39(c)中的直线移动副。此时,机构类型与图 3.39(b)相同,也是双滑块机构,但是,两个机构的运动特性不

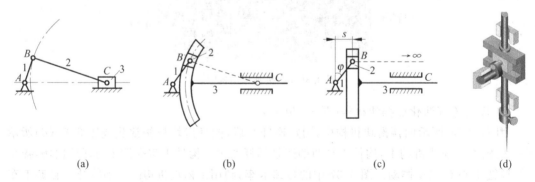

(a)　　　　　　　(b)　　　　　　　(c)　　　　　　　(d)

图 3.39　变换运动副类型的曲柄滑块机构演化及应用

(a) 曲柄滑块机构;(b) 双滑块机构;(c) 正弦机构;(d) 针刺机构[34]

同。图 3.39(c)所示双滑块机构中,从动件滑块 2 的水平位移 s 与原动件曲柄 1 的转角 φ 存在以下关系:

$$s = l\sin\varphi \tag{3-13}$$

式中,s 为滑块 2 的水平位移量;l 为原动件曲柄 1 的杆长;φ 为曲柄 1 的转角。

式(3-13)说明,在图 3.39(c)所示的双滑块机构中,如果将滑块 2 作为运动输出构件,则滑块 2 的水平位移量 s 按正弦规律变化,故此机构又称为正弦机构。图 3.39(d)所示缝纫机针刺机构是正弦机构的一个应用实例。

3.3.2 导杆机构

导杆机构是由曲柄滑块机构演化而来的,有两种类型:转动导杆机构(图 3.35(b))和摆动导杆机构(图 3.35(c))。关于导杆机构的运动特征,在 3.3.1 节中已有介绍,本节只针对摆动导杆机构的运动特性和动力特性进行讨论。

1. 摆动导杆机构的急回运动特性

图 3.40(a)所示摆动导杆机构中,从动件导杆 4 的两个极限位置 CB_1 与 CB_2 之间的夹角是 ψ。导杆 4 位于这两个极限位置时,主动曲柄 2 所在的对应位置是 AB_1 和 AB_2。由极位夹角的定义知,曲柄 2 所在位置 AB_1 和 AB_2 之间的夹角 θ 是摆动导杆机构的极位夹角,根据导杆 4 的极限位置以及机构中构件间的几何关系,可以得到,机构的极位夹角 θ 与导杆 4 的摆角 ψ 相等,即 $\theta = \psi$。由于导杆 4 的摆角 ψ 不可能等于零,故机构的极位夹角 $\theta = \psi \neq 0$。这一现象说明,摆动导杆机构中,如果曲柄作为原动件,则机构一定具有急回运动特性。

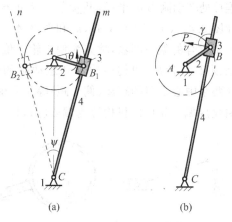

图 3.40　摆动导杆机构[34]

(a) 运动特性分析;(b) 力性能分析

2. 摆动导杆机构的传力性能

由 3.1.2.1 节关于曲柄摇杆机构传力性能分析知,借助机构的压力角 α 或者传动角 γ 可以判断机构传力性能的好坏。图 3.40(b)所示摆动导杆机构中,曲柄 2 是原动件,由滑块 3 驱动的导杆 4 是机构输出运动的构件。滑块 3 与导杆 4 之间沿着导杆 4 的中心线方向相对移动,故在这一方向线上,滑块 3 与导杆 4 之间仅有摩擦力的作用。因此,机构运动过程中,滑块 3 驱动导杆 4 运动的作用力 P 始终垂直于导杆 4 的中心线,如果忽略摩擦力的影响,则滑块 3 作用于从动导杆 4 的力方向线就是力 P 的作用线,力 P 的作用点可近似地视为导杆 4 上与滑块 3 接触的中心点 B。机构运动时,从动导杆 4 绕机架上的固定点 C 转动,故导杆 4 上所有点(包括力 P 的作用点)的速度方向线均垂直于导杆 4 的中心线。这样,从动导杆 4 上驱动力受力点处力 P 的作用线与速度方向线始终重合,两者之间的夹角在机构运动过程中始终等于零,即无论机构处于何种位置状态,机构的压力角 α 始终为零,即 $\alpha = 0°$。

由于机构的压力角 α 越小,传动角 γ 越大,机构的工作效率越高,传力性能越好。根据上述分析,摆动导杆机构中的导杆作为从动件时,机构的压力角 α 始终为零,是压力角的最小值;传动角 γ 始终是 90°,达到最大值。所以摆动导杆机构在整个运转过程中的传力性能达到最佳状态。这正是重载、大功率机械中常常采用摆动导杆机构的原因。例如,图 3.36 所示牛头刨床,刨刀切削工件时,受到的作用力比较大,切削功率比较高,因而利用摆动导杆机构中的导杆作为机构输出运动的构件,驱动安装刨刀的滑枕往复移动。

3.3.3　偏心轮机构

　　扩大转动副尺寸是一种常见的、具有实际应用价值的机构演化方法。转动副直径越大,其强度越高,机构的刚性也越好。曲柄滑块机构中的曲柄长度比较短时,无法增大曲柄与连杆及机架连接处的转动副直径,欲使机构中的运动副具有比较高的强度,提高机构的刚性,通常增大曲柄与连杆连接处的转动副半径,并使其大于曲柄的长度,将曲柄演化成偏心轮。以图 3.41(a)所示曲柄滑块机构和图 3.41(c)所示曲柄摇杆机构为例,扩大曲柄 AB 和连杆 BC 连接处转动副 B 的半径,并使扩大后的转动副半径值大于曲柄 AB 的长度(见图 3.41(b)和图 3.41(d)),则图 3.41(a)和图 3.41(c)中的曲柄 1 便演化成几何中心 B 与回转中心 A 不重合的偏心圆盘,称其为偏心轮。偏心轮相当于扩大了曲柄与连杆连接处转动副 B 的轴颈尺寸,因此,机构中构件和运动副的强度以及机构的刚度都明显增加。偏心轮中 A、B 两个中心之间的距离(偏心距)等于曲柄 1 的长度,其运动特征与曲柄 1 完全相同。曲柄演化成偏心轮后的机构称为偏心轮机构。

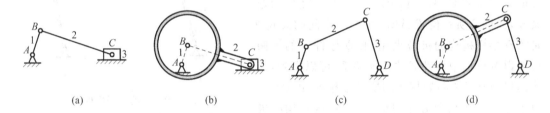

(a)　　　　　　　(b)　　　　　　　(c)　　　　　　　(d)

图 3.41　曲柄演化偏心轮
(a) 曲柄滑块机构;(b) 偏心轮滑块机构;(c) 曲柄摇杆机构;(d) 偏心轮摇杆机构

　　在机构传递的动力比较大、或者曲柄销(转动副)承受载荷比较大、或者曲柄长度比较短、或者从动件行程比较小的情况下,常常将曲柄做成偏心轮。这种结构尺寸的演化,不会影响机构的运动性质,避免了因曲柄长度太短,无法在曲柄两端设置两个转动副引起的结构设计困难。例如,图 1.23(b)所示内燃机活塞往复移动机构中的曲轴,其功效类似于偏心轮;图 2.9(a)所示颚式破碎机、图 3.8(b)所示插齿机构、图 3.10 所示旋转泵、图 3.34(b)所示锯管机、图 3.34(c)所示机械筛,以及图 3.36 中的牛头刨床都采用了偏心轮机构。除此之外,在锻压设备、空气压缩机、剪床、冲床、压印机以及柱塞泵等机械中也经常采用偏心轮机构。

　　改变运动副尺寸,也是演化机构的一种方法。图 3.42 形象地表述了运动副尺寸与机构类型的演变关系。将图 3.42(a)中滑块 3 与机架之间的圆弧移动副半径缩小,并将滑块 3 演变成杆件,则图 3.42(a)中滑块 3 与机架之间的圆弧移动副就演变成图 3.42(b)中连杆 2 与摇杆 3 连接的转动副 C。扩大图 3.42(b)中转动副 B 的半径,并使其大于曲柄 1 的长度,曲柄 1 就演变成图 3.42(a)中的偏心轮。

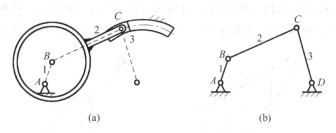

图 3.42 基于运动副尺寸变化的机构演化

3.3.4 四杆机构的组合

生产中常见的多杆机构或者组合机构,通常由若干个四杆机构组合扩展而成,或者是四杆机构与其他类型机构的组合。本节通过一些实例了解四杆机构组合的运动特征及其在生产实践中的应用。

实例 1 筛料机构

图 3.43(b)中的筛料机构由一个双曲柄机构和一个曲柄滑块机构组成。图 3.43(a)是该机构的运动简图。机构中的曲柄 1、连杆 2、曲柄 3 及机架 6 组成双曲柄机构;而曲柄 3、连杆 4、滑块 5 以及机架 6 组成曲柄滑块机构。两个机构组合后,曲柄 1 是双曲柄机构(也是整个机构)的原动件;曲柄 3 是双曲柄机构中输出运动的构件,也是曲柄滑块机构中输入运动的构件;滑块 5(料筛)则是整个机构最终运动的输出构件。筛料工作时,双曲柄机构中的原动件曲柄 1 通过连杆 2 驱动从动曲柄 3 转动,曲柄 3 再将运动通过连杆 4 传递给滑块 5。从机构中构件的运动传递顺序可以看出,前一个机构(双曲柄机构)输出运动构件(曲柄 3)是后一个机构(曲柄滑块机构)输入运动的构件。这种顺序传递机构运动的组合形式称为机构的串联式组合。

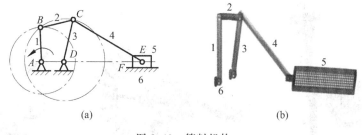

图 3.43 筛料机构

实例 2 手动冲床

图 3.44(a)是图 3.44(b)所示手动冲床的机构运动简图。该手动冲床由一个双摇杆机构和一个摇杆滑块机构组合而成。图 3.44 中摇杆 2、连杆 3、摇杆 4 和机架 1 构成双摇杆机构,其中,摇杆 2(冲床手柄)是机构的原动件,摇杆 4 是机构输出运动的构件。摇杆滑块机构则由摇杆 4、连杆 5、滑块 6(冲杆)和机架 1 组成,其中,摇杆 4 是摇杆滑块机构中输入运动的构件,冲杆 6 是机构中输出运动的构件。手动冲床工作时,上下扳动手柄 2,通过双摇杆机构带动从动摇杆 4 摆动,摇杆 4 的运动经过摇杆滑块机构传递给冲杆 6(滑块),使冲杆

6上下往复移动。双摇杆机构与摇杆滑块机构组合后,形成六杆机构,根据杠杆原理,扳动手柄的力通过摇杆2和摇杆4两次放大后传递给冲杆6,增大了冲杆6输出的作用力。

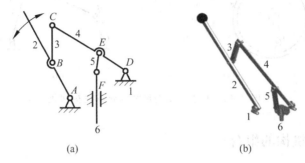

(a)　　　　　　　　　　　　(b)

图3.44　手动冲床

实例3　送料冲压机

图3.45(a)所示送料冲压机由齿轮机构、摆动从动件凸轮机构、六杆机构和摇杆滑块机构(共4个机构)组成。其中,齿轮机构由一对外啮合圆柱齿轮及机架10组成,主动齿轮1是送料冲压机的原动件。凸轮机构由凸轮2、摆杆3和机架10组成。其中,凸轮2与齿轮机构中的从动齿轮固连在一起,随从动齿轮一同转动。六杆机构由偏心轮2(相当于曲柄,与凸轮2是同一个构件)、连杆6、连架杆7、连杆8、滑块9以及机架10组成。其中,滑块9是冲压机的冲头。摇杆滑块机构由摆杆3(凸轮机构的从动件)、连杆4、滑杆5和机架10组成,其中,滑杆5是冲压机的送料执行件。原动件齿轮1由外部动力源驱动旋转,并通过从动齿轮带动凸轮2(也是六杆机构中的偏心轮)一同转动,机构的运动从凸轮2(偏心轮)开始分为两路:①凸轮2驱动从动摆杆3摆动,经过摇杆滑块机构,带动滑杆5在水平方向作往复直线运动,实现送料动作;②偏心轮2(凸轮)转动,通过六杆机构带动冲头9上下往复移动。冲头9与送料滑杆5的协调动作,完成送料冲压机的送料和冲压工作。

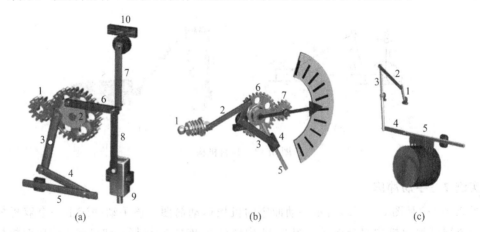

(a)　　　　　　　　　　　　(b)　　　　　　　　　　　　(c)

图3.45　四杆机构组合应用实例

(a)送料冲压机;(b)测量仪表;(c)锯木机

实例4　测量仪表

图3.45(b)所示测量仪表由3个机构组成:

（1）滑块摇杆机构，由滑块 1、连杆 2、摇杆 3 和机架组成；

（2）摆动导杆机构，由摇杆 3、滑块 4、导杆 5 和机架组成，其中，导杆 5 与齿轮 6 固连为一体；

（3）齿轮机构，由主动齿轮 6、从动齿轮 7 和机架组成，其中，主动齿轮 6 与导杆 5 固连成一体，从动齿轮 7 与仪表的指针固连在一起。

图 3.45(b)所示的测量仪表可以将滑块 1 的往复移动转换成仪表指针的往复摆动。滑块 1 是测量仪表机构中的原动件，齿轮 7(仪表指针)是机构终端输出运动的构件。滑块 1 沿其导路中心线移动时，通过连杆 2 及摇杆 3，将运动传递给导杆机构中的滑块 4，滑块 4 驱动导杆 5 摆动。与导杆 5 固连的齿轮 6 随同导杆 5 一起摆动，由此将滑块 1 的往复移动转变成仪表指针(从动齿轮 7)的往复摆动。仪表刻度可以反映滑块 1 的移动距离、位置坐标或者受力值等。仪表盘上所测物理量的刻度值，需要根据滑块 1 的移距、位置或作用于其上的其他物理量，通过所测物理量与滑块 1 移距间的关系模型，以及滑块 1 的移距与机构构件尺寸之间的关系模型确定。

实例 5　锯木机

图 3.45(c)所示锯木机，由曲柄摇杆机构和摇杆滑块机构组成。曲柄 1 是机构的原动件，锯条 5(滑块)是机构输出运动的构件。读者可以参照上述各例的解读方法，分析锯木机构的组成构件，以及机构的运动传递特征。

图 3.28(c)所示的车辆转向机构也是四杆机构组合的一个应用实例，详见 3.1.2.3 节说明。

3.4　平面四杆机构设计

根据给定的运动条件，确定机构运动简图中构件的尺寸比例，是平面四杆机构设计要解决的基本问题。设计平面四杆机构的已知条件可以概括为 3 个方面：

（1）几何条件，即给定连架杆或连杆的位置，或者构件之间的位置关系；

（2）运动条件，即给定机构的行程速比系数 K、位移、速度和加速度等；

（3）动力条件，即给定机构要求的最小传动角 $\gamma_{\min}$ 等。

3.4.1　设计方法

平面四杆机构的设计方法可以概括为 3 类：解析法、实验法和图解法。

1. 解析法

解析法根据给定的运动规律或者轨迹要求以及拟选用的平面四杆机构类型，建立机构中构件尺寸参数之间的几何关系，求解机构运动简图中构件之间的杆长比例。解析法求解精度高，但需要有良好的数学建模基础，计算工作量比较大。随着计算机应用技术以及数值计算方法的迅速发展，解析法已经得到越来越广泛的应用。

2. 实验法

实验法根据运动规律或者轨迹要求，通过实验方法，求得机构运动简图中构件之间的杆长比例。实验法一般用于运动要求比较复杂的平面四杆机构设计，也常用于机构的初步设计，即由实验法初步确定机构中构件之间的杆长比例，为进一步用解析法进行后期的精确设计计算奠定基础。

3. 图解法

图解法根据运动规律要求,通过作图方法求解机构运动简图中构件之间的杆长比例,确定构件的尺寸参数。图解法是平面连杆机构设计中常用的一种基本方法,其直观性强、简单易行。一些运动要求简单的设计,采用图解法比解析法更加方便。但是,对于机构运动要求复杂的平面四杆机构,有时难以采用图解法进行设计。另外,图解法的设计精度比较低,为了提高机构的设计精度,也可先利用图解法初定机构中构件之间的杆长比例,然后再通过解析法对获取的初始值进行优化和精确的设计计算。对于不同的设计要求,借助图解设计机构的方法也有所不同。

运用何种方法设计平面四杆机构,应根据具体情况确定。设计实践中经常联合使用若干种方法解决平面四杆机构的设计问题。

3.4.2　常见的设计类型

平面四杆机构在工程实践中的应用十分广泛。根据机构欲实现的运动要求不同,可以将平面四杆机构设计的基本问题概括成 3 类:①按预定的运动规律设计四杆机构;②按预定轨迹设计四杆机构;③按预定位置设计四杆机构。

3.4.2.1　按预定的运动规律设计四杆机构

按预定的运动规律设计四杆机构,即根据给定的从动件运动规律(位移、速度或加速度等)、或者根据给定的行程速比系数 K 设计四杆机构。这类设计问题,要求四杆机构原动件与从动件之间的运动关系符合预定的函数关系。因此,这类四杆机构设计问题也称为函数生成机构的设计。

例如,设计图 3.27(a)所示的车门开闭机构,要求原动连架杆 AB 与从动连架杆 DC 之间的转角满足大小相等、转向相反的运动关系,以实现两扇车门同时开启和关闭。又如,设计图 3.28(c)所示汽车前轮转向机构时,摇杆 1 和摇杆 3 的转角应满足汽车转弯所要求的函数关系,以保证汽车能够顺利转弯。另外,工程实际中,还有很多场合要求机构原动件匀速运转时,其从动件具有急回运动特性,以提高机器或机构的劳动生产率。具备这类要求的四杆机构设计问题,均属于函数生成机构的设计,即按照预定的运动规律设计四杆机构。

通过下面例题可以了解如何根据给定的行程速比系数 K,设计平面四杆机构。

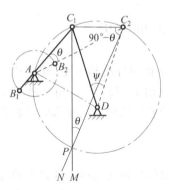

图 3.46　曲柄摇杆机构设计

例 3-3　已知摇杆长度 $l_{摇杆}$、摇杆摆角 ψ 以及机构要求的行程速比系数 K,试设计曲柄摇杆机构。

设计分析　根据给定的已知条件以及组成曲柄摇杆机构的构件特征,这类设计问题属于按预定的运动规律设计连杆机构,设计的实质是:确定机构中两个固定铰链点 A 和 D 的位置,以及其余各个构件的长度。即确定曲柄 AB 的杆长 $l_{曲柄}$、连杆 BC 的杆长 $l_{连杆}$,以及机架 AD 的长度 $l_{机架}$,即两个固定铰链点 A 和 D 之间的距离。

设计步骤

(1) 根据行程速比系数 K,由式(3-3)求机构的极位夹角，$\theta = 180° \dfrac{K-1}{K+1}$。

（2）在图 3.46 中任选一点作为固定铰链点 D 的位置，并根据摇杆长度 $l_{摇杆}$ 及摇杆摆角 ψ 确定摇杆的两个极限位置 DC_1 和 DC_2。

（3）连接点 C_1 和 C_2，过点 C_1 作连线 C_1C_2 的垂线 C_1M；过点 C_2 作 $\angle C_1C_2N = 90° - \theta$。$C_2N$ 与 C_1M 交于点 P，则得

$$\angle C_1PC_2 = \theta$$

（4）作直角 $\triangle C_1PC_2$ 的外接圆，在圆上任选一点作为曲柄的固定铰链点 A。连接 AC_1 和 AC_2，由圆的特性可知，同一圆弧对应的圆周角相等，故有 $\angle C_1AC_2 = \angle C_1PC_2 = \theta$。

（5）摇杆位于极限位置 DC_1 和 DC_2 时，曲柄 AB 与连杆 BC 共线。并且，当曲柄 AB 与连杆 BC 处于重叠共线位置 AB_1C_1 时，有

$$AC_1 = l_{连杆} - l_{曲柄} \tag{3-14}$$

当曲柄 AB 与连杆 BC 处于拉直共线位置 AB_2C_2 时，有

$$AC_2 = l_{连杆} + l_{曲柄} \tag{3-15}$$

式（3-14）与式（3-15）相减，得到曲柄长度：

$$l_{曲柄} = \frac{AC_2 - AC_1}{2} \tag{3-16}$$

（6）以 A 为圆心，$l_{曲柄}$ 为半径作圆。该圆与 C_1A 的延长线交于 B_1 点，与连线 AC_2 交于 B_2 点。B_1C_1 和 B_2C_2 则是连杆的长度，即

$$l_{连杆} = B_1C_1 = B_2C_2 \tag{3-17}$$

曲柄回转中心 A 及摇杆摆动中心 D 之间的距离 AD 是机架的长度，即

$$l_{机架} = AD \tag{3-18}$$

（7）选定机构的一个位置状态，加深描粗，即得到曲柄摇杆机构的运动简图。图 3.46 中，黑实线描述的构件和运动副 AB_1C_1D 是曲柄摇杆机构中曲柄 AB 与连杆 BC 重叠共线时的位置状态；虚线描述的构件及其连接 AB_2C_2D 是曲柄摇杆机构中曲柄 AB 与连杆 BC 拉直共线时的位置状态。

步骤（4）中，在直角 $\triangle C_1PC_2$ 外接圆上任意选择一点作为曲柄的回转中心 A，由式（3-14）～式（3-18）知，如果在直角 $\triangle C_1PC_2$ 外接圆上取不同的点作为曲柄的转动中心 A，则曲柄 AB、连杆 BC 以及机架 AD 三者的杆长 $l_{曲柄}$、$l_{连杆}$ 和 $l_{机架}$ 均会发生变化。换言之，在直角 $\triangle C_1PC_2$ 外接圆上，取不同点作为曲柄的转动中心 A，将得到不同的机构解。这意味着在没有其他辅助条件约束的情况下，机构的设计解有无穷多组。如果给定机架 AD 的长度，或者规定两个固定铰链点 A 和 D 的相对位置关系（例如，要求曲柄回转中心 A 及摇杆摆动中心 D 位于同一水平线上，或者位于同一垂线上，等等），或者对机构的最小传动角 $\gamma_{\min}$ 提出要求，则曲柄转动中心 A 的位置可以唯一确定，机构的设计具有唯一解。

3.4.2.2 按预定轨迹设计四杆机构

按预定轨迹设计四杆机构，即根据给定的轨迹点要求设计四杆机构，以保证机构运动过程中，连杆上某点能够顺利通过预定位置。这类设计问题，要求机构中连杆上某点能够沿预定的轨迹曲线运动，或者能够依次通过预定曲线上若干个有序的点。例如，图 3.9 中的步进输送机，推进工件时，要求 E 点的轨迹近似于水平直线，工件送到工位后，输送带先下降，然

后再返回至初始位置。曲柄1转动1周,工件向前推进一个工位。机构中连杆2上E点的卵形轨迹满足步进输送机的这种工作要求。图3.28(a)所示鹤式起重机中的双摇杆机构设计,也是基于轨迹要求的机构设计问题。确定图3.28(a)所示起重机双摇杆机构中构件的杆长关系时,应保证起重机吊运物体的过程中,吊钩滑轮中心点的运动轨迹尽可能在水平直线上,这样,可以避免被吊运的物体上下起伏引起惯性力,改善机构的动力性能。针对这一类要求的连杆设计问题,亦称轨迹生成机构的设计。

目前,按预定轨迹设计连杆机构最常见,也是比较成熟的方法,是利用连杆曲线谱确定机构中构件的杆长比例关系。也有许多国内外学者正在研究基于轨迹要求的计算机辅助连杆机构设计。

1. 连杆曲线谱

平面连杆机构运动时,作平面运动的连杆上任一点都在平面上绘出一条封闭的曲线,这种封闭曲线即是连杆曲线。

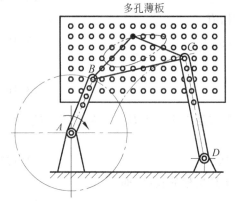

图3.47是平面四杆机构连杆曲线谱的生成器。生成器中,四杆机构中构件之间的杆长比例可以调节,连杆BC上固连了一块多孔薄板,曲柄AB转动时,薄板上每一个小孔的运动轨迹都可以绘制出一条封闭的连杆曲线,形成一组连杆曲线。依次改变机构中曲柄AB、连杆BC和摇杆DC相对于机架AD杆长的比值,能够得到多组连杆曲线。将各组连杆曲线编排成册,即得到平面四杆机构的连杆曲线谱。用图3.47所示生成器绘制出的连杆曲线谱中,机架AD的长度不可调,因此规定机架AD的长度单位是1,其他各构件的杆长用相对于机架AD的杆长比值表示。

图3.47 连杆曲线谱生成器

2. 运用连杆曲线谱设计机构的步骤

(1) 从连杆曲线图谱中,查找形状与预定轨迹形状相同或类似的连杆曲线;

(2) 根据所选连杆曲线,由连杆曲线图谱中给定的机构中构件的杆长比例关系,确定平面四杆机构中各个构件的杆长比值;

(3) 用缩放仪求出图谱中连杆曲线与预定轨迹之间的差倍数,由此确定所求四杆机构中各个构件杆长的真实尺寸;

(4) 确定连杆运动平面上符合预定轨迹要求的轨迹点与连杆两端运动副中心B、C两点的相对位置,即测量出连杆曲线生成器薄板上描绘出符合轨迹要求的小孔与连杆上B、C两点之间的相对距离。

3.4.2.3 按预定位置设计四杆机构

按预定位置设计四杆机构,即根据给定的连杆位置或者预定的两个连架杆之间的对应位置设计四杆机构,以保证机构运动过程中,连杆或者连架杆能够通过预定的工作位置。这类设计问题,要求设计的机构能够引导一个刚体,顺序通过一系列预定的位置,这个刚体通常是连杆机构中的连杆或者连架杆。例如,图3.28(b)所示砂箱造型翻转台,置放砂箱7的翻台8固接在双摇杆机构的连杆BC上,要求翻台8在翻转过程中能够依次通过位置

Ⅰ和位置Ⅱ,这两个位置均垂直于地面,但是位置Ⅱ相对于位置Ⅰ翻转了180°,由此引导置放在翻台8上的砂箱7,在位置Ⅰ时填砂并振实砂型,在位置Ⅱ上完成拔模动作。这类连杆设计问题亦称刚体导引机构的设计。

1. 给定连杆的两个位置设计四杆机构

例 3-4 试设计图3.28(b)所示砂箱造型翻转台。砂箱7的底部置放在翻台8上,翻台8在位置Ⅰ时,砂箱7的开口垂直向上,以便于置放模具、填砂,并在振实台9上振实砂型;翻台8到达位置Ⅱ时,要求砂箱7的开口垂直向下,以便在托台10上起模(抽离砂箱7,并将砂箱7中的砂型留在托台10上)。已知构件BC与翻台8固连,其杆长是l_{BC}。

设计分析 位置Ⅰ和位置Ⅱ是翻台8工作要求中的两个关键位置,与翻台8固连的构件BC从位置Ⅰ运动到位置Ⅱ后翻转了180°,而位置Ⅰ和位置Ⅱ之间的夹角小于180°,如果将构件BC作为机构中的连架杆,无法在小于180°的范围内实现180°的翻转。因此,欲使构件BC在小于180°的范围内翻转180°,只能将其作为机构中的连杆。这样,根据设计要求,机构中连杆BC的两个位置已知,分别是图3.28(b)中的位置Ⅰ和位置Ⅱ。这种机构的设计问题属于按预定位置设计连杆机构。设计实质是确定机构中两个固定铰链点A和D的位置,以及其余各个构件的杆长。即分别确定连架杆AB、连架杆DC和机架AD三者的杆长l_{AB}、l_{DC}和l_{AD}。

运动分析 连杆BC与连架杆AB在B点通过转动副连接,因此,两个构件上B点的运动轨迹相同,是以固定铰链点A为圆心,以AB为半径的圆弧;同理,连杆BC与连架杆DC在C点通过转动副连接,故这两个构件上C点的运动轨迹相同,是以固定铰链点D为圆心,以DC为半径的圆弧。由连杆上B、C两点的运动特征以及连杆的工作位置要求(位置Ⅰ和位置Ⅱ)知,机构的固定铰链点A一定在B_1、B_2两点连线B_1B_2的垂直平分线上;而固定铰链点D则一定在C_1、C_2两点连线C_1C_2的垂直平分线上。

设计步骤

(1) 绘出连杆BC的两个已知位置B_1C_1和B_2C_2(见图3.48)。

(2) 连接B_1B_2和C_1C_2,并作B_1B_2的垂直平分线b_{12}和C_1C_2的垂直平分线c_{12}。

(3) 分别在b_{12}和c_{12}上选取固定铰链点A_1和D_1。

(4) 选定机构的一个位置状态,并用明显线条标识或者加深描粗。图3.48中选取机构在$A_1B_1C_1D_1$的位置状态,并采用虚线进行标识。也可以选择$A_1B_2C_2D_1$的位置状态标识机构解(图3.48中没有标识出机构解的这一位置状态),$A_1B_2C_2D_1$和$A_1B_1C_1D_1$是同一个机构解的两个不同位置。

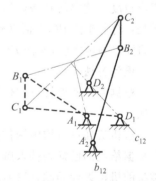

图3.48　砂箱造型翻转台机构

(5) 在标识出的机构设计解中,量出各个构件的杆长,由此求出构件之间的杆长比例。

在没有辅助条件约束的情况下,可以分别在垂直平分线b_{12}和c_{12}上任意选取固定铰链点A和D的位置。例如,在垂直平分线b_{12}和c_{12}上分别选择点A_2和D_2作为机构的两个固定铰链点。即连架杆AB绕点A_2转动,连架杆DC绕点D_2转动,则得到的机构解是$A_2B_2C_2D_2$(与$A_2B_1C_1D_2$是同一个机构解)。图3.48中选取机构在$A_2B_2C_2D_2$的位置状态,用黑实线标识出这一机构解。

机构解 $A_1B_1C_1D_1$(或者 $A_1B_2C_2D_1$)以及机构解 $A_2B_2C_2D_2$(或者 $A_2B_1C_1D_2$)都能保证机构运动时,连杆 BC 到达所要求的工作位置Ⅰ和位置Ⅱ。但是,由图 3.48 可见,这两个机构解中构件的杆长比例并不相同。这一现象说明,如果没有辅助条件约束,在垂直平分线 b_{12} 和 c_{12} 上,分别选择不同的点作为两个连架杆的转动中心 A 和 D,可以得到满足同一设计要求的不同机构解,即可以获得无穷多组机构解。如果给定辅助条件,例如,给定各个构件允许的杆长范围,或者对机构的最小传动角提出要求等,则两个连架杆的转动中心 A 和 D 可以唯一确定,得到的机构解具有唯一性。

2. 给定两个连架杆的对应位置设计四杆机构

例 3-5　图 3.49 中,已知机架 AD 的长度为 d,两个连架杆分别绕其回转中心 A 和 D 逆时针转动,表 3.3 是图 3.49 中两个连架杆在 3 组对应位置时的转角关系。试用几何实验法设计符合上述要求的平面四杆机构。

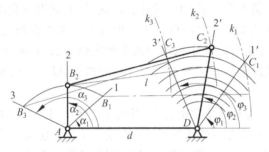

图 3.49　给定两个连架杆的对应位置设计四杆机构

表 3.3　连架杆 3 组对应位置转角

连架杆 AB 转角	α_1	α_2	α_3
连架杆 DC 转角	φ_1	φ_2	φ_3

设计分析　已知两个连架杆转动中心之间的距离,由表 3.3 中两个连架杆对应位置之间的转角关系可见,作为原动件的连架杆 AB 及作为从动件的连架杆 DC 逆时针依次转过相应角度。这类已知条件的四杆机构设计问题属于按预定位置设计连杆机构。其设计的实质是:确定连杆 BC 上活动铰链点 B 和活动铰链点 C 的位置,连杆上两个活动铰链点 B 和 C 的位置确定之后,连杆 BC、连架杆 AB 和连架杆 DC 的长度也随之确定。

设计方法

根据两个连架杆对应位置的角度关系设计机构,可以采用解析法、图解法或者几何实验法。

解析法通过机构中构件的转角以及杆长之间的几何关系,建立构件运动的函数关系。再根据给定的已知条件求解未知的构件长度及构件杆长的比例关系。采用解析法求解这种类型的机构设计问题,机构设计解与给定的连架杆对应位置的数目有关。如果只给定连架杆两个对应位置的角度关系,用解析法可以求得无穷多组机构解;如果连架杆对应位置的角度关系是 3 组,则用解析法求得的机构解具有唯一性;如果连架杆对应位置的角度关系超过 3 组,则采用解析法无法求得精确解,这种情况下往往通过优化方法或者几何实验方法求出机构的近似解。关于解析法求解这类机构设计问题的详细论述,可阅读参考文献[40]。

图解法借助机构转化原理确定连杆上活动铰链点 B 和 C 的位置。机构转化法利用了低副机构中,取不同的构件为机架,不会改变构件之间相对运动关系的原理。即先选定一个连架杆的长度,再通过转换机架的方法,作图确定连杆及另一个连架杆的长度,由此获得机构解。利用机构转化原理求解这类机构设计问题的详细论述,可阅读参考文献[41]。

几何实验法根据已知条件,通过实验和试凑的方法确定机构中各个构件的尺寸参数。为使读者对实验法解决机构设计问题有一个初步了解,本例选择几何实验法确定机构中构件的杆长。

设计步骤

(1) 如图 3.49 所示,任选一点作为连架杆 AB 的转动中心 A,并根据位置角 α_1、α_2 和 α_3 作出连架杆 AB 的位置线1、2 及 3。

(2) 任选 AB_1 作为连架杆 AB 的长度,以点 A 为圆心,AB_1 为半径作圆弧,圆弧与位置线 1、2 和 3 分别交于点 B_1、B_2 和 B_3。

(3) 选取适当的连杆长度 $BC=l$,以 B_1、B_2 和 B_3 为圆心,l 为半径作圆弧 k_1、k_2 和 k_3。

(4) 另取一张透明纸,在透明纸上任选一点作为连架杆 DC 的转动中心 D,并根据位置角 φ_1、φ_2 和 φ_3 分别作出连架杆 DC 的位置线 $1'$、$2'$ 及 $3'$。再以 D 点为圆心,作若干个同心圆。

(5) 将两图重叠在一起,移动透明纸,试凑出圆弧 k_1、k_2 和 k_3 同时或近似落在与位置线相交并且位于同一圆弧的位置状态,使透明纸在此位置保持不动。

(6) 选取其中一个对应位置,连接对应点后,即得到能够满足连架杆对应位置要求的平面连杆机构。图 3.49 中,选择 B_2、C_2 对应点的机构位置,并用黑实线加深描粗,得到机构解 AB_2C_2D。在标识的机构解 AB_2C_2D 中量取各个构件的长度,确定构件间的杆长比例。

如果步骤(5)中,经过试凑,圆弧 k_1、k_2 和 k_3 无法同时或近似落在与连架杆 DC 位置线相交、且不能位于以 D 点为圆心的同一圆弧上时,可以重新选择连杆 BC 的长度,重复步骤 (3)~(6)。

几何实验法是一种比较精确的实用方法,在机构设计中有着比较广泛的应用。

习　题

思考题

试确定对心曲柄滑块机构存在曲柄的杆长条件。

选择填空题

1. 平面四杆机构的压力角越_____,传动角越_____,传力性能越好。

    A. 小　　　　　　　　　B. 大

2. 平面四杆机构没有急回运动特性时,_____,行程速比系数 K _____。

    A. 压力角 $\alpha=0°$　　　B. 极位夹角 $\theta=0°$　　　C. 传动角 $\gamma=0°$

    D. >1　　　　　　　　E. $=1$　　　　　　　　　F. <1

3. 双曲柄机构中,已知 3 个构件的长度分别为 $a=80\text{ mm}$,$b=150\text{ mm}$,$c=120\text{ mm}$,构件 a 是最短杆,则构件 d 的长度_____。

    A. $<110\text{ mm}$　　　　B. $110\text{ mm}\leqslant d\leqslant190\text{ mm}$　　　C. $\geqslant190\text{ mm}$

4. 平面四杆机构中,压力角与传动角的关系为_____。

    A. 压力角增大则传动角减小

    B. 压力角增大则传动角也增大

    C. 压力角与传动角始终相等

5. 为保证四杆机构具备良好的机械性能,机构的_____应大于许用值。

A. 压力角 α B. 传动角 γ C. 极位夹角 θ

6. 平面四杆机构中,_____反映机构的运动特性;_____和_____则反映机构的传力性能。

A. 压力角 α B. 传动角 γ C. 极位夹角 θ

7. 下列机构中,曲柄作为主动件时,_____没有急回特性。

A. 曲柄摇杆机构   B. 导杆机构

C. 对心曲柄滑块机构   D. 偏置曲柄滑块机构

分析判断题

1. 通过作图法分析图 3.32(d)所示偏置曲柄滑块机构是否具有急回运动特性,说明理由。

2. 如果将图 3.40(a)所示导杆机构中的导杆 4 作为主动件,分析机构的压力角 α,并图示说明。

3. 根据图 3.50 所示机构中的构件尺寸,分析并确定机构类型及各构件名称,说明理由。

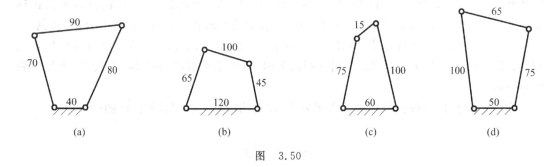

图 3.50

4. 图 3.51 所示铰链四杆机构中,已知 $l_{BC}=50$ cm,$l_{CD}=35$ cm,$l_{AD}=30$ cm,AD 为机架。

(1) 欲使机构为曲摇杆机构,且构件 AB 作为曲柄,求其杆长 l_{AB} 的最大值;

(2) 欲使机构为双曲柄机构,求构件 AB 的杆长 l_{AB} 允许的最大值;

(3) 欲使机构为双摇杆机构,求构件 AB 的杆长值 l_{AB}。

图 3.51   图 3.52

5. 图 3.52 所示铰链四杆机构中,已知各构件的长度分别为:$a=80$ mm,$b=150$ mm,$c=120$ mm,试述:

(1) 机构为双曲柄机构时,构件 d 的取值范围,说明理由和依据;

(2) 机构为曲柄摇杆机构时,构件 d 的取值范围,说明理由和依据。

作图分析计算题

1. 图 3.53 所示组合机构中,构件 AB 为原动件,沿顺时针方向匀速转动。

(1) 如果滑块 E 是输出运动的构件。试用图解法：①确定滑块 E 运动的极限位置(即滑块行程 H)；②输出运动的构件滑块 E 是否存在急回运动？ 如果存在急回运动,请指明急回运动方向。

(2) 如果滑块 E 是原动件,试用作图方式说明机构是否存在死点位置,如果存在死点位置,绘制出机构处于死点位置的状态。

(3) 说明组成图示机构的基本机构名称及组成各个基本机构的构件。

2. 图 3.54 所示偏置曲柄滑块机构中,偏距为 e,构件杆长满足关系：$BC = 2(AB + e)$,曲柄 AB 为原动件,试用图解法确定机构的最小传动角 $\gamma_{\min}$。

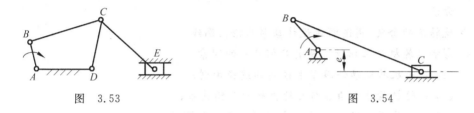

图　3.53　　　　　　　　　　　　　　图　3.54

3. 在图 3.55 所示偏置曲柄滑块机构中,$BC = 3AB$,$e = \dfrac{2}{3}AB$,曲柄 AB 为原动件。

(1) 标出机构在图示位置时的传动角 γ 和压力角 α；

(2) 作出机构的极位夹角 θ；

(3) 图示出滑块的行程 H。

4. 已知图 3.56 中连杆的 3 个位置 B_1C_1、B_2C_2 和 B_3C_3,试用作图法设计平面四杆机构,写明设计步骤。

5. 图 3.57 所示摆动导杆机构中,已知 $l_{BC} = \dfrac{1}{2}l_{AB}$,曲柄 BC 为原动件,试计算该机构的行程速比系数 K。

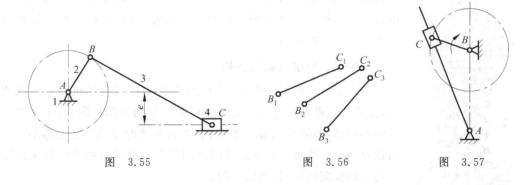

图　3.55　　　　　　　　图　3.56　　　　　图　3.57

设计练习题

运用平面连杆机构设计一产品,并将设计信息和设计内容填入附录 A 中的"产品设计文档"。

4 凸轮机构和间歇运动机构

本章学习要求

◇ 凸轮机构的类型、特点及适用场合。

◇ 基本概念：推(回)程、推(回)程运动角、基圆、实际廓线、理论廓线。

◇ 从动件常用运动规律及特点，刚性冲击和柔性冲击的基本概念、出现场合及判断方法。

◇ 反转法的含义，用图解法设计盘形凸轮轮廓线。

◇ 影响凸轮机构工作性能及其几何尺寸的因素：

　　(1) 凸轮机构从动件滚子半径 r_k 的选择原则；

　　(2) 凸轮机构压力角 α 与凸轮机构的自锁关系；

　　(3) 凸轮基圆半径 r_0 对凸轮机构压力角 α 的影响。

◇ 常用间歇运动机构的工作原理和运动特点。

◇ 各类间歇运动机构的适用场合。

◇ 根据工作要求，正确选择间歇运动机构的类型。

4.1 凸轮机构的应用与分类

4.1.1 凸轮机构的应用

机械系统中采用凸轮机构，不仅能够实现工作执行件所需的运动要求，而且可以按照预定的运动规律达到所需的运动特性要求，同时还能够控制机械系统中若干工作执行件之间的动作顺序。因此，凸轮机构在生产实践中有着非常广泛的应用。

实例 1　内燃机配气机构

图 1.23(a)所示内燃机，采用凸轮机构控制内燃机的进气与排气，完成配气动作。图 4.1 是内燃机配气机构的结构图，凸轮 1 绕固定中心转动，控制从动推杆 2(气阀)在汽缸体的导路中往复移动。当凸轮驱使从动推杆 2 向下运动时，气阀开启；从动推杆 2 在弹簧作用下向上回复到原位时，气阀关闭。

实例 2　自动送料机构

图 4.2(a)是利用圆柱凸轮实现自动送料的机构。圆柱凸轮 1 绕固定轴转动，推杆 2 上的滚子嵌入在圆柱凸轮 1 的槽中，圆柱凸轮 1 转动的过程中，带动推杆 2 往复移动，将储料仓 3 中的工件沿水平方

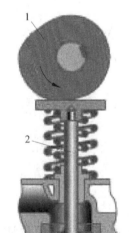

图 4.1　配气机构[34]

向推出,完成自动送料动作。图4.2(b)是利用移动凸轮实现自动送料的机构。移动凸轮1在外界驱动力的作用下沿垂直方向往复移动,从动推杆2在移动凸轮1和复位弹簧的作用下,沿水平方向往复移动。如果将图4.2(b)中的从动推杆2作为送料推杆,同样能够完成图4.2(a)中的自动送料动作。

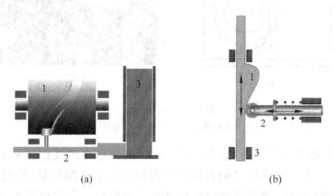

(a)   (b)

图4.2 自动送料机构[34]

(a) 圆柱凸轮自动送料机构;(b) 移动凸轮自动送料机构

  图4.2中,两个自动送料机构的不同之处在于:图4.2(a)将原动件圆柱凸轮1的旋转运动,转变成送料推杆2沿水平方向的往复移动;而图4.2(b)则将原动件移动凸轮1沿垂直方向的往复移动,转变成送料推杆2沿水平方向的往复移动。两个机构中,从动件(送料推杆)的运动特征完全相同,但原动件的运动特征不同:图4.2(a)中的圆柱凸轮1绕水平轴转动,图4.2(b)中的移动凸轮1则沿垂直方向往复移动。由此可见,选择机构类型时,不仅要考虑机构运动输出构件的运动特征要求,也要考虑机构动力驱动源的运动特征。

实例3 步进输送机构

  图4.3是装配线中使用的步进输送机构。机构中有一个盘形凸轮2和一个端面凸轮3,两者均与轴4固连。托架1上放置输送物料(例如圆珠笔、铅笔等),轴4是驱动步进输送机构运动的原动件,盘形凸轮2及端面凸轮3随轴4一同转动。其中,盘形凸轮2控制托架1上下移动,端面凸轮3控制托架1左右移动,这两种运动综合后,托架1的运动轨迹呈矩形状,由此实现物料的间歇送进。

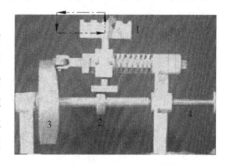

图4.3 步进输送机构[28]

实例4 绕线机构

  图4.4(a)所示绕线机构,由绕线轴6、盘形凸轮1、摆杆2、螺旋齿轮3(随绕线轴6一同转动)、螺旋齿轮4(与盘形凸轮1固连在同一根轴上,两者一同旋转)及弹簧5等组成。绕线时,线筒套在绕线轴6上,动力源驱动绕线轴6转动,螺旋齿轮3随绕线轴6一同旋转,并带动螺旋齿轮4转动。盘形凸轮1与螺旋齿轮4同步旋转。摆杆2在盘形凸轮1和弹簧5的共同作用下,绕机架上的固定点摆动,线嵌在摆杆2顶端的槽中,随同摆杆2一同运动。这样,绕线轴6转动时,线就能够均匀地缠绕到线筒上。

  图4.4(b)是纺织机械并纱机中的绕线机构。机构中,线嵌在圆柱凸轮2的槽中。绕线

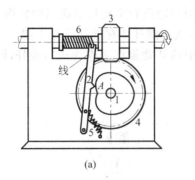

(a)　　　　　　　　　　　　　　(b)

图 4.4　绕线机构

(a) 绕线机构原理；(b) 并纱机

时,绕线轮 1 及圆柱凸轮 2 都转动,嵌在圆柱凸轮 2 螺旋槽中的线作往复移动,使得线能够均匀地绕在绕线轮 1 上。该绕线机构直接利用圆柱凸轮上的螺旋槽,控制线沿着绕线轮 1 的回转轴线往复移动,因此,该绕线机构中的凸轮与一般意义上的凸轮机构有所不同,即只有凸轮,没有从动件。凸轮的作用是直接带动线往复移动。

实例 5　录音机卷带机构

图 4.5 是录音机的卷带机构,其中,移动凸轮 1 是录音机的放音键,摆杆 2 一端与移动凸轮 1 保持接触,另一端装有摩擦轮 4,摩擦轮 4 与皮带轮 7 固连在同一根轴上,二者同步旋转。按下放音键时(图 4.5(a)),移动凸轮 1 向下移动,摆杆 2 在拉簧 6 的作用下绕其摆动中心逆时针摆动,安装在摆杆 2 上的摩擦轮 4 压紧卷带轮 5,两轮之间产生的摩擦力驱使卷带轮 5 转动并卷绕磁带,磁带走带时放音。停止放音时,如图 4.5(b)所示,弹起放音键,移动凸轮 1 向上移动,推动摆杆 2 绕其回转中心顺时针摆动,摩擦轮 4 与卷带轮 5 脱离,磁带停止走带,放音停止。

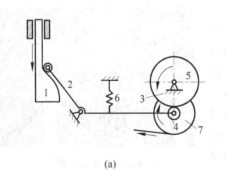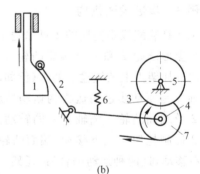

(a)　　　　　　　　　　　　　　(b)

图 4.5　录音机卷带机构[29]

(a) 放音；(b) 停止放音

实例 6　机床刀具进给机构

在图 4.6 所示的机床刀具进给机构中,凸轮机构的从动件摆杆 2 在 O 点与机架用转动副连接,其上部制作成扇形齿轮,与刀架下方的齿条啮合,安装在摆杆 2 下部的滚子嵌入在圆柱凸轮 1 的凹槽中。圆柱凸轮 1 绕其轴线等速转动时,通过嵌入在曲线凹槽内摆杆 2 上的滚子,带动摆杆 2 绕 O 点往复摆动。摆杆 2 往复摆动过程中,通过其另一端的扇形齿轮,驱动刀架下方的齿条往复移动,由此控制刀架的进刀和退刀动作。刀架往复移动的运动规律取决于圆柱凸轮 1 上曲线凹槽在圆柱体上的分布情况。

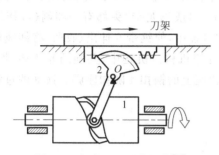

图 4.6　机床刀具进给机构[29]

图 4.7　熊猫吹泡

实例 7　熊猫吹泡

在图 4.7 所示的熊猫吹泡玩具中,凸轮机构由 3 个活动构件(盘形凸轮 1、直动从动件 2 和摆动从动件 3)组成。盘形凸轮 1 同时控制两个从动件运动。凸轮 1 下方的直动从动件 2,为吹泡气管提供吹泡泡时需要的气体,其作用原理类似于自行车的打气筒,直动从动件 2 向上运动时,吸入气体;向下运动时,将吸入的气体压缩到吹气管内,沾有肥皂液的管子,在吹气管内压缩气体的作用下,吹出气泡。盘形凸轮 1 上方是摆动从动件 3,其功能是使蘸液管伸入肥皂液桶内蘸取肥皂液。根据两个从动件的功能要求,合理地确定从动件的运动规律,并根据从动件的运动规律设计盘形凸轮 1 的轮廓线,便能保证两个从动件协调动作,完成吹泡管蘸取皂液和熊猫吹泡的两个动作。

实例 8　纺织机械

图 4.8 是凸轮机构在纺织机械中的一些应用实例。图 4.8(a)所示多臂提花机中,采用

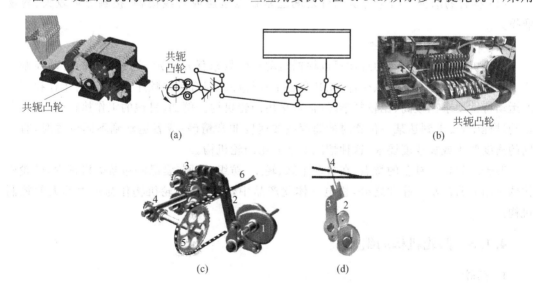

(a)　　　　　　　　　　　　　　　　　　　　　　　　(b)

(c)　　　　　　　(d)

图 4.8　凸轮机构在纺织机械中的应用[36,38]

(a) 多臂提花机;(b) 开口机构;(c) 挠性剑杆引纬机构;(d) 打纬机构

共轭凸轮控制开口机构,使经线能够按照预期的规律上下分开,形成梭口。图 4.8(b)是共轭凸轮控制开口机构的实物照片,机构中有多个共轭凸轮。图 4.8(c)是剑杆织机中挠性剑杆引纬机构。机构中,共轭凸轮 1 控制摆杆 2 运动,摆杆 2 驱动齿轮系 3 正反向运转,并将运动传递给圆锥齿轮传动机构 4,钢带轮 5 与圆锥齿轮机构的从动齿轮固连在同一根轴上,并随轴一同正反向转动。套在钢带轮 5 上的钢带 6(或尼龙带)头部有送纬剑(或接纬剑),送纬剑夹持纬线,在钢带轮 5 正向或反向转动的过程中,使钢带 6 伸出、收回,将纬线传递给接纬剑,完成引纬动作。图 4.8(d)是织机中的打纬机构。机构中,共轭凸轮 1 带动摆杆 2 摆动,与摆杆 2 固连的扣座脚 3 随之一同摆动,扣座上的钢扣 4 随扣座脚 3 摆动的过程中实现打纬,将纬纱推向织口两根经线的交接处。

4.1.2 凸轮机构的特点与适用场合

1. 凸轮机构的特点

(1) 从动件可以实现任意预期的运动规律。凸轮机构从动件的运动规律,可以根据运动特性要求任意确定。凸轮的轮廓曲线可以按一种运动规律设计,也可以是多种运动规律组合后的设计结果。即从动件的运动规律具有多样性,能够实现任意预期的运动特性要求。

(2) 结构简单、紧凑。通常情况下,一个凸轮机构中只有凸轮和从动推杆(或摆杆)两个活动构件,结构简单。另外,凸轮机构中活动构件的运动范围取决于从动件的运动行程,从动件的运动行程越大,凸轮的最大向径与最小向径之差就越大,凸轮质心与其转动中心的偏距越大,运动时产生的惯性力和惯性力矩将越大,机构的动力性能也越差。因此,凸轮机构从动件的运动行程不允许太大,故机构的结构比较紧凑。

(3) 设计方便。根据预定的从动件运动规律,采用图解法或者解析法都能够方便地设计出凸轮的轮廓曲线。

(4) 构件易磨损。凸轮与从动件之间通常是点接触或者线接触,接触应力较大,容易磨损。

2. 凸轮机构的适用场合

凸轮机构从动件的运动规律可以根据运动特性要求任意确定,是机械式的自动控制机构。当机械中有多个运动执行件,尤其是各个执行件之间有动作顺序要求,或者工作执行件的运动特性要求比较高、比较复杂时,常常采用凸轮机构。例如,机械的工作执行件,在一个运动过程中,要求到达某一位置时的速度或加速度非常精确;或者运动到不同位置时,有不同的速度要求或加速度要求,这种情况下常采用凸轮机构。

鉴于凸轮机构具备的特点,在自动车床、轻工、纺织、印刷、食品和包装等机械中,凸轮机构的应用非常广泛。除此之外,机电一体化产品中,也常将凸轮机构作为传力不大的控制机构。

4.1.3 凸轮机构的组成

1. 凸轮

凸轮是具有一定形状的曲线轮廓或凹槽的构件(图 4.9(a)),其外表面的曲线轮廓是凸轮的工作面。图 4.9(b)中凸轮的工作面则是凸轮端平面上的凹槽。一般情况下,凸轮机构中的原动件通常是凸轮。

2．从动件

凸轮机构中的从动件通过重力、凹槽或者弹簧力始终保持与凸轮接触。图 4.9（a）所示凸轮机构，从动件通过重力与凸轮保持接触；在图 4.9（b）中，连接在从动件末端的滚子嵌入在凸轮端平面的凹槽中，使从动件始终能够保持与凸轮接触。图 4.1 所示的配气机构，利用弹簧的弹力迫使从动件与凸轮保持接触。凸轮机构从动件的运动形式，通常为连续式或者间歇式的摆动或往复直线移动。

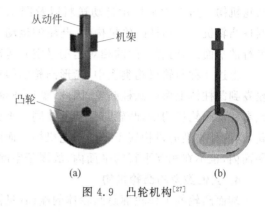

图 4.9　凸轮机构[27]

3．机架

凸轮机构中，支承凸轮和从动件的固定构件是机构中的机架。

4.1.4　凸轮机构的类型

划分凸轮机构类型的方式有 4 种：按凸轮形状分类、按从动件结构形式分类、按从动件运动方式分类、按从动件与凸轮的锁合方式分类。

4.1.4.1　按凸轮形状分类

按凸轮形状划分凸轮机构类型，主要考虑凸轮的结构形式。根据这一方法可以将凸轮机构划分成盘形凸轮机构、移动凸轮机构、圆柱凸轮机构、端面凸轮机构、圆锥凸轮机构和弧面凸轮机构等。

1．盘形凸轮机构

盘形凸轮是一个绕固定轴转动并且具有变化向径的盘形零件。图 4.1 所示配气机构中的凸轮 1、图 4.3 所示步进输送机构中的凸轮 2、图 4.4 所示绕线机构中的凸轮 1、图 4.7 所示熊猫吹泡玩具中的凸轮 1、图 4.8 所示纺织机械中的共轭凸轮以及图 4.9 中的凸轮，都是盘形凸轮。机构中的凸轮若为盘形，则称其为盘形凸轮机构。

盘形凸轮机构中，凸轮绕其轴线旋转的过程中，推动从动件在垂直于凸轮转轴的平面内运动。即从动件作往复直线运动，或者绕固定轴线摆动。图 4.1 中的从动件 2、图 4.7 中的从动件 2 以及图 4.9 中的从动件均作往复直线运动；图 4.4 中的从动件 2、图 4.7 中的从动件 3 以及图 4.8 中的从动件则绕固定轴线摆动。

盘形凸轮是最基本的凸轮形式，结构简单，应用最广。

2．移动凸轮机构

凸轮相对于机架作往复直线运动的凸轮机构称为移动凸轮机构。移动凸轮机构中，凸轮沿其导路中心线往复移动，并推动从动件在同一平面内作往复直线移动（例如，图 4.2（b）中从动件 2），或者绕固定轴线摆动（例如，图 4.5 中的从动件 2）。

如果将盘形凸轮的转动中心移至无穷远，则盘形凸轮演化成相对于机架作直线运动的移动凸轮，即移动凸轮也可视为转动中心移至无穷远处的盘形凸轮。

3．圆柱凸轮机构

圆柱凸轮可以看成是移动凸轮卷绕在圆柱体上形成。由圆柱凸轮构成的机构称为圆柱凸轮机构。图 4.2(a)所示自动送料以及图 4.6 所示机床刀具进给机构中的凸轮机构均是圆柱凸轮机构。圆柱凸轮机构中,凸轮的运动与从动件的运动不在同一平面内,也不在相互平行的平面内,两者之间的相对运动呈空间运动。

上述 3 种凸轮机构类型中,盘形凸轮的转动中心移至无穷远后演化成移动凸轮,移动凸轮卷到圆柱体上形成圆柱凸轮,因此,盘形凸轮实际上是凸轮的基本形式。在盘形凸轮机构或者移动凸轮机构中,凸轮与从动件在同一平面内运动,或者在相互平行的平面内运动。因此,这两种类型的机构属于平面凸轮机构。而圆柱凸轮机构,凸轮和从动件的运动不在同一平面内,也不在相互平行的平面内,故属于空间凸轮机构。

4. 其他类型的凸轮机构

端面凸轮的工作轮廓是凸轮体的端面(见图 4.10),机构中从动件运动的导路中心线与凸轮的转动轴线平行。在图 4.3 所示的步进输送机构中,采用端面凸轮 3 控制托架 1 沿水平方向往复移动。

图 4.11 中,凸轮的廓线分布在圆锥体上,称其为圆锥凸轮机构。圆锥凸轮的形成方式与圆柱凸轮类同,可以理解为移动凸轮卷绕在圆锥体上形成。

图 4.10　端面凸轮机构

图 4.11　圆锥凸轮机构[34]

图 4.12 所示的弧面凸轮机构中,从动摆杆的摆动中心,与弧面凸轮沿轴线方向的圆弧中心重合。弧面凸轮形状复杂,加工难度比较大,加之凸轮表面上的凹槽与摆杆上滚子之间存在间隙,因此,从动件运动的精度相对较低。

4.1.4.2　按从动件端部的结构形式分类

按从动件的结构形式划分凸轮机构类型,主要考虑从动件端部的结构形状。根据从动件端部与凸轮接触部位的结构形状,可以将凸轮机构划分成尖顶从动件凸轮机构、曲面从动件凸轮机构、滚子从动件凸轮机构和平底从动件凸轮机构。

1. 尖顶从动件凸轮机构

尖顶从动件凸轮机构中,从动件的端部结构如图 4.13 所示,呈尖顶形状,与凸轮的接触形式呈点接触。其特点表现为:

(1)从动件能够与任意复杂的凸轮廓线保持良好接触,即采用任意复杂的运动规律,都能够保证从动件的运动规律不会失真。

（2）由于从动件的尖顶与凸轮是点接触，接触处的压强比较大，因此磨损快。磨损后的尖顶直接影响到从动件实现运动规律的准确性。

（3）与其他结构形式的从动件相比，尖顶从动件结构最简单，易于制造。

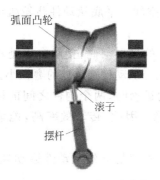

弧面凸轮

滚子

摆杆

图 4.12　弧面凸轮机构[34]

图 4.13　尖顶从动件凸轮机构

因此，尖顶从动件凸轮机构只适用于运动规律复杂且精度要求比较高、载荷轻、运行速度低的场合。例如，仪器仪表中的凸轮机构常常采用尖顶从动件。

2. 曲面从动件凸轮机构

从动件端部呈曲面形状的凸轮机构称为曲面从动件凸轮机构（见图 4.14）。曲面从动件基本继承了尖顶从动件的优点，克服了尖顶从动件容易磨损的缺点。因此，有些应用场合，常采用曲面从动件代替尖顶从动件，应用比较广泛。

3. 滚子从动件凸轮机构

滚子从动件凸轮机构中，从动件端部安装有一个可以自由转动的滚轮，并且通过滚轮与凸轮保持接触（见图 4.15）。滚轮与凸轮接触处的运动性质是相对滚动，因此滚子从动件与凸轮接触处的摩擦性质为滚动摩擦。由于滚动摩擦系数小于滑动摩擦系数，故采用滚子从动件，可以减小从动件与凸轮接触处的摩擦磨损。另外，滚子从动件与凸轮的接触是线接触，相对于尖顶或曲面从动件而言，滚子从动件凸轮机构的承载能力比较大。

图 4.14　曲面从动件凸轮机构[27]

图 4.15　滚子从动件凸轮机构

滚子从动件凸轮机构在通用机械中的应用非常广泛。例如，图 4.2 中的自动送料机构、图 4.5 所示录音机卷带机构、图 4.6 所示机床刀具进给机构、图 4.7 所示熊猫吹泡玩具中熊猫蘸取皂液和吹泡的控制机构、图 4.8(c) 所示引纬机构以及图 4.8(d) 所示打纬机构中的凸轮机构,均采用了滚子从动件。

4. 平底从动件凸轮机构

图4.1采用平底从动件凸轮机构实现内燃机的配气。从动件的端部形状呈平面,凸轮与从动件平底的接触是线接触,两者在接触处形成楔形空间。平底从动件凸轮机构的特点表现为:

(1)凸轮转动,将润滑油带入凸轮与从动件接触处的楔形空间,接触表面处易形成油膜。因此,平底从动件凸轮机构的润滑状况比较好,凸轮与从动件接触处的磨损小。

(2)如果不计从动件与凸轮接触处的摩擦,则机构运动时,两个构件之间的接触力始终垂直于从动件的平底,机构的受力状态好、比较平稳。因此,传动效率高,能承受较大的载荷。

(3)对于具有内凹廓线的凸轮轮廓,采用平底从动件容易导致从动件运动规律失真。即平底从动件凸轮机构中,凸轮的轮廓必须为外凸形状。

鉴于平底从动件凸轮机构的特点,在高速、重载的机械设备中,常常采用平底从动件凸轮机构。图4.3所示步进输送机构中的从动件以及图4.7所示熊猫吹泡玩具中的直动从动件2均是平底从动件。

4.1.4.3　按从动件运动方式分类

平面凸轮机构中,从动件的运动方式有两种:往复直线运动和绕固定点摆动。因此,根据从动件的运动方式,可以将凸轮机构划分成两种类型:直动从动件凸轮机构和摆动从动件凸轮机构。

1. 直动从动件凸轮机构

直动从动件凸轮机构中,从动件作往复直线运动(见图4.16)。如果从动件往复移动的导路中心线通过凸轮的转动中心,称为对心直动从动件凸轮机构(见图4.16(a));如果从动件往复移动的导路中心线与凸轮转动中心之间存在偏距e,则称为偏置直动从动件凸轮机构(见图4.16(b))。

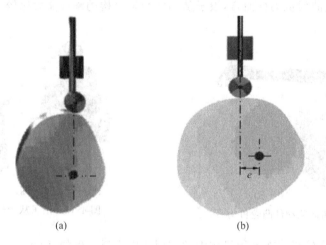

(a)　　　　　　　　　　　(b)

图4.16　直动从动件凸轮机构[27]

(a) 对心；(b) 偏置

2. 摆动从动件凸轮机构

摆动从动件凸轮机构中,从动件绕固定点往复摆动。摆动从动件凸轮机构的应用非常广泛。图 4.4 所示绕线机构、图 4.5 所示录音机卷带机构、图 4.6 所示机床刀具进给机构、图 4.7 所示熊猫吹泡玩具中凸轮 1 与摆杆 3 组成的凸轮机构,以及图 4.8 所示纺织机械均采用了摆动从动件凸轮机构。除此之外,图 4.12 中的弧面凸轮机构,以及图 4.13、图 4.14 和图 4.15 中的凸轮机构从动件均为摆动从动件。

4.1.4.4 按从动件与凸轮的锁合方式分类

按从动件与凸轮的锁合方式,凸轮机构分为力封闭凸轮机构和几何封闭凸轮机构。

1. 力封闭凸轮机构

力封闭凸轮机构利用重力、弹簧力或者其他外力使从动件与凸轮保持接触。图 4.9(a) 所示盘形凸轮机构、图 4.10 所示端面凸轮机构以及图 4.14 所示摆动从动件凸轮机构,都是借助从动件的重力,使从动件与凸轮保持接触,属于重力锁合凸轮机构。而图 4.1 所示配气机构、图 4.2(b) 所示自动送料机构、图 4.3 所示步进输送机构中的端面凸轮 3 与托架 1 构成的凸轮机构、图 4.4(a) 所示绕线机构、图 4.5 所示录音机卷带机构,还有图 4.13 及图 4.15 中的摆动从动件凸轮机构,则是利用弹簧的弹力,迫使从动件与凸轮保持接触,属于弹簧力锁合凸轮机构。

2. 几何封闭凸轮机构

几何封闭凸轮机构利用凸轮或从动件本身特殊的几何形状,使从动件与凸轮轮廓在运动过程中始终保持接触。常用的几何封闭凸轮机构有下述几种类型。

1) 凹槽凸轮机构

凹槽式凸轮机构只需在凸轮工作面上按运动规律设计槽形轮廓线,从动件便可实现要求的运动规律。图 4.2(a) 所示自动送料机构、图 4.9(b) 所示凸轮机构、图 4.11 所示圆锥凸轮机构、图 4.12 所示弧面凸轮机构以及图 4.17(a) 所示组合凸轮机构,都是凹槽式几何封闭型凸轮机构。其中,图 4.17(a) 所示组合凸轮机构,将两个凹槽凸轮制作在同一个盘形零件上,每个凹槽控制一个从动件,两个从动件运动综合的结果写出一个"R"字。图 4.17(b) 利用凹槽式凸轮 2 控制综框 9 实现升降运动,使经线按照预定的运动规律要求形成梭口。

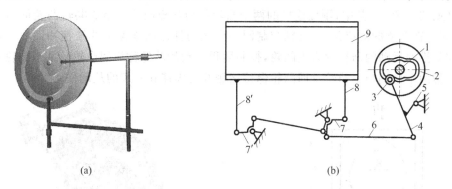

图 4.17 凹槽凸轮机构应用

(a) 组合凸轮机构;(b) 织机开口机构[38]

凹槽式凸轮机构结构简单、紧凑,设计方便。但是,凸轮机构的几何尺寸和重量均相应增大。

2）等径凸轮机构

图 4.18(a)所示等径凸轮机构的结构特征表现为：机构运动时，从动件上的两个滚子始终与凸轮保持接触，并且两个滚子的中心之间的距离不变，即 $r_1 + r_2 =$ 常数。等径凸轮机构只适用于对心直动滚子从动件或者尖顶从动件。通常，凸轮转动一圈，从动件往复运动一次。

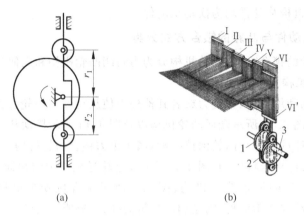

(a)　　　　　　　　　　　　(b)

图 4.18　等径凸轮机构及应用

(a) 机构原型；(b) 织机开口机构[38]

图 4.18(b)所示织机开口机构中，采用等径凸轮机构控制综框 Ⅰ～Ⅵ 的升降运动。开口机构中，凸轮 1 和凸轮 2 是等径凸轮，即两个凸轮上，通过其转动中心 3 的任意直线与凸轮理论廓线两个交点之间的距离恒定不变。

3）等宽凸轮机构

图 4.19 所示的等宽凸轮机构中，凸轮 1 廓线上任意两条平行切线间的距离保持相等，并且等于从动推杆 2 的内框上、下壁之间的距离 w，即 $w =$ 常数。机构运动时，凸轮 1 与从动推杆 2 的内框始终保持接触。

4）共轭凸轮机构

共轭凸轮机构由两个凸轮机构的同类构件（凸轮与凸轮、从动件与从动件）刚性连接组合形成（见图 4.20）。其中，刚性连接的两个凸轮称为共轭凸轮。组成共轭凸轮的两个凸轮廓线之间存在严格的对应关系，分别控制同一个从动件运动规律中的推程和回程。共轭凸轮中，控制推程运动的凸轮称为主凸轮，控制回程运动的凸轮称为回凸轮。共轭凸轮机构的从动件，是两个分别与主凸轮及回凸轮保持接触并且固连在一起的从动件。

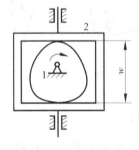　　　　　　　　　　

图 4.19　等宽凸轮机构　　　　　　　　图 4.20　共轭凸轮机构[27]

共轭凸轮具有以下特点：

(1) 可以减少甚至消除凸轮轮廓与从动件之间的间隙，能够很好地控制从动件的往复运动；

(2) 从动件可以实现任意要求的运动规律；

(3) 结构复杂，制造精度要求比较高。

共轭凸轮机构因为能够比较好地控制从动件与凸轮之间的间隙，常常应用于从动件运动精度要求比较高的场合，尤其在高速自动化机械中应用非常广泛，例如印刷、纺织等机械。图 4.8 是共轭凸轮机构在纺织机械中的一些应用实例。

4.2　凸轮机构设计的基本任务与从动件的常用运动规律

凸轮机构的从动件在运动过程中，其位移 s_2、速度 v_2 和加速度 a_2 随着时间 t 或凸轮转角 δ 变化的规律，称为从动件的运动规律。

4.2.1　凸轮机构设计的基本任务

设计凸轮机构的基本任务可以概括为 4 个方面。

1. 确定凸轮机构的结构形式

凸轮机构的结构形式与动力源的运动特征以及所要求的从动件运动形式密切相关，因此确定凸轮机构的结构形式时，应考虑这两个因素：

(1) 驱动凸轮运动的动力源的运动特征。即了解动力源的运动形式：是转动还是移动？动力源的速度特性：是匀速运动还是非匀速运动？

(2) 根据从动件运动形式等要求，确定选用什么类型的凸轮机构。即选用移动凸轮、盘形凸轮还是圆柱凸轮？选用摆动从动件还是直动从动件？从动件的端部形状采用尖顶、滚子还是其他结构形状？

2. 确定从动件的运动规律

凸轮机构的结构形式确定之后，尚需根据从动件工作时的运动特性要求，确定从动件的运动规律。从动件的运动规律是设计凸轮轮廓曲线的依据。

3. 合理确定凸轮机构的结构尺寸

凸轮机构中，构件的结构尺寸常常会对机构的工作性能产生直接影响。例如，凸轮的基圆半径、滚子从动件的滚子半径、平底从动件的平底长度等，均会对机构的运动性能或动力性能产生影响。

4. 设计凸轮的轮廓曲线

选定了凸轮机构的结构形式之后，根据已经确定的从动件运动规律，即可设计凸轮的轮廓曲线。

4.2.2　相关名词概念和运动分析的基础知识

1. 凸轮机构有关名词概念

图 4.21 是对心直动从动件凸轮机构的运动简图及与从动件运动相对应的位移线图

(s_2-t 图)或(s_2-δ 图)。位移线图中,纵坐标 s_2 表示从动件的位移量,横坐标 t(或 δ)表示时间(或凸轮转角)。设机构运行时,凸轮以角速度 ω_1 沿逆时针方向匀速转动。下面结合图 4.16 和图 4.21 说明凸轮机构以及描述或分析从动件运动规律常用的一些名词术语。

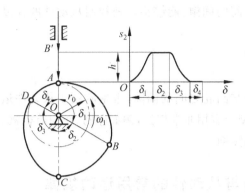

图 4.21　凸轮机构及位移图

（1）对心：从动件往复移动的导路中心线通过凸轮转动中心 O(图 4.16(a))。

（2）偏置：从动件往复移动的导路中心线与凸轮转动中心 O 之间存在偏距 e(图 4.16(b))。

（3）基圆：以凸轮转动中心 O 为圆心,凸轮廓线最小向径 r_0 为半径所作的圆。

（4）推程：从动件由离凸轮中心 O 最近位置 A 移至离凸轮中心 O 最远位置 B' 的过程。

（5）推程运动角 δ_1：推程对应的凸轮转角。

（6）远休止角 δ_2：从动件在离凸轮转动中心 O 最远位置静止不动时,对应的凸轮转角。

（7）回程：从动件在弹簧力或重力作用下,由离凸轮中心 O 最远位置移至离凸轮中心 O 最近位置的过程。

（8）回程运动角 δ_3：回程对应的凸轮转角。

（9）近休止角 δ_4：从动件在离凸轮转动中心 O 最近位置静止不动时,对应的凸轮转角。

（10）行程 h：从动件推程(或回程)时的最大移动距离。

2. 分析运动的基础知识

由物理学或理论力学知识,我们知道,位移 s、速度 v 和加速度 a 三者之间呈积分与求导的关系,即

$$
\left.\begin{aligned}
v(t) &= \frac{\mathrm{d}s(t)}{\mathrm{d}t} \\
a(t) &= \frac{\mathrm{d}v(t)}{\mathrm{d}t} = \frac{\mathrm{d}^2 s(t)}{\mathrm{d}t^2}
\end{aligned}\right\} \tag{4-1}
$$

或

$$
\left.\begin{aligned}
s &= \int v(t)\,\mathrm{d}t \\
v &= \int a(t)\,\mathrm{d}t
\end{aligned}\right\} \tag{4-2}
$$

为便于分析从动件的运动规律,将凸轮机构中的原动件凸轮视为构件 1,输出运动的从动件视为构件 2,并用下标 2 描述从动件的各个运动参数。方程组(4-1)和方程组(4-2)是分析和描述凸轮机构从动件运动规律的基础。如果已知从动件位移 s_2 与时间 t(或凸轮转角 δ)之间的关系,则由方程组(4-1)可以求得从动件的速度 v_2 及加速度 a_2 与时间 t(或凸轮转角 δ)之间的关系;如果知道从动件的速度 v_2 或加速度 a_2 与时间 t(或凸轮转角 δ)之间的关系,则由方程组(4-2)可以求得从动件的位移 s_2 及速度 v_2 与时间 t(或凸轮转角 δ)之间的关系式。

4.2.3 从动件的常用运动规律

凸轮机构中,常用的从动件运动规律有等速运动规律、等加速等减速运动规律、简谐运动规律(也称余弦加速度运动规律)和摆线运动规律(也称正弦加速度运动规律)。根据从动件运动规律的数学表达形式不同,又将从动件运动规律划分成两大类别:

(1) 多项式运动规律。等速运动规律、等加速等减速运动规律的数学表达形式呈多项式(见式(4-3)~式(4-8)),归类于多项式运动规律。

(2) 三角函数运动规律。余弦加速度运动规律(简谐运动规律)、正弦加速度运动规律(摆线运动规律)的数学表达形式为三角函数(见式(4-9)~式(4-12)),因此,归类于三角函数运动规律。

本节以推程运动为例,讨论各种运动规律的运动方程、运动线图及其运动特性,并用下述符号表示推程运动的各个参数:

h——从动件推程运动的行程;

T——推程运动所用时间;

ω_1——凸轮匀速转动的角速度;

δ_1——推程运动角;

δ——任意时刻 t 对应的凸轮转角。

关于回程运动规律的运动方程、运动线图及运动特性分析,其分析方法与推程运动类同。读者可以参照本节相关内容自行分析与思考。

4.2.3.1 等速运动规律

等速运动规律是指凸轮机构的从动件在运动过程中的速度恒定不变,即 v_2=常数。

1. 从动件运动方程

若将时间 t 作为自变量,由式(4-1)及式(4-2)得到从动件的位移 s_2、速度 v_2 及加速度 a_2 之间的关系。即等速运动规律的从动件运动方程为

$$\left.\begin{aligned} v_2(t) &= \frac{h}{T} \\ s_2(t) &= \int v_2(t)\mathrm{d}t = \frac{h}{T}t \\ a_2(t) &= \frac{\mathrm{d}v_2(t)}{\mathrm{d}t} = 0 \end{aligned}\right\} \tag{4-3}$$

如果凸轮以角速度 ω_1 匀速转动,则时间 $t=\dfrac{\delta}{\omega_1}$,推程总时间 $T=\dfrac{\delta_1}{\omega_1}$,将两者代入方程组(4-3),得到以凸轮转角 δ 表示的等速运动规律的从动件运动方程为

$$\left.\begin{aligned} s_2(\delta) &= \frac{h}{\delta_1}\delta \\ v_2(\delta) &= \frac{h}{\delta_1}\omega_1 \\ a_2(\delta) &= 0 \end{aligned}\right\} \tag{4-4}$$

2. 从动件运动线图

根据从动件运动方程,可以绘制出从动件的运动线图。图 4.22 是根据从动件运动方

程(4-3)或者方程(4-4)绘制的推程为等速运动规律的从动件运动线图。由图4.22知,从动

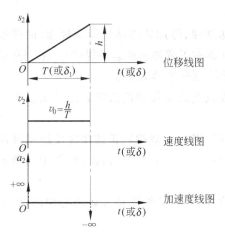

图 4.22　等速运动规律运动线图

件作等速运动时,其位移线图是通过坐标原点的一条斜线,该斜线的斜率(斜线与坐标轴 t 之间夹角的正切)正是从动件的运动速度 $v_2\left(v_2=\dfrac{h}{T}\right)$;从动件的运动速度线图是一条水平直线;加速度值为零,其线图是与坐标轴 t(或 δ)重合的水平直线。

3. 从动件运动特性分析

根据运动学知识,物体运动的加速度会引起惯性力,有惯性力就会产生振动和冲击。加速度越大,惯性力越大,产生的冲击也越大。观察图4.22所示等速运动规律的速度线图和加速度线图可以发现:

(1) 推程开始瞬间,从动件的速度 v_2 由 0 突变至 $v_0=\dfrac{h}{T}=$ 常数,其加速度 a_2 由 0 突变至 $+\infty$;

(2) 推程终止瞬间,从动件的速度 v_2 由 $v_0=\dfrac{h}{T}$ 突变至 0,其加速度 a_2 则由 0 突变至 $-\infty$。

理论上,加速度趋于无穷大时,由此引起的冲击也将是无穷大。实际机构中,由于构件的弹性变形可以起到一定的缓冲作用,因此,从动件的加速度 a_2 不可能趋于无穷大,只是会产生很大的加速度,引起极大的惯性力,产生非常大的冲击。凸轮机构运行时,由于加速度理论值趋于无穷大引起的冲击称为刚性冲击。

由上述运动特性分析结果知,在推程阶段,如果从动件按等速运动规律运动,则在推程运动开始和终止的瞬间,机构产生刚性冲击。换言之,凸轮机构的从动件按等速运动规律运动时,在运动的起始和终止的瞬间,机构将产生刚性冲击,刚性冲击容易导致机构中的构件损坏。这一分析结论同样适合于等速运动规律的回程运动。

4. 等速运动规律的适用范围

从动件按等速运动规律运动时,在运动开始和终止的瞬间会产生刚性冲击。速度越大,刚性冲击越大,因此等速运动规律只适用于低速轻载的场合。

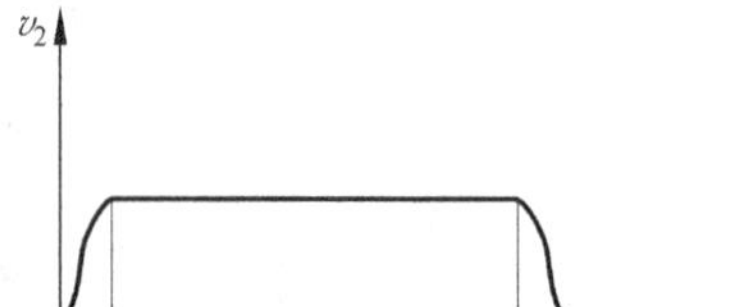

为避免机构产生刚性冲击,采用等速运动规律时,常在运动开始和终止(即速度 v_2 产生突变)的小段时间 Δt 内,采用过渡性运动规律(见图4.23),这样,从动件的运动速度 v_2 逐渐升高与降低,使加速度 a_2 变成有限值,由此避免机构产生刚性冲击。

图 4.23　等速运动规律改进速度线图

4.2.3.2　等加速等减速运动规律

凸轮机构采用等加速等减速运动规律时,从动件在一个行程 h 中,首先作等加速($a_2=a_0=$常数)运动,然后再作等减速($a_2=-a_0=$常数)运动。

表 4.1 是采用等加速等减速运动规律的推程运动参数。

表 4.1 等加速等减速运动规律推程运动参数

构件	等加速推程段			等减速推程段			备 注
	运动参数	起始值	终止值	运动参数	起始值	终止值	
从动件	加速度 a_2	a_0		加速度 a_2	$-a_0$		a_0＝常数
	速度 v_2	0	v_{max}	速度 v_2	v_{max}	0	
	位移 s_2	0	$\dfrac{h}{2}$	位移 s_2	$\dfrac{h}{2}$	h	h：行程
凸轮	转角 δ	0	$\dfrac{\delta_1}{2}$	转角 δ	$\dfrac{\delta_1}{2}$	δ_1	δ_1：推程运动角
	时间 t	0	$\dfrac{T}{2}$	时间 t	$\dfrac{T}{2}$	T	T：推程时间

1. 从动件运动方程

等加速等减速运动规律已经明确了从动件运动的加速度特性,因此,根据表 4.1 中给定的边界条件,由方程组(4-2),可以求得以时间 t 为自变量的等加速推程段及等减速推程段的运动方程。

等加速推程段$\left(\text{时间 } t＝0\sim\dfrac{T}{2}\right)$:

$$\left.\begin{aligned} a_2(t) &= a_0 = 常数 \\ v_2(t) &= a_0 t \\ s_2(t) &= \frac{a_0}{2}t^2 \end{aligned}\right\} \tag{4-5}$$

等减速推程段$\left(\text{时间 } t＝\dfrac{T}{2}\sim T\right)$:

$$\left.\begin{aligned} a_2(t) &= -a_0 = 常数 \\ v_2(t) &= a_0(T-t) \\ s_2(t) &= \frac{a_0 T^2}{4} - \frac{a_0}{2}(T-t)^2 \end{aligned}\right\} \tag{4-6}$$

方程组(4-5)及方程组(4-6)是以时间 t 表示的推程为等加速等减速运动规律的从动件运动方程。凸轮以角速度 ω_1 匀速转动,故时间 $t＝\dfrac{\delta}{\omega_1}$,$T＝\dfrac{\delta_1}{\omega_1}$,代入方程组(4-5)和方程组(4-6)中,得到用凸轮转角 δ 表示的推程为等加速等减速运动规律的从动件运动方程。

等加速推程段$\left(\text{凸轮转角 } \delta＝0\sim\dfrac{\delta_1}{2}\right)$:

$$\left.\begin{aligned} s_2(\delta) &= \frac{2h}{\delta_1^2}\delta^2 \\ v_2(\delta) &= \frac{4h\omega_1}{\delta_1^2}\delta \\ a_2(\delta) &= \frac{4h\omega_1^2}{\delta_1^2} \end{aligned}\right\} \tag{4-7}$$

等减速推程段$\left(凸轮转角 \delta = \dfrac{\delta_1}{2} \sim \delta_1\right)$：

$$\left.\begin{aligned}
s_2(\delta) &= h - \frac{2h(\delta_1 - \delta)^2}{\delta_1^2} \\
v_2(\delta) &= -\frac{4h\omega_1(\delta_1 - \delta)}{\delta_1^2} \\
a_2(\delta) &= -\frac{4h\omega_1^2}{\delta_1^2}
\end{aligned}\right\} \tag{4-8}$$

2. 从动件运动线图

根据推程时从动件运动方程式(4-5)和式(4-6)或者方程组(4-7)和方程组(4-8)，可以绘制出从动件推程运动线图。现以等加速推程段为例，讨论从动件运动线图的绘制。

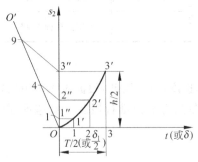

图 4.24　等加速推程段位移线图的绘制

由方程组(4-5)或方程组(4-7)知，从动件运动加速度 a_2 在等加速推程段恒定不变，是一个常数；速度 v_2 与时间 t(或凸轮转角 δ)呈线性关系；位移 s_2 与时间的平方 t^2(或凸轮转角 δ^2)成正比，即当时间 t(或凸轮转角 δ)的比值为 $1 : 2 : 3$ 时，位移 s_2 的比值是 $1 : 4 : 9$。根据位移 s_2 与时间 t(或凸轮转角 δ)的比例关系特征，以等加速推程段位移线图绘制为例，介绍一种简便的位移线图绘制方法，绘图步骤如下(参见图 4.24)：

(1) 绘制坐标系 s_2Ot，坐标系的纵坐标轴 s_2 表示从动件的位移，横坐标轴 t(或 δ)表示机构运动的时间(或凸轮转角)。

(2) 在坐标系的纵坐标轴 s_2 上，截取等加速推程段的行程 $\dfrac{h}{2}$，在横坐标轴 t(或 δ)上截取与行程 $\dfrac{h}{2}$ 对应的时间 $\dfrac{T}{2}\left(或\dfrac{\delta_1}{2}\right)$。

(3) 在坐标系 s_2Ot 中，将横坐标 $\dfrac{T}{2}$ 分成 3 等份，得等分点 1、2 和 3，再过等分点 1、2 和 3 作横坐标轴的垂线。等分点越多，绘制的位移曲线越精确。

(4) 过坐标系 s_2Ot 的原点 O 作任一斜线，并以任意间距在斜线上取 9 个等分点，分别标记为 1、2、…、9。

(5) 连接斜线上点 9 与纵坐标轴 s_2 上 $\dfrac{h}{2}$ 所在点，得连线 $93''$。

(6) 过斜线上点 4 及点 1 分别作与连线 $93''$ 平行的直线，并与纵坐标轴 s_2 交于点 $2''$ 和点 $1''$。

(7) 过纵坐标轴 s_2 上的点 $1''$、$2''$ 和 $3''$ 作横轴平行线，各平行线分别与横坐标轴上的点 1、2 和 3 处的垂线相交于点 $1'$、$2'$ 和 $3'$。

(8) 用光滑曲线连接点 $1'$、$2'$ 和 $3'$，即得等加速推程段的位移曲线。

等加速推程段的位移 s_2 与自变量 t^2(或 δ^2)成正比，当自变量时间 t(或 δ)的比值为 $1 : 2 : 3$ 时，位移 s_2 的比值是 $1 : 4 : 9$。因此，坐标系中横坐标轴 t(或 δ)上，如果将等加速推程段所用时间 $\dfrac{T}{2}\left(或\dfrac{\delta_1}{2}\right)$ 分成 3 等份，则纵坐标轴 s_2 上等加速推程段的行程 $\dfrac{h}{2}$ 应该对应有 9 个等分点。绘图步骤中,步骤(4)～步骤(6)利用斜线上的等分点,确定纵坐标轴 s_2 上与行程 $\frac{h}{2}$ 对应的等分点,比直接在纵坐标轴的 $\frac{h}{2}$ 坐标值内划分等分点更简便,其效果与直接在纵坐标轴 s_2 上确定等分点相同,符合位移 s_2 与时间 t(或 δ)之间的比例关系特征。

关于等减速推程段位移线图的绘制,亦可以采用上述方法。图 4.25 是等加速等减速运动规律的运动线图。无论以时间 t 为自变量(式(4-5)及式(4-6)),还是以凸轮转角 δ 为自变量(式(4-7)及式(4-8)),从动件的运动线图完全一致,图 4.25 中只标识出时间 T 表示的运动参数值。

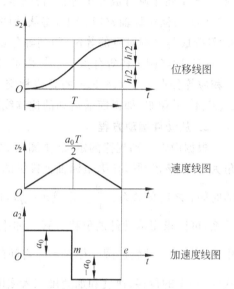

图 4.25 等加速等减速运动规律运动线图

3. 从动件运动特性

由图 4.25 所示加速度线图 $a_2 Ot$,观察从动件按等加速等减速运动规律运动的加速度变化情况:

(1) 在运动规律的起始点 O 处,从动件的加速度由 0 突变至 a_0,加速度产生有限突变;

(2) 从动件做等加速等减速运动的过程中,在加速度 a_2 变化的转折点 m 处,从动件的加速度由等加速(a_0)突变至等减速($-a_0$),加速度产生有限突变;

(3) 在运动规律的终止点 e 处,从动件的加速度由等减速($-a_0$)突变至 0,加速度产生有限突变。

加速度的有限突变将引起有限突变的惯性力,导致一定限度的冲击。这种由于加速度有限突变引起的冲击,称为柔性冲击。

4. 等加速等减速运动规律的适用范围

由图 4.25 中的速度线图 $v_2 Ot$ 知,从动件按等加速等减速运动规律运动时,其运动速度先逐渐增大,然后再逐渐减小,速度没有突变,不会产生刚性冲击。但是,加速度存在有限突变,会产生柔性冲击。因此,等加速等减速运动规律只适用于中速轻载的场合。

4.2.3.3 简谐运动规律(余弦加速度运动规律)

作圆周运动的点,在该圆直径上投影构成的运动称为简谐运动。

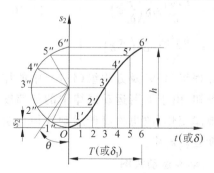

图 4.26 简谐运动规律位移线图

凸轮机构从动件按简谐运动规律运动时,从动件的位移曲线是沿着圆周运动的点在纵坐标上的投影得到的曲线(见图 4.26),即从动件的位移曲线是简谐运动曲线。

1. 从动件位移线图(简谐运动曲线)

根据简谐运动的定义,可以按下述步骤绘制从动件的位移线图(参见图 4.26):

(1) 绘制坐标系 $s_2 Ot$,纵坐标轴 s_2 表示从动件的位移,横坐标轴 t(或 δ)表示机构运动的时间(或凸轮转角)。

(2) 以行程 h 为直径,纵坐标轴上 $\frac{h}{2}$ 处的点为圆心作半圆,并将半圆等分成若干等份。图 4.26 中将半圆分成 6 个等份,得到半圆上的等分点 $1''$、$2''$、$3''$、$4''$、$5''$、$6''$。

(3) 在横坐标轴 t(或 δ)上,将从动件运动一个行程 h 所用的时间 T(或凸轮推程运动角 δ_1)等分成与半圆对应的等份,得到等分点 1、2、3、4、5、6。过各等分点作横坐标轴的垂线。

(4) 过半圆上各等分点 $1''$、$2''$、$3''$、$4''$、$5''$、$6''$ 分别作横坐标轴的平行线,平行线与横坐标轴上相应等分点 1、2、3、4、5、6 的垂线相交于点 $1'$、$2'$、$3'$、$4'$、$5'$ 和 $6'$。用光滑曲线连接点 $1'$、$2'$、$3'$、$4'$、$5'$ 和 $6'$,即得简谐运动的位移线图。

2. 从动件运动方程

根据简谐运动规律的定义,由图 4.26 知,当点在圆周上运动走过的弧长所对应的圆心角为 θ 时,该段圆弧在纵坐标轴上投影的距离 s_2 就是从动件的位移量。根据角 θ 与点运动的时间 t 之间的关系:$\frac{\theta}{t}=\frac{\pi}{T}$ 或 $\theta=\frac{\pi}{T}t$,以及点运动的轨迹圆半径 $R=\frac{h}{2}$ 与角 θ 之间的几何关系,可以求得从动件的位移方程。如果从动件的推程按简谐运动规律运动,则由图 4.26 中角 θ 与点运动轨迹圆半径 $R=\frac{h}{2}$ 之间的关系,可以求得从动件运动的位移方程。再根据式(4-1)中的位移、速度和加速度三者之间的关系,即可求得从动件运动的速度方程和加速度方程。式(4-9)是推程时从动件按简谐运动规律运动的方程,式中的自变量是时间 t。

$$
\left.
\begin{aligned}
s_2(t) &= R - R\cos\theta = \frac{h}{2}\left[1 - \cos\left(\frac{\pi}{T}t\right)\right] \\
v_2(t) &= \frac{\mathrm{d}s_2(t)}{\mathrm{d}t} = \frac{h\pi}{2T}\sin\left(\frac{\pi}{T}t\right) \\
a_2(t) &= \frac{\mathrm{d}v_2(t)}{\mathrm{d}t} = \frac{h\pi^2}{2T^2}\cos\left(\frac{\pi}{T}t\right)
\end{aligned}
\right\} \tag{4-9}
$$

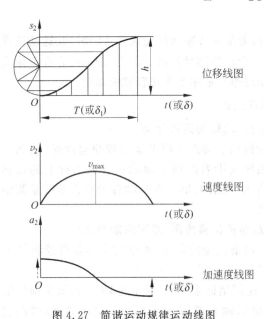

图 4.27 简谐运动规律运动线图

将 $t=\dfrac{\delta}{\omega_1}$ 和 $T=\dfrac{\delta_1}{\omega_1}$ 代入方程组(4-9)中,即可得到用凸轮转角 δ 表示的简谐运动规律下从动件的推程运动方程:

$$
\left.
\begin{aligned}
s_2(\delta) &= \frac{h}{2}\left[1 - \cos\left(\frac{\pi}{\delta_1}\delta\right)\right] \\
v_2(\delta) &= \frac{h\pi\omega_1}{2\delta_1}\sin\left(\frac{\pi}{\delta_1}\delta\right) \\
a_2(\delta) &= \frac{h\pi^2\omega_1^2}{2\delta_1^2}\cos\left(\frac{\pi}{\delta_1}\delta\right)
\end{aligned}
\right\} \tag{4-10}
$$

由方程组(4-9)及方程组(4-10)中的加速度方程知,由于简谐运动规律中的加速度按余弦规律变化,故也称简谐运动规律为余弦加速度运动规律。

3. 从动件运动线图

图 4.27 是根据简谐运动规律的运动方

程(4-9)或式(4-10)绘制得到的从动件运动线图。本节只介绍了推程(从动件位移 s_2 由 0→h)为简谐运动规律时从动件位移线图的绘制方法。此方法同样适用于回程(从动件位移 s_2 由 h→0)为简谐运动规律位移线图的绘制和从动件运动方程的确定。

4. 从动件的运动特性

观察图 4.27 所示简谐运动规律运动线图中余弦加速度曲线 a_2 的变化情况。运动规律开始时,从动件的加速度由 0 突变为有限值;在运动规律终止时,从动件的加速度又由有限值突变为 0。加速度的有限突变,将产生柔性冲击。即凸轮机构的从动件按简谐运动规律运动时,在运动规律的开始和终止处会产生柔性冲击。

如果从动件的推程与回程均采用简谐运动规律,并且凸轮上的近休止角和远休止角都取为 0°,即从动件在推程与回程运动之间不存在停歇,其运动过程是:推程→回程→推程→回程→……,这种情况下,从动件运动的加速度线图是连续的余弦曲线(见图 4.28),说明凸轮机构在运动过程中,不会产生柔性冲击,只是在运动开始和终止的瞬间会产生柔性冲击。如果凸轮上近休止角及远休止角不等于 0°,则从动件的运动过程为:推程→远停→回程→

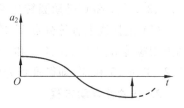

图 4.28　无间歇推-回程简谐运动
规律加速度线图

近停→推程→……,即从动件在推程与回程运动之间存在停歇,这样,机构在推程与回程运动的开始与结束瞬间,从动件运动的加速度 a_2 理论上为有限值突变,会产生柔性冲击。

5. 简谐运动规律的适用场合

由图 4.27 所示简谐运动规律的加速度线图知,从动件的推程或回程运动采用简谐运动规律时,只是在行程开始和终止的瞬间,加速度有突变,产生柔性冲击。即简谐运动规律的动力性能优于等加速等减速运动规律,常常应用于中速中载的运动场合。如果从动件的推程与回程运动之间没有停留,则简谐运动规律也可用于高速中载的运动场合。

4.2.3.4　摆线运动规律(正弦加速度运动规律)

解析几何中关于普通摆线的定义[42]是:动圆沿直线作纯滚动时,位于动圆的圆周、圆内或圆外一固定点的轨迹称为摆线。

凸轮机构的从动件按摆线运动规律运动时,从动件的位移曲线是动圆沿纵坐标轴 s_2 作纯滚动时,其上一固定点 A 在纵坐标上投影得到的曲线(见图 4.29)。动圆上固定点 A 在纵坐标轴 s_2 上滚动一周的距离是从动件的行程 h,故动圆上 A 点处的半径 $r = \dfrac{h}{2\pi}$。

1. 从动件位移线图

从动件按摆线规律运动时,其位移线图根据摆线运动的定义绘制。下面结合图 4.29,说明推程为摆线运动规律时从动件位移线图的绘制步骤。

(1)绘制位移线图的坐标系 s_2Ot。纵坐标轴表示从动件的位移 s_2,横坐标轴表示机构运动的时间 t(或凸轮的转角 δ)。

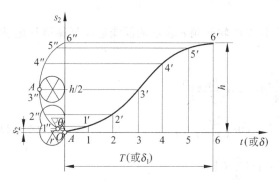

图 4.29　摆线运动规律推程位移线图

(2) 以 $r=\dfrac{h}{2\pi}$ 为半径作一动圆,并将动圆等分成若干等份(图 4.29 中,将动圆分成 6 等份),取动圆圆周上一等分点 A 作为描述摆线轨迹的运动点。

(3) 在横坐标轴 t(或 δ)上,将从动件运动一个行程 h 所用的时间 T(或凸轮推程运动角 δ_1)等分成与动圆相应的等份,得到等分点 1、2、3、4、5 和 6,并过各等分点作横坐标轴的垂线。

(4) 将动圆圆周上描绘摆线轨迹的固定点 A 置于坐标系 s_2Ot 的圆点,使动圆沿纵坐标轴 s_2 作纯滚动,这样,动圆上固定点 A 描绘的轨迹即为普通摆线。图 4.29 中,摆线上的点 $1''$、$2''$、$3''$、$4''$、$5''$ 和 $6''$ 是动圆转过各个等分角度时,其上固定点 A 描绘出的摆线轨迹点。

(5) 过摆线上各等分点 $1''$、$2''$、$3''$、$4''$、$5''$ 和 $6''$ 分别作横坐标轴的平行线,平行线与横坐标轴上相应等分点 1、2、3、4、5 和 6 的垂线相交于点 $1'$、$2'$、$3'$、$4'$、$5'$ 和 $6'$。用光滑曲线连接点 $1'$、$2'$、$3'$、$4'$、$5'$ 和 $6'$,即得推程为摆线运动规律时的从动件位移线图。

2. 从动件运动方程

图 4.29 所示推程为摆线运动规律的从动件位移线图中,设 θ 角为动圆上固定点 A 在时间 t 内沿纵坐标轴 s_2 作纯滚动时转过的圆心角。由摆线运动规律的定义知,圆心角 θ 对应处,摆线上的点在纵坐标轴上的投影距离 s_2,就是从动件在时间 t 内运动的位移量。由于推程的行程量 h 是动圆沿纵坐标轴 s_2 转动一周滚过的距离,故有 $\dfrac{\theta}{t}=\dfrac{2\pi}{T}\left(\text{或}\ \dfrac{\theta}{\delta}=\dfrac{2\pi}{\delta_1}\right)$,即 $\theta=\dfrac{2\pi}{T}t\left(\text{或}\ \theta=\dfrac{2\pi}{\delta_1}\delta\right)$。根据 s_2 与角 θ 以及角 θ 与时间 t(或凸轮转角 δ)之间的关系,可以求得从动件运动的位移方程。再根据式(4-1)中位移、速度及加速度三者之间的关系,可以进一步求解出从动件运动的速度方程和加速度方程。由图 4.29 中从动件运动的位移 s_2 与摆线动圆转过的圆心角 θ 及动圆半径 $r=\dfrac{h}{2\pi}$ 之间的几何关系,求得以时间 t 表示的摆线运动规律推程运动方程为

$$\left.\begin{aligned}
s_2(t) &= r\theta - r\sin\theta = \frac{h}{2\pi}\left[\frac{2\pi}{T}t - \sin\left(\frac{2\pi}{T}t\right)\right] \\
v_2(t) &= \frac{\mathrm{d}s_2(t)}{\mathrm{d}t} = \frac{h}{T}\left[1 - \cos\left(\frac{2\pi}{T}t\right)\right] \\
a_2(t) &= \frac{\mathrm{d}v_2(t)}{\mathrm{d}t} = \frac{2\pi h}{T^2}\sin\left(\frac{2\pi}{T}t\right)
\end{aligned}\right\} \tag{4-11}$$

将 $t=\dfrac{\delta}{\omega_1}$ 及 $T=\dfrac{\delta_1}{\omega_1}$ 代入方程组(4-11),得到以凸轮转角 δ 表示的摆线运动规律推程运动方程:

$$\left.\begin{aligned}
s_2(\delta) &= \frac{h}{2\pi}\left[\frac{2\pi}{\delta_1}\delta - \sin\left(\frac{2\pi}{\delta_1}\delta\right)\right] \\
v_2(\delta) &= \frac{h\omega_1}{\delta_1}\left[1 - \cos\left(\frac{2\pi}{\delta_1}\delta\right)\right] \\
a_2(\delta) &= \frac{2\pi h\omega_1^2}{\delta_1^2}\sin\left(\frac{2\pi}{\delta_1}\delta\right)
\end{aligned}\right\} \tag{4-12}$$

由方程组(4-11)及方程组(4-12)中的加速度方程知,从动件按摆线运动规律运动时,

其加速度按正弦规律变化,故摆线运动规律也称为正弦加速度运动规律。

3. 从动件运动特性分析

图 4.30 是与方程组(4-11)或方程组(4-12)对应的从动件运动线图。

观察图 4.30 所示加速度线图中加速度 a_2 的变化情况,可以发现,从动件按摆线运动规律运动时,其速度曲线和加速度曲线始终保持连续变化。并且在运动规律开始和终止时,从动件的加速度没有突变,这一现象说明从动件按摆线运动规律运动时,既无刚性冲击,也无柔性冲击。因此摆线运动规律具有比较好的运动特性和动力性能,适用于高速运转的凸轮机构。

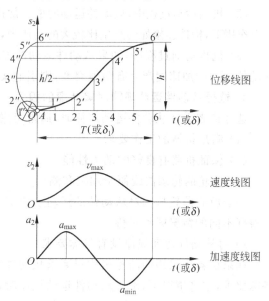

图 4.30　摆线运动规律运动线图

4.2.3.5　从动件运动规律小结

上述介绍的 4 种运动规律,由从动件运动方程式(4-3)或式(4-4)知,从动件按等速运动规律运动时,其位移 s_2 与时间 t(或凸轮转角 δ)的一次方成正比,是一次多项式;从动件按等加速等减速运动规律运动时,其位移 s_2 与时间 t(或凸轮转角 δ)的二次方成正比(式(4-5)~式(4-8)),是二次多项式。因此,等速运动规律、等加速等减速运动规律都属于多项式运动规律。从动件按简谐运动规律运动时,由运动方程式(4-9)或式(4-10)知,其位移 s_2 按时间 t(或凸轮转角 δ)的余弦规律变化;而摆线运动规律的从动件位移 s_2 则如式(4-11)或式(4-12)所示,按时间 t(或凸轮转角 δ)的正弦规律变化。所以简谐运动规律和摆线运动规律均归类为三角函数运动规律。

工程实际中,根据需要,还可以组合上述各种运动规律形成新的运动规律,或者根据运动要求设计其他的运动规律。

表 4.2 是上面所述 4 种运动规律各种特性的概括与总结。

表 4.2　运动规律各种特性的概括与总结

运动规律	冲击特性	位移特性	速度特性	加速度特性	适用场合
等速运动	刚性冲击	直线	有限突变	突变至∞	低速轻载
等加速等减速运动	柔性冲击	抛物线	连续折线	有限突变	中速轻载
简谐运动	柔性冲击	简谐曲线	连续曲线	有限突变	中速中载
摆线运动	无冲击	曲线	连续曲线	没有突变	高速

4.2.3.6　选择从动件运动规律的注意事项

选择从动件运动规律时,主要考虑凸轮机构的运动特性和动力性能两个方面的要求。

1. 影响凸轮机构动力性能的因素

影响凸轮机构动力性能的主要因素有从动件运动的最大运动速度 v_{max}、最大加速度 a_{max}

以及加速度 a_2 的变化情况。

（1）从动件运动的最大速度 v_{max} 越大，产生的最大动量 mv_{max}（m 为从动件的质量）越大，尤其在从动件刚开始启动或终止运动的瞬间，会引起比较大的冲量，产生比较大的冲击力。

（2）机构运动过程中，从动件运动的最大加速度 a_{max} 越大，产生的惯性力 ma_{max} 越大，在惯性力作用下，构件连接处会产生比较大的动压力，影响连接零件的强度，加剧运动副的磨损。

（3）机构运动过程中，如果从动件运动的加速度 a_2 突变至无穷大，会产生刚性冲击；若从动件运动的加速度产生有限值突变，则引起柔性冲击。

2. 选择从动件运动规律时需考虑的因素

选择或者设计从动件运动规律时，通常考虑 3 个方面的因素：

（1）满足机器的工作要求；

（2）保证机器有良好的动力性能；

（3）凸轮的轮廓曲线便于加工和测量。

并非所有凸轮机构对从动件的运动规律都有具体的严格要求，选择从动件运动规律时，应根据不同的情况区别对待。

1）对从动件运动规律没有具体要求

如果机器中采用的凸轮机构只要求从动件实现一定的运动行程，对运动规律本身没有特殊要求，这种情况下，确定从动件运动规律时，若凸轮机构用于高速运转的场合，应侧重考虑凸轮机构的动力性能；若凸轮机构用于低速轻载的场合，则主要考虑凸轮轮廓便于加工。例如，夹紧工件或者控制开关均属于低速轻载的工作场合，这种场合采用的凸轮机构，一般只要求从动件能够实现一定的运动行程，对运动规律并无特殊或者严格要求。此时，选择从动件运动规律时，主要考虑采用便于加工的凸轮轮廓。

图 4.31 所示开关控制机构中，采用凸轮机构控制开关的动作。开关工作过程中，只要求凸轮运行时能够使从动推杆实现一个运动行程 h，由此控制两侧开关的开、闭动作，因此对从动推杆的运动规律并没有特殊要求。这种情况下，选择从动件运动规律时，主要从便于加工考虑，尽可能采用简单的凸轮廓线。图 4.31 采用了不同半径的圆弧作为凸轮的轮廓曲线，与其他类型的曲线相比，圆弧曲线的加工比较容易。

2）对从动件运动规律有具体要求

如果机器中采用的凸轮机构对从动件的运动规律有具体要求，则应严格按照工作要求选择或设计运动规律。在图 4.32 所示的机床刀架进给机构中，支承刀具的刀架是凸轮机构的从动件。机床工作时，刀架上刀具进刀与退刀时的位移、速度及加速度，通过根据（从动件

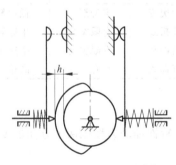

图 4.31　开关控制机构[41]

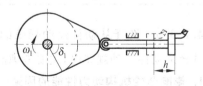

图 4.32　机床刀具进给凸轮机构

（刀架））运动规律设计的凸轮廓线予以控制。因此，设计或选择控制刀架运动的运动规律时，应符合刀架进给的运动特性和动力性能要求。

3）运动特性要求

采用凸轮机构的机械，在工作过程中，如果对从动件的运动规律有具体要求，但是凸轮转速较低，则机构动力性能方面的矛盾不会十分显著，这种情况下，首先应从满足工作要求出发，选择从动件的运动规律，其次考虑机构的动力性能和加工工艺性能。如果机械工作过程中，对凸轮机构的从动件运动规律有特殊要求，而且凸轮转速又比较高时，则动力性能方面的矛盾尤显突出，这种情况下，选择从动件的运动规律，不仅要考虑从动件运动特性的特殊要求，而且还应兼顾机构的动力性能。

有些情况下，只用一种运动规律难以满足机械对从动件运动特性的特殊要求，此时，还需根据运动特性和动力性能要求设计从动件的运动规律。设计新型运动规律通常有两类方法：

（1）组合已有的运动规律，构造新型运动规律；

（2）利用多项式推导满足工作要求的运动规律。

选择或者设计从动件运动规律时，应考虑从动件运动特性的特殊需要、凸轮机构的动力性能以及凸轮廓线的加工工艺性能等多方面的因素。这些因素往往相互制约，因此，需要根据从动件工作的具体要求，以及凸轮机构的使用场合等，分清主次，综合考虑，再选择或者设计从动件的运动规律。

4.3　盘形凸轮的轮廓曲线设计

选择或设计从动件运动规律，并且确定了凸轮的基圆半径 r_0 之后，便可根据从动件的运动位移线图设计凸轮的轮廓曲线。

4.3.1　凸轮轮廓线的设计方法和基本原理

1. 凸轮轮廓线的设计方法

设计凸轮轮廓线的方法有解析法和图解法。

解析法通过坐标系的参数方程精确地表示出凸轮的轮廓曲线。其优点是精度高，可以借助计算机辅助设计，求得凸轮廓线上各点的坐标，若与数控加工设备结合，能够实现无图纸加工，是设计高速、高精度凸轮机构的常用方法。其缺点是不直观，并且要求有比较好的数学基础。

图解法通过作图的方法设计凸轮轮廓线。其优点是简便、直观；缺点是精度低，只适用于低速或非重要场合的凸轮机构设计。

本节只讨论如何通过图解法设计凸轮的轮廓曲线。

2. 图解法设计凸轮轮廓线的基本原理

凸轮机构运动过程中，凸轮与从动件都在运动。其中，凸轮通常以角速度 ω_1 匀速转动，在凸轮的驱动下，直动从动件沿着导路中心线往复移动；摆动从动件则绕一固定点往复摆动。采用图解法设计凸轮轮廓线时，必须设法使凸轮相对于图纸静止不动，方能在图纸上绘制出凸轮的轮廓曲线。

以图 4.33 所示尖顶直动从动件盘形凸轮轮廓曲线设计为例,用图解法设计凸轮轮廓曲

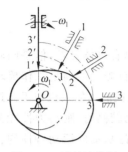

图 4.33　反转法绘制
凸轮轮廓

线时,设想给实际运动中的凸轮机构(包括凸轮、从动件和机架)以 $-\omega_1$ 的角速度转动,即给整个凸轮机构附加一个转速,转速的大小与凸轮的转速 ω_1 相等,转动方向与凸轮实际运动的转动方向相反。这样,凸轮相对于图纸静止不动,从动件一方面沿导路中心线往复移动,一方面随导路一同以 $-\omega_1$ 的角速度转动。这种凸轮静止与从动件复合运动的综合结果是:凸轮与从动件之间的相对运动关系保持不变,从动件尖顶复合运动的轨迹即为凸轮的轮廓曲线,图解法正是根据这一原理绘制出凸轮的轮廓曲线。这种假定凸轮固定不动,从动件连同其导路一起反转的方法称为反转法。

下面以对心直动从动件和摆动从动件盘形凸轮设计为例,讨论从动件端部结构形式不同时,利用图解法设计凸轮轮廓曲线的具体内容和步骤。

4.3.2　对心直动从动件盘形凸轮设计

根据从动件端部的结构形式,直动从动件分为尖顶从动件、曲面从动件、滚子从动件和平底从动件。其中,尖顶从动件和曲面从动件盘形凸轮轮廓曲线的设计方法和设计步骤基本相同,滚子从动件与平底从动件盘形凸轮轮廓的设计,则是以尖顶从动件盘形凸轮轮廓为基础。

4.3.2.1　对心尖顶直动从动件盘形凸轮设计

已知凸轮以角速度 ω_1 顺时针匀速转动,凸轮的基圆半径为 r_0,从动件运动规律见表 4.3,根据给定条件,设计对心尖顶直动从动件盘形凸轮的轮廓曲线。

表 4.3　从动件的运动规律

项　目	推　程	远　停	回　程	近　停
运动规律	等速运动		等加速等减速运动	
凸轮转角	$\delta_1 = 150°$	$\delta_2 = 30°$	$\delta_3 = 120°$	$\delta_4 = 60°$
从动件行程	h		h	

设计步骤如下:

(1) 绘制坐标系 $s_2 O \delta$,纵坐标轴表示从动件的位移 s_2,横坐标轴表示凸轮转角 δ(见图 4.34)。确定绘图比例,并按选定的比例尺和给定的从动件运动规律绘制从动件的位移线图。

(2) 将位移线图中的推程运动角 δ_1 及回程运动角 δ_3 等分成若干等份。等分从动件各段行程时,应遵循"陡密缓疏"的原则。即位移曲线变化陡峭时,等分数取得多一些(密一些);位移曲线变化缓慢时,等分数取得少一些(疏一些)。图 4.34 中,推程运动角 $\delta_1 = 150°$ 被分成 5 等份,每等份是 30°;回程运动角 $\delta_3 = 120°$ 被分成 4 等份,每等份也是 30°。

(3) 取与从动件位移线图相同的绘图比例,绘制凸轮基圆(见图 4.35)。即以凸轮的转动中心 O 为圆心,凸轮的基圆半径 r_0 为半径绘制凸轮基圆。图 4.35 中,B_0 是从动件运动的起始位置,OB_0 的延长线即为从动件的导路中心线(对心直动从动件的导路中心线通过凸轮的转动中心)。

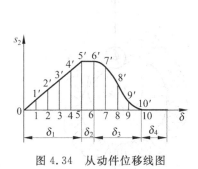

图 4.34　从动件位移线图

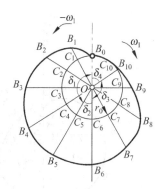

图 4.35　盘形凸轮轮廓设计

（4）确定反转后从动件导路中心线的位置。自 OB_0 沿 $-\omega_1$ 方向（逆时针方向）顺序量取推程运动角 $\delta_1 = 150°$、远休止角 $\delta_2 = 30°$、回程运动角 $\delta_3 = 120°$ 和近休止角 $\delta_4 = 60°$，并将各个角度等分成与从动件位移线图对应的等分数，等分线与基圆交于 C_1、C_2、…、C_{10} 各点，等分线 OC_1、OC_2、…、OC_{10} 即为反转后从动件导路中心线的各个位置。

（5）确定反转后从动件尖顶在各个等分点上的位置。过 C_1、C_2、…、C_{10} 各点，在基圆外截取线段等于位移线图上相应点的位移值，得到机构反转时从动件尖顶运动的一系列位置 B_1、B_2、…、B_{10} 各点。

（6）用光滑曲线连接 B_0、B_1、B_2、…、B_{10} 各点，即得到对心尖顶直动从动件盘形凸轮的轮廓曲线。

4.3.2.2　滚子从动件盘形凸轮设计

设计滚子从动件盘形凸轮轮廓的方法是先设计出凸轮的理论轮廓 β，再在理论轮廓 β 的基础上得到凸轮的实际轮廓 β'。

1. 凸轮理论轮廓线设计

将滚子中心视为从动件的尖顶，并按尖顶从动件凸轮的设计方法设计凸轮轮廓，该轮廓即为滚子从动件凸轮的理论轮廓 β。图 4.36（a）是滚子直动从动件盘形凸轮理论轮廓设计的示意图。

2. 凸轮实际轮廓线设计

以理论轮廓 β 上各点为圆心，滚子半径 r_k 为半径，作一系列的圆，这些圆的包络线形成的凸轮轮廓 β' 即为滚子从动件的实际轮廓。滚子从动件的实际轮廓线是理论轮廓线的法向等距曲线，两者之间的法向距离是滚子的半径 r_k。

图 4.36（b）绘制出了滚子圆的内包络线，并将滚子圆内包络线作为凸轮的实际轮廓线 β'，即从动件的滚子在凸轮轮廓的外部运动。例如，图 4.5 所示录音机卷带机构、图 4.7 所示熊猫吹泡玩具中的凸轮 1 与摆杆 3、图 4.8（c）所示挠性剑杆引纬机构、图 4.8（d）所示打纬机构、图 4.15 所示摆动从动件凸轮机构、图 4.16 中的凸轮机构、图 4.18 所示等径凸轮机构以及图 4.20 所示共轭凸轮机构中，凸轮的实际轮廓曲线均是滚子圆的内包络线，滚子在凸轮的外部运动。

图 4.36（c）取滚子圆的外包络线作为凸轮的实际轮廓线，与这种实际轮廓配对使用的从动件滚子沿凸轮轮廓的内部滚动。

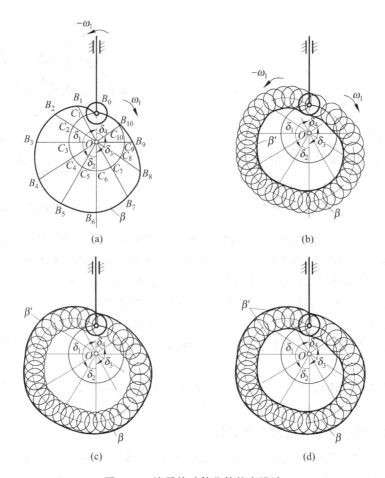

图 4.36　滚子从动件凸轮轮廓设计

(a) 理论轮廓线；(b) 实际轮廓线内包络线；(c) 实际轮廓线外包络线；(d) 实际轮廓线槽形轮廓线

图 4.36(d)同时作出滚子圆的内包络线和外包络线,凸轮的实际轮廓是内外包络线形成的凹槽,从动件的滚子在凹槽中运动。图 4.2(a)所示自动送料机构、图 4.6 所示机床刀具进给机构、图 4.9(b)所示凸轮机构、图 4.11 所示圆锥凸轮机构、图 4.12 所示弧面凸轮机构以及图 4.17 所示凸轮机构中,凸轮的实际轮廓均是由滚子圆内外包络线形成的凹槽。

3. 滚子半径 r_k 对凸轮实际轮廓的影响

滚子半径 r_k 的大小直接影响到凸轮的实际轮廓形状,甚至殃及从动件运动规律是否失真。因此,确定从动件滚子半径 r_k 时,必须考虑滚子半径 r_k 对凸轮实际轮廓曲线 β' 产生的影响。凸轮理论轮廓曲线 β 呈内凹或者外凸时,滚子半径 r_k 对凸轮实际轮廓曲线 β' 的影响有着本质区别,为便于分析问题,设: ρ 为理论轮廓 β 的曲率半径; ρ' 为实际轮廓 β' 的曲率半径。

1) 理论轮廓曲线 β 内凹

凸轮理论轮廓 β 是内凹曲线时,由图 4.37(a)知,实际轮廓曲线 β' 上点的曲率半径 ρ' 与理论轮廓 β 上相应点处的曲率半径 ρ 及滚子半径 r_k 之间的关系是

$$\rho' = \rho + r_k \tag{4-13}$$

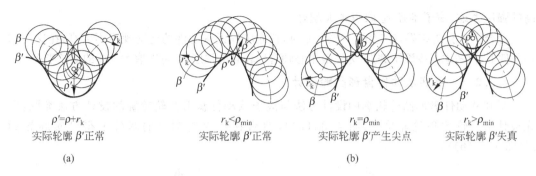

$\rho' = \rho + r_k$　　　　$r_k < \rho_{min}$　　　　$r_k = \rho_{min}$　　　　$r_k > \rho_{min}$

实际轮廓 β' 正常　　实际轮廓 β' 正常　　实际轮廓 β' 产生尖点　　实际轮廓 β' 失真

(a)　　　　　　　　　　　　　(b)

图 4.37　滚子半径 r_k 对凸轮实际轮廓曲线 β' 的影响

(a) 理论轮廓线 β 内凹；(b) 理论轮廓线 β 外凸

由式(4-13)知，凸轮理论轮廓曲线 β 呈内凹曲线时，实际轮廓曲线 β' 上点的曲率半径 ρ' 一定是大于零的值。这种情况下，滚子半径 r_k 取任何值，都能够按照既定的从动件运动规律得到凸轮的实际轮廓，从动件的运动不会失真。即凸轮的理论轮廓 β 为内凹曲线时，从动件的滚子半径 r_k 可以取任何值。

2) 理论轮廓曲线 β 外凸

凸轮理论轮廓 β 是外凸曲线时，由图 4.37(b)知，实际轮廓曲线 β' 上点的曲率半径 ρ' 与理论轮廓 β 上相应点处的曲率半径 ρ 及滚子半径 r_k 之间的关系是

$$\rho' = \rho - r_k \tag{4-14}$$

(1) 如果 $r_k < \rho_{min}$，即滚子半径 r_k 小于理论轮廓曲线 β 上的最小曲率半径 ρ_{min}。由式(4-14)知，实际轮廓曲线 β' 上所有点处的曲率半径 ρ' 均大于零(即 $\rho' > 0$)，实际轮廓曲线为一平滑曲线，能够保证从动件按既定的运动规律运动，这种情况下，从动件的运动不会失真。

(2) 如果 $r_k = \rho_{min}$，即滚子半径 r_k 等于理论轮廓曲线 β 上的最小曲率半径 ρ_{min}。由式(4-14)知，与理论轮廓曲线 β 最小曲率半径 ρ_{min} 对应处，实际轮廓 β' 的曲率半径 $\rho' = 0$，此处的实际轮廓曲线 β' 呈现为尖点，由于尖点极易磨损，当凸轮实际轮廓线 β' 上的尖点磨损处与从动件滚子接触时，滚子中心将不再位于凸轮的理论轮廓曲线 β 上。导致原先设计的从动件运动规律产生变化，使从动件的运动失真。

(3) 如果 $r_k > \rho_{min}$，即滚子半径 r_k 大于理论轮廓曲线 β 上的最小曲率半径 ρ_{min}。由式(4-14)知，与理论轮廓曲线 β 最小曲率半径 ρ_{min} 对应处，凸轮实际轮廓 β' 的曲率半径 $\rho' < 0$。这种情况下，滚子圆在图纸上包络出的实际轮廓曲线 β' 呈现为交叉形状，用盘形铣刀加工凸轮轮廓时，图纸上包络出的交叉部分将被切除，这样，加工后的凸轮实际轮廓曲线 β' 已经不再是理论轮廓曲线 β 的等距线，滚子沿凸轮实际轮廓 β' 运动时，滚子中心不再位于凸轮的理论轮廓曲线 β 上。即滚子中心的运动规律不再是原先设计的从动件运动规律，从动件运动失真。

4. 滚子半径 r_k 的选择原则

滚子半径 r_k 的大小对凸轮机构的运动规律及其受力性能都会产生影响。增大从动件的滚子半径 r_k，可以减小凸轮与滚子之间的接触应力，有利于改善机构的受力性能。但是，对于外凸形的凸轮轮廓，滚子半径 r_k 过大，会对凸轮的实际轮廓产生比较大的影响，甚至可能导致从动件的运动规律失真。因此，确定从动件滚子半径 r_k 时，首先应保证从动件的运动规律不会失真。对于外凸形的凸轮轮廓，必须使滚子半径 r_k 小于凸轮理论轮廓曲线 β 上的最小曲率半径 ρ_{min}，即 $r_k < \rho_{min}$，一般取 $r_k \leqslant 0.8\rho_{min}$。从减少滚子磨损、保证滚子心轴有较

高的强度考虑,滚子半径 r_k 取得越大越好。

综合上述分析结果,确定滚子半径 r_k 时,首先应保证从动件的运动规律不失真,在这一前提条件下,再考虑减少滚子磨损,为使滚子心轴有比较高的强度,尽可能取大一些的滚子半径 r_k。

4.3.2.3 平底从动件盘形凸轮设计

平底从动件盘形凸轮轮廓的设计方法与滚子从动件盘形凸轮轮廓的设计方法类同,即先设计出凸轮的理论轮廓 β(图 4.38(a)),然后在理论轮廓 β 的基础上得到实际轮廓 β'(图 4.38(b))。

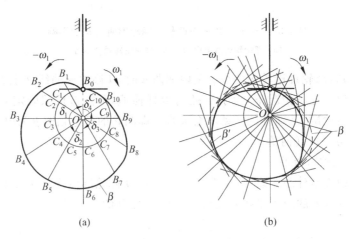

图 4.38   平底从动件盘形凸轮设计
(a) 理论轮廓线;(b) 实际轮廓线

1. 凸轮理论轮廓线设计

将从动件的平底与从动件往复移动导路中心线的交点 B_0 视为从动件的尖顶,按尖顶从动件凸轮轮廓的设计方法得到平底从动件凸轮的理论轮廓 β。图 4.38(a)是平底直动从动件盘形凸轮理论轮廓设计的示意图。

2. 凸轮实际轮廓线设计

由图 4.38(a)平底从动件理论轮廓的设计知,理论轮廓 β 上的各个点 B_0、B_1、…、B_{10},实际上就是从动件的平底与从动件往复移动导路中心线的交点。因此,过凸轮理论轮廓 β 上的这些点,作示意从动件平底的直线,这些直线族的包络线即为凸轮的实际轮廓 β'。图 4.38(b)是平底直动从动件盘形凸轮实际轮廓设计的示意图。

3. 从动件平底宽度的确定

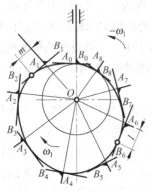

图 4.39   从动件平底宽度

平底从动件凸轮机构运动过程中,从动件平底与凸轮接触点(平底与凸轮相切的点)并非一个定点,即从动件平底上的接触点的位置不断变化。因此,机构运动过程中,欲保证从动件的平底始终能够与凸轮的轮廓正常接触,必须正确确定从动件平底的宽度尺寸,使凸轮在整个运转过程中,从动件的平底始终能与凸轮的轮廓接触并且相切。换言之,从动件平底在导路中心线左、右两侧的宽度,应分别大于导路中心 A 至从动件平底左、右两侧最远切点的距离 m 和 l(图 4.39)。即从动件平底上导路中心点 A 左侧的宽度应大于 m,A 点右侧的宽

度则应大于 l。通常情况下，从动件平底宽度相对于导路中心线对称，这样便于加工和安装，故一般取平底宽度 $k=2k_{max}+(5\sim7)\text{mm}$。式中，$k_{max}\in(m,l)_{max}$，是 m 和 l 两者中值大者。

4.3.3　摆动从动件盘形凸轮轮廓设计

设计摆线从动件盘形凸轮轮廓（见图 4.40）时，通常已知：

(1) 从动件的运动规律，即从动件的角位移线图（图 4.40(a)）；

(2) 凸轮转动中心 O 与从动件摆动中心 D_0 之间的距离 l_{OD}（图 4.40(b)）；

(3) 摆动从动件杆长 l_{BD}；

(4) 凸轮基圆半径 r_0；

(5) 凸轮转动角速度 ω_1 及其转向。

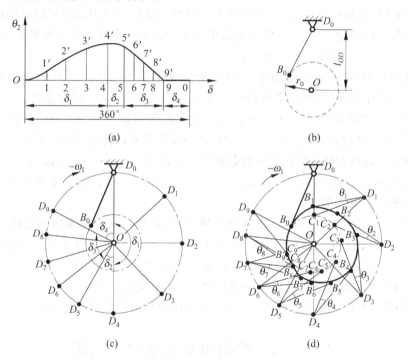

图 4.40　摆动从动件盘形凸轮轮廓设计

(a) 从动件角位移线图；(b) 基圆；(c) 等分推程/回程运动角；(d) 设计凸轮轮廓线

与直动从动件盘形凸轮设计类同，用图解法设计摆动从动件盘形凸轮轮廓，也采用反转法，即设想整个凸轮机构（包括凸轮、从动件以及机架）绕凸轮的转动中心 O 以 $-\omega_1$ 角速度转动，由于整个机构的转动，其大小与凸轮的转速相同，其方向与凸轮的转向相反，这样，凸轮相对静止，从动件则在绕摆动中心 D 摆动的同时，也随机架一同绕凸轮的转动中心 O 以 $-\omega_1$ 角速度转动。

下面结合图 4.40，说明摆动从动件凸轮机构的设计步骤（假设机构工作时，凸轮逆时针转动）。

(1) 绘制坐标系 $\theta_2 O\delta$（图 4.40(a)），纵坐标轴表示从动件绕其摆动中心摆动的转角 θ_2，横坐标轴表示凸轮转角 δ。确定绘图比例，并按选定的比例尺和给定的从动件运动规律绘制从动件摆动的角位移线图。

（2）将角移线图中的推程及回程按"陡密缓疏"原则等分成若干等份。在图 4.40(a)中，推程角位移曲线变化比较缓慢，推程运动角 δ_1 的等分点取得疏一些，分成 4 等份，横坐标轴上的点 1、2、3 和 4 是与推程运动角 δ_1 对应的等分点。回程角位移曲线变化比较陡峭，故回程运动角 δ_3 的等分点取得密一些，也分成了 4 等份，横坐标轴上的点 6、7、8 和 9 是与回程运动角 δ_3 对应的等分点。

（3）如图 4.40(b)所示，任选一点 O 作为凸轮的转动中心，并根据给定的中心距离 l_{OD} 确定从动件摆动中心 D_0 的位置。

（4）按选定的比例尺，以凸轮的转动中心 O 为圆心、以基圆半径 r_0 为半径作基圆（图 4.40(b)）。

（5）确定从动摆杆运动的起始位置。按选定的比例尺，以摆杆的摆动中心 D_0 为圆心，摆杆长度 l_{BD} 为半径作圆弧交基圆于点 B_0（图 4.40(b)）。$D_0 B_0$ 即为从动摆杆运动的起始位置。

（6）绘制凸轮转动中心 O 与摆杆摆动中心 D_0 的中心距圆。以凸轮转动中心 O 为圆心，OD_0 为半径作中心距圆（图 4.40(c)）。

（7）确定反转后从动件摆动中心的位置。根据图 4.40(a)所示的角位移线图，沿 $-\omega_1$ 方向（顺时针方向）顺序量取推程运动角 δ_1、远休止角 δ_2、回程运动角 δ_3 和近休止角 δ_4（图 4.40(c)），并将推程运动角 δ_1 及回程运动角 δ_3 等分成与从动件角位移线图对应的等份，等分线与中心距圆的交点 D_1、D_2、$\cdots$、D_9 即为反转后从动件摆动中心的位置。

（8）确定从动件摆杆反转过程中的起始位置。以 D_1、D_2、$\cdots$、D_9 为圆心，从动摆杆长度 l_{BD} 为半径，作圆弧与基圆交于点 C_1、C_2、$\cdots$、C_9；$D_1 C_1$、$D_2 C_2$、$\cdots$、$D_9 C_9$ 即为从动件摆杆在反转过程中占据的起始位置。

（9）自 $D_1 C_1$、$D_2 C_2$、$\cdots$、$D_9 C_9$，向基圆外侧方向，量取与从动件角位移线图中各等分点对应的角度 θ_1、θ_2、$\cdots$、θ_9，使得 $\angle C_1 D_1 B_1$ 等于角位移线图中等分点 1 处对应的摆角值 θ_1，$\angle C_2 D_2 B_2$ 等于等分点 2 处对应的摆角值 θ_2 $\cdots\cdots$ 得到的角度 $\angle C_1 D_1 B_1$、$\angle C_2 D_2 B_2$、$\cdots$、$\angle C_9 D_9 B_9$ 即为从动摆杆在反转过程中绕其摆动中心摆动的角度。

（10）用光滑曲线连接点 B_1、B_2、$\cdots$、B_9，得到摆动从动件盘形凸轮的轮廓曲线。

4.4 凸轮机构设计应注意的问题

4.3 节中讨论凸轮轮廓曲线设计时，预先给定了凸轮机构的一些结构参数，例如，基圆半径 r_0、凸轮中心 O 与摆杆摆动中心 D 之间的距离 l_{OD}、从动摆杆的长度 l_{BD} 等。实际上，设计凸轮轮廓确定这些参数时，同样需要考虑它们对凸轮机构工作性能的影响。即考虑机构受力情况是否良好、从动件运动是否灵活、机构的结构尺寸是否紧凑等各方面因素。凸轮机构压力角 α 以及基圆半径 r_0 对机构的运动特性和动力性能都会产生比较直接的影响。

4.4.1 凸轮机构的压力角

1. 凸轮机构压力角的基本概念

凸轮机构运动时，如果不计运动副处的摩擦力，则从动件上受力点处的驱动力作用线与该点运动速度方向线所夹锐角，称为凸轮机构的压力角，用 α 表示。

在图 4.41 所示的直动从动件盘形凸轮机构中，从动件与凸轮在点 B 接触，即 B 点是从

动件驱动力 F_n 的作用点。根据凸轮机构压力角 α 的定义，图 4.41 所示凸轮机构的压力角 α 应在从动件的受力点 B 处度量。如果不计从动件与凸轮接触点 B 处的摩擦力，则从动件上 B 点处，仅受到驱动力 F_n 的作用，其作用线沿凸轮轮廓上 B 点处的法线 nn，另外，从动件上 B 点的速度 (v_2) 方向线与从动件的导路中心线重合，因此，图 4.41 所示凸轮机构的压力角 α 是从动件与凸轮接触点 B 处所受驱动力 F_n 的作用线（凸轮轮廓法线 nn）与从动件上 B 点速度 v_2 方向线（从动件的导路中心线）之间所夹锐角。

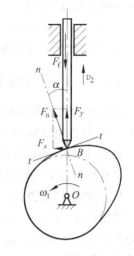

图 4.41　凸轮机构压力角

一般情况下，凸轮轮廓曲线上不同点处的法线 nn 未必重合，而从动件与凸轮接触点处的速度方向保持不变。如果是直动从动件，其运动速度方向始终与从动件的导路中心线重合；如果是摆动从动件，则其受力点处的速度方向，始终垂直于受力点（即从动件与凸轮的接触点）与从动件摆动中心的连线。因此，凸轮机构运行时，凸轮轮廓上不同点与从动件接触，机构的压力角可能变化。即凸轮机构的压力角 α 是机构的位置函数。

凸轮机构压力角 α 是判别机构受力性能的一个重要参数。

2. 凸轮机构压力角 α 与从动件驱动力 F_n 的关系

图 4.41 中，凸轮与从动件接触点 B 处，从动件受到的驱动力 F_n 可以分解成两个相互垂直的分力 F_y 和 F_x。其中，F_y 沿着从动件的运动方向，是推动从动件运动的有效分力；F_x 垂直于从动件的运动方向，使从动件与导路之间产生压力，F_x 越大，从动件与导路之间的压力越大，两者接触面间滑动摩擦力 F_f 就越大，因此，F_x 是阻碍从动件运动的有害分力。根据图 4.41 中力 F_n 与分力 F_y 及 F_x 之间的矢量关系，得

$$\left.\begin{array}{l} F_y = F_n\cos\alpha \\ F_x = F_n\sin\alpha \end{array}\right\} \tag{4-15}$$

由式(4-15)知，凸轮机构的压力角 α 越大，则推动从动件运动的有效分力 F_y 越小，阻碍从动件运动的有害分力 F_x 越大，即从动件与导路之间的摩擦阻力 F_f 越大。压力角 α 增加到一定程度时，如果分力 F_x 引起的摩擦阻力 F_f 大于从动件运动的有效分力 F_y，即 $F_f > F_y$ 时，则无论凸轮施加给从动件的驱动力 F_n 有多大，都无法推动从动件运动。此时，凸轮机构产生自锁现象。因此，从减小驱动从动件运动的力 F_n，避免机构自锁，保证凸轮机构具有良好的受力状况看，凸轮机构的压力角 α 越小越好。

3. 防止凸轮机构自锁的方法

根据上述分析，凸轮机构的压力角 α 越小，机构的受力性能越好。为保证凸轮机构具有良好的受力性能，设计凸轮机构时，应考虑限定凸轮机构的压力角 α，使凸轮机构的最大压力角小于限定值。通常规定：

(1) 直动从动件凸轮机构，推程运动的许用压力角取值为 $[\alpha] = 30° \sim 38°$；

(2) 摆动从动件凸轮机构，推程运动的许用压力角取值为 $[\alpha] = 40° \sim 50°$；

(3) 从动件回程运动的许用压力角取值为 $[\alpha] = 70° \sim 80°$。

滚子从动件的受力状况优于其他结构形式的从动件。如果凸轮机构采用滚子从动件，

则机构的许用压力角[α]可以取上限值(大值);从动件端部为其他结构形式时,许用压力角[α]则应取下限值(小值)。从动件回程运动过程中,通常借助重力或弹簧力保持与凸轮接触,一般不会产生自锁现象,因此设计凸轮的回程轮廓曲线时,允许有比较大的许用压力角。

4.4.2　凸轮基圆半径的确定

凸轮机构的基圆半径 r_0 对机构的结构尺寸有着直接影响。除此之外,一方面,由于基圆半径 r_0 与凸轮机构的压力角 α 之间存在关联关系,会对机构的受力性能产生间接影响;另一方面,凸轮理论廓线的最小曲率半径 ρ_{min} 与基圆半径 r_0 直接关联,因此亦会影响到外凸形滚子从动件盘形凸轮机构的运动失真性。

1. 凸轮机构压力角 α 与基圆半径 r_0 的关系

根据图 4.42 中从动件上与凸轮接触点 B 处的速度矢量,可以建立基圆半径 r_0 与机构压力角 α 之间的关联关系。由理论力学的运动学知识可知,构件上某点的绝对速度等于该点的牵连速度与相对速度的矢量和,即

$$v_a = v_e + v_r \tag{4-16}$$

式中,v_r 是相对速度,即点相对于动坐标系的运动速度;v_e 为牵连速度,即动坐标系相对于定坐标系的运动速度;v_a 为绝对速度,即点相对于定坐标系的运动速度。

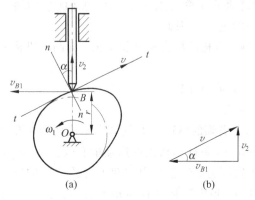

图 4.42　从动件运动速度分析

在图 4.42 所示的凸轮机构中,从动件与凸轮在 B 点接触,若选择凸轮为动坐标系,则根据式(4-16)所示的速度矢量关系,从动件上 B 点的速度可以表达为

$$v_2 = v_{B1} + v \tag{4-17}$$

式中,v 是相对速度矢量,即从动件上 B 点相对于凸轮上 B 点的速度。从动件上的 B 点,因必须始终与凸轮保持接触,同时又不能嵌入到凸轮体内,故不可能沿凸轮轮廓上 B 点的法线 nn 移动,只能在凸轮轮廓线上 B 点的切线 tt 方向上移动,即相对速度矢量 v 的方向线一定沿凸轮轮廓上 B 点的切线 tt(垂直于凸轮轮廓上 B 点的法线 nn)。v_{B1} 是牵连速度矢量,也是凸轮轮廓上 B 点的绝对速度。$|v_{B1}| = r\omega_1$,其中,ω_1 是凸轮转动的角速度,r 是凸轮轮廓在 B 点处的矢径。速度矢量 v_{B1} 的方向线垂直于 OB 连线。v_2 是从动件上 B 点的绝对速度矢量,其方向线沿从动件的导路中心线。

式(4-17)所示从动件上 B 点绝对速度矢量 v_2、牵连速度矢量 v_{B1} 和相对速度矢量 v 之间的矢量关系,可以用图 4.42(b)所示的速度矢量多边形表示。因 $v_{B1} \perp v_2$,v 与凸轮上 B 点的法线 nn 垂直,故图 4.42(b)的速度多边形矢量图呈直角三角形,且速度矢量 v 与 v_{B1} 方向线之间的夹角等于凸轮机构的压力角 α。由图 4.42(b)所示速度多边形得

$$v_2 = v_{B1} \tan \alpha = r\omega_1 \tan \alpha \tag{4-18}$$

或

$$r = \frac{v_2}{\omega_1 \tan \alpha} \tag{4-19}$$

由图 4.43 中从动件的位移 s_2 与凸轮基圆半径 r_0 以及凸轮轮廓上任一点矢径 r 的几何关系可得

$$s_2 = r - r_0 \tag{4-20}$$

将式(4-19)代入式(4-20)中,得

$$r_0 = r - s_2 = \frac{v_2}{\omega_1 \tan \alpha} - s_2 \tag{4-21}$$

即

$$r_0 \propto \frac{1}{\tan \alpha} \propto \frac{1}{\alpha} \tag{4-22}$$

式(4-22)说明,凸轮基圆半径 r_0 与机构的压力角 α 成反比关系。

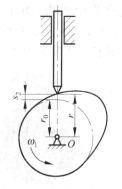

图 4.43 从动件位移与凸轮矢径关系

2. 凸轮基圆半径 r_0 的确定

由式(4-20)知,凸轮机构的结构尺寸取决于凸轮的基圆半径 r_0。即在从动件运动位移 s_2 相同的情况下,基圆半径 r_0 越小,凸轮轮廓上任一点的矢径 r 就越小,凸轮的外廓尺寸将越小。如果希望凸轮的结构尺寸紧凑,则凸轮的基圆半径 r_0 取得越小越好。

由式(4-22)知,基圆半径 r_0 与凸轮机构的压力角 α 成反比。减小凸轮的基圆半径 r_0,机构的压力角 α 将增大,由于压力角 α 越大,凸轮机构的受力性能越差。当机构的压力角 α 增大到一定程度时,机构易产生自锁。为保证凸轮能够正常运转,应限制机构的最大压力角 $\alpha_{\max}$ 小于许用压力角 $[\alpha]$。因此,从改善凸轮机构的受力性能考虑,凸轮的基圆半径 r_0 取得越大越好。

由 4.3.2.2 节分析和式(4-14)知,对于外凸形滚子从动件盘形凸轮机构,凸轮理论轮廓最小曲率半径 $\rho_{\min}$ 的大小会影响到凸轮实际轮廓是否引起从动件的运动失真。在滚子半径 r_k 一定的情况下,如果增大凸轮的基圆半径 r_0,可以提高理论轮廓最小曲率半径 $\rho_{\min}$ 的值。因此,对于外凸形滚子从动件盘形凸轮机构,从利于避免运动失真的角度考虑,凸轮的基圆半径 r_0 取得越大越好。

设计凸轮机构时,一方面要保证机构具有良好的受力性能,同时还希望机构的结构紧凑,不会导致运动失真。根据上述分析,欲获得轻便紧凑的凸轮机构,应尽可能减小凸轮的基圆半径 r_0;欲使机构具有良好的受力性能,不产生运动失真,则应尽可能增大凸轮的基圆半径 r_0。这样,结构紧凑和提高机构的传力性能以及避免运动失真成为相互制约的关系。实际设计时,应在保证机构最大压力角 $\alpha_{\max}$ 小于或等于许用压力角 $[\alpha]$(即保证 $\alpha_{\max} \leqslant [\alpha]$)的前提条件下,考虑减小凸轮的结构尺寸,即减小凸轮的基圆半径 r_0。凸轮机构的最大压力角 $\alpha_{\max}$ 位于凸轮轮廓曲线的最陡处,即凸轮轮廓矢径 r 变化率最大处。如果机构的结构尺寸条件允许,增大凸轮的基圆半径 r_0,可以改善机构的受力和磨损状况,减小凸轮轮廓的曲线误差,对于外凸形滚子从动件盘形凸轮机构而言,还利于避免从动件运动失真。

4.5 间歇运动机构简介

间歇运动机构将原动件的连续运动转变成从动件周期性停歇的输出运动。图 4.44 是不同类型的间歇运动机构,其主要类型有棘轮机构(图 4.44(a))、槽轮机构(图 4.44(b))、不

完全齿轮机构(图 4.44(c))、蜗杆凸轮间歇机构(图 4.44(d))和圆柱凸轮间歇机构(图 4.44(e))等。机构中,构件1是原动件,构件2是输出间歇运动的从动件。间歇运动机构常应用于复杂的轻工机械以及自动生产线中的转位、步进和记数装置。

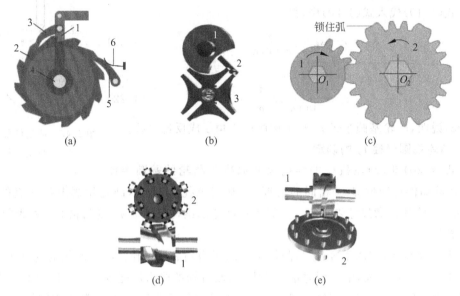

图 4.44　常用间歇运动机构的类型

(a) 棘轮式[34];(b) 槽轮式;(c) 不完全齿轮式[34];(d) 蜗杆凸轮式;(e) 圆柱凸轮式

4.5.1　棘轮机构

4.5.1.1　棘轮机构的组成及工作原理

组成棘轮机构的构件通常有棘轮、主动棘爪、止动棘爪和机架。图 4.44(a)所示棘轮机构中,摇杆1是机构中的原动件,空套在与机架固连的轴4上,绕固定点连续往复摆动;棘轮2是机构的从动件,其外缘上均布锯形齿,与机架通过转动副连接;主动棘爪3与摇杆1通过转动副连接,摇杆1沿逆时针方向摆动时,主动棘爪3在弹簧力或自身重力作用下插入棘轮2的齿槽内,推动棘轮2逆时针转过一定角度。摇杆1沿顺时针方向摆动时,主动棘爪3从棘轮2的齿背上滑过,此时,片簧6迫使止回棘爪5插入棘轮2的齿槽,阻止棘轮2反转。由此将主动摇杆1的连续往复摆动转换成棘轮2的单向间歇转动。

4.5.1.2　棘轮机构的类型

棘轮机构的分类方法有3种:按机构的结构形式分类;按棘爪与棘轮的啮合方式分类;按机构中构件的运动形式分类。

1. 按机构的结构形式分类

根据棘轮机构的结构形式,可将棘轮机构分为两大类别:齿式棘轮机构和摩擦式棘轮机构。

1) 齿式棘轮机构

齿式棘轮机构通过棘爪驱动棘轮上的棘齿,或通过棘轮上的棘齿驱动棘爪,将原动件的运动传递给从动件。图 4.44(a)是齿式棘轮机构。如果棘轮的半径趋于无穷大,棘轮转变成棘齿条,图 4.45是移动棘齿机构。其中,棘爪与偏心轮转动副连接,是原动件,移动棘齿条是输出运动的构件,偏心轮连续转动,带动棘爪推动棘齿条实现单向间歇移动。齿式棘轮

（或移动棘齿）机构具有下述特点：

（1）结构简单，运动可靠。

（2）机构中构件的主从动关系可以互换。即棘轮可以作为原动件，也可以作为从动件。在图 4.46 所示的起重止动器中，棘轮是原动件，随起吊重物的圆盘一同转动。圆盘逆时针转动时，向上提起重物，此时棘爪在棘轮齿背上滑过。将重物提升到预定位置后，棘爪起止动作用，防止圆盘（棘轮）在重物的重力作用下顺时针反转。图 4.47 所示超越离合器是自行车后轮轴部位的内啮合棘轮机构，其中，与链轮固连的内棘轮是原动件，与后轮固连的棘爪是从动件。

图 4.45　移动棘齿机构[34]　　　　图 4.46　起重止动器　　　　图 4.47　超越离合器[34]

（3）棘轮运动的动程可以在比较大的范围内调节，但只能实现有级调节。棘轮运动时转过的角度（动程）虽然可大可小，但棘轮的转角一定是相邻两齿间圆心角的倍数，因此，棘轮的动程（转角）不能无级调节。

（4）选择合适的驱动机构，可以调节棘轮机构的动停时间比。

（5）棘爪在棘轮齿背上滑动的过程中，会产生比较大的噪声，引起冲击。另外，棘齿容易磨损，故不宜用在高速场合。为改善齿式棘轮机构的这一弱点，图 4.48 所示的无噪声棘轮机构，实质上是改进了图 4.44(a)所示的棘轮机构中主动棘爪 3 的结构，即主动棘爪 3 在 B 点与拉杆 4 用转动副连接、在 A 点通过转动副与摆杆 1 连接。当拉杆 4 向右运动时，一方面拉动摆杆 1 绕 O 点顺时针摆动；另一方面驱动主动棘爪 3 绕 A 点相对于摆杆 1 顺时针摆动，使主动棘爪 3 脱离棘轮 2 的齿背。即摆杆 1 顺时针回摆时，棘爪 3 不会在重力作用下与棘轮 2 上的棘齿背接触，由此避免了棘爪 3 在棘齿背上滑动产生噪声。

图 4.49 是纺织机械复动式单花筒多臂机中采用的齿式棘轮机构。

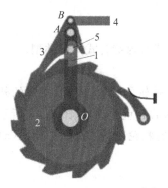

图 4.48　无噪声棘轮机构[34]　　　　图 4.49　齿式棘轮机构的应用[38]

2) 摩擦式棘轮机构

摩擦式棘轮机构,通过棘爪与棘轮之间的摩擦力,将原动件的运动传递给从动件。

图 4.50(a)是外啮合摩擦棘轮,其中,主动棘爪 3 通过转动副与摇杆 2 连接,止动棘爪 4 与机架之间也是转动副连接。摇杆 2 沿逆时针方向摆动时,主动棘爪 3 通过摩擦力带动棘轮 1 沿逆时针方向转动;摇杆 2 沿顺时针方向摆动时,棘爪 3 在棘轮 1 的外表面上滑过,止动棘爪 4 阻止棘轮 1 顺时针反转。由此将摇杆 2 的往复摆动转换成棘轮 1 沿逆时针方向的间歇转动。

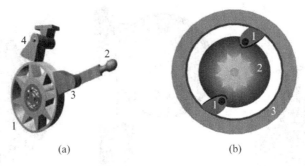

图 4.50 摩擦式棘轮机构
(a)外啮合;(b)内啮合

图 4.50(b)是内啮合摩擦棘轮机构,两个棘爪 1 与盘形零件 2 的转动副连接。当盘形零件 2 逆时针转动时,棘爪 1 与环形零件 3 接触压力增大,接触面处的摩擦力带动环形零件 3 也沿着逆时针方向转动;盘形零件 2 顺时针转动时,棘爪 1 在环形零件 3 上滑过,环形零件 3 静止不动。即盘形零件 2 正反向转动,带动环形零件 3 沿逆时针方向间歇运动。图 4.50(b)所示的内啮合摩擦棘轮机构采用了两个棘爪同时带动环形零件 3 转动,有效地改善了棘爪的受力状况。

摩擦式棘轮机构通过摩擦力传递运动,传动平稳,无噪声,棘轮与棘爪配合表面选用合适的材料,可以增大两者接触面之间的摩擦力,由此增大机构传递力矩的能力。由于棘轮与棘爪之间靠摩擦力传递运动,因此棘轮的动程能够实现无级调节,即棘轮运动时转过的角度可以根据需要任意调节。当机构传递的载荷超过允许值时,棘爪与棘轮之间会出现打滑现象,起到过载保护作用,但同时也降低了机构的传动精度。鉴于摩擦式棘轮机构的这些特点,常将其应用于低速轻载的间歇运动场合中。

2. 按棘爪与棘轮的啮合方式分类

根据棘轮与棘爪的啮合方式,棘轮机构分为外啮合式与内啮合式两种类型。

1) 外啮合棘轮机构

外啮合棘轮机构的棘齿分布在棘轮外部,棘爪位于棘轮的外侧,因此,机构的外形结构尺寸比较大。图 4.44(a)所示的棘轮机构、图 4.46 所示的起重止动器、图 4.48 所示的无噪声棘轮机构、图 4.49 所示复动式单花筒多臂机中采用的棘轮机构,以及图 4.50(a)中的摩擦式棘轮机构,都属于外啮合棘轮机构。

2) 内啮合棘轮机构

内啮合棘轮机构中,棘齿分布在棘轮的内侧,棘爪也位于棘轮的内侧,故外形结构尺寸比较紧凑。图4.50(b)是摩擦式内啮合棘轮机构,图4.51则是齿式内啮合棘轮机构。
图4.47所示自行车后轴驱动机构应用了齿式内啮合棘轮机构,内齿棘轮与自行车后轮轴上的链轮固连,棘爪与自行车的后轮固连。脚蹬自行车踏脚板顺时针转动时,通过链条带动后轮轴上的链轮顺时针转动,此时,与后轴链轮固连的内齿棘轮随同后轴链轮顺时针转动,内齿棘轮的棘齿驱动棘爪绕自行车后轮轴线顺时针转动,自行车后轮与安装棘爪的圆盘固连,随棘爪一起顺时针转动,由此驱动自行车向前行驶。在自行车向前行驶的过程中,如果停止踏脚蹬或者逆时针转动踏脚蹬,后轮轴上的链轮不再运动或者逆时针转动,但是,自行车的后轮在惯性力的作用下仍然继续沿顺时针方向转动,向前行驶,此

图4.51 内啮合齿式棘轮机构

时,与后轮固连的棘爪仍然随同后轮沿顺时针方向转动,并从内齿棘轮的棘齿背上滑过,不影响自行车后轮顺时针转动(向前行驶)。这就是骑车时,停止踏脚蹬或者反转脚踏板,自行车后轮仍然能够自如向前运动的原因。这种原动件(内齿棘轮)正向运动能够驱动从动件(棘爪)运动,原动件反向运动或停止运动时又不影响从动件运动的机构,称为超越离合器。与自行车后轴链轮固连的齿式内啮合棘轮,以及与后轮固连的棘爪,实际上组成了一个超越离合器。

3. 按机构中构件的运动形式分类

棘轮机构根据其运动形式分为单向棘轮机构、双向棘轮机构和双动式棘轮机构。

1) 单向棘轮机构

单向棘轮机构的运动特征表现为:机构中的原动件连续运动,输出运动的从动件则作单向间歇运动。图4.44(a)以及图4.45~图4.51中的棘轮机构,都是具有这一运动特征的单向棘轮机构。

2) 双向棘轮机构

双向棘轮机构的运动特征表现为:调节棘爪的方位,能够使棘轮实现两个方向的间歇运动。图4.52是两个双向棘轮机构,机构中棘轮的轮齿呈矩形。

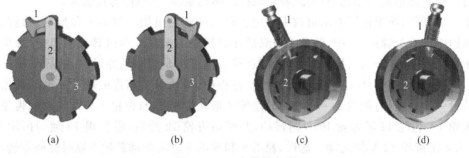

| (a) | (b) | (c) | (d) |

图4.52 双向棘轮机构

在图4.52(a)和图4.52(b)所示的双向棘轮机构中,棘爪1通过转动副与摆杆2连接。其中,图4.52(a)中的棘爪1位于摆杆2的左侧,棘爪1的长侧面与棘轮3上矩形棘齿的右侧齿面接触。摆杆2逆时针摆动时,棘爪1的长侧面推动棘轮3沿逆时针方向转动;摆杆2顺时针摆动时,棘爪1在棘轮3的棘齿上滑过。图4.52(b)中,棘爪1位于摆杆2的右侧,

棘爪 1 的长侧面与棘轮 3 上矩形棘齿的左侧齿面接触。摆杆 2 顺时针摆动时,棘爪 1 的长侧面推动棘轮 3 沿顺时针方向转动;摆杆 2 逆时针摆动时,棘爪 1 则在棘轮 3 的棘齿上滑过。图 4.52(a)和图 4.52(b)所示棘轮机构中,原动件摆杆 2 往复摆动,棘爪 1 位于摇杆 2 的左侧时,棘轮 3 逆时针间歇转动;棘爪 1 位于摇杆 2 的右侧时,棘轮 3 顺时针间歇转动。即机构原动件摆杆 2 在同样的运动(往复摆动)条件下,通过翻转棘爪 1,可以使棘轮 3 实现不同方向的间歇转动。

图 4.52(c)和图 4.52(d)所示双向棘轮机构中,原动件摆杆 1 的端部呈楔形,插在棘轮 2 的矩形齿槽中。图 4.52(c)中,摆杆 1 端部楔形的长侧面与棘轮 2 矩形棘齿的右侧齿面接触。摆杆 1 逆时针摆动时,其端部楔形长侧面推动棘轮 2 沿逆时针方向转动;摆杆 1 顺时针摆动时,其端部楔形短侧面从棘轮 2 的棘齿面上滑过。如果将摆杆 1 绕自身轴线旋转 180°,如图 4.52(d)所示,其端部楔形的长侧面则与棘轮 2 矩形棘齿的左侧齿面接触。摆杆 1 顺时针摆动时,其端部楔形长侧面推动棘轮 2 沿顺时针方向转动;摆杆 1 逆时针摆动时,其端部楔形短侧面则从棘轮 2 的棘齿面上滑过。由此可见,图 4.52(c)和图 4.52(d)所示棘轮机构中,原动构件摆杆 1 在同样的摆动条件下,其端部楔形长侧面与棘轮 2 矩形齿的不同齿侧接触,棘轮 2 即可实现不同方向的间歇转动。

3) 双动式棘轮机构

上面介绍的各类摆杆式原动件棘轮机构,均为单动式棘轮机构,即摆杆往复摆动一次的过程中,只有一个方向的摆动能够使主动棘爪驱动棘轮转动。这种类型的棘轮机构称为单动式棘轮机构。

图 4.53 是双动式棘轮机构。机构中,原动件摆杆上安装了两个主动棘爪(棘爪 2 和棘爪 3),摆杆绕固定点 O 顺时针摆动时,棘爪 3 在棘轮 1 的棘齿背上滑过,棘爪 2 拉动棘轮 1 上的棘齿,带动棘轮 1 顺时针转动一个角度;摆杆绕固定点 O 逆时针摆动时,棘爪 2 在棘轮 1 的棘齿背上滑过,棘爪 3 拉动棘轮 1 上的棘齿,带动棘轮 1 继续沿顺时针方向转动一个角度。由此可见,双动式棘轮机构的原动件(摆杆)绕固定点 O 往复摆动的过程中,安装在摆杆转动中心 O 两侧的棘爪,依次带动棘轮运动。

与单动式棘轮机构相比,双动式棘轮机构的结构紧凑,承载能力比较大。

图 4.54 所示纺织机械卷取机构中采用了双动式棘轮机构。棘爪 4 和棘爪 5 是双动式棘轮机构中的两个棘爪,其中,棘爪 4 与双摇杆机构中的摇杆 3 通过转动副连接,棘爪 5 则与卷布辊 13 一同转动的齿轮 12 用转动副连接。摇杆 1 是机构的原动件,摇杆 1 顺时针摆动,经过连杆 2 带动摇杆 3 摆动,摇杆 3 摆动过程中,带动与其相连的棘爪 4 推动棘轮 6 顺时针转过一定角度,与棘轮 6 一同旋转的齿轮 7 带动齿轮 8,与齿轮 8 一同转动的齿轮 9 又驱动齿轮 10,齿轮 11 随齿轮 10 一同转动,并驱动齿轮 12 旋转,卷布辊 13 随同齿轮 12 转动,棘爪 5 由齿轮 12 驱使运动。这样,棘爪 4 和棘爪 5 轮流驱动棘轮 6 顺时针间歇转动,最终将织好的布规律地卷到卷布辊 13 上。

4.5.2　槽轮机构

4.5.2.1　槽轮机构的组成及工作原理

槽轮机构由拨盘、槽轮和机架组成(见图 4.55)。图 4.44(b)所示的槽轮机构拨盘 1 上有拨销 2,通常是槽轮机构的原动件,槽轮 3 上有径向槽,是机构输出运动的构件。机构工作

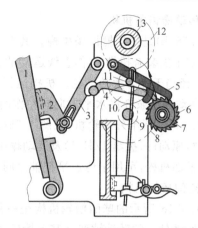

图 4.53　双动式棘轮机构　　　　　　　图 4.54　双动式间歇卷取机构[38]

时,拨盘 1 连续转动,在拨销 2 未进入槽轮 3 的径向槽之前,槽轮 3 的内凹锁止弧被拨盘
1 的外凸圆弧锁住,槽轮 3 不能运动;当拨盘 1 上的拨销 2 开始进入槽轮 3 的径向槽时,槽
轮 3 上的内凹锁止弧 4 与拨盘 1 的外凸圆弧开始脱离,拨盘 1 上的拨销 2 带动槽轮 3 转动。
由此将拨盘 1 的连续转动,转换成槽轮 3 的单向间歇转动。

4.5.2.2　槽轮机构的类型

槽轮机构根据其结构形式和运动方式分为外槽轮机构、内槽轮机构、移动槽齿条机构和
空间槽轮机构。

1. 外槽轮机构

图 4.44(b)是外槽轮机构的结构示意图,其结构特征表现为槽轮 3 上的径向槽开口分
布在槽轮的外侧表面。外槽轮机构运动输出件(槽轮 3)的转动方向与原动件(拨盘 1)的转
动方向相反,即原动构件拨盘 1 的连续转动将带动从动件外槽轮 3 实现反向间歇转动。

2. 内槽轮机构

图 4.55(a)所示内槽轮机构中,槽轮 2 是机构输出运动的构件,其上的径向槽开口分布
在槽轮的内侧表面。其转动方向与原动件(拨杆 1)的转动方向相同,即拨杆 1 绕 O_1 点连续
转动,带动从动件内槽轮 2 绕其几何中心 O_2 沿着与拨杆 1 相同的转向间歇转动。内槽轮机
构的外廓尺寸比较小,结构紧凑。与外槽轮相比,内槽轮的停歇时间可以比较短。

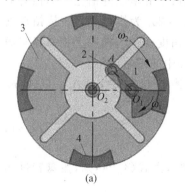

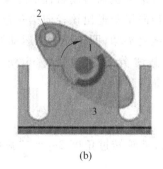

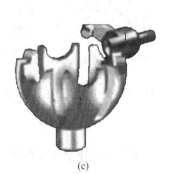

(a)　　　　　　　　　　　(b)　　　　　　　　　　　(c)

图 4.55　槽轮机构类型
(a) 内槽轮机构[34];(b) 移动槽齿条机构[34];(c) 空间槽轮机构[28]

3. 移动槽齿条机构

图 4.55(b)是移动槽齿条机构。其中,椭圆形构件 1(拨盘)是机构中的原动件,绕固定点转动,其上安装有拨销 2,作直线运动的槽齿条 3 是机构输出运动的构件,槽齿条 3 可以看成是直径趋于无穷大的槽轮。机构运行时,椭圆形拨盘 1 沿顺时针方向连续转动,其上的拨销 2,带动槽齿条 3 沿水平方向向左作间歇移动。

图 4.44(b)所示外槽轮机构、图 4.55(a)所示内槽轮机构以及图 4.55(b)所示移动槽齿条机构中,原动件(拨盘 1/杆 1)及运动输出构件(槽轮或槽齿条)都在相互平行的平面内运动,属于平面机构,可用于传递平行轴之间的运动。

4. 空间槽轮机构

图 4.55(c)所示的球面槽轮机构是一种典型的空间槽轮机构。机构中从动件槽轮 2 呈半球形,原动件 1 的转动轴线及其上拨销轴线均通过球形槽轮 2 的球心。机构运行时,拨销 1(原动件)绕其轴线连续转动,带动球面槽轮 2(从动件)绕自身转轴间歇转动。图 4.55(c)所示的空间槽轮机构用以传递垂直相交轴之间的运动。空间槽轮机构的结构比较复杂,设计和制造难度均比平面槽轮机构大。

4.5.2.3 槽轮机构的运动特性

反映槽轮机构的结构特征参数有槽轮上径向槽的数目 z 和拨盘上拨销的数目 z'。槽轮机构的运动特性则通过运动特性系数 K 描述。槽轮机构的一个运动循环内,槽轮运动时间 t_c 与拨盘运动时间 t_b 的比值,称为槽轮机构的运动特性系数 K,即

$$K = \frac{t_c}{t_b} \tag{4-23}$$

式中,t_c 为槽轮机构在一个运动循环内,槽轮运动的时间;t_b 为槽轮机构在一个运动循环内,拨盘运动的时间。

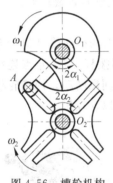

图 4.56 槽轮机构

为避免槽轮机构运行时拨盘上的拨销进入或者脱离槽轮径向槽的瞬间产生冲击,应使槽轮在这一位置状况下的角速度等于零。图 4.56 中,在拨盘上拨销 A 在进入或者退出槽轮径向槽的瞬间,若使其圆周速度的方向线沿着槽轮径向槽的对称线,即使得 $O_1A \perp O_2A$,则能够保证槽轮的角速度为零。

为便于分析原动件拨盘上的拨销数 z' 和从动件槽轮上的径向槽数目 z 对槽轮机构运动特性的影响,设:$2\alpha_1$ 为拨盘上某一拨销自进入槽轮径向槽至退出该径向槽转过的角度;$2\alpha_2$ 为槽轮上相邻径向槽的对称线之夹角,即机构一个运动循环中的槽轮转角。

由上述分析,在图 4.56 所示槽轮机构中,$O_1A \perp O_2A$,故 $\triangle O_1AO_2$ 是直角三角形,由此得

$$\alpha_1 = \frac{\pi}{2} - \alpha_2 \tag{4-24}$$

对于径向槽数为 z 的槽轮,槽轮转过角度 $2\alpha_2 = \frac{2\pi}{z}$ 弧度时,由式(4-24)知,拨盘转过的角度 $2\alpha_1$ 为

$$2\alpha_1 = \pi - 2\alpha_2 = \pi - \frac{2\pi}{z} \tag{4-25}$$

对于只有 1 个拨销的拨盘,槽轮机构在一个运动循环内,拨盘的运动时间为 t_b,转过 2π 弧度,与此同时槽轮转过 $2\alpha_2$ 弧度,所用时间 t_c 也是拨盘转过 $2\alpha_1$ 弧度的时间,因此,式 (4-23) 所示运动特性系数 K 的时间比等于拨盘转过 $2\alpha_1$ 与 2π 的角度之比。将式 (4-25) 中 $2\alpha_1$ 与槽轮径向槽数 z 之间的关系,代入槽轮机构运动特性系数 K 的计算式 (4-23) 中,得

$$K = \frac{t_c}{t_b} = \frac{2\alpha_1}{2\pi} = \frac{\pi - \dfrac{2\pi}{z}}{2\pi} = \frac{z-2}{2z}$$

即拨盘只有一个拨销时,槽轮机构的运动特性系数 K 为

$$K = \frac{t_c}{t_b} = \frac{z-2}{2z} \tag{4-26}$$

如果拨盘上有 z' 个拨销,则槽轮机构在一个运动循环内,拨盘在转动时间 t_b 内转过的角度 $2\alpha_1 = \dfrac{2\pi}{z}$ 弧度,槽轮则转过 $2\alpha_2$ 弧度,所用时间 t_c 与拨盘转过 $2\alpha_1$ 的时间相等。与单个拨销的槽轮机构运动分析类同,槽轮机构的运动特性系数 K 可以表示为

$$K = \frac{t_c}{t_b} = \frac{2\alpha_1}{\dfrac{2\pi}{z'}} = \frac{z'\left(\pi - \dfrac{2\pi}{z}\right)}{2\pi} = \frac{z'(z-2)}{2z}$$

即拨盘上有 z' 个拨销时,槽轮机构的运动特性系数 K 为

$$K = \frac{t_c}{t_b} = \frac{z'(z-2)}{2z} \tag{4-27}$$

根据式 (4-23) 中槽轮机构运动特性系数 K,可以分析了解槽轮机构的运动特性。

(1) $K=0$ 时,槽轮的运动时间 $t_c=0$,说明槽轮始终静止不动。

(2) $K=1$ 时,$t_c=t_b$,即槽轮机构在一个运动循环内,槽轮的运动时间 t_c 与拨盘的运动时间 t_b 相同,说明槽轮与拨盘一样,也在作连续运动,此时槽轮机构无法实现间歇运动。

(3) 欲使槽轮机构产生间歇运动,槽轮机构的运动特性系数 K 应满足关系式:$0<K<1$。

根据上述分析结果,欲使槽轮机构运动,槽轮机构的运动特性系数 K 应大于零。由式 (4-26) 知,欲使 $K>0$,槽轮至少应有 3 个径向槽,即 $z \geqslant 3$。这样,当拨盘上只有一个拨销时,槽轮机构的运动特性系数 K 总是小于 $\dfrac{1}{2}$。说明只有一个拨销的槽轮机构,在一个运动循环中,槽轮运动的时间 t_c 总是少于其静止的时间 $(t_b - t_c)$。如果希望槽轮的运动时间 t_c 大于其静止的时间 $(t_b - t_c)$,则拨盘上应安装若干个拨销,即 $z'>1$。但是,要保证机构能够实现间歇运动,还应使槽轮机构的运动特性系数 $K<1$。由式 (4-27) 得

$$K = \frac{t_c}{t_b} = \frac{z'(z-2)}{2z} < 1$$

或

$$1 < z' < \frac{2z}{z-2} \tag{4-28}$$

式 (4-28) 表明,槽轮机构拨盘上有若干个拨销,如果要求机构实现间歇运动,同时保证槽轮的运动时间 t_c 大于其静止的时间 $(t_b - t_c)$,则拨盘上的拨销数 z' 与槽轮上的径向槽数 z 应满足式 (4-28) 所示关系。

4.5.2.4　槽轮机构的特点及应用

槽轮机构的特点可以概括为下述 8 个方面:

(1) 结构简单,制造方便。

(2) 工作可靠,能准确地控制槽轮运动所需的转角,因此机械效率高。

(3) 槽轮机构中的拨销在进入和脱离啮合的瞬间,槽轮的角速度为零,因此,槽轮开始或者终止运动时运行比较平稳。

(4) 槽轮运动过程中,速度变化比较大,会产生比较大的角加速度,引起较大的惯性力或者惯性力矩,导致机构运行过程中的动力性能差。

(5) 机构中的原动件拨盘与从动件槽轮的主从关系不能互换,即槽轮机构输出运动的构件只能是槽轮。

(6) 机构设计完毕后,槽轮(或者槽齿条)运动时的转角(或者位移)即已确定,机构间歇运动的动程无法调节。图 4.55 中的槽轮机构,拨盘 1 上只有一个拨销,拨盘转动一圈,槽轮只能转过一个动程。在图 4.57 所示槽轮机构的拨盘上,沿 $180°$ 方向分布两个拨销,这样,拨盘转动一圈,槽轮转过两个动程。

图 4.57　双销槽轮机构

(7) 如果槽轮上的径向槽数 z 较少,而且要求槽轮角速度变化小时,在拨盘上串联一个输出非匀速运动的前置机构,可以改善槽轮的运动特性。在图 4.58(a) 所示槽轮机构的拨盘上,串联了一个双曲柄机构,双曲柄机构中的从动曲柄即为拨盘。图 4.58(b) 中,槽轮机构与非圆齿轮机构组合,拨销与从动齿轮固连,随着从动齿轮一同转动。在图 4.58 所示的组合机构中,双曲柄机构的从动曲柄(图 4.58(a))以及非圆齿轮机构的从动齿轮(图 4.58(b))都是非匀速运动构件,与槽轮机构中的拨销固连,有利于改善槽轮的运动特性。

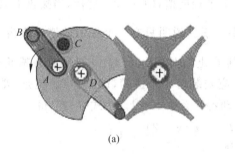
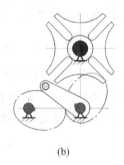

(a)　　　　　　　　　　　　　　　　　　(b)

图 4.58　串联前置机构的槽轮机构[34]

(a) 双曲柄机构与槽轮机构串联;(b) 非圆齿轮机构与槽轮机构串联

(8) 如果拨盘转动的角速度 ω_1 不变,在拨销进入及脱离槽轮径向槽的瞬间,欲保证槽轮的角速度为零,则槽轮转角 $2\alpha_2$ 越小,其运动过程中的角速度 ω_2 变化将越大,机构的动力性能也会越差。因此,槽轮转角 $2\alpha_2$ 不能太小,即槽轮上径向槽的数目 z 不能太多。

　　自动化机械、轻工机械、仪器仪表中,常常将槽轮机构作为中速间歇进给运动机构、转位机构或分度机构等。图 4.59(a)所示钟表齿轮冲压机,采用具有 6 个径向槽的外槽轮机构实现齿轮原材料(冲压齿轮的片条)的间歇送进。图 4.59(b)所示电影放映机卷片机构,要求胶片依次在播放框中停留,以适应人观看影片的视觉,并通过槽轮机构实现胶片的间歇运动。图 4.59(c)所示音乐盒采用的槽轮机构中,与槽轮一同转动的轴上安装有敲击音乐簧片的金属杆,转动机构中的拨盘,拨盘上均布的两拨销带动槽轮实现间歇转动。槽轮间歇转动的过程中,金属杆依次拨动厚度不同的音乐簧片,使其顺序发出高低不同的声音演奏出音乐旋律。

(a)　　　　　　　　　　　　　　(b)　　　　　　　　　　　　　　(c)

图 4.59　槽轮机构应用

(a)钟表齿轮冲压机[28];(b)电影放映卷片机构[29];(c)音乐盒

4.5.3　不完全齿轮机构

4.5.3.1　不完全齿轮机构的组成及工作原理

　　图 4.44(c)及图 4.60 是不完全齿轮机构的基本形式。其中,齿轮 1 是机构中的主动轮,其上只有一个或若干个轮齿,其余部分为外凸锁止圆弧;从动轮 2 上,与主动轮轮齿啮合的齿槽以及厚齿锁止弧相间分布,从动轮 2 一个运动循环中的齿槽数目等于主动轮 1 上的轮齿数目。不完全齿轮机构中的从动轮也可以是普通的完全齿轮(见图 4.61)。图 4.44(c)中,主动轮 1 有 3 个轮齿,一个运动循环中,从动轮 2 上与主动轮 1 轮齿啮合的齿槽有 3 个;而图 4.60 所示内啮合不完全齿轮机构中,主动轮 1 只有 1 个轮齿,一个运动循环中,从动轮 2 上与主动轮 1 轮齿啮合的齿槽也只有 1 个。设计不完全齿轮机构时,为避免主动轮与从动轮的轮齿啮合时产生干涉,应降低主动轮首齿和末齿的齿顶高度。

　　不完全齿轮机构运行时,主动轮 1 连续转动过程中,其上轮齿与从动轮 2 上的齿槽啮合时,从动轮 2 转动;当主动轮 1 上的无齿圆弧与从动轮 2 上的锁止弧接触时,从动轮 2 静止不动。由此将主动轮 1 的连续转动转换成从动轮 2 的间歇转动。

4.5.3.2　不完全齿轮机构的类型、特点及应用

1. 不完全齿轮机构的类型

　　根据从动轮上轮齿的分布表面不同,不完全齿轮机构可分为外啮合与内啮合两种类型。

图 4.60　内啮合不完全齿轮机构

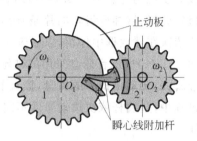

图 4.61　改进型不完全齿轮机构[34]

1) 外啮合不完全齿轮机构

如图 4.44(c)和图 4.61 所示,外啮合不完全齿轮机构中,主动轮 1 和从动轮 2 的轮齿都分布在圆柱体的外表面。机构运行时,主动轮 1 和从动轮 2 的转动方向相反。

2) 内啮合不完全齿轮机构

图 4.60 是内啮合不完全齿轮机构,机构中主动轮 1 的轮齿分布在圆柱体的外表面,从动轮 2 上,与主动轮 1 轮齿啮合的齿槽以及厚齿锁止弧则均匀地分布在圆柱体的内圆表面。内啮合不完全齿轮机构运行时,主动轮 1 与从动轮 2 转动方向相同。

2. 不完全齿轮机构的特点及应用

不完全齿轮机构的特点可以概括为下述 5 个方面。

1) 从动轮的运动角度(动程)范围比较大

不完全齿轮机构中,从动轮的动程取决于主动轮上轮齿的数目。主动轮上轮齿数目越多,从动件的运动角度(动程)越大。故不完全齿轮机构中,从动轮的动程可以根据需要确定。

2) 容易实现一个周期中多次动停时间不等的间歇运动

如果主动轮轮缘的不同部位分布不同数目的轮齿,则其转动一周的过程中,从动轮可以实现不同动程的运动。即不完全齿轮机构在一个运动周期中,可以实现多次动停时间不等的间歇运动。

3) 从动轮在动程起始及终止时会产生刚性冲击

不完全齿轮机构中,主动轮进入或者退出啮合时,即从动轮在动程起始和终止的瞬间,其运行速度由零突变至一定值(动程起始时),或者由一定值突变为零(动程终止时),产生比较大的加速度,引起刚性冲击。故图 4.44(c)及图 4.60 中的不完全齿轮机构只适用于低速轻载的场合。

图 4.61 是改进后的不完全齿轮机构。其中,主动轮 1 是不完全齿轮,从动轮 2 是普通完全齿轮,两个齿轮上安装的止动板,实际上就是主动轮 1 和从动轮 2 的锁止弧,其用途是确保从动轮 2 动程结束后能够静止不动。另外,主动轮 1 和从动轮 2 上还分别安装了瞬心附加杆,以避免机构运行时产生刚性冲击。瞬心附加杆的作用原理是:主动轮 1 的首个轮齿进入啮合之前,其上的瞬心附加杆先与从动轮 2 上的瞬心附加杆接触,使从动轮 2 的角速度由零预先逐渐增加到一定数值,然后其上的轮齿才相继与主动轮 1 的轮齿进入啮合状态,由此保证从动轮 2 的运行速度变化平稳,以减小冲击,改善从动轮的动力性能。这种改进型

的不完全齿轮机构能够适应高速运转的要求。

4）主动轮与从动轮不能互换

不完全齿轮机构的结构特征决定了机构中的主动轮与从动轮不能够互换。如果将图 4.44(c)或图 4.60 中的从动轮 2 作为主动轮，将无法驱动不完全齿轮 1 转动。

5）加工复杂

不完全齿轮上含有锁止弧，无法利用齿轮加工机床直接加工。其加工、制造比较复杂。

不完全齿轮机构在计数器，电影放映机，多工位、多工序的自动机械或者生产线中应用比较广泛，机械中工作台的间歇转位机构和进给机构中也常采用不完全齿轮机构。

4.5.4　凸轮式间歇运动机构

凸轮式间歇运动机构中，凸轮是主动件，呈蜗杆形状或圆柱形状，其上有凸脊或者曲线槽，转盘是机构中的从动件。

图 4.44(d)是蜗杆凸轮间歇机构。其中，主动凸轮上有一条凸脊，形似蜗杆。从动转盘圆周均布滚子，形似蜗轮的齿。机构运行时，主动凸轮绕其轴线连续转动，当转盘上的滚子与蜗杆凸轮上螺旋状凸脊接触时，转盘转动；当转盘上的滚子与蜗杆凸轮上的直线脊接触时，转盘静止不动。由此将蜗杆凸轮的连续转动，转变成从动转盘的间歇运动。调整蜗杆凸轮间歇机构中凸轮与转盘的中心距，即可消除转盘滚子与蜗杆凸轮凸脊接触面之间的间隙，或者补偿由于磨损产生的间隙，因此，机构可以获得比较高的运动精度。

图 4.44(e)所示的圆柱凸轮间歇机构中，主动凸轮的圆柱面上有曲线沟槽。转盘的端面均布滚子，滚子轴线与转盘轴线平行。圆柱凸轮绕其轴线连续转动，转盘上的滚子与圆柱凸轮螺旋曲线槽接触时，转盘转动；当转盘上的滚子与圆柱凸轮上的直沟槽接触时，转盘静止不动。由此将圆柱凸轮的连续转动，转变成从动转盘的间歇运动。

凸轮式间歇运动机构具有下述特点：

（1）将凸轮间歇运动机构作为转位装置，其转位精确可靠，并且无须专门的定位装置；

（2）合理选择从动转盘的运动规律，并且根据所选运动规律设计凸轮廓线，能够保证机构传动平稳，减小冲击和振动；

（3）调整从动转盘中心位置，可以消除转盘上滚子与凸轮接触面之间因磨损产生的间隙；

（4）凸轮加工比较复杂，精度要求较高，安装调整困难；

（5）转盘可以实现任意给定的运动规律；

（6）适用于高速间歇运动场合；

（7）结构比较简单。

凸轮间歇运动机构常用于传递交错轴之间的分度运动和间歇转位运动，也可作为轻工及冲压机械中高速、高精度分度转位或步进机构。图 4.62 所示钻孔和加工螺纹的机构，采用圆柱凸轮机构实现工作台的间歇转位。图 4.63 所示的糖果包装机，则采用端面从动转盘的蜗杆凸轮间歇运动机构实现糖果包装工作台的转位步进运动。

图 4.62　钻孔加工螺纹的机构

图 4.63　糖果包装机[28]

习　　题

选择填空题

1. 滚子或平底从动件凸轮机构的基圆半径 r_0 是凸轮_____的最小矢径。

　　A. 理论轮廓　　　　　　B. 实际轮廓

2. 其他条件保持不变的情况下,凸轮基圆半径越小,则机构的压力角越_____,机构效率越_____,机构的传力性能越_____。

　　A. 小　　　　　　B. 大　　　　　　C. 高　　　　　　D. 低

　　E. 好　　　　　　F. 坏

3. 凸轮机构中,采用_____运动规律的从动件只在行程的始点和终点有柔性冲击。

　　A. 等速　　　　　　　　　　B. 等加速等减速

　　C. 余弦加速度　　　　　　　D. 等速＋等加速等减速

4. 凸轮机构的最大压力角出现在凸轮廓线矢径变化率_____的区域内。

　　A. 大　　　　　　B. 小

5. 当凸轮机构中的凸轮匀速旋转时,其从动件的运动规律,取决于凸轮的_____。

　　A. 转速　　　　　　B. 轮廓曲线　　　　C. 尺寸大小

6. 对于外凸形凸轮轮廓,通常情况下,避免滚子从动件运动失真的合理措施是_____。

　　A. 增大滚子半径　　　　　　　B. 减小滚子半径

　　C. 增大基圆半径　　　　　　　D. 减小基圆半径

7. 凸轮机构的压力角是指:凸轮与从动件接触点处,凸轮的_____之间的夹角。

　　A. 法线与从动件速度方向线

　　B. 法线与凸轮速度方向线

　　C. 切线与从动件速度方向线

　　D. 切线与凸轮速度方向线

8. 图 4.64 所示凸轮机构中,图_____中标识的凸轮机构压力角正确。

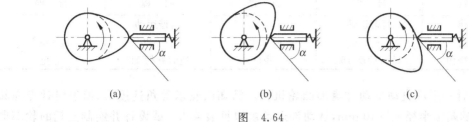

(a) 　　　　　　　　 (b) 　　　　　　　　 (c)

图 4.64

综合题

1. 总结产生刚性冲击和柔性冲击的原因,并用少于 30 个文字简明、清楚地阐述产生这两种性质冲击的原因之区别。

2. 从等加速等减速运动规律、简谐运动规律和摆线运动规律中,任选一种运动规律绘制回程时从动件的运动线图,建立从动件的运动方程。

3. 根据表 4.1 中等加速等减速运动规律推程运动参数,按照 4.2.3.2 节介绍的等加速等减速运动规律位移线图的绘制方法,在图 4.24 的基础上,绘制出等减速推程段的位移线图。

4. 图 4.65 所示凸轮机构由偏心圆盘组成,圆心在 A 点,半径 $r=$ 20 mm。

(1) 标出实际轮廓 β' 和理论轮廓 β;

(2) 作出基圆,并标出基圆半径 r_0;

(3) 标示出机构在图示位置的压力角 α_1(不考虑摩擦力);

(4) 标示出从动件在图示位置的位移量 s_2。

图 4.65

5. 试根据所图 4.66 中按等加速等减速运动规律设计而成的凸轮轮廓曲线,绘制其从动件的位移线图。

6. 图 4.67 所示自动车床控制刀架往复移动的摆动凸轮机构中,已知:$l_{OA}=60$ mm,$l_{AB}=36$ mm,凸轮基圆半径 $r_0=35$ mm,从动件滚子半径 $r_k=8$ mm。凸轮以等角速度 ω_1 沿逆时针方向转动,从动件的运动规律见表 4.4。试设计并绘制凸轮的轮廓曲线,说明设计步骤。

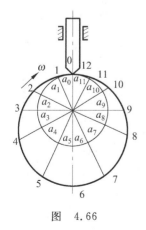

图 4.66

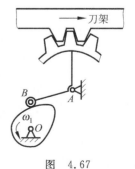

图 4.67

表 4.4

项　目	推　程	远　停	回　程	近　停
运动规律	简谐运动		简谐运动	
凸轮转角	$\delta_1 = 150°$	$\delta_2 = 30°$	$\delta_3 = 120°$	$\delta_4 = 60°$
从动件摆角	顺时针摆 15°	静止	逆时针摆 15°	静止

7. 设计一平底直动从动件盘形凸轮机构。已知凸轮以等角速度 ω_1 沿逆时针方向转动。凸轮的基圆半径 $r_0 = 40$ mm,从动件运动规律见表 4.5。试设计并绘制凸轮的轮廓曲线,说明设计步骤。

表 4.5

项　目	推　程	远　停	回　程	近　停
运动规律	简谐运动		简谐运动	
凸轮转角	$\delta_1 = 120°$	$\delta_2 = 30°$	$\delta_3 = 120°$	$\delta_4 = 90°$
从动件行程	$h = 20$ mm	静止	$h = 20$ mm	静止

实践练习题

1. 运用凸轮机构设计一产品,并将设计信息和设计内容填入附录 A 的"产品设计文档"中。

2. 从你的生活及工作环境中,找出 3 种以上不同类型间歇运动机构的应用实例,可以用相机拍摄,亦可手绘图纸,并说明各个间歇运动机构在应用实例中的工作原理、运动特点及其作用。

5 螺纹连接和螺旋传动

本章学习要求

◇ 螺纹的主要参数；

◇ 准确辨别左、右旋螺纹；

◇ 各种类型螺纹的适用场合；

◇ 螺纹连接的基本类型、特点、防松措施和应用场合；

◇ 常用螺旋机构的类型、特点和应用。

5.1 螺纹的主要参数和常用类型

5.1.1 螺纹形成原理及螺纹类型

5.1.1.1 螺纹的形成原理

将底角为 λ 的直角三角形绕到圆柱体上，使直角三角形的一个直角底边与圆柱体底面周边重合，则直角三角形的斜边在圆柱体表面上形成一条螺旋线（见图 5.1(a)）。如果在具有螺旋线的圆柱体表面，将一个始终与圆柱体轴线保持在同一平面内的几何截面（如三角形、矩形、梯形、锯齿形等）沿着圆柱体上的螺旋线运动，即形成不同牙型的螺纹（见图 5.1(b)）。沿螺旋线运动的几何截面可以是三角形、矩形、梯形和锯齿形等。

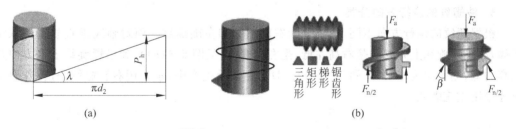

图 5.1 螺纹[34]

(a) 螺旋线的形成；(b) 螺纹的形成

5.1.1.2 螺纹的类型

本节通过螺纹的不同分类方法，从各个侧面了解螺纹类型。螺纹的分类方法可以概括为 5 种：按形成螺纹的母体形状分类；按形成螺纹的表面分类；按螺纹的绕行方向分类；按螺旋线的数目分类；按螺纹的几何截面形状分类。

1. 按形成螺纹的母体形状分类

根据形成螺纹的母体形状，螺纹可分为圆柱螺纹（如图 5.2(a)所示，形成螺纹的母体呈圆柱形）、圆锥螺纹（如图 5.2(b)所示，形成螺纹的母体呈圆锥形），或其他母体形状的螺纹。

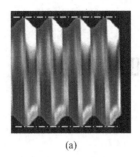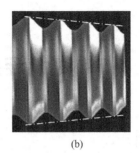

图 5.2　不同螺纹母体形状[29]

(a) 圆柱螺纹；(b) 圆锥螺纹

2. 按形成螺纹的表面分类

根据形成螺纹的表面，螺纹分为外螺纹和内螺纹两种类别。其中，外螺纹分布在形成螺纹母体的外表面，如图 5.3(a)所示的螺钉以及图 5.3(b)所示的螺栓；内螺纹则分布在形成螺纹母体的内表面，如图 5.3(c)所示的螺母。

图 5.3　外螺纹和内螺纹

(a) 螺钉；(b) 螺栓；(c) 螺母

3. 按螺纹的绕行方向分类

根据螺纹的绕行方向不同，螺纹分为右旋螺纹和左旋螺纹。面对轴线垂直放置的螺纹母体，如果螺旋线上升方向是右高左低，是右旋螺纹(见图 5.4(a))；如果螺旋线上升方向是左高右低，则是左旋螺纹(见图 5.4(b))。日常生活及生产中，常采用右旋螺纹，有特殊要求时才采用左旋螺纹。

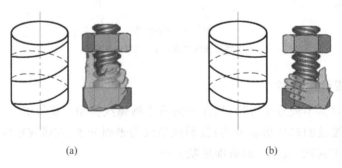

(a)　　　　　　　　　　　　　　　　(b)

图 5.4　左右旋螺纹[34]

(a) 右旋螺纹；(b) 左旋螺纹

4. 按螺旋线的数目分类

根据形成螺纹的螺旋线数目,螺纹分为单线螺纹、双线螺纹和多线螺纹。基于一条螺旋线形成的螺纹称为单线螺纹(见图5.5(a))。如果将形成螺纹的母体(如圆柱体)底面的周边等分为若干等份,并将各个等分点作为不同螺旋线的起始点,所有螺旋线的旋向相同,这种基于多条螺旋线形成的螺纹称为多线螺纹。图5.5(b)是在两条螺旋线上形成的螺纹,称其为双线螺纹。图5.5(c)则是三线螺纹。由图5.5知,单线螺纹的螺纹母体转动一周,螺旋线沿母体轴线方向移动的距离P_h是一个螺纹齿距(P);对于双线螺纹,螺纹母体转动一周,螺旋线沿母体轴线方向移动的距离P_h则是两个螺纹齿距($2P$);如果母体上形成螺纹的线数是z,则螺纹母体转动一周,螺纹线沿母体轴线方向移动的距离(即螺纹导程P_h)可以通过(5-1)进行计算。

$$导程(P_h) = 螺纹线数(z) \times 螺距(P) \tag{5-1}$$

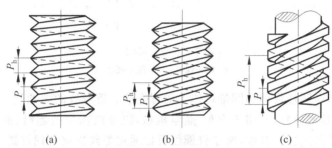

图 5.5 不同线数螺纹

(a) 单线;(b) 双线;(c) 三线

5. 按螺纹的几何截面形状分类

根据形成螺纹的几何截面形状,螺纹分为三角螺纹、矩形螺纹、梯形螺纹和锯齿形螺纹(见图5.6)。其中,三角形螺纹主要用于连接;矩形螺纹、梯形螺纹和锯齿形螺纹主要用于传动。

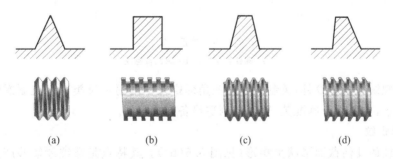

图 5.6 螺纹几何截面形状[29]

(a) 三角形;(b) 矩形;(c) 梯形;(d) 锯齿形

1) 三角形螺纹

三角形螺纹的几何截面形状呈三角形(见图5.6(a))。与矩形螺纹相比,当螺纹受到的轴向作用载荷F_a相同时(见图5.1(b)),三角形螺纹牙沿接触面法线方向的正压力$F_n = \dfrac{F_a}{\cos\beta}$大于矩形螺纹在接触面法线方向的正压力$F_n = F_a$,因此,在外界载荷及螺旋副材料相同的情况下,与矩形螺纹相比,三角形螺纹能够产生较大的摩擦力,其自锁性能比较好,强度高,但是传动效率低,一般用于连接。

三角形螺纹分为普通螺纹、管螺纹和英制螺纹 3 种类型。同一种公称直径的普通螺纹,有多种螺距,其中螺距 P 最大的普通螺纹称为粗牙螺纹(见图 5.7(a)),其余统称为细牙螺纹(见图 5.7(b))。无特殊要求的零件连接,常采用粗牙螺纹,即粗牙螺纹应用比较广泛。细牙螺纹因螺距小,故强度比较高,自锁性能好,常用于薄壁零件或者有动载荷场合中的零件连接。由于细牙螺纹的耐磨性差,容易滑丝,因此,通常作为轻载及精密微调机构中螺旋机构的牙型。

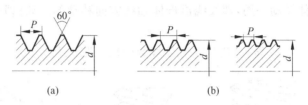

图 5.7　普通螺纹
(a) 粗牙螺纹;(b) 细牙螺纹

图 5.8 是分布在圆柱母体和圆锥母体上的管螺纹。管螺纹的内螺纹与外螺纹之间没有径向间隙,连接的紧密性好,常用于汽车、航空机械,以及机床中的燃料、油、水、气或润滑管路系统中管子之间的连接。其中,圆锥管螺纹可以通过螺纹连接实现管道连接处的密封,但是,圆柱管螺纹用于管子之间连接时,一般不是通过螺纹连接实现管道连接处的密封,而是在内、外螺纹之间添加密封物,保证连接处的密封性。

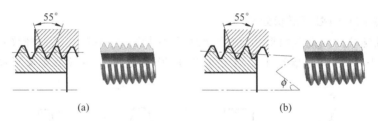

图 5.8　管螺纹[29]
(a) 圆柱管螺纹;(b) 圆锥管螺纹

除普通螺纹和管螺纹外,英制螺纹是三角形螺纹中的另一种类型。英制螺纹的尺寸参数用英制表示,主要用于修配英、美等国制造设备中的零件。

2) 矩形螺纹

矩形螺纹的几何截面形状呈矩形(见图 5.6(b))。其特点是螺纹牙能够产生的摩擦力小于三角形螺纹,因此传动效率比较高,主要用于传递运动。但是,矩形螺纹加工工艺性差,精加工困难,牙根强度低。由图 5.9 可见,矩形螺纹的内螺纹与外螺纹之间存在径向间隙,同轴度差。此外,螺纹牙磨损后,内、外螺纹之间的轴向间隙不容易补偿。矩形螺纹目前尚无国家标准,应用很少,已逐渐由梯形螺纹替代。

3) 梯形螺纹

梯形螺纹的牙型角是 30°(见图 5.10),比三角形螺纹的牙型角(60°)小得多。由螺旋连接的力分析结果知,减小螺纹的牙型角,可以减少摩擦、提高效率。因此,与三角形螺纹相比,梯形螺纹的内螺纹牙与外螺纹牙之间的摩擦力相对比较小,传递运动的效率高于三角形螺纹。与矩形螺纹相比,梯形螺纹的牙根强度高,定心性好,但其传动效率略低于矩形螺纹。如果采用剖分式螺母,梯形螺纹可以消除磨损引起的间隙,能够比较长久地保持一定的传动精度。因此,梯形螺纹广泛应用于传动。

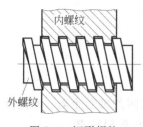

图 5.9　矩形螺纹

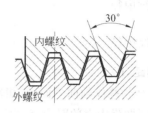

图 5.10　梯形螺纹

4) 锯齿形螺纹

锯齿形螺纹的牙根强度比较高,传动效率高于梯形螺纹。图 5.11 是锯齿形螺纹用于连接或传递运动时,内螺纹与外螺纹牙接触的情形。由图 5.11 可见,锯齿形螺纹只适合于单方向受力的运动传递。

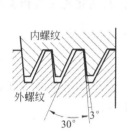

图 5.11　锯齿形螺纹

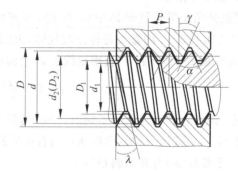

图 5.12　螺纹参数

5.1.2　螺纹的主要参数

螺纹的参数主要描述螺纹的直径尺寸系列和螺纹的牙型。通常用大写字母表示内螺纹的直径参数,小写字母表示外螺纹直径参数。本节结合图 5.12 介绍螺纹的一些主要参数及其含义。

1. 螺纹大径(d 或 D)

螺纹大径指螺纹的最大直径,也是螺纹的公称直径,即通常意义上的螺纹直径。外螺纹的牙顶直径最大,其大径是螺纹的牙顶直径 d;内螺纹的牙底直径最大,其大径是螺纹的牙底直径 D。国家标准规定螺纹大径为螺纹的公称直径,即螺纹代号中表示的直径。例如,国家标准 GB/T 192—1981 中,代号为 M14 的螺纹,表示螺纹大径是 14 mm。[43]

2. 螺纹小径(d_1 或 D_1)

螺纹小径指螺纹的最小直径。外螺纹的最小直径是螺纹的牙底直径,因此,外螺纹的螺纹小径是螺纹的牙底直径 d_1。外螺纹一般在螺纹直径最细(螺纹小径)处产生断裂,故外螺

纹的小径 d_1 也是螺纹危险剖面的计算直径。内螺纹的最小直径是螺纹的牙顶直径,故内螺纹的螺纹小径是螺纹的牙顶直径 D_1。

3. 螺纹中径(d_2 或 D_2)

螺纹中径指螺纹轴向截面内牙厚与牙宽相等处的圆柱面直径。螺纹中径近似等于螺纹大径与小径的平均值。即

外螺纹中径 $$d_2 \approx \frac{1}{2}(d + d_1) \tag{5-2}$$

内螺纹中径 $$D_2 \approx \frac{1}{2}(D + D_1) \tag{5-3}$$

4. 螺距(P)

螺距 P 指螺纹轴向平面内,相邻两个牙型上对应点之间的轴向距离。对应点可以是轴平面内相邻两齿中点的对应点,也可以是相邻两齿其他部位的对应点。

5. 导程(P_h)

螺纹中径处,任一点沿同一条螺旋线转动一周移动的轴向距离称为导程,用 P_h 表示。由图 5.5 知,单线螺纹的 $P_h = P$(见图 5.4(a));双线螺纹的 $P_h = 2P$(见图 5.5(b));如果形成螺纹的线数为 z 条,则导程 P_h 与螺距 P 及螺纹线数 z 之间的关系可以用式(5-1)表示。

6. 螺纹升角(λ)

螺纹升角 λ 指螺纹母体中径 d_2 处,螺旋线的切线与螺纹轴线垂直平面间的夹角。图 5.1(a)和图 5.12 的螺纹母体是圆柱体,由图 5.1(a)及式(5-1)可得螺纹升角 λ 与螺纹中径 d_2 及导程 P_h(或螺距 P 及螺纹线数 z)之间的关系:

$$\tan \lambda = \frac{P_h}{\pi d_2} = \frac{zP}{\pi d_2} \tag{5-4}$$

同一螺纹在螺旋线上的不同直径处,其导程 P_h 均相等。但是螺纹在不同直径处的圆周长度不等,由式(5-4)知,螺纹在不同直径处的螺旋线升角不等。

7. 牙型角(α)与牙型斜角(γ)

螺纹牙型角 α 在螺纹轴平面内度量,是螺纹牙型两个侧边之间的夹角。普通螺纹的牙型角 $\alpha = 60°$(图 5.7(a));管螺纹的牙型角 $\alpha = 55°$(图 5.8);矩形螺纹的牙型角 $\alpha = 0°$(图 5.9);梯形螺纹的牙型角 $\alpha = 30°$(图 5.10);锯齿形螺纹的牙型角 $\alpha = 33°$(图 5.11)。

牙型斜角 γ 指螺纹轴平面内牙型工作侧面与螺纹轴线垂直面之间的夹角。对称型螺纹牙型的两个侧面均是工作面。例如,三角形螺纹(图 5.7 和图 5.8)、矩形螺纹(图 5.9)和梯形螺纹(图 5.10)均是对称型螺纹牙型,其牙型斜角 γ 是牙型角 α 的 $\frac{1}{2}$,即 $\gamma = \frac{1}{2}\alpha$。对于非对称型螺纹牙型,例如,图 5.11 所示的锯齿形螺纹,其工作侧面与螺纹轴线垂直面间的夹角,即牙型斜角 $\gamma = 3°$;其非工作面的牙型斜角则是 $30°$。

5.2　螺纹连接和螺纹连接件

5.2.1　螺纹连接的基本类型

螺纹连接可以划分成螺栓连接、双头螺柱连接和螺钉连接 3 大基本类型:

5.2.1.1　螺栓连接

图 5.13 是螺栓的不同结构型式。其结构特征为：一端是六角形的螺栓头；另一端是有螺纹的柱杆。

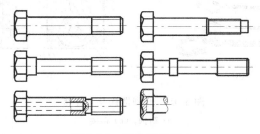

图 5.13　螺栓结构型式

1. 粗制螺栓连接

粗制螺栓通过切削法或者滚压法加工出螺纹(图 5.14(a))，一般用于精度要求不高的连接。采用粗制螺栓连接零件时，螺栓的 螺杆与被连接的零件孔之间存在间隙(图 5.14(b))，螺栓处于受拉状态，因此也称受拉螺栓连接。

2. 精制螺栓连接

精制螺栓也称铰制孔螺栓，用光拉六角棒加工而成，用于精度要求高的连接。精制螺栓头部未切削螺纹的圆柱面直径大于螺纹的外径(图 5.15(a))，这样，螺栓穿过被连接件的精加工孔时，螺栓上的螺纹不会擦伤被连接零件孔的表面。采用精制螺栓连接零件时，螺栓的螺杆与被连接的零件孔之间，通常采用基孔制过渡配合(图 5.15(b))，这样，位于被连接零件接触面处的螺杆截面受到剪切力作用，故精制螺栓连接也称受剪螺栓连接。受剪螺栓连接能够承受横向载荷(载荷作用线与螺杆轴线垂直)，并且可以固定两个被连接件的相对位置。

孔与螺杆之间留有间隙

(a)　　　　　　　　(b)　　　　　　　　　　　(a)　　　　　　　(b)

图 5.14　粗制螺栓及其连接　　　　　图 5.15　精制螺栓及其连接
　(a) 结构；(b) 连接　　　　　　　　　　(a) 结构；(b) 连接

零件之间采用螺栓连接时，不必加工螺纹孔，而且装拆方便，成本低廉。因此，连接薄型、可以加工成通孔、并且需要经常拆卸的零件，宜采用螺栓连接。

3. 地脚螺栓连接

图 5.16 是地脚螺栓的结构及其连接。地脚螺栓用于机座或机架与地基之间的连接。

5.2.1.2　双头螺柱连接

双头螺柱是两端有螺纹的柱杆(图 5.17(a))。连接零件时，先将一端拧入被连接件之

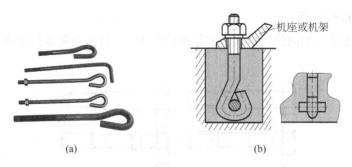

图 5.16   地脚螺栓及其连接

(a) 结构；(b) 连接

一的螺纹孔中(图 5.17(b))，另一端则通过拧紧螺母紧固两个被连接的零件(图 5.17(c))。根据双头螺柱的结构形式及其连接特征，如果被连接零件之一比较厚，无法加工成通孔，或者希望结构紧凑，被连接零件之一只能采用盲孔时，宜采用双头螺柱连接。采用双头螺柱连接，只需旋开螺母，取出上半部的连接零件即可实现拆卸。因此，对于需要经常拆卸的零件连接，采用双头螺柱比较方便。

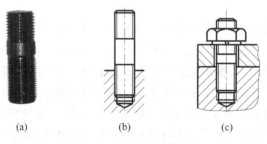

(a)   (b)   (c)

图 5.17   双头螺柱及其连接

5.2.1.3   螺钉连接

图5.18是不同结构特征的螺钉。螺钉的结构形状与螺栓类同，但头部形状比较多，有平头螺钉(图 5.18(a))、内十字头/内六角头螺钉(图 5.18(b))、圆柱头螺钉(图 5.18(c))、圆

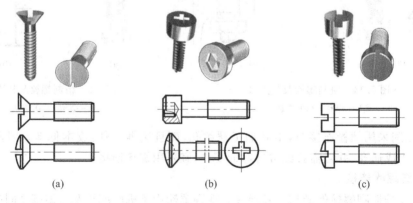

(a)   (b)   (c)

图 5.18   螺钉结构形式[29]

(a) 平头；(b) 内十字头/内六角头；(c) 圆柱头；(d) 圆头；(e) 六角头；(f) 吊环

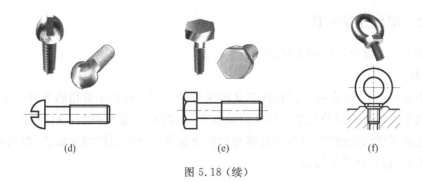

图 5.18（续）

头螺钉（图 5.18（d））、六角头螺钉（图 5.18（e））、吊环螺钉（图 5.18（f）），还有紧定螺钉
（图 5.20），等等。这些螺钉可以适应不同拧紧程度和机械结构的需要。与螺栓连接有所不
同，螺钉连接不需配备螺母，直接拧入被连接零件之一的螺纹孔中（图 5.19）。其应用场合
与双头螺柱类同，用于需要或只能采用盲孔的零件连接，但是，螺钉连接不能经常拆卸。

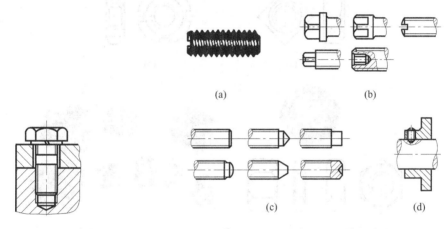

图 5.19   螺钉连接   图 5.20   紧定螺钉的结构及其连接
                                   (a) 结构；(b) 头部结构；(c) 尾部结构；(d) 连接

    图 5.20 是紧定螺钉的结构及其连接。通常，紧定螺钉的螺柱杆全长均有螺纹（见
图 5.20(a)）。图 5.20(b) 是紧定螺钉头部的不同结构形式，其形状有方形、六角形、平头、内
六角形等。图 5.20(c) 则是紧定螺钉尾端的不同结构形式，常用的有圆锥形、平底形和圆柱
形等。其中，圆锥尾端适用于连接零件表面硬度比较低，以及不需要经常拆卸的场合；平面
尾端的接触面积大，不易损伤连接零件表面，适用于连接零件硬度比较大，或者需要经常调
整被连接零件之间相对位置的场合；圆柱尾端插入连接零件之一的凹槽中，可以传递比较大
的力或者扭矩。紧定螺钉的圆柱尾端通常插入空心轴上加工的孔中，适用于连接空心轴上
的零件。用紧定螺钉连接零件时，螺钉拧入连接零件之一的螺纹孔中，其尾端顶紧在另一个
连接零件的表面或者凹槽中（图 5.20(d)）。紧定螺钉通常用于固定两个零件的相对位置，
但只能传递不大的力和力矩。在图 5.20(d) 中，采用紧定螺钉同时实现轴上零件的轴向和
周向固定。

5.2.2　螺纹连接配件

螺母和垫圈是螺纹连接中常用的连接配件。

1. 螺母

我国国家标准有 60 余种不同结构形式的螺母,图 5.21 列出了常用的 3 种类型。其中,六角螺母根据其厚度不同分为正常厚度六角螺母、扁形六角螺母和厚六角螺母。一般情况下多采用正常厚度六角螺母,扁形六角螺母常用于连接尺寸受到限制的场合,厚六角螺母则用于经常拆卸、容易磨损的场合。

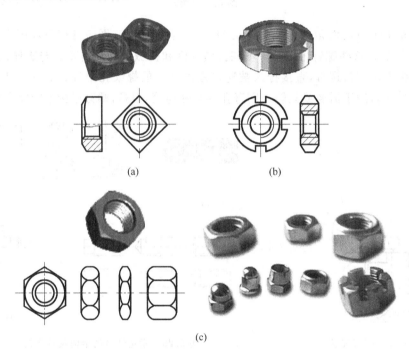

(a)　　　　　　　　　　　　　(b)

(c)

图 5.21　螺母

(a) 方形螺母;(b) 圆螺母;(c) 六角螺母

2. 垫圈

垫圈是连接用的配件,置放在螺母与连接零件之间,有 3 方面的作用:

(1) 保护螺母或螺钉头与连接零件的接触表面,即避免拧紧螺母或螺钉时擦伤零件表面;

(2) 增加支承螺母或螺钉头的面积,减小连接处的压强;

(3) 垫平螺母或螺钉头与零件的接触表面,同时起到防松作用。

图 5.22 是一些常用的垫圈类型。其中,用于右旋螺纹连接的弹簧垫圈,其切口右高左低,可以防止螺母或螺钉松动(图 5.22(b));止动垫圈主要用于方形或六角螺钉或螺母的连接(图 5.22(c)),带翅垫圈则用于具有止口槽的圆螺母连接(图 5.22(d)),这两种垫圈具有比较好的防松效果;斜垫圈用于连接处支承面倾斜的场合(图 5.22(e))。

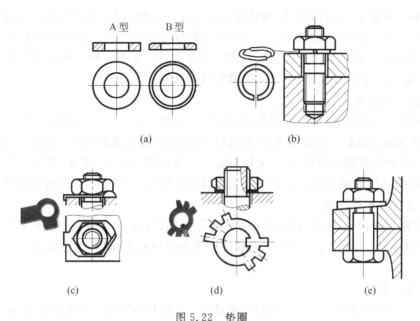

图 5.22 垫圈
(a)平垫圈；(b)弹簧垫圈；(c)止动垫圈；(d)带翅垫圈；(e)斜垫圈

5.3 设计螺纹连接应注意的问题

设计螺纹连接不仅要正确合理地选择螺纹连接形式和螺纹连接件,而且还应考虑螺纹连接后的防松问题,提高或改善螺纹连接承受工作载荷的能力,以及螺纹连接的可拆卸性。

5.3.1 防松

螺纹连接件一般采用三角形的螺纹牙型。三角形螺纹连接具有自锁性能,用于静载荷作用及工作温度变化不大的零件连接,一般不会自动松脱。但是,在载荷变化比较大,高温或工作温度变化比较大的环境中使用三角形螺纹连接容易产生松动。连接零件或者螺纹连接承受变载荷作用时,容易产生冲击和振动,导致螺纹连接处的摩擦力减小甚至瞬间消失,引起螺纹连接松动。另外,在高温或者温度变化大的环境中,由于螺纹连接件与被连接零件材料的热膨胀系数一般不同,会产生不同的热变形量,这种变形差异容易导致螺纹连接松动。例如,高压锅手柄(塑料)与锅体或锅盖(钢材)之间的螺纹连接经常产生松动,其主要原因是连接零件的材料(塑料手柄、金属锅体或锅盖)与螺纹连接件材料(金属)的热膨胀系数不同,高压锅的工作环境温度高、温度变化大,其手柄、锅盖或锅体以及螺纹连接件的热变形量存在差异,因此,容易导致螺纹连接松动。

设计螺纹连接,尤其是受变载荷作用或在高温及温度变化大的工作环境中的螺纹连接,应考虑采取必要的防松措施。

防止螺纹连接松动的方法,按工作原理分为摩擦防松、机械防松和黏合防松 3 种类别。

1. 摩擦防松

摩擦防松的基本原理是:始终保持螺纹连接副内部(内螺纹与外螺纹的螺纹牙接触表

面),或者螺纹连接件与被连接零件接触面之间具有一定的压力,而且压力不会随着外界载荷的变化而变化。螺纹连接副的内部压力,或者螺纹连接件与被连接零件接触面之间的压力,使螺纹连接产生的摩擦力矩能够阻止螺纹连接松动。摩擦防松的典型结构有弹簧垫圈防松、双螺母防松、钢丝轴套防松、尼龙锁紧螺母防松等。

1) 弹簧垫圈防松

弹簧垫圈有一切口,形如一圈弹簧,富有弹性(见图 5.22(b))。在螺母或螺钉头与被连接零件的接触面之间放置弹簧垫圈,拧紧螺母或螺钉后,弹簧垫圈压平。此时,一方面,弹簧垫圈的切口在回位弹性力的作用下,能够阻止螺母反转松动;另一方面,弹簧垫圈沿着其轴线方向产生弹性力,促使螺纹杆和螺纹孔的螺纹牙在轴线方向压紧,增加两者螺纹牙之间的摩擦力,阻止螺纹连接松动。

弹簧垫圈构造简单,使用方便,防松基本可靠。垫圈切口的尖端具有防止螺母松动的作用,切口处对螺母产生的作用力最大,会使螺栓受到附加弯矩作用,但是也容易划伤螺母和支承表面。

2) 双螺母防松

图 5.23 是双螺母连接的结构和防松示意图。在螺栓的伸出端拧上两个螺母,下方螺母 1 是主螺母,上方螺母 2 是副螺母。连接时,先将主螺母 1 拧紧,再拧进并拧紧副螺母 2,副螺母 2 拧紧之后,主螺母 1 的螺纹下表面与螺栓的螺纹上表面接触并压紧;副螺母 2 的螺纹上表面则与螺栓的螺纹下表面接触并压紧。螺栓在两个螺母螺纹牙接触面之间的作用力 $F_{栓1}$ 和 $F_{栓2}$ 的综合作用下,受到附加拉力的作用;主螺母 1 及副螺母 2 与螺栓的结合段则受到压力作用。因此,螺母和螺栓都产生相应的弹性变形,螺杆弹性伸长,螺母弹性压缩,两者均产生弹性恢复力,这样,能够保证螺纹连接表面的压力不会随着外载荷的变化而减小,由此保持螺栓和螺母的螺纹牙之间具有足够的摩擦力,防止螺纹连接自动松脱。

双螺母防松的结构简单,可靠性比较差,由于增加了螺栓的长度,并且多用一个螺母,因此,连接的外廓尺寸和重量均增加,成本提高,其应用已日渐减少。目前,主要用于低速重载场合。

3) 钢丝轴套防松

图 5.24 是钢丝轴套的防松原理兼结构图。圆形剖面的钢丝绕成形如弹簧的弹性轴套,钢丝轴套的直径略大于连接零件的螺孔直径,这样,钢丝轴套旋入连接零件的螺孔内时会产生径向张力,并与连接零件一同形成坚硬的内螺纹,钢丝轴套内表面成为螺纹孔的螺纹牙,螺钉或螺栓旋入钢丝轴套内时,钢丝轴套形成的螺扣(螺纹牙)对螺钉或螺栓的螺纹侧面产生很大的压紧力,以使两者之间产生足够的摩擦力防止螺纹连接松动。

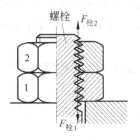

图 5.23　双螺母防松

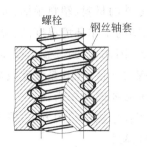

图 5.24　钢丝轴套防松

钢丝轴套防松可靠,能够吸收振动和冲击。如果钢丝轴套磨损,防松效果将变差,此时只需更换钢丝轴套,即能达到初始的防松要求。因此,采用钢丝轴套防松,能够保护连接零件的螺纹孔。另外,钢丝轴套具有一定的弹性,可以使各圈螺纹载荷分布均匀。

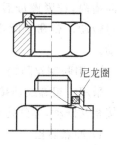

图 5.25 尼龙锁紧螺母

4) 尼龙锁紧螺母防松

图 5.25 是尼龙锁紧螺母结构及其连接示意图。尼龙螺母中嵌有尼龙圈。嵌有尼龙圈的螺母拧在螺栓上后,尼龙圈的内孔涨大,横向压紧螺栓的螺纹,箍紧螺栓实现防松。采用尼龙螺母的螺纹连接防松效果比较好。

2. 机械防松

机械防松借助机械方式将螺母和螺栓连接成一体,防止两者之间产生相对转动。这类防松方法可靠,应用广泛。常用的机械防松方法有开口销与槽形螺母配合实现防松、利用止动垫圈防松、采用钢丝串联螺纹连接实现防松、在螺纹连接处冲点或者点焊进行防松,等等。

1) 开口销与槽形螺母防松

图 5.26(a)是利用开口销和槽形螺母进行防松的结构原理图。槽形螺母拧入并拧紧在螺栓末端之后,将开口销穿过槽形螺母的径向槽及螺栓末端的径向孔内,然后将开口销的尾部分开,防止螺栓与螺母之间相对转动,实现防松。开口销与槽形螺母配合使用,防止螺纹连接松动,其防松效果可靠,常用于具有振动的高速机械中螺纹连接。

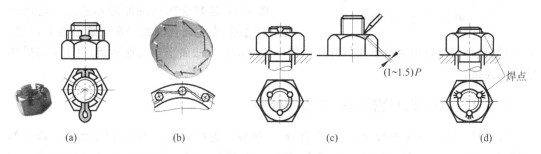

图 5.26 机械防松

(a) 开口销与槽形螺母;(b) 串联钢丝[29];(c) 冲点;(d) 焊点

2) 止动(带翅)垫圈防松

图 5.22(c)是采用止动垫圈防止螺纹连接松动的结构示意图。止动垫圈有两个"耳朵",置于螺母或螺钉头与连接零件的支承面之间,拧紧螺母之后,折弯止动垫圈的两个"耳朵",使其分别贴紧螺母和连接零件,防止螺母或者螺钉与连接零件之间产生相对转动,实现防松。采用止动垫圈的防松措施,只适用于头部为多边形的螺钉或者多边形螺母的螺纹连接,例如,采用方形螺钉或六角头螺钉,或者采用方形螺母或六角螺母的螺纹连接。

图 5.22(d)所示螺纹连接采用带翅垫圈防止松动。带翅垫圈有一个内翅和若干个外翅,与圆螺母配合使用,圆螺母上沿轴线方向一般有 4~6 个防松用的开口槽(图 5.21(b))。带翅垫圈置于螺母或螺钉头与连接零件的支承面之间,拧紧螺母后,垫圈的内翅嵌入螺栓的

轴向槽内,拧紧螺母后,将垫圈的外翅之一折嵌于圆螺母的一个槽口内,防止螺母与螺栓相对转动。带翅垫圈需与具有槽口的圆螺母(图5.21(b))配合使用才能防止螺纹连接松动。

3)串联钢丝防松

采用一组螺纹连接时,用低碳钢丝穿入各个螺纹连接的头部(5.26(b)),使这一组螺纹连接相互制动,起到防松作用。

4)冲点防松

图5.26(c)是冲点防松的结构示意图。采用螺栓连接,拧紧螺母之后,用铁锥在螺母与螺栓结合处冲若干个点(一般是2~3个点),冲点的深度常取$(1\sim1.5)P$(P是螺距)。由于螺纹连接的结合面被损坏,螺母无法松动退出,由此达到防止松动的目的。冲点防松方法通常用于永久性连接。

5)点焊防松

点焊防松原理与冲点防松原理类同,图5.26(d)是点焊防松的结构示意图。对于采用螺栓的螺纹连接,拧紧螺母之后,在螺母与螺栓结合处,用点焊的方式将螺母与螺栓焊接在一起,防止螺母相对于螺栓转动,实现防松。点焊防松也是一种永久性的防松方法,采用这种防松措施的螺纹连接无法拆卸,拆卸后,螺纹连接随即损坏。

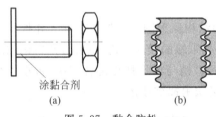

(a)　　　　　(b)

图5.27　黏合防松

3. 黏合防松

图5.27是黏合防松的原理示意图。进行螺纹连接之前,先将黏合剂涂于螺纹旋合表面,拧紧螺母后,黏合剂自行固化成不可拆卸的连接。这种防松方法属于永久性连接,用于不需拆卸的螺纹连接。

5.3.2　提高螺纹连接承载能力的措施

如果螺纹连接支承表面倾斜(图5.28(a)),则螺纹连接处受力不均,将受到偏心载荷的作用,螺栓在偏心载荷作用下会产生附加弯矩,导致螺栓内的拉应力增加,对螺纹连接造成不利影响。为了避免或者减小螺纹连接处因支承面倾斜引起螺栓或螺钉产生附加应力,设计螺纹连接时,应保证连接处的支承面平整,即螺母、螺栓头部或者螺钉头部与连接零件接触的表面应进行切削加工,连接零件的支承表面也应采用便于平整加工的凸台结构(图5.28(b))或者沉孔结构(图5.28(c))。

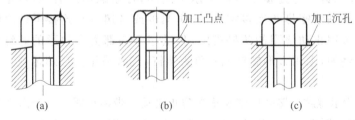

(a)　　　　　　　(b)　　　　　　　(c)

图5.28　平整支承表面

5.4 螺旋传动

螺旋传动通常借助螺旋机构将旋转运动转变成直线运动,同时传递运动和动力。

5.4.1 螺旋机构的类型及特点

图 5.29 是螺旋机构的基本形式,机构由螺杆、螺母和机架组成。螺杆转动,螺母沿螺杆的轴线方向移动,如果螺杆与螺母的导程是 P_h,则螺杆转动 360°,螺母沿螺杆轴线方向移动一个导程 P_h。

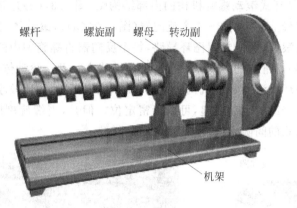

图 5.29　螺旋机构

根据螺旋副的摩擦性质不同,螺旋机构分为 3 大类:滑动螺旋机构、滚动螺旋机构和静压螺旋机构。

1. 滑动螺旋机构

滑动螺旋机构中,螺杆和螺母的螺旋面直接接触,摩擦状态为滑动摩擦。机构螺旋副通常采用梯形螺纹或者锯齿形螺纹,如果螺旋机构作为受力不大或者精密机械中的调整装置,有时也采用三角螺纹。图 5.29 所示螺旋机构中,螺母与螺杆的螺旋面直接接触,属于滑动螺旋机构。

2. 滚动螺旋机构

滚动螺旋机构中,螺杆与螺母的螺纹滚道之间放有许多滚动体,滚动体通常为滚珠或者滚子(见图 5.30 和图 5.31)。螺杆与螺母相对转动时,滚动体在螺纹滚道内滚动,即螺杆与螺母接触面之间的摩擦性质为滚动摩擦。根据滚动螺旋传动的结构形式以及滚珠循环方式,可将滚动螺旋机构分为外循环式和内循环式两种类型。

图 5.30(a)及图 5.30(b)分别是外循环式滚动螺旋机构内部结构图和实物外形图。外循环式滚动螺旋机构,利用一个导管使螺旋副中的几圈滚珠形成一个封闭的循环导路。滚动体脱离螺旋副的滚道后,经过螺旋外的导管返回到其运动循环的初始位置进入第二次循环运动。外循环式滚动螺旋机构的螺母加工方便,但是径向尺寸比较大。图 5.30(b)是两种不同导程的外循环式滚珠螺旋机构,适用于轻载、高速传动的场合。增大滚动体(滚珠)直径进行预紧后,也可用于低精度定位。

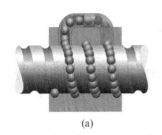

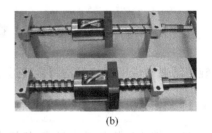

(a)   (b)

图 5.30　外循环式滚动螺旋机构
(a) 内部结构[34]；(b) 实物

　　图 5.31(a)是内循环式滚动螺旋机构的内部结构图,图 5.31(b)是其实物外形图。内循环滚动螺旋机构的螺母上通常有 2~4 个反向器(图 5.31(a)),滚动体通过反向器越过螺纹顶部进入相邻的螺纹滚道,形成封闭循环导路,每个反向器将螺旋副中的滚珠连成一个封闭的循环导路,每个循环导路中的滚动体只在自身的导路内运动。滚动体循环过程中,始终与螺杆保持接触。内循环式滚动螺旋机构的径向和轴向安装尺寸均比较小,安装简便,综合误差小。适用于中载或轻载的运动传递,可以精密定位。但是,当螺旋副因磨损产生间隙后,一般无法再调整螺旋副的间隙,其传动精度也随之降低。

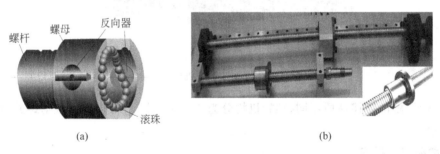

图 5.31　内循环式滚动螺旋机构
(a) 内部结构[34]；(b) 实物

　　滚动螺旋机构具备 4 方面的特点:

　　(1) 螺杆和螺母间为滚动摩擦,摩擦系数小,因此,传动效率高(通常大于 0.9),传动精度远远高于滑动螺旋机构,其抗磨损、抗爬行性能、使用寿命,以及传动精度和轴向刚度略逊色于静压螺旋传动机构。

　　(2) 运动传递具有可逆性,即滚动螺旋机构中的原动件可以是螺杆,也可以是螺母,但不具有自锁功能。

　　(3) 结构复杂,制造精度要求高,加工困难,成本高。

　　(4) 滚动体与螺旋副之间的接触呈点接触或者线接触,因此,抗冲击性能差。

　　滚动螺旋机构已经广泛应用于高精度、高效率的精密传动。例如,用于汽车和拖拉机的转向机构;用于控制飞机的机翼及其起落架;数控机床进给系统中也常采用滚动螺旋机构。合理选配滚珠与螺纹,通过调整、预紧螺旋副的径向间隙,能够提高滚动螺旋机构的传动精度和轴向刚度。

3. 静压螺旋机构

　　图 5.32 是静压螺旋机构的工作原理及其结构示意图。静压螺旋的螺纹通常采用牙型

径向高度比较高的梯形螺纹。在螺旋机构螺母的螺纹牙两个侧面,沿中径圆周上,间隔120°开有槽形油腔(见图5.32(b)),同一母线上同一侧的油腔连通,并用一个节流阀控制。油泵将精滤后的高压油注入进油腔,流入螺杆和螺母的螺纹牙之间,在压力油的支承作用下,螺杆与螺母的螺纹牙不直接接触,压力油经过螺旋副间的缝隙后,又从螺母牙根处的回油孔流回油箱。螺杆没有受载荷作用时,螺纹牙两侧的间隙相等、油压也相同;螺杆如果受到向左(或向右)的轴向力作用时,将向左(或向右)微移;受到径向力作用时则会沿径向微移;受弯矩作用时则会产生微量偏转。螺杆微量移动或偏转之后,螺旋副中各个油腔的油压产生变化,通过节流阀的作用,可以使螺杆平衡在某一位置,始终保持一定的油膜厚度。螺旋副之间的摩擦性质为静压液体摩擦,液体摩擦系数远远小于滑动摩擦系数和滚动摩擦系数,因此静压螺旋机构的螺杆相对于螺母运动时,螺旋副的摩擦力非常小。

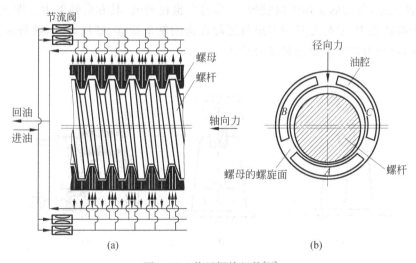

图 5.32 静压螺旋机构[44]

静压螺旋机构有 5 方面的特点:

(1) 螺旋副之间的摩擦性质为液体摩擦,摩擦系数小,因此摩擦力小,传动灵敏,无磨损和爬行现象,传动效率非常高,可以达到 99%,使用寿命长。

(2) 轴向刚度很高,不会产生反向空程现象。即原动件反向转动,从动件随即反向移动,不会因为螺旋副之间存在间隙而出现从动件的运动滞后,即反向空程现象。

(3) 运动传递具有可逆性,机构中的原动件与从动件可以互换。

(4) 不具有自锁功能。

(5) 螺母结构复杂,机构需要一套压力稳定、温度恒定以及过滤要求高的供油设备和系统。机构的加工、制造、使用和维护成本都比较高。

静压螺旋机构常作为精密机床进给机构和分度机构中的传导螺旋。

螺旋机构的结构简单,制造方便,运动准确,工作平稳,可以获得很大的减速比及力的增益,合理选择导程角能够实现自锁,改变原动件的转向,运动输出件即可实现往复移动。螺旋机构主要用于传递运动和动力,转变运动形式,也常常用于调整零件之间的相对位置,或者需要进行微调或测量的场合。

5.4.2　螺旋机构的功能

螺旋机构可用于传递运动和动力,调整零件之间的相对位置或者转变运动形式。

1. 传递运动和动力

利用螺旋机构传递动力,用较小的转动力矩转动螺杆(或螺母),可以使螺母(或螺杆)沿自身轴线方向移动,产生比较大的轴向推力,利用这一轴向推力可以顶起重物或者向物体施加压力。图 5.33(a)所示千斤顶采用螺旋机构顶起重物,机构中的螺母固连在机架上,螺杆在扭转力矩 T 的作用下旋转,并沿自身轴线方向运动,产生轴向推力顶起重物。图 5.33(b)所示压力机中的螺杆在扭转力矩 T 的作用下旋转,同时沿自身轴线方向运动,产生向下的轴向力给物体施压。起重或者加压装置中的螺旋机构,通常用来承受较大的轴向力,呈间歇性工作,每次的工作时间较短,工作速度也比较低,具有自锁能力。图 5.33(c)所示机床的进给系统中,安装刀具的刀架与螺旋机构的螺母固连,螺杆转动,螺母沿螺杆的轴线方向移动,带动刀具实现进刀和退刀动作。

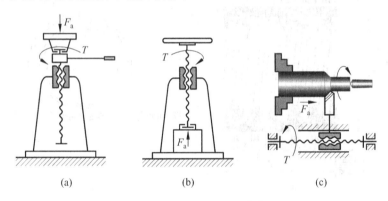

图 5.33　传力螺旋机构[34]

(a) 千斤顶；(b) 压力机；(c) 机床进给机构

传递运动的螺旋机构也称为传导螺旋机构,常用于需要较长时间连续工作、工作速度和传动精度要求比较高的场合。

图 5.34(a)所示复式螺旋机构中,螺杆左右两端的螺纹旋向相反,左端是左旋螺纹,右端是右旋螺纹,转动螺杆,螺母可以实现快速移动。图 5.34(b)是利用复式螺旋机构的压榨机,由于螺杆左右两端螺旋副的旋向相反,两端螺纹的导程相同,因此转动螺杆时,左右两端的螺母,或者以相同的速度很快靠近(此时压板由连杆带动向下运动,压制物体);或者以相同的速度迅速分离(此时压板向上运动,取出压制完毕的物体)。图 5.34(c)所示的定心夹紧机构也采用了复式螺旋机构。定心夹紧机构有一个平面夹爪和一个 V 形夹爪,分别与螺旋机构中左右两端的左旋螺旋副和右旋螺旋副的螺母连接,两端螺旋副的导程不同。转动螺杆时,两个夹爪以不同的速度靠近(夹紧)或者分离(松开)工件。平面夹爪与 V 形夹爪组合使用,夹紧圆柱形工件时,能够起到定心作用。

2. 调整零件相对位置

图 5.35 是螺旋机构应用于零件位置调整的 3 个实例。图 5.35(a)中,转动螺栓 1 可以调节电动机沿水平方向的中心位置;图 5.35(b)中,通过螺旋副 1 可以调节电动机的中心位

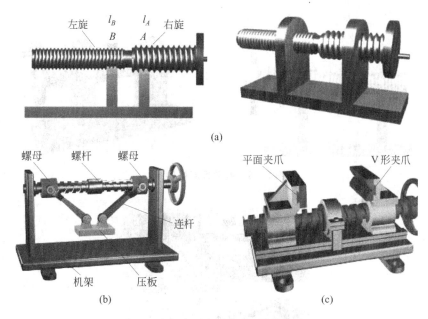

图 5.34 复式螺旋机构及其应用

(a) 复式螺旋机构[28]；(b) 压榨机；(c) 定心夹紧机构

置；图 5.35(c)中，利用螺旋机构调节运动输出构件滑块的运动行程，转动螺杆可以改变螺母与曲柄转动中心之间的距离，由此调整曲柄的长度，进而改变滑块的行程。

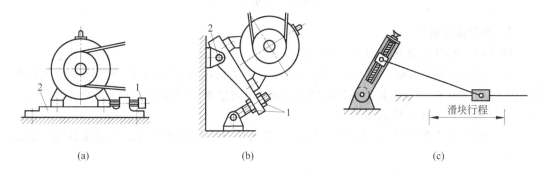

图 5.35 螺旋调整机构

(a) 调整电动机水平位置[43]；(b) 调整电动机中心位置[43]；(c) 调整滑块行程

　　利用螺旋机构调整机构系统中零件之间的相对位置，通常在机构系统空载或者非运行状态下进行。

　　图 5.36 所示差动螺旋机构中，螺母 A 与机架固连，螺杆两端的螺纹旋向相同，但螺纹导程不同。如果螺杆两端的螺纹导程 P_{hA} 和 P_{hB} 相差很小，则转动螺杆，螺母 B 可以实现微量移动。机床、仪器以及测试装置中，经常采用差动螺旋机构微调零部件之间的相对位置。图 5.37 所示测量工件尺寸用的千分尺利用了差动螺旋机构微量移动的原理。千分尺中的测量杆是差动螺旋机构中的螺杆，螺杆上有两种不同的螺纹导程，分别与千分尺手柄上的两个螺母组成螺旋副 1 和螺旋副 2，两对螺旋副的导程值相差甚小。转动千分尺手柄处的螺母，测量杆可以实现微量移动，能够比较精确地测量出工件的尺寸。

图5.36　差动螺旋机构[28]

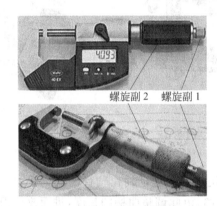

图5.37　千分尺[45]

3. 转变运动形式

螺旋机构转变运动形式的方式有4种：

(1) 螺杆转动变成螺母的移动。图5.33(c)中的机床进给机构、图5.34(b)中的压榨机、图5.34(c)中的定心夹紧机构以及图5.35(c)中调整滑块行程机构的螺旋机构均是将螺杆的旋转运动转变成螺母的移动。

(2) 螺母转动变成螺杆的移动。图5.37中的千分尺是将螺母转动变成螺杆移动的应用实例。

(3) 螺母固定,螺杆转动的同时又移动。图5.33(a)所示的千斤顶、图5.33(b)中的压力机、图5.35(a)中调整电动机位置的机构、图5.38所示的旋转坐椅以及图5.39所示的开瓶器中的螺旋机构,其螺母固定不动,螺杆既转动又移动。

(4) 螺杆固定,螺母转动的同时又移动。图5.35(b)所示的调整电动机中心位置的螺旋机构中,螺杆固定不动,螺母转动的同时也移动。

4. 螺旋传动的其他形式及应用

加大螺杆上螺纹的宽度及螺距,可以直接利用螺杆上的螺旋线,即利用螺纹之间的空间,输送粉状或半液体状的物料。图5.40所示,机构利用螺纹之间的空间输送粉状物料。图5.41所示的馒头机则利用螺纹空间将和好的面团(半液体状物料)传输到切制馒头的刀口处。这种形式的螺旋传动机构,螺杆转动,但不移动,螺母则固定不动。

图 5.38　旋转坐椅

图 5.39　开瓶器

图 5.40　物料输送机

图 5.41　馒头机

习　　题

选择填空题

1. 螺杆相对于螺母转过 1 周时,两者沿轴线方向相对移动的距离是_____。

  A. 1 个螺距　　　　　　　　　　B. 螺距×螺纹线数

  C. 导程×螺纹线数　　　　　　　D. 导程/螺纹线数

2. 两个被连接零件的厚度一个比较薄、一个很厚,并且需要经常拆卸时,应采用_____连接。

  A. 螺栓　　　　　B. 紧定螺钉　　　　C. 螺钉　　　　D. 双头螺柱

3. 三角形螺纹主要用于_____,矩形、梯形和锯齿形螺纹主要用于_____。

  A. 传动　　　　　B. 连接

4. 一个用于调节零部件相对位置和距离的螺纹机构,采用双线螺纹,螺距为 2 mm,螺纹中径是12.7 mm,当螺杆转过 3 圈时,螺母沿螺杆轴线移动的距离是_____mm。

  A. 2　　　　　　B. 4　　　　　　C. 6　　　　　　D. 12

5. 调节机构中,采用单线细牙螺纹,螺距为 3 mm,为使螺母沿轴向移动 9 mm,螺杆应转_____转。

  A. 3　　　　　　B. 4　　　　　　C. 5　　　　　　D. 6

6. 图 5.42 所示螺旋拉紧装置,如果按图上箭头方向旋转中间零件,欲使中间零件两端的螺杆 1 和螺杆 2 同时向中间移动。则该螺旋拉紧装置中,螺杆 1 应采用_____螺纹,螺杆 2 应采用_____螺纹。

A. 左旋　　　　　　B. 右旋

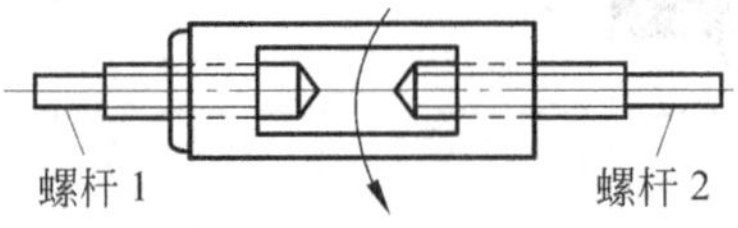

图　5.42

7. 图 5.43 所示 3 种螺纹连接中,图(a)是_____连接,图(b)是_____连接,图(c)是_____连接。

A. 双头螺柱　　　　B. 螺栓　　　　　C. 螺钉

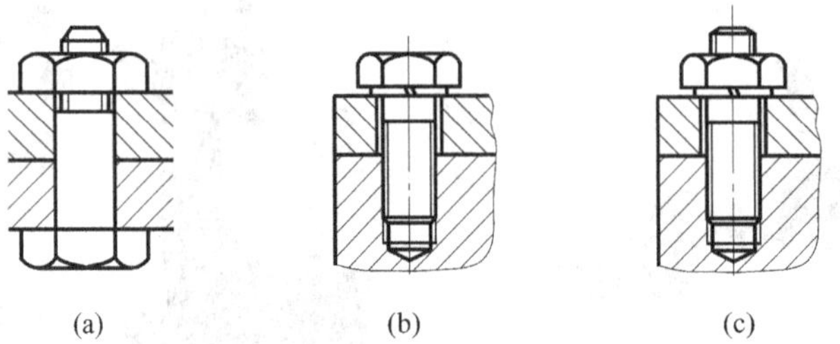

(a)　　　　　　(b)　　　　　　(c)

图　5.43

8. 螺纹副的摩擦系数一定时,螺纹的牙型角越大,能够产生的摩擦力越_____,自锁性能越_____。

A. 小　　　　　　B. 大　　　　　　C. 好　　　　　　D. 差

9. 用于薄壁零件连接的螺纹,应采用_____螺纹。

A. 三角细牙　　　B. 锯齿形　　　　C. 梯形　　　　　D. 多线的三角粗牙

10. 对于零件总厚度比较大、材料比较软、强度比较低、需要经常拆装的场合,一般宜采用_____连接。

A. 螺栓　　　　　B. 双头螺柱　　　C. 螺钉

11. 三角形螺纹常用于连接,是因为其_____。

A. 螺纹强度高　　　　　　　　　B. 传动效率高

C. 防振性能好　　　　　　　　　D. 摩擦力大,自锁性好

实践练习题

1. 运用螺旋机构设计一产品,并将设计信息和设计内容填入附录 A"产品设计文档"中。

2. 从你的生活与工作环境中,找出 5 种以上螺纹连接的防松方法,可以用相机拍摄,亦可手绘图纸,并用文字说明其防松原理。

6 带 传 动

本章学习要求

◇ 带传动机构的工作原理；

◇ 各类带传动机构的特点；

◇ 带传动机构受力分析；

◇ 传动带的应力分析；

◇ 摩擦型带传动机构中的弹性滑动与打滑的基本概念及其影响因素；

◇ 摩擦型带传动机构的主要失效形式；

◇ V带传动机构的设计方法与步骤。

6.1　带传动机构的组成、类型和应用

带传动机构根据其工作原理分为啮合型带传动机构和摩擦型带传动机构两大类别。其中，同步带传动属于啮合型带传动机构。本章主要介绍摩擦型带传动机构的相关内容。

6.1.1　带传动机构的组成

无论是图 6.1(a)所示的啮合型带传动机构，还是图 6.2 所示的摩擦型带传动机构，其组成构件有：主动带轮(1 或 2)、从动带轮(1 或 2)、传动带 3 和机架。其中，主动带轮是机构中的原动件，由原动机驱动旋转；从动带轮通常是机构中输出运动的构件，传动带 3 呈环形，套在主动带轮和从动带轮上，是机构中的从动件。在输送物料的带传动机构中，传动带 3 也常常作为输出运动的构件。

6.1.2　带传动机构的类型和应用

6.1.2.1　同步带传动机构

图 6.1(a)所示同步带传动机构中，传动带 3 的内表面有齿，套在主动带轮和从动带轮上，与两个带轮轮面上的齿槽啮合。图 6.1(b)所示为同步带 3 的横截面形状(呈矩形)。同步带传动机构依靠传动带内侧的齿与带轮表面的轮齿啮合传递运动，由于两者之间没有相对滑动，因此传动效率高(可以达到 0.98～0.99)，传动比准确，并且能够获得比较高的带速(达到 80 m/s)，传递功率可达几十瓦到几百千瓦[52,56]。同步带传动机构不依靠摩擦力传递运动，因此，传动带无需张紧，带轮对轴的作用力比较小。同步带传动的结构紧凑，但是吸振能力稍差，高速运转时有噪声。另外，欲保证传动带与带轮的齿能够咬合，机构的制造和安装要求比较高。图 6.1(d)是同步带传动机构在机器人中的应用。

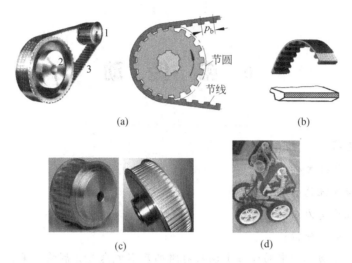

(a)   (b)

图 6.1 同步带传动及其应用

(a) 同步带传动[34]；(b) 同步带横截面；(c) 同步带轮；(d) 机器人

6.1.2.2 摩擦型带传动机构

图 6.2 所示摩擦型带传动机构中,传动带 3 以一定的预紧力紧套在主动带轮和从动带

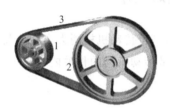

图 6.2 摩擦型带传动[28]

轮上,使带与带轮的接触面产生正压力。机构运动时,主动带轮由原动机驱动旋转,从动带轮依靠传动带 3 与带轮之间的摩擦力被拖动旋转。即摩擦型带传动机构依靠传动带与主、从动带轮接触面间的摩擦力传递运动和动力。

根据传动带的截面形状不同,摩擦型带传动机构分为平带传动、圆带传动、V(三角)带传动和多楔带传动等不同类型。

1. 平带传动

平带的截面形状如图 6.3(a)所示,呈矩形,因此平带传动也称矩形带传动。平带传动的结构简单,带的材料通常是橡胶布或者皮革,并且通过接头连接成环形。图 6.3(b)~(d)是常用的机械式平带接头[43]。平带传动机构运行时,带的内表面与带轮接触,平带接头与带轮接触的瞬间,会产生抖动和噪声,因此,平带传动不够平稳,不宜于高速传动。由于平带可以扭曲,因此可以实现图 6.4 所示的 3 种不同的传动形式。鉴于平带传动的特点,常用其传递中小功率的电动机与工作机之间的运动和动力。

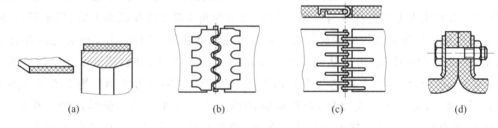

(a)   (b)   (c)   (d)

图 6.3 平带

(a) 平带截面；(b) 带扣接头[43]；(c) 铁丝钩接头[43]；(d) 螺栓接头[43]

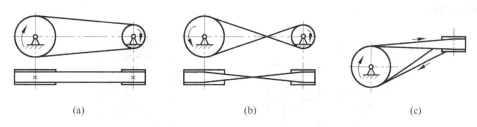

图 6.4 不同形式的平带传动

(a) 开口式平带传动；(b) 交叉式平带传动；(c) 半交叉式平带传动

1) 开口式平带传动

图 6.2 和图 6.4(a)所示为开口式平带传动。此时，主动带轮轴线与从动带轮轴线平行，两个带轮的转动方向相同。

图 6.5(a)所示磨浆机传动系统通过两对开口式平带传动，将电动机的运动及动力依次传递给两个石磨。电动机的旋转运动经过第 1 级开口平带传动，驱动左侧大漏斗下方的石磨转动，将豆子碾碎，碾碎后的豆子沿着导管流入右侧第 2 级漏斗。第 2 级开口式平带传动将运动传递给右侧漏斗下方的石磨，对已碾碎的豆子进行第 2 次碾磨，碾磨出豆浆汁。图 6.5(b)是开口式平带传动在机械设备中的应用。

2) 交叉式传动

图 6.4(b)所示为交叉式平带传动。此时，主动带轮轴线与从动带轮轴线平行，两个带轮的转动方向相反。带在交叉处相互摩擦，故磨损比较快。图 6.6 是交叉式平带传动在机械设备中的应用。

图 6.5 开口式平带传动的应用

(a) 磨浆机；(b) 机械装置

图 6.6 交叉式平带传动的应用

3) 半交叉式平带传动

图 6.4(c)所示的半交叉式平带传动中，主动带轮的轴线与从动带轮的轴线空间交错，其交错角一般呈 90°。

2. 圆带传动

圆带传动机构中，传动带的截面形状如图 6.7(a)所示呈圆形，可以是圆皮带、圆绳带、圆尼龙带以及圆胶带等多种材质，带的直径通常为 2～12mm。其特点是结构简单、带与带轮之间呈线接触，产生的摩擦力比较小，因此，只适合于传递功率小、速度低(带速 $v < 15$m/s)、轻载的场合。图 6.7(b)所示家用缝纫机下方的带轮旋转运动，通过圆带传递给缝纫机台板

上方的小飞轮。

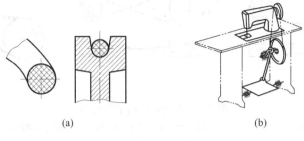

(a)　　　　　　　　　　　(b)

图 6.7　圆带

(a) 带截面；(b) 缝纫机

3. V 带传动

V 带传动机构中，带的截面形状(图 6.8(a))以及带轮上轮槽的结构形状(图 6.8(b))均呈梯形。带的工作面是梯形的两个侧面，与轮槽的黏附性好，与平带传动机构相比，V 带与带轮之间产生的摩擦力较大，因此传递功率大；在相同的工作条件下，结构紧凑。由于 V 带没有接头，因此传动平稳，噪声小。

带传动机构中的 V 带传动虽然应用最广，但是，不适用于交叉式或半交叉式传动。图 6.8(d)所示的和面机，从电动机到和面斗之间，采用了 3 个 V 带传动机构实现减速。

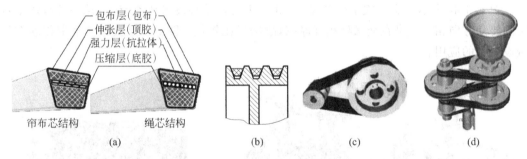

包布层(包布)
伸张层(顶胶)
强力层(抗拉体)
压缩层(底胶)

帘布芯结构　　　　绳芯结构

(a)　　　　　　　　(b)　　　　　(c)　　　　　　(d)

图 6.8　V 带传动及其应用

(a) V 带截面；(b) V 带轮槽结构；(c) V 带传动；(d) 和面机

4. 多楔带传动

多楔带传动机构中，带的截面形状由矩形和若干个等距梯形组成，如图 6.9(a)所示，扁平部分是带的基体，沿带的纵向有若干条等距纵向梯形槽。带轮上有相应形状的轮槽

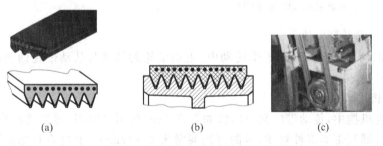

(a)　　　　　　　　(b)　　　　　　　(c)

图 6.9　多楔带传动及其应用

(a) 带截面；(b) 带轮槽结构；(c) 应用[28]

(图6.9(b)),多楔带的工作面是各个梯形的两个侧面,具有平带的柔软、V带摩擦力大的特点。多楔带呈环形制造,没有接头,工作时带的弯曲应力较V带小,传动较V带平稳,噪声小。多楔带传动机构的传递功率大,结构紧凑,尤其适合于要求V带根数多,带轮轴线垂直于地面的传动。图6.9(c)是多楔带传动机构在机床中的应用。

6.2 摩擦型带传动机构的主要几何尺寸

图6.10描述了摩擦型带传动机构的主要几何参数。

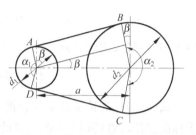

1. 带轮直径

带轮直径的定义方式,根据带轮上是否存在轮槽有所不同。平带传动,带轮上没有轮槽,带轮直径指带轮的外圆直径。对于有轮槽的带轮(例如,V带传动或多楔带传动机构中的带轮),将带中性层(带弯曲时既不受拉也不受压的层面)处对应的带轮直径定义为带轮的基准直径。

图6.10 带传动机构的几何尺寸

带传动机构多数情况下用于减速。作为减速传动机构时,小带轮是原动件,其参数用下标1表示,即d_1表示小带轮直径;大带轮是从动件,其参数用下标2表示,即d_2表示大带轮直径。

2. 带轮包角

带轮包角指带和轮接触弧对应的中心角。图6.10中,α_1是小带轮的包角,大带轮的包角用α_2表示。

一般情况下,带传动机构中,两个带轮的中心距a比较大,通常远远大于大带轮和小带轮的半径差$\frac{1}{2}(d_2-d_1)$,即图6.10中的辅助角β很小。根据数学泰劳级数展开式,当辅助角β很小时,β角的弧度值与其正弦值近似相等,即

$$\left.\begin{array}{l} \beta \approx \sin\beta = \dfrac{d_2-d_1}{2a}\ (\text{rad}) \\[3mm] \beta \approx \dfrac{d_2-d_1}{2a} \times \dfrac{180°}{\pi} \end{array}\right\} \tag{6-1}$$

或

式(6-1)反映了辅助角β与带轮直径d_1、d_2以及带轮中心距a之间的关系。

由图6.10中带传动的几何关系,可以求得带轮包角α_1及α_2与带轮直径d_1、d_2以及带轮中心距a之间关系。

1) 小带轮包角α_1

$$\left.\begin{array}{l} \alpha_1 = \pi - 2\beta \approx \pi - \dfrac{d_2-d_1}{a}\ (\text{rad}) \\[3mm] \alpha_1 \approx 180° - \dfrac{d_2-d_1}{a} \times \dfrac{180°}{\pi} \end{array}\right\} \tag{6-2}$$

或

2) 大带轮包角α_2

$$\left.\begin{array}{l} \alpha_2 = \pi + 2\beta \approx \pi + \dfrac{d_2-d_1}{a}\ (\text{rad}) \\[3mm] \alpha_2 \approx 180° + \dfrac{d_2-d_1}{a} \times \dfrac{180°}{\pi} \end{array}\right\} \tag{6-3}$$

或

3. 传动带基准长度 L_d

传动带基准长度 L_d 指带中性层处对应的周长,用于计算带的几何尺寸。

当辅助角 β 较小时,由余弦函数的泰劳级数展开式,可以求得辅助角 β 的余弦函数与 β 角之间的近似关系表达式:

$$\cos\beta \approx 1 - \frac{1}{2}\beta^2 \tag{6-4}$$

由图 6.10 所示的带传动几何关系,得到传动带基准长度 L_d 为

$$L_d = 2\,\overline{AB} + \overset{\frown}{BC} + \overset{\frown}{AD} = 2a\cos\beta + \frac{d_2}{2}\alpha_2 + \frac{d_1}{2}\alpha_1 \tag{6-5}$$

将式(6-4)代入式(6-5)中得

$$L_d \approx 2a + \frac{\pi}{2}(d_1 + d_2) + \frac{(d_2 - d_1)^2}{4a} \tag{6-6}$$

式(6-6)即为传动带基准长度 L_d 的计算公式,L_d 主要用于计算带传动的几何尺寸。对于标准型传动带(例如 V 带),带的内周长度称为公称长度,传动带的公称长度是选购带的依据,与带的型号有关。

4. 带轮中心距 a

转换式(6-6)中的变量 a 及函数 L_d 之间的关系,即可得到带轮中心距 a 的计算公式:

$$a \approx \frac{1}{8}\left[2L_d - \pi(d_1 + d_2) \pm \sqrt{[2L_d - \pi(d_1 + d_2)]^2 - 8(d_2 - d_1)^2}\right] \tag{6-7}$$

6.3　摩擦型带传动机构的特点、使用和维护

6.3.1　摩擦型带传动机构的特点

1. 优点

摩擦型带传动机构的优点主要体现在以下 4 个方面。

(1) 适用于大轴间距及多轴之间的运动传递。

(2) 传动带有良好的弹性,可以缓和冲击,吸收振动,因此运转平稳,噪声低。

(3) 摩擦型带传动过载时,传动带与带轮之间能够打滑,可以防止系统中其他零部件损坏。

(4) 带传动的结构简单,制造容易,维护方便,不需润滑,成本低。

2. 缺点

摩擦型带传动机构存在一些不足之处,具体表现在以下几个方面。

(1) 机构的外廓尺寸较大。

(2) 传动带有弹性,机构运行时,带与带轮之间存在弹性滑动,无法保证准确的传动比。

(3) 传动带的寿命短,需定期更换。

(4) 通过摩擦力传递运动及动力,故传动效率比较低。

(5) 对于摩擦型带传动机构,必须给传动带施加预紧力,因此,支承带轮的轴和支承处的轴承受力较大。

(6) 传动带与带轮之间的摩擦容易导致电火花产生,因此不宜在易燃易爆场所使用。

（7）传动带弹性降低之后，将减小传动带与带轮之间的正压力，导致带传动的承载能力下降。故带传动机构通常需要设置张紧装置，及时调整传动带的预紧力，以保证传动带与带轮之间始终具有必需的正压力，这样，机构运行时，传动带与带轮之间才能够产生足够的摩擦力。

6.3.2 V带传动机构的使用与维护

V带传动是生产实践中应用最广泛的带传动机构，一对V带轮上通常有若干根V带同时传递运动和动力，在使用与维护V带传动机构的过程中应注意以下几点。

1. 保证主动带轮与从动带轮轴线平行

安装主动带轮和从动带轮时，必须保证两个带轮的轴线平行，并且使得两个带轮的轮槽对准在同一平面内，以避免V带侧面过早磨损，或者V带从轮槽中自动脱出。

2. 安装时避免损坏传动带

V带套上带轮之前，应缩短两个带轮的中心距离，带套上带轮之后，再调整带轮中心距，绷紧V带，使带产生一定的预紧力。这样，可以避免安装时撬坏V带。

3. 防止传动带老化

传动带通常为胶质体，应严防胶带与有腐蚀作用的介质接触，即避免传动带与矿物油、盐、酸、碱等介质接触。另外，带不宜在阳光下曝晒，以防传动带老化变质，降低带的使用寿命。

4. 同时更换新带

传动带使用一段时间之后，会因失去弹性、老化或者断裂而失效。更换旧带时，应同时用新带替换带轮上所有的旧带。由于新、旧带的长短不一、两者并用，因其弹性不同，会导致受力不均，加速新带的磨损。

5. 保持带的张紧力

传动带工作一段时间后，带因弹性力减小而伸长，最终产生永久性变形，导致带内预紧力减小。为保持带具有一定的预紧力，可以定期调整（增加）两个带轮的中心距，或者采用其他类型的张紧装置定期调整带的预紧力。

6.3.3 摩擦型带传动机构的张紧装置

带传动的张紧方式分为中心距可调式张紧和中心距不可调式张紧两种类别。

1. 中心距可调式张紧装置

图6.11所示带传动机构，通过调整两个带轮轴线的中心距，保持传动带的张紧力。

1）滑道式张紧装置

图5.35(a)和图6.11(a)所示带传动机构，调整带轮中心距的装置均为滑道式张紧装置。旋转调整螺钉，可以使电动机沿底座的滑道移动，由此增大两个带轮之间的中心距 a，实现传动带的张紧。对于两个带轮轴线平行或者倾斜角度不大的带传动机构，适于采用这种张紧装置定期进行张紧调整。

2）摆架式张紧装置

图5.35(b)和图6.11(b)所示带传动机构，采用了摆架式张紧装置调整带轮轴线的中心距。旋转调整螺钉，电动机可以绕支点顺时针或者逆时针摆动，由此减小或者增加两个带轮

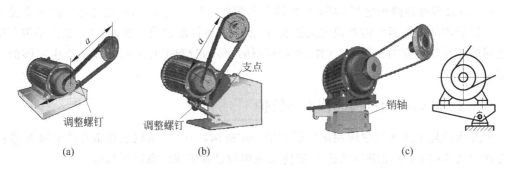

图 6.11　中心距可调张紧装置[29,43]

(a) 滑道式张紧；(b) 摆架式张紧；(c) 自重张紧

轴线之间的中心距离 a。带传动机构垂直或者接近于垂直放置时,宜采用这种中心距调整装置调整传动带的预紧力。

3) 自重张紧装置

在图 6.11(c) 所示的带传动机构中,与主动带轮连为一体的电动机,其重心与销轴之间存在偏距,即电动机和主动带轮在重力作用下可以绕销轴逆时针摆动。当带传动机构中传动带松弛、带内预紧力减小时,电动机和主动带轮一同在自身重力作用下,绕销轴逆时针摆动,由此保证传动带始终具有一定的预紧力。这种利用电动机和带轮的自重,自动调整两个带轮之间中心距离的张紧装置,适用于中小功率的带传动。

2. 中心距不可调的张紧装置

中心距不可调的张紧装置借助张紧轮调整传动带的张紧力。根据张紧轮的布局不同,分为外侧张紧装置和内侧张紧装置两大类。

1) 外侧张紧装置

外侧张紧装置的张紧轮装在松边外侧,通常靠近小带轮一侧(见图 6.12(a))。这样,在增加传动带张紧力的同时,可以增大小带轮的包角,提高带传动机构的承载能力。但是,外侧张紧装置使传动带在一个运动循环中产生反向弯曲,交替受到弯曲拉应力及弯曲压应力的作用,在这种反向弯曲应力作用下,带容易产生疲劳损坏,降低使用寿命。

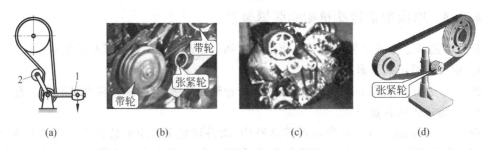

图 6.12　中心距不可调张紧装置

(a) 外侧张紧[43]；(b) 手扶拖拉机[27]；(c) 机械装备；(d) 内侧张紧[29]

图 6.12(b) 所示手扶拖拉机,借助布置在带传动机构外侧的张紧轮,控制柴油机的动力是否传递给驱动拖拉机前轮转动的带轮。柴油机不熄火的情况下,张紧轮使带绷紧时,传动带与带轮之间产生摩擦力,将主动带轮的运动传递给从动带轮,拖拉机可以行驶;张紧轮放

下时,传动带松弛,主动带轮在柴油机驱动下虽然保持运转,但是,处于松弛状态的传动带,无法将主动带轮的运动传递给驱动拖拉机前轮运动的从动带轮,故拖拉机静止不动。图 6.12(c)所示的机械装备是采用外侧张紧装置调整传动带预紧力的另一个实例。

2)内侧张紧装置

在图 6.12(d)所示的内侧张紧装置中,张紧轮置于带传动机构的松边内侧,调整张紧轮的上下位置,即可实现传动带的张紧与松弛。采用内侧张紧装置的带传动机构运行时,传动带内侧及外侧的弯曲应力性质保持不变,即带的内侧始终承受弯曲压应力,带的外侧则始终受到弯曲拉应力的作用。这样,传动带可以避免因反向弯曲而降低使用寿命。但内侧张紧装置减小了大带轮及小带轮的包角,影响带传动机构的承载能力。

6.4 摩擦型带传动机构的工作情况分析

6.4.1 摩擦型带传动机构的受力分析

摩擦型带传动机构中,传动带与带轮之间呈光滑的面接触,借助摩擦力传递运动和动力。本节通过摩擦型带传动机构的受力分析,讨论其工作机理。

6.4.1.1 机构静止时带内受力情况分析

摩擦型带传动机构依靠传动带与带轮之间的摩擦力传递运动和动力。欲使机构运行时传动带和带轮之间能够产生摩擦力,两者之间必须有一定的正压力。即机构静止时,需将传动带紧套在主动带轮和从动带轮上,使传动带内产生一定的预紧力 F_0。这样,传动带与带轮之间才能够产生正压力。因此,带传动机构静止时,传动带全长上受到预紧力 F_0 的作用(图 6.13)。

6.4.1.2 机构工作时带内受力分析

1. 工作机理分析

摩擦型带传动机构运行时,由于传动带与带轮之间存在正压力,并且有相对运动的趋势,故两者之间产生摩擦力。分析摩擦型带传动机构的工作过程,可以了解机构运行时带内的受力情况及其工作原理。假设带传动机构工作时,主动带轮 1 在驱动力矩 T_1 的作用下,由静止状态开始顺时针转动(图 6.14),观察主动带轮 1 及从动带轮 2 与传动带 3 接触弧段的受力情况,以及机构中构件的运动情况,可以了解摩擦型带传动机构的工作机理。

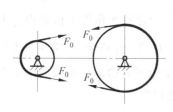

图 6.13 静止时带内受力

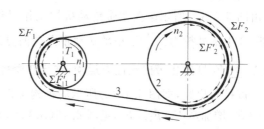

图 6.14 摩擦型带传动机构的工作机理

1)主动带轮 1 与传动带 3 的接触弧段

如图 6.14 所示,主动带轮 1 在驱动力矩 T_1 的作用下,由静止状态开始顺时针转动时,带轮 1 的轮缘上受到传动带 3 给予的摩擦阻力 $\sum F_1'$ 的作用,传动带 3 则受到带轮 1 轮缘给予的摩擦力 $\sum F_1$ 的作用,$\sum F_1$ 与 $\sum F_1'$ 是作用力与反作用力关系,两者大小相等,方向相反。传动带 3 在摩擦力 $\sum F_1$ 的作用下,带轮下方的带被拖动,产生运动趋势。

2) 从动带轮 2 与传动带 3 的接触弧段

带轮下方的带产生运动趋势时,与从动带轮 2 轮缘接触部分的传动带,受到从动带轮 2 给予的摩擦阻力 $\sum F_2$ 的作用,从动带轮 2 的轮缘则受到传动带 3 给予的摩擦力 $\sum F_2'$ 的作用,$\sum F_2'$ 与 $\sum F_2$ 是作用力与反作用力关系,两者大小相等,方向相反。这种情况下,从动带轮 2 在摩擦力 $\sum F_2'$ 的作用下沿顺时针方向转动。

由图 6.14,根据上述力分析结果知,带传动机构工作时,首先是机构外部输入的驱动力矩 T_1 驱动主动轮 1 转动,使传动带 3 在摩擦力 $\sum F_1$ 的作用下运动,从动带轮 2 则在摩擦力 $\sum F_2'$ 的作用下旋转。由此可见,摩擦型带传动机构实质上是通过传动带与带轮之间的摩擦力传递运动和动力。

2. 工作时带内受力分析

图 6.15(a)是摩擦型带传动机构工作时主动带轮 1 顺时针转动的情况下,传动带内部受力分析图。下面针对图 6.15(a)所示摩擦型带传动的工作情形 ,讨论带轮下方以及带轮上方带的内部受力情况。

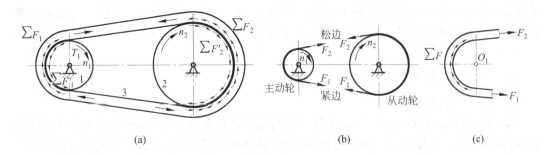

(a)　　　　　　　　　　　　　　(b)　　　　　　　　　　　(c)

图 6.15　摩擦型带传动机构的工作状态受力分析
(a) 机构工作时力特性分析;(b) 工作时传动带内部受力;(c) 左侧带内部受力

1) 带轮下方

由图 6.15(a)所示摩擦型带传动机构工作时传动带内受力分析知,主动带轮 1 作用于传动带 3 上的摩擦力 $\sum F_1$ 拖动从动带向左前方运动,而从动带轮 2 作用于传动带 3 上的摩擦力 $\sum F_2$ 则阻止带向左前方运动,这样在摩擦力 $\sum F_1$ 及 $\sum F_2$ 作用下,带轮下方的传动带 3 被拉得更紧,即图 6.15(a)所示的机构工作条件下,带轮下方传动带的内部拉力由静止时的 F_0 增加至 $F_1(F_1 > F_0$,见图 6.15(b)),称 F_1 为紧边拉力。

2) 带轮上方

如图 6.15(a)所示,主动带轮 1 作用于传动带 3 上的摩擦力 $\sum F_1$ 推动传动带 3 向右前方运动,而从动带轮 2 作用于传动带 3 上的摩擦力 $\sum F_2$ 则阻止传动带 3 向右前方运动,两者综合作用的效果使得带轮上方传动带 3 的内部拉力由静止时的 F_0 减小至 F_2($F_2 < F_0$,见图 6.15(b)),称 F_2 为松边拉力。

6.4.1.3 预紧力 F_0、紧边拉力 F_1 和松边拉力 F_2 三者之间的关系

根据上述分析知,摩擦型带传动机构工作过程中,传动带上任一截面处于不同位置时,截面上受到的拉力有所不同。这意味着传动带上任一微段运行到不同位置时产生的弹性变形量不同。假设机构工作时,传动带的总长度不变,则带的紧边伸长量等于其松边缩短量。根据材料力学中的胡克定律:在材料的弹性极限范围内,力与材料的变形量呈线性关系。因此,在传动带材料的弹性极限范围内,其工作时的紧边拉力增加量与松边拉力减小量相等,即 $F_1 - F_0 = F_0 - F_2$,或者

$$F_1 + F_2 = 2F_0 \qquad (6\text{-}8)$$

式(6-8)即为摩擦型带传动机构中,传动带的预紧力 F_0 与紧边拉力 F_1 及松边拉力 F_2 之间的关系式。

6.4.1.4 摩擦型带传动机构的有效圆周 F_t 和传递功率 P

1. 有效圆周力 F_t

摩擦型带传动机构通过摩擦力传递运动和动力,因此机构传动的有效圆周力 F_t 就是传动带与带轮之间摩擦力的总和 $\sum F$,即 $F_t = \sum F$。将图 6.15(a)所示带传动机构中传动带的左侧作为力分析的分离体,由图 6.15(c)知,作用于传动带左侧的力有:主动带轮 1 的轮缘给予的摩擦力 $\sum F$、紧边侧的 F_1 和松边侧拉力 F_2。将图 6.15(c)中的力 $\sum F$、力 F_1 和力 F_2 对带轮中心 O_1 点取力矩,并由力矩平衡条件 $\sum F \dfrac{d_1}{2} + F_2 \dfrac{d_1}{2} - F_1 \dfrac{d_1}{2} = 0$,可以求得传动带与带轮之间摩擦力的总和 $\sum F$ 等于传动带内紧边拉力 F_1 与松边拉力 F_2 的拉力之差。这样,摩擦型带传动机构的有效圆周力 F_t 可以表示为

$$F_t = \sum F = F_1 - F_2 \qquad (6\text{-}9)$$

式(6-9)说明,摩擦型带传动机构的有效圆周力 F_t 也是机构工作时传动带内紧边拉力 F_1 与松边拉力 F_2 之差。取图 6.15(a)中传动带的右侧作为力分析的分离体,会得到相同的分析结果。

2. 传动功率 P

摩擦型带传动机构的传动功率 P 是机构传动的有效圆周力 F_t 与带速 v 的乘积,即

$$P = \frac{F_t v}{1000} \text{(kW)} \qquad (6\text{-}10)$$

式中,F_t 是传动带传递的有效圆周力,N;v 是带速,m/s。

6.4.2 摩擦型带传动机构的打滑与弹性滑动

6.4.2.1 打滑

1. 打滑现象

由式(6-10)知,摩擦型带传动机构的传动功率 P 与圆周力 F_t 成正比,当带速 v 确定时,如果增加机构的工作载荷,则机构所需的传动功率 P 增大,这意味着机构需要的有效圆

周力 F_t 增大。而带传动机构能够产生的有效圆周力,即传动带与带轮之间能够产生的最大摩擦力 $\sum F_{max}$,取决于两者材料的摩擦系数以及传动带的预紧力 F_0。当传动带与轮之间的正压力(即传动带的预紧力 F_0)一定时,两者的材料选定之后,传动带和带轮之间能够产生的最大摩擦力 $\sum F_{max}$ 即已确定。如果因工作载荷增加,导致带传动机构需要的有效圆周力大于传动带与带轮之间能够产生的最大摩擦力时,传动带和带轮之间就会产生显著的相对滑动,即带传动机构出现打滑现象。

当传动带与带轮之间的摩擦力达到最大值,即带传动即将出现打滑现象时,由挠性体摩擦的欧拉公式,可以得到打滑临界状态下传动带的紧边拉力 F_1 与松边拉力 F_2 之间的关系式:

$$\frac{F_1}{F_2} = e^{f\alpha} \tag{6-11}$$

式中,f 为带与轮间的摩擦系数;α 为小带轮的包角;e 为自然对数的底,e=2.718。

带传动是否会产生打滑现象可以通过式(6-12)进行判断:

$$\left.\begin{array}{l} \dfrac{F_1}{F_2} > e^{f\alpha} \quad (打滑) \\[2mm] \dfrac{F_1}{F_2} = e^{f\alpha} \quad (打滑临界状态) \\[2mm] \dfrac{F_1}{F_2} < e^{f\alpha} \quad (不打滑) \end{array}\right\} \tag{6-12}$$

由欧拉公式(6-11)知,传动带的紧边拉力 F_1 与松边拉力 F_2 的比值,取决于小带轮的包角 α 和传动带与带轮之间的摩擦系数 f。根据式(6-8)、式(6-9)以及式(6-11)可以求得带不发生打滑时的最大有效圆周力 F_{tmax}:

$$F_{tmax} = 2F_0\left(\frac{e^{f\alpha} - 1}{e^{f\alpha} + 1}\right) \tag{6-13}$$

$$F_{tmax} = F_2(e^{f\alpha} - 1) \tag{6-14}$$

如果传动带能够产生的最大有效圆周力 F_{tmax} 大于工作载荷需要的圆周力,则带传动不会出现打滑现象。

2. 影响打滑的因素

1) 预紧力 F_0 的影响

由式(6-13)及式(6-10)知,增大传动带的预紧力 F_0,可以提高带传动机构的最大有效圆周力 F_{tmax},其传动功率 P 增大,不易产生打滑现象。但是,传动带的预紧力 F_0 过大,容易失去弹性,降低使用寿命。另外,还会增加带轮支承处的压力,导致支承处轴承的工作条件恶化,同时对带轮支承轴的刚度要求提高。设计普通 V 带传动机构时,可以由式(6-15)计算单根 V 带的预紧力[43]:

$$F_0 = 500\left(\frac{2.5}{K_\alpha} - 1\right)\frac{P_c}{zv} + qv^2 \quad (N) \tag{6-15}$$

式中,P_c 为带传动的计算功率,由式(6-31)计算求得;q 为普通 V 带每米长度的质量,kg/m,根据 V 带型号由表 6.1 查得;z 为传动带的根数;K_α 为带轮包角修正系数。K_α 是考虑带轮包角 $\alpha \neq 180°$ 时,对带传动能力产生的影响,由表 6.10 查取。表 6.10 中带轮包角修

正系数 K_α 的参数值表明,减小带轮包角 α,带传动机构的传动能力会降低。带传动机构中,如果大、小带轮的直径不等,则大带轮的包角 $\alpha_2 > 180°$,小带轮的包角 $\alpha_1 < 180°$,因此,小带轮的包角 α_1 直接影响带传动机构的传动能力。

表 6.1 普通 V 带单位长度质量[43]   kg/m

带型号	q	带型号	q
Y	0.04	C	0.33
Z	0.06	D	0.66
A	0.11	E	1.02
B	0.20		

2) 小带轮包角 α_1 的影响

由式(6-14)可知,增大带轮包角 α,可以提高带传动机构的最大有效圆周力 F_{tmax}。由式(6-2)及式(6-3)知,当主、从动带轮直径不同时($d_1 \neq d_2$)时,由于小带轮的包角 α_1 小于大带轮包角 α_2,故带传动机构的最大有效圆周力 F_{tmax} 实质上取决于小带轮包角 α_1。为了提高带传动机构的承载能力,防止打滑,小带轮包角 α_1 不能太小。对于 V 带传动,规定小带轮的包角 α_1 必须大于一定值。一般情形下,应使 $\alpha_1 \geqslant 120°$;特殊情况下,例如,带传动的传动比大,又要求带轮中心距比较小时,也应保证 $\alpha_1 \geqslant 90°$。

3) 摩擦系数 f 的影响

由式(6-14)可知,增大传动带与带轮之间的摩擦系数 f,即通过选择传动带和带轮的材料,或者在同样材质的情况下,选择不同类型的带传动机构(传动带与带轮之间因当量摩擦系数 f_v 不同可以产生不同的摩擦力),同样能够提高带传动机构的最大有效圆周力 F_{tmax}。

图 6.16 是平带和 V 带与带轮接触面的受力分析图。根据作用力和反作用力的关系以及力的平衡条件,由图 6.16(a)及图 6.16(b)可以分别求得平带以及 V 带与带轮接触处的正压力 F_N 及其能够产生的极限摩擦力 $\sum F_{max}$。

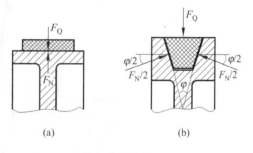

(a)   (b)

图 6.16 带与带轮接触面的受力分析
(a) 平带;(b) V 带

由图 6.16(a)所示平带传动力分析图知,带受到的正压力 $F_N = F_Q$,故平带传动能够产生的极限摩擦力为

$$\sum F_{max} = F_N f = F_Q f \tag{6-16}$$

由 V 带传动力分析(图 6.16(b))得,带受到的正压力 $F_N = \dfrac{F_Q}{\sin(\varphi/2)}$,因此 V 带传动能够产生的极限摩擦力是

$$\sum F_{max} = F_N f = F_Q \frac{f}{\sin(\varphi/2)} = F_Q f_v \tag{6-17}$$

式(6-16)和式(6-17)中,F_Q 为带给予轮的压力;F_N 为轮给予带的压力;$\sum F_{max}$ 为传动带与带轮之间能够产生的极限摩擦力;f 为带与轮之间的摩擦系数;f_v 为当量摩擦系数,

$$f_{\text{v}} = \frac{f}{\sin(\varphi/2)}, \text{即 } f_{\text{v}} > f。$$

比较式(6-16)及式(6-17)知,在相同条件下,与平带传动机构相比,V 带传动机构能够产生比较大的极限摩擦力 $\sum F_{\max}$。即在带及带轮材质相同、传动带预紧力 F_0 相同的情况下,V 带传动机构的承载能力和传动功率高于平带传动机构。换言之,传动功率相同时,V 带传动机构比平带传动机构的结构更紧凑。

4) 带速 v 的影响

由式(6-10)知,带传动机构的传动功率 P 一定时,带速 v 越高,机构所需的有效圆周力 F_{t} 就越小。如果带传动机构需要的圆周力小于传动带与带轮之间能够产生的最大摩擦力,则不会出现打滑现象。因此,机械系统中如果采用带传动机构,通常将其置于系统的高速级。

图 6.17 是三轴自动钻床的机构运动简图。电动机的高速旋转运动通过二级带传动机构、一级圆锥齿轮传动机构和一级圆柱齿轮传动机构传递给 3 根刀具主轴(3 个钻头),使其作低速旋转运动。这一机械传动系统中,三级带传动机构均置于系统的高速级,其目的是能够提高带传动机构的最大有效圆周力,避免产生打滑现象,另外,如果系统超载,则带传动机构打滑能够起到过载保护作用,避免系统中其他零部件损伤。

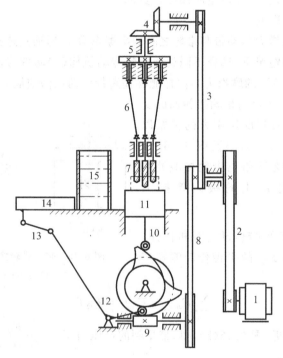

图 6.17　三轴自动钻床的机构[41]

3. 打滑的后果

带传动机构打滑时,主动带轮在原动机驱动下依旧转动,但是,传动带和从动带轮处于不稳定的运动状态。此时,带传动机构失效,带的磨损加剧,使用寿命缩短。

6.4.2.2 弹性滑动

传动带是弹性体，在拉力作用下弹性伸长，其弹性变形量随着拉力的变化而变化。传动带弹性变形量的变化，使得带传动机构工作过程中产生弹性滑动。

1. 弹性滑动现象

在图 6.18 所示的带传动机构中，带轮 1 为主动轮，带轮 2 是从动轮。分析主动轮侧和从动轮侧传动带的弹性变形情况，有助于了解带传动机构的弹性滑动机制。

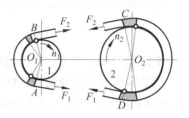

图 6.18 弹性滑动分析

1）主动轮侧

图 6.18 所示传动带的微段由位置 A 运动到位置 B 的过程中，由于其内部的拉力由紧边拉力 F_1 变成松边拉力 F_2，而 $F_2 < F_1$，因此，带的弹性伸长量逐渐减小，这意味着传动带在位置 A 处与带轮重合的点，到达位置 B 处时，将滞后于与其一同运动的带轮上的点（图 6.18）。即传动带绕过主动带轮时，由于带内拉力逐渐减小，其弹性变形量随之逐渐变小，导致传动带与带轮之间产生局部微量的相对滑动，使得带速逐渐滞后于（小于）主动带轮 1 的圆周速度。

2）从动轮侧

图 6.18 所示从动轮侧传动带的微段由位置 C 运动到位置 D 时，其内部拉力由松边拉力 F_2 变成紧边拉力 F_1，而 $F_1 > F_2$，因此，带的弹性伸长量逐渐增大，这意味着传动带在位置 C 处与带轮重合的点，到达位置 D 处时，将超前于与其一同运动的带轮上的点（图 6.18）。即传动带绕过从动带轮时，因带内拉力逐渐增大而被逐渐拉长，导致传动带与带轮之间产生局部微量的相对滑动，使得带速超前于（大于）从动带轮 2 的圆周速度。

3）分析结论

根据上述分析知，带传动机构在工作过程中，由于传动带的内部拉力处于变化状态，导致带的弹性变形量随之改变，使带与带轮之间产生局部微量的相对滑动，即带传动的弹性滑动。换言之，带传动机构中的弹性滑动实质上是因为传动带弹性变形引起的带与带轮之间局部微量的相对滑动。

带传动机构工作时，主动带轮的转速由原动机控制，其圆周速度不会因为传动带弹性变形量的变化而改变。从动带轮由于通过传动带与带轮之间的摩擦力被驱动旋转，其圆周速度取决于传动带刚与从动带轮接触时（位置 C 处）带的速度。由上述分析知，由于传动带弹性变形量的变化，位置 C 处带的速度小于主动带轮的圆周速度，而从动带轮的圆周速度与位置 C 处的带速相等，故带传动的弹性滑动使得从动带轮的圆周速度小于主动带轮的圆周速度。

2. 滑动率ε

摩擦型带传动机构的滑动率 ε 定义为弹性滑动引起的从动带轮圆周速度小于主动带轮圆周速度的相对降低率，即

$$\varepsilon = \frac{v_主 - v_从}{v_主} = \frac{\pi d_1 n_1 - \pi d_2 n_2}{\pi d_1 n_1} \tag{6-18}$$

或

$$\varepsilon = 1 - \frac{n_2}{n_1}\frac{d_2}{d_1} \tag{6-19}$$

式(6-18)和式(6-19)中，$v_主$、$v_从$ 分别为主动带轮和从动带轮的圆周速度；d_1、d_2 分别是主动

带轮和从动带轮的节圆直径;n_1、n_2 分别是主动带轮和从动带轮的转速。

V 带传动的滑动率 ε 通常为:$\varepsilon = 0.01 \sim 0.02$。

3. 带传动机构的传动比 i

带传动机构的传动比定义为主动带轮转速与从动带轮转速的比值,即

$$i = \frac{主动带轮转速}{从动带轮转速} = \frac{n_1}{n_2} \tag{6-20}$$

根据式(6-19)及式(6-20)可以得到带传动机构传动比 i 的计算式。

如果不考虑弹性滑动的影响,可以认为从动带轮的圆周速度与主动带轮的圆周速度相等,滑动率 $\varepsilon = 0$。此时,带传动机构的传动比 i 为

$$i = \frac{n_1}{n_2} = \frac{d_2}{d_1} \tag{6-21}$$

考虑弹性滑动影响时,滑动率 $\varepsilon \neq 0$,从动带轮的圆周速度小于主动带轮的圆周速度,此时,带传动机构的传动比 i 与滑动率 ε 有关,计算式为

$$i = \frac{n_1}{n_2} = \frac{d_2}{d_1(1-\varepsilon)} \tag{6-22}$$

在要求精确计算从动带轮转速 n_2 的情况下,例如,当分析计算精密仪器中的带传动机构时,通常需要考虑弹性滑动(滑动率 ε)对从动带轮转速的影响。而对于一般应用场合中带传动机构的分析和计算,可以忽略滑动率 ε 的影响。

6.4.2.3 弹性滑动与打滑的区别

从现象上看,弹性滑动是局部带在局部轮面上发生相对滑动,而打滑则是整根带在整个轮面上相对滑动。

从本质上看,弹性滑动因带传动机构工作时紧边和松边存在拉力之差($F_1 - F_2$)而引起,只要带传动机构传动功率,传动带内一定会存在拉力差,故弹性滑动是带传动机构运行过程中不可避免的现象。而打滑则是因为带传动机构工作过程中,紧边和松边拉力的比值超过一定限度$\left(\dfrac{F_1}{F_2} > e^{f\alpha}\right)$而引起的,如果能够使 $\dfrac{F_1}{F_2} < e^{f\alpha}$,则可避免打滑现象产生。

6.4.3 摩擦型带传动机构的应力分析和失效形式

6.4.3.1 应力分析

摩擦型带传动机构运行时,带内同时产生 3 种不同的拉应力:①由传动带的离心力引起的拉应力;②由紧边和松边拉力引起的拉应力;③带在弯曲部位产生的弯曲应力。

1. 传动带的离心力引起的拉应力 σ_c

带传动机构工作过程中,运行到带轮弧线部位弯曲,产生法向加速度 a_n $\left(a_n = \dfrac{v^2}{R}, v \text{ 为带速}; R \text{ 为带中性层处的弯曲半径}\right)$,致使带弯曲部位的各个微段产生向外的离心力。在主、从动带轮两侧传动带弯曲部分离心力的作用下,整根传动带被拉得更紧,带全长上产生附加拉力,这种由传动带的离心力引起的附加拉力,使得整根传动带内产生附加的拉应力 σ_c。如果忽略弹性滑动的影响,即认为传动带的带速在全长上相等,由理论力学和材料力学的力分析和应力分析知识,可以推导出传动带弯曲部位离心力引起的附加拉力

F_c,以及由 F_c 产生的附加拉应力 σ_c,即

$$F_c = qv^2 \tag{6-23}$$

$$\sigma_c = \frac{F_c}{A} = \frac{qv^2}{A} \tag{6-24}$$

式(6-23)和式(6-24)中,A 为传动带的横截面积,mm^2;F_c 为传动带的离心力引起的附加拉力,N;σ_c 为传动带的离心力引起的附加拉应力,N/mm^2。

由于传动带单位长度的质量 q 以及带全长上的横截面积 A 均为定值,不考虑弹性滑动时,带速 v 在传动带的全长上也是定值。因此,由式(6-23)及式(6-24)知,传动带离心力引起的附加拉力 F_c 所产生的附加拉应力 σ_c 在全带长上相等(图6.19)。

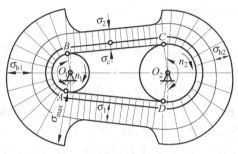

图 6.19　传动带应力分布

2. 传动带的紧边和松边拉力引起的拉应力 σ_1 与 σ_2

传动带的紧边和松边拉力均会使带内产生相应的拉应力。

紧边拉应力：

$$\sigma_1 = \frac{F_1}{A} \tag{6-25}$$

松边拉应力：

$$\sigma_2 = \frac{F_2}{A} \tag{6-26}$$

由于传动带的紧边拉力 F_1 大于其松边拉力 F_2,带在全长上截面积 A 相同,故紧边拉应力 σ_1 大于松边拉应力 σ_2。图6.19所示带传动机构中,位于主动带轮(小带轮)侧弯曲部分的传动带,其内部拉力由紧边拉力 F_1 逐渐减小至松边拉力 F_2,故带内因紧松边拉力引起的拉应力由带轮下方的 σ_1 逐渐减小至 σ_2;同理,位于从动带轮(大带轮)侧弯曲部分的传动带,其内部拉力则由松边拉力 F_2 逐渐增加至紧边拉力 F_1,带内应力由带轮上方的 σ_2 逐渐增大至 σ_1。

3. 传动带弯曲部位的弯曲应力 σ_{b1} 和 σ_{b2}

带弯曲时会产生弯曲应力。根据材料力学弯曲应力的计算公式,可以求得与带轮轮缘接触部位传动带的弯曲应力。

主动带轮上带弯曲部分的弯曲应力：

$$\sigma_{b1} = E\frac{2y}{d_{d1}} \tag{6-27}$$

从动带轮上带弯曲部分的弯曲应力：

$$\sigma_{b2} = E\frac{2y}{d_{d2}} \tag{6-28}$$

式(6-27)及式(6-28)中,E 为传动带的弹性模量,N/mm^2;y 为传动带中性层至带顶面的垂直距离,mm,传动带的中性层指带弯曲时既不受拉又不受压的层面,即中性层处,带的长度保持不变;d_{d1}、d_{d2} 分别是主动带轮和从动带轮的基准直径,mm。

由式(6-27)及式(6-28)可见,带轮基准直径不同时,带弯曲部位的弯曲应力不等。用于减速传动的带传动机构,其主动带轮的基准直径 d_{d1} 小于从动带轮的基准直径 d_{d2},因此,

$\sigma_{b1} > \sigma_{b2}$。带的弯曲应力 σ_b 只产生于带轮包角对应弧段的传动带上(图 6.19),即与带轮轮缘接触部位的传动带上。

4. 带传动机构工作时的总应力 σ

带传动机构工作时,传动带内的总应力(σ)由离心力引起的附加拉应力(σ_c)、紧边(或松边)拉应力(σ_1 或 σ_2)以及弯曲应力(σ_{b1} 或 σ_{b2})组成,即

$$\sigma = \sigma_c + \sigma_1(或\ \sigma_2) + \sigma_{b1}(或\ \sigma_{b2}) \tag{6-29}$$

其中,离心力引起的附加拉应力 σ_c 在带的全长上相等,紧边拉应力大于松边拉应力,即 $\sigma_1 > \sigma_2$;位于小带轮侧的带内弯曲应力大于大带轮侧的带内弯曲应力,即 $\sigma_{b1} > \sigma_{b2}$。根据上述分析知,图 6.19 所示带传动机构中,传动带全长上的最大应力 σ_{max} 发生在带刚刚绕进主动带轮(小带轮)的 A 点处,其大小为

$$\sigma_{max} = \sigma_c + \sigma_1 + \sigma_{b1} \tag{6-30}$$

由传动带应力分布图(图 6.19)知,带传动机构工作过程中,传动带运行到不同部位时,带内的应力不同,即传动带在变应力状态下工作。如果传动带的工作应力(σ 或 σ_{max})较大,或者两个带轮的中心距比较小(导致带的应力变化频率较高),容易引起带产生疲劳损坏而失效。传动带内的 3 种工作应力中,弯曲应力的影响比较大,为避免带产生过大的弯曲应力,小带轮的基准直径不能取得太小,因此,对于每一种型号的传动带,都规定了带轮的最小基准直径。表 6.2 是与不同型号普通 V 带对应的带轮最小基准直径。设计 V 带轮时,应使带轮的基准直径大于表 6.2 中的规定值。

表 6.2　普通 V 带轮最小基准直径 d_{dmin}　　　　　　　　　　　　　　　mm

传动带型号	Y	Z	A	B	C	D	E
d_{dmin}	20	50	75	125	200	355	500

6.4.3.2　失效形式

摩擦型带传动机构的失效形式主要表现在下述 3 个方面:

(1)带在轮面上打滑,不能传递动力。

(2)带发生疲劳损坏。如果带内的总应力大于带材料的许用应力,即 $\sigma > [\sigma]$,传动带首先出现疲劳裂纹、脱层,带呈现疏松状态,最终导致断裂而失效(图 6.20)。

(3)带的工作面磨损。

传动带在带轮上打滑或者发生脱层、撕裂、拉断等疲劳损坏时,将无法传递运动和动力。因此带传动机构的设计依据是保证传动带工作时不打滑,同时具有一定的疲劳寿命。

图 6.20　带疲劳断裂

6.5　普通 V 带传动机构的设计计算

6.5.1　V 带的类型、结构与型号

1. V 带的类型

带传动在工业设备以及家用电器中有着广泛的应用。生活及生产实践中,V 带的应用范围最广,并有多种类型,图 6.21 中列出的几种常用的 V 带类型,分别应用于不同场合及

机械设备中。

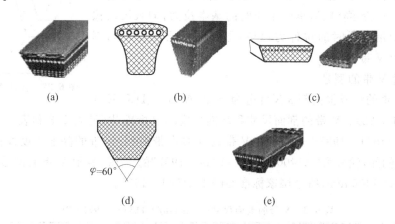

图 6.21　V 带的类型

(a) 普通 V 带；(b) 窄 V 带；(c) 宽 V 带；(d) 大楔角 V 带；(e) 齿形 V 带

1）普通 V 带

图 6.21(a)是普通 V 带的结构形式。普通 V 带的工作面与轮槽黏附性好，允许的包角小，传动比大，需要的预紧力小，适用于带轮中心距比较小的传动。应用范围最广。

2）窄 V 带

图 6.21(b)是窄 V 带的结构形式。与普通 V 带相比，带的高度相同时，窄 V 带的宽度减小 1/3，但承载能力却提高 1.5～2.5 倍。窄 V 带能够承受比较大的预紧力，允许有较高的带速，传递功率大，耐热性好。适用于传递功率大、结构要求紧凑的场合。

3）宽 V 带

宽 V 带的高度与宽度比近似于 0.3(图 6.21(c))，带的弯曲性能好，耐热性及侧面承受压力的性能好，多用于无级变速传动。

4）汽车 V 带

汽车 V 带结构尺寸与普通 V 带或窄 V 带类同，但采用的材料与普通 V 带有所不同，可以在高温环境中工作。汽车 V 带主要用于驱动汽车发动机的辅助设备，例如汽车内的风扇、发电机等；也可用于拖拉机、内燃机辅助设备中的运动或动力传递；或者用于带轮基准直径小、两个带轮中心距离要求小、工作温度较高的传动。

5）大楔角 V 带

普通 V 带的楔角 $\varphi=40°$，大楔角 V 带的楔角 $\varphi=60°$(图 6.21(d))，用聚氨酯浇注而成。大楔角 V 带质量均匀，摩擦系数大，传递功率大，外廓尺寸小，耐磨性、耐油性好。常用于速度高、结构要求特别紧凑的传动。

6）齿形 V 带

齿形 V 带承载层为绳芯结构，内表面制成均布横向齿(图 6.21(e))。齿形 V 带的散热性好，与轮槽黏附性好，是弯曲性能最好的 V 带。其应用场合与普通 V 带及窄 V 带类同。

2. 普通 V 带的结构及型号

1）普通 V 带的结构

普通 V 带的结构如图 6.8(a)所示，由压缩层、强力层、伸张层和包布层 4 大部分组成。

其中,压缩层由橡胶制成,承受带弯曲时的压缩力;强力层由几层帘布或者一层粗绳制成,承受工作时的基本拉力;伸张层由橡胶制成,承受带弯曲时的拉伸力;包布层则由几层橡胶帆布制成,用于保护 V 带。

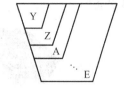

图 6.22　普通 V 带的型号

　　2) 普通 V 带的型号

　　普通 V 带的型号根据剖面尺寸分为 Y、Z、A、B、C、D 和 E 共 7 种类型(图 6.22)。V 带的剖面尺寸和基准长度均已标准化(见表 6.3 和表 6.4 中的国家标准 GB/T 11544—1997[43])。普通 V 带的代号由带的型号、带的基准长度及国家标准的代号组成。例如,代号为"A1400 GB/T 11544—1997"的 V 带,表示 V 带的型号为 A 型,带的基准长度是 1400 mm,符合国家标准 GB/T 11544—1997。

表 6.3　V 带的剖面尺寸(摘自 GB/T 11544—1997)[43]　　　　　　mm

带型	节宽 b_p	顶宽 b	高度 h	楔角 φ
Y	5.3	6	4	
Z (SPZ)	8.5 (8)	10	6 (8)	
A (SPA)	11.0	13	8 (10)	
B (SPB)	14.0	17	11 (14)	40°
C (SPC)	19.0	22	14 (18)	
D	27.0	32	19	
E	32	38	23	

注:SPZ、SPA、SPB 和 SPC 表示窄 V 带的型号,表中括号内的值是与窄 V 带对应的参数值。

表 6.4　普通 V 带的基准长度系列(摘自 GB/T 11544—1997)[43]　　　　　mm

型　　号						
Y	Z	A	B	C	D	E
200	405	630	930	1565	2740	4660
224	475	700	1000	1760	3100	5040
250	530	790	1100	1950	3330	5420
280	625	890	1210	2195	3730	6100
315	700	990	1370	2420	4080	6850
355	780	1100	1560	2715	4620	7650
400	820	1250	1760	2880	5400	9150
450	1080	1430	1950	3080	6100	12 230
500	1330	1550	2180	3520	6840	13 750
	1420	1640	2300	4060	7620	15 280
	1540	1750	2500	4600	9140	16 800
		1940	2700	5380	10 700	

续表

型 号							
Y	Z	A	B	C	D	E
		2050	2870	6100	12 200	
		2200	3200	6815	13 700	
		2300	3600	7600	15 200	
		2480	4060	9100		
		2700	4430	10 700		
			4820			
			5370			
			6070			

6.5.2 V 带传动机构的设计计算

设计 V 带传动机构的已知条件通常有：带传动机构需要传递的功率 P；主、从动带轮的转速 n_1 和 n_2；带传动机构的用途与工作条件，例如应用于什么类型的设备、工作载荷性质等；原动机的种类；带传动机构的外廓尺寸要求，等等。

V 带传动机构的主要设计内容包括：确定带轮的材料、结构和尺寸；确定主、从动带轮的中心距离 a；确定传动带的预紧力 F_0；确定 V 带的型号、长度和根数 z；确定带轮对于轴的作用力 F_Q，等等。

V 带传动机构的设计过程可以划分为 8 个步骤：

(1) 选择 V 带的型号；

(2) 确定主、从动带轮的基准直径 d_{d1} 和 d_{d2}，验算带速 v；

(3) 确定主、从动带轮的中心距 a 和带的基准长度 L_d；

(4) 验算小带轮的包角 α_1；

(5) 确定 V 带的根数 z；

(6) 确定带的预紧力 F_0；

(7) 计算带轮对于轴的作用力 F_Q。

(8) 设计带轮。

下面简明阐述 V 带传动机构设计步骤中的具体内容。

1. 选择 V 带的型号

V 带型号根据带传动机构的计算功率 P_c 以及主动带轮的转速 n_1 选择。

1) 计算功率 P_c

带传动机构的计算功率 P_c 由工作时的载荷性质、原动机种类、每天工作的时间以及需要传递的功率 P 确定，即

$$P_c = K_A P \tag{6-31}$$

式中，K_A 为工作状况系数，根据原动机种类、工作机械的载荷性质以及带传动机构每天工作的时间，由表 6.5 确定；P 为带传动机构需要传递的功率，kW。

表 6.5　带传动机构的工作状况系数 K_A[43]

工作机类型		K_A					
		软起动			负载起动		
载荷情况	工 作 机 械	每天工作小时数/h					
		<10	10~16	>16	<10	10~16	>16
载荷平稳	办公机械,家用电器;轻型实验室设备	1.0	1.0	1.1	1.0	1.1	1.2
载荷变动微小	液体搅拌机;通风机和鼓风机(≤7.5 kW);离心式水泵和压缩机;轻型输送机	1.0	1.1	1.2	1.1	1.2	1.3
载荷变动小	带式输送机(不均匀载荷);通风机(>7.5 kW);旋转式水泵和压缩机;发电机;金属切削机床;印刷机;旋转筛;锯木机和木工机械	1.1	1.2	1.3	1.2	1.3	1.4
载荷变动较大	制砖机;斗式提升机;往复式水泵和压缩机;起重机;磨粉机;冲剪机床;橡胶机械;振动筛;纺织机械;重载输送机	1.2	1.3	1.4	1.4	1.5	1.6
载荷变动很大	破碎机(旋转式、颚式等);磨碎机(球磨、棒磨、管磨)	1.3	1.4	1.5	1.5	1.6	1.8

注：1. 软起动—电动机(交流起动、△起动、直流并励),四缸以上的内燃机,装有离心式离合器、液力联轴器的动力机。负载起动—电动机(联机交流起动、直流复励或串励),四缸以下的内燃机。

2. 反复起动、正反转频繁、工作条件恶劣等场合,K_A 应乘 1.2。

3. 增速传动时,K_A 应乘下列系数：

增速比	系数
1.25~1.74	1.05
1.75~2.49	1.11
2.5~3.49	1.18
≥3.5	1.28

2) 确定 V 带型号

根据式(6-31)求得的计算功率 P_c 以及主动带轮的转速 n_1,由图 6.23 普通 V 带选型图可以确定 V 带的型号。

例 6-1　普通 V 带传动机构设计中,已知计算功率 $P_c = 7$ kW,小带轮转速 $n_1 = 1200$ r/min,试确定 V 带的型号。

解　由图 6.23 知,计算功率 $P_c = 7$ kW 与小带轮转速 $n_1 = 1200$ r/min 的坐标点落在 A 型带范畴内,故应选用 A 型 V 带。

V 带选型图中,如果计算功率 P_c 与小带轮转速 n_1 的坐标交点正好落在两种型号带的交线上,则应同时对两种型号的带进行设计计算,然后选择设计结果比较合适的一种。

2. 确定主、从动带轮的基准直径 d_{d1} 和 d_{d2},验算带速 v

1) 初选小带轮的基准直径 d_{d1}

根据已经确定的 V 带型号,由表 6.6 选取小带轮的基准直径 d_{d1}。所选小带轮的基准直径 d_{d1} 应大于或者等于表 6.2 中规定的基准直径最小值 d_{dmin}。弯曲应力是导致传动带疲劳损坏的重要原因之一,由式(6-27)可知,d_{d1} 越小,则带中的弯曲应力越大,越容易引起传

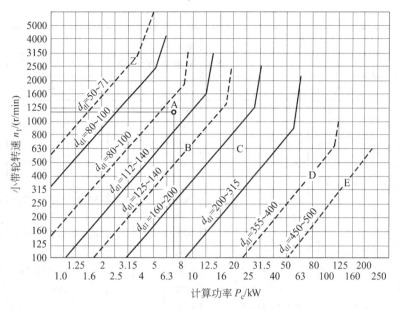

图 6.23 普通 V 带选型图[43]

动带疲劳损坏。如果 d_{d1} 过大,将导致带传动机构的外廓尺寸增加。

表 6.6 普通 V 带基准直径系列[43] mm

基准直径 d_d	型 号							基准直径 d_d	型 号						
	Y	Z	A	B	C	D	E		Y	Z	A	B	C	D	E
	外 径 d_a								外 径 d_a						
20	23.2														
22.4	25.6							90	93.2	94	95.5				
25	28.2							95			100.5				
28	31.2							100	103.2	104	105.5				
31.5	34.7							106			111.5				
								112	115.2	116	117.5				
35.5	38.7							118			123.5				
40	43.2							125	128.2	129	130.5	+132			
45	48.2							132			137.5	+139			
50	53.2	+54						140		144	145.5	147			
56	59.2	+60						150		154	155.5	157			
63	66.2	67						160		164	165.5	167			
71	74.2	75						170			177				
75		79	+80.5					180		184	185.5	187			
80	83.2	84	+85.5					200		204	205.5	207	+209.6		
85			+90.5												

基准直径 d_d	型 号							基准直径 d_d	型 号						
	Y	Z	A	B	C	D	E		Y	Z	A	B	C	D	E
	外 径 d_a								外 径 d_a						
212				219	+221.6			475						491.2	
								500	504	505.5	507	509.6	516.2	519.2	
224				231	233.6			530						546.2	549.2
236				243	245.6			560					569.6	572.2	579.2
250		254	255.5	257	259.6										
265					274.6			630		634	635.5	637	639.6	646.2	649.2
280		284		287	289.6			710						726.2	729.2
								800				805.5	807	809.6	816.2	819.2
315		319	320.5	322	324.6			900						916.2	919.2
355		359		362	364.6	371.2		1000				1007	1009.6	1016.2	1019.2
375						391.2		1120				1127			1139.2
400		404	405.5	407	409.6	416.2		1250					1259.6	1266.2	1269.2
425						441.2		1600						1616.2	1619.2
								2000						2016.2	2019.2
450					459.6	466.2		2500							2519.2

注:1. 有+号的外径只用于普通 V 带。

2. 直径的极限偏差:基准直径按 b11、c11,外径按 h12、h11。

3. 没有外径值的基准直径不推荐采用。

2) 确定大带轮的基准直径 d_{d2}

小带轮的基准直径 d_{d1} 确定之后,根据带传动机构的传动比要求,即可确定大带轮的基准直径 d_{d2}。带传动机构的传动比计算,与是否考虑弹性滑动的影响有关。

不考虑弹性滑动影响时,视滑动率 $\varepsilon=0$,这种情况下,认为主、从动带轮的圆周速度相等,即带轮圆周速度 $v=\pi d_{d1} n_1=\pi d_{d2} n_2$,由此可由式(6-21)求得大带轮的基准直径 d_{d2} 为

$$d_{d2} = \frac{n_1}{n_2} d_{d1} \tag{6-32}$$

根据式(6-32)求得的大带轮基准直径 d_{d2} 还应按表 6.6 中的基准直径系列圆整后选取。

例 6-2 如果采用 Z 型 V 带,已经计算求得大带轮的直径 $d_{d2}=83$ mm,试确定大带轮的基准直径 d_{d2}。

解 表 6.6 普通 V 带基准直径系列中,无 83 mm 的直径,与 83 mm 相近的直径系列值有 80 mm 和 85 mm,故根据表 6.6 中的基准直径系列,将大带轮的基准直径 d_{d2} 圆整为 $d_{d2}=80$ mm 或 $d_{d2}=85$ mm。

必须考虑弹性滑动影响时,滑动率 $\varepsilon\neq0$,即要求从动带轮的转速 n_2 必须精确地满足设计规定的要求,此时大带轮的基准直径 d_{d2} 应由式(6-22)计算求得

$$d_{d2} = \frac{n_1}{n_2} d_{d1} (1-\varepsilon) \tag{6-33}$$

式(6-33)是考虑弹性滑动影响求解大带轮基准直径 d_{d2} 的计算式,由此求得的 d_{d2} 不能再圆整成表 6.6 中的基准直径系列值。

3）验算带速 v

根据小带轮基准直径 d_{d1} 及小带轮的转速 n_1，可以计算求得带速 v，即

$$v = \frac{\pi d_{d1} n_1}{60 \times 1000} \text{ (m/s)} \tag{6-34}$$

由式（6-10）知，传动功率 P 一定时，增大带速 v，可以减小 V 带传动机构需要的有效圆周力 F_t，这意味着可以减少机构的传动带根数。但是，增大带速 v，带弯曲部分的法向（离心）加速度 $\left(a_n = \frac{v^2}{d_d/2}\right)$ 也相应增大，这将导致带弯曲部分的离心力增加，降低传动带与带轮之间的正压力，使得传动带与带轮之间的摩擦力减小，带传动的工作能力随之降低。如果降低带速 v，则须增大 V 带传动需要的有效圆周力 F_t，V 带的根数相应增多。

鉴于上述分析，设计带传动机构时，带速 v 不应太大，也不能太小，普通 V 带传动机构应满足：$5 \leqslant v \leqslant 30$ m/s，为充分发挥 V 带的传动能力，通常使带速 $v \approx 20$ m/s[43]。如果带速 v 太小，说明小带轮的基准直径 d_{d1} 过小。如果验算求得的带速 v 不能保证在限定范围内，则应重新选取小带轮的基准直径 d_{d1}。

3. 确定主、从动带轮中心距 a 和传动带的基准长度 L_d

带传动机构中，主、从动带轮的中心距 a 直接影响到机构的结构尺寸及其工作能力和寿命。

主、从动带轮的中心距 a 越小，带传动机构的结构将越紧凑，传动带的长度会越短。机构运行时，传动带运动到不同部位，其内部应力大小不同，即带的内部应力呈周期性变化，存在应力变化频率，传动带的长度越短，带内的应力变化频率越高，这将加快带的疲劳损坏，缩短传动带的使用寿命。由图 6-10 知，在带传动机构传动比保持不变的情况下，即主、从动带轮的基准直径比 d_{d2}/d_{d1} 保持不变时，如果减小两个带轮的中心距 a，则小带轮包角 α_1 将随之减小，从而降低带传动机构的工作能力。

在其他条件不变的情况下，如果增大主、从动带轮的中心距 a，则小带轮的包角 α_1 增大，带传动机构的工作能力相应增加。此外，传动带的长度增加，带内应力的变化频率随之减小，传动带的使用寿命相应提高。但是，带传动机构的结构尺寸增加，另外，传动带过长容易引起颤动。

1）初定主、从动带轮的中心距 a_0

主、从动带轮的中心距 a_0，主要根据带传动机构的安装、调整以及 V 带的预紧需要，按照机构的结构尺寸要求，由下面的经验公式初步确定[43]：

$$0.7(d_{d1} + d_{d2}) \leqslant a_0 \leqslant 2(d_{d1} + d_{d2}) \tag{6-35}$$

2）确定 V 带基准长度 L_d

V 带基准长度 L_d 的确定分为两步：

（1）计算与初定中心距 a_0 对应的 V 带基准长度 L_{d0}。根据 a_0，由式（6-6），求解与 a_0 相对应的 V 带基准长度 L_{d0}，即

$$L_{d0} \approx 2a_0 + \frac{\pi}{2}(d_1 + d_2) + \frac{(d_2 - d_1)^2}{4a_0} \tag{6-36}$$

（2）带的基准长度是标准系列，求得与 a_0 相对应的 V 带基准长度 L_{d0} 后，还需根据带的型号，由表 6.4（或 GB/T 11544—1997）选取与 L_{d0} 相近的 V 带基准长度标准值 L_d。

3）确定主、从动带轮的实际中心距 a

普通 V 带传动机构中，主、从动带轮的中心距 a 允许在一定范围内调整，因此，可由下式近似计算主、从动带轮的实际中心距 a[43]：

$$a \approx a_0 + \frac{L_d - L_{d0}}{2} \tag{6-37}$$

4. 验算小带轮包角 α_1

由 6.4.2.1 节的分析知,增大小带轮的包角 α_1,利于避免带传动出现打滑现象。设计带传动机构时,应使小带轮的包角 $\alpha_1 \geqslant 120°$,如果由式(6-2)计算求得的小带轮包角 $\alpha_1 < 120°$,可以采取下述措施增大 α_1:

(1) 增大主、从动带轮的中心距 a。由式(6-2)知,增大中心距 a,小带轮的包角 α_1 随之增大。

(2) 减小带传动机构的传动比 i。由式(6-21)知,在主动带轮基准直径 d_{d1} 不变的情况下,减小传动比 i,可以减小大带轮的基准直径 d_{d2}。又由式(6-2)知,大带轮的基准直径 d_{d2} 越小,小带轮的包角 α_1 越大。

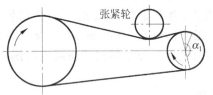

图 6.24　张紧轮增加小带轮包角

(3) 增设张紧装置。传动带是不完全弹性体,工作一段时间后会产生塑性变形,引起带内的预紧力 F_0 减小。预紧力 F_0 减小后,传动带松弛,导致带传动的工作能力降低。此时,必须重新张紧传动带,机构才能够正常工作。图 6.12(a)和图 6.24 是通过张紧轮增加小带轮包角 α_1 的示例。

5. 确定 V 带的根数 z

根据带传动机构的计算功率 P_c 以及单根 V 带能够传递的功率等相关参数,可以由下式确定 V 带的根数 z:

$$z \geqslant \frac{P_c}{(P_1 + \Delta P_1) K_L K_a} \tag{6-38}$$

式中,P_1 为单根普通 V 带能够传递的基本额定功率,kW,根据小带轮的基准直径 d_{d1} 及其转速 n_1,由表 6.7 查得。ΔP_1 为功率增量。当带传动机构的传动比 $i > 1$ 时,从动带轮的直径大于主动带轮的直径,传动带位于大带轮侧弯曲时的弯曲应力小于小带轮侧弯曲时的弯曲应力,即单根带实际能够传递的功率比表 6.7 中列出的功率稍高,功率增量 ΔP_1 正是考虑这一因素的修正系数。根据传动带的型号、带传动机构的传动比 i 以及小带轮的转速 n_1,可由表 6.8 查取功率增量 ΔP_1 的相应值。K_L 为带长修整系数,主要考虑带的基准长度对带传动机构传动能力的影响,根据传动带的型号及其基准长度 L_d,由表 6.9 查取。

表 6.7　单根普通 V 带基本额定功率 P_1(摘自 GB/T 13575.1—1992)[40]

(传动比 $i=1$)　　　　　　　　　　　　　　　　　　　　kW

型号	小带轮基准直径 d_{d1}/mm	小带轮转速 n_1/(r/min)																
		100	200	400	800	950	1200	1450	1600	1800	2000	2400	2800	3200	3600	4000	5000	6000
Z	50		0.04	0.06	0.10	0.12	0.14	0.16	0.17	0.19	0.20	0.22	0.26	0.28	0.30	0.32	0.34	0.31
	56		0.04	0.06	0.12	0.14	0.17	0.19	0.20	0.23	0.25	0.30	0.33	0.35	0.37	0.39	0.41	0.40
	63		0.05	0.08	0.15	0.18	0.22	0.25	0.27	0.30	0.32	0.37	0.41	0.45	0.47	0.49	0.50	0.48
	71		0.06	0.09	0.20	0.23	0.27	0.30	0.33	0.36	0.39	0.46	0.50	0.54	0.58	0.61	0.62	0.56
	80		0.10	0.14	0.22	0.26	0.30	0.35	0.39	0.42	0.44	0.50	0.56	0.61	0.64	0.67	0.66	0.61
	90		0.10	0.14	0.24	0.28	0.33	0.36	0.40	0.44	0.48	0.54	0.60	0.64	0.68	0.72	0.73	0.56

续表

型号	小带轮基准直径 d_{d1}/mm	小带轮转速 n_1/(r/min)																
		100	200	400	800	950	1200	1450	1600	1800	2000	2400	2800	3200	3600	4000	5000	6000
A	75	0.15	0.26	0.45	0.51	0.60	0.68	0.73	0.79	0.84	0.92	1.00	1.04	1.08	1.09	1.02	0.80	
	90	0.22	0.39	0.68	0.77	0.93	1.07	1.15	1.25	1.34	1.50	1.64	1.75	1.83	1.87	1.82	1.50	
	100	0.26	0.47	0.83	0.95	1.14	1.32	1.42	1.58	1.66	1.87	2.05	2.19	2.28	2.34	2.25	1.80	
	112	0.31	0.56	1.00	1.15	1.39	1.61	1.74	1.89	2.04	2.30	2.51	2.68	2.78	2.83	2.64	1.96	
	125	0.37	0.67	1.19	1.37	1.66	1.92	2.07	2.26	2.44	2.74	2.98	3.15	3.26	3.28	2.91	1.87	
	140	0.43	0.78	1.41	1.62	1.96	2.28	2.45	2.66	2.87	3.22	3.48	3.65	3.72	3.67	2.99	1.37	
	160	0.51	0.94	1.69	1.95	2.36	2.73	2.54	2.98	3.42	3.80	4.06	4.19	4.17	3.98	2.67	—	
	180	0.59	1.09	0.97	2.27	2.74	3.16	3.40	3.67	3.93	4.32	4.54	4.58	4.40	4.00	1.81	—	
B	125	0.48	0.84	1.44	1.64	1.93	2.19	2.33	2.50	2.64	2.85	2.96	2.94	2.80	2.51	1.09		
	140	0.59	1.05	1.82	2.08	2.47	2.82	3.00	3.23	3.42	3.70	3.85	3.83	3.63	3.24	1.29		
	160	0.74	1.32	2.32	2.66	3.17	3.62	3.86	4.15	4.40	4.75	4.89	4.80	4.46	3.82	0.81		
	180	0.88	1.59	2.81	3.22	3.85	4.39	4.68	5.02	5.30	5.67	5.76	5.52	4.92	3.92	—		
	200	1.02	1.85	3.30	3.77	4.50	5.13	5.46	5.83	6.13	6.47	6.43	5.95	4.98	3.47	—		
	224	1.19	2.17	3.86	4.42	5.26	5.97	6.33	6.73	7.02	7.25	6.95	6.05	4.47	2.14	—		
	250	1.37	2.50	4.46	5.10	6.04	6.82	7.20	7.63	7.87	7.89	7.14	5.60	5.12	—	—		
	280	1.58	2.89	5.13	5.85	6.90	7.76	8.13	8.46	8.60	8.22	6.80	4.26	—	—			
C	200	1.39	2.41	4.07	4.58	5.29	5.84	6.07	6.28	6.34	6.02	5.01	3.23					
	224	1.70	2.99	5.12	5.78	6.71	7.45	7.75	8.00	8.06	7.57	6.08	3.57					
	250	2.03	3.62	6.23	7.04	8.21	9.08	9.38	9.63	9.62	8.75	6.56	2.93					
	280	2.42	4.32	7.52	8.49	9.81	10.72	11.06	11.22	11.04	9.50	6.13	—					
	315	2.84	5.14	8.92	10.05	11.53	12.46	12.72	12.67	12.14	9.43	4.16	—					
	355	3.36	6.05	10.46	11.73	13.31	14.12	14.19	13.73	12.59	7.98	—	—					
	400	3.91	7.06	12.10	13.48	15.04	15.53	15.24	14.08	11.95	4.34	—	—					
	450	4.51	8.20	13.80	15.23	16.59	16.47	15.57	13.29	9.64	—	—						

表 6.8　单根普通 V 带额定功率增量 ΔP_1 [40]　　　　　　　　　　kW

型号	小带轮转速 n_1/(r/min)	传 动 比 i									
		1.00~1.01	1.02~1.04	1.05~1.08	1.09~1.12	1.13~1.18	1.19~1.24	1.25~1.34	1.35~1.51	1.52~1.99	≥2.0
Z	400	0.00	0.00	0.00	0.00	0.00	0.00	0.00	0.00	0.01	0.01
	730	0.00	0.00	0.00	0.00	0.00	0.00	0.01	0.01	0.01	0.02
	800	0.00	0.00	0.00	0.00	0.00	0.01	0.01	0.01	0.02	0.02
	980	0.00	0.00	0.00	0.01	0.01	0.01	0.01	0.02	0.02	0.02
	1200	0.00	0.00	0.01	0.01	0.01	0.01	0.02	0.02	0.02	0.03
	1460	0.00	0.00	0.01	0.01	0.01	0.02	0.02	0.02	0.02	0.03
	2800	0.00	0.01	0.02	0.02	0.03	0.03	0.03	0.04	0.04	0.04

型号	小带轮转速 n_1/(r/min)	传动比 i									
		1.00~1.01	1.02~1.04	1.05~1.08	1.09~1.12	1.13~1.18	1.19~1.24	1.25~1.34	1.35~1.51	1.52~1.99	≥2.0
A	400	0.00	0.01	0.01	0.02	0.02	0.03	0.03	0.04	0.04	0.05
	730	0.00	0.01	0.02	0.03	0.04	0.05	0.06	0.07	0.08	0.09
	800	0.00	0.01	0.02	0.03	0.04	0.05	0.06	0.08	0.09	0.10
	980	0.00	0.01	0.03	0.04	0.05	0.06	0.07	0.08	0.10	0.11
	1200	0.00	0.02	0.03	0.05	0.07	0.08	0.10	0.11	0.13	0.15
	1460	0.00	0.02	0.04	0.06	0.08	0.09	0.11	0.13	0.15	0.17
	2800	0.00	0.04	0.08	0.11	0.15	0.19	0.23	0.26	0.30	0.34
B	400	0.00	0.01	0.03	0.04	0.06	0.07	0.08	0.10	0.11	0.13
	730	0.00	0.02	0.05	0.07	0.10	0.12	0.15	0.17	0.20	0.22
	800	0.00	0.03	0.06	0.08	0.11	0.14	0.17	0.20	0.23	0.25
	980	0.00	0.03	0.07	0.10	0.13	0.17	0.20	0.23	0.26	0.30
	1200	0.00	0.04	0.08	0.13	0.17	0.21	0.25	0.30	0.34	0.38
B	1460	0.00	0.05	0.10	0.15	0.20	0.25	0.31	0.36	0.40	0.46
	2800	0.00	0.10	0.20	0.29	0.39	0.49	0.59	0.69	0.79	0.89
C	400	0.00	0.04	0.08	0.12	0.16	0.20	0.23	0.27	0.31	0.35
	730	0.00	0.07	0.14	0.21	0.27	0.34	0.41	0.48	0.55	0.62
	800	0.00	0.08	0.16	0.23	0.31	0.39	0.47	0.55	0.63	0.71
	980	0.00	0.09	0.19	0.27	0.37	0.47	0.56	0.65	0.74	0.83
	1200	0.00	0.12	0.24	0.35	0.47	0.59	0.70	0.82	0.94	1.06
	1460	0.00	0.14	0.28	0.42	0.58	0.71	0.85	0.99	1.14	1.27
	2800	0.00	0.27	0.55	0.82	1.10	1.37	1.64	1.92	2.19	2.47

表 6.9　带长修正系数 K_L[43]

基准长度 L_d/mm	K_L 普通 V 带							基准长度 L_d/mm	K_L 普通 V 带						
	Y	Z	A	B	C	D	E		Y	Z	A	B	C	D	E
200	0.81							900		1.03	0.87	0.81			
224	0.82							1000		1.06	0.89	0.84			
250	0.84														
280	0.87							1120		1.08	0.91	0.86			
315	0.89							1250		1.11	0.93	0.88			
								1400		1.14	0.96	0.90			
355	0.92							1600		1.16	0.99	0.93	0.84		
400	0.96	0.87						1800		1.18	1.01	0.95	0.85		
450	1.00	0.89						2000			1.03	0.98	0.88		
500	1.02	0.91						2240			1.06	1.00	0.91		
560		0.94						2500			1.09	1.03	0.93		
630		0.96	0.81					2800			1.11	1.05	0.95	0.83	
710		0.99	0.82					3150			1.13	1.07	0.97	0.86	
800		1.00	0.85												

续表

基准长度 L_d/mm	K_L							基准长度 L_d/mm	K_L						
	普 通 V 带								普 通 V 带						
	Y	Z	A	B	C	D	E		Y	Z	A	B	C	D	E
3550			1.17	1.10	0.98	0.89		8000					1.18	1.06	1.02
4000			1.19	1.13	1.02	0.91		9000					1.21	1.08	1.05
4500				1.15	1.04	0.93	0.90	10 000					1.23	1.11	1.07
5000				1.18	1.07	0.96	0.92	11 200						1.14	1.10
5600					1.09	0.98	0.95	12 500						1.17	1.12
6300					1.12	1.00	0.97	14 000						1.20	1.15
7100					1.15	1.03	1.00	16 000						1.22	1.18

K_a 与式(6-15)中的含义相同,是带轮包角修正系数(见表 6.10)。查取 ΔP_1、K_L 和 K_a时,如果表中没有相应的数值,采用内插法,可以提高计算的准确性。带的根数 z 一定是整数,因此,根据式(6-38)计算求得的传动带根数 z 应圆整成整数。为保证每根带受力均匀,一般情况下,应使普通 V 带传动机构中传动带的根数 $z<10$。

表 6.10　小带轮包角修正系数 K_a[43]

小带轮包角/(°)	K_a	小带轮包角/(°)	K_a
180	1	145	0.91
175	0.99	140	0.89
170	0.98	135	0.88
165	0.96	130	0.86
160	0.95	125	0.84
155	0.93	120	0.82
150	0.92		

6. 确定带的预紧力 F_0

保证适当的预紧力 F_0 是带传动机构正常工作的重要因素。预紧力 F_0 过小,传动带与带轮之间的正压力小,易导致传动带与带轮之间无法产生足够的摩擦力,机构容易出现打滑现象。F_0 过大,传动带会很快失去弹性,降低带的使用寿命,同时也会增加带轮轴和支承处的作用力。由式(6-15)可以求得单根 V 带的预紧力。

7. 计算带轮对于轴的作用力 F_Q

图 6.25(a)是单根带传动时,以左侧传动带和带轮以及带轮支承轴为分离体得到的受力分析图。图中,F_0 是机构静止时单根带内的预紧力;F'_{1Q} 是在 F_0 作用下,轴给予带轮的支反力。图 6.25(b)是将左侧带和带轮作为分离体时,作用于分离体上的力组成的力矢量多边形。由力平衡条件可以求得

$$\left| F'_{1Q} \right| = 2F_0 \sin \frac{\alpha}{2} \tag{6-39}$$

单根 V 带传动时,带轮作用在轴上的力 F_{1Q} 与轴作用于带轮上的力 F'_{1Q} 是作用力与反作用力关系,两者大小相等,方向相反,即

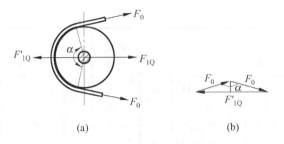

图 6.25　带及带轮(轴)受力分析

(a) 受力分析图；(b) 力矢量图

$$\left| F_{1Q} \right| = \left| F'_{1Q} \right| = 2F_0 \sin \frac{\alpha}{2} \tag{6-40}$$

普通 V 带传动机构中有 z 根带时,带轮作用在带轮轴上的力 F_Q 是所有单根带作用力 F_{1Q} 的总和,其大小为

$$\left| F_Q \right| = z \left| F_{1Q} \right| = z \left| F'_{1Q} \right| = 2zF_0 \sin \frac{\alpha}{2} \tag{6-41}$$

F_Q 的方向与轴给予带轮的总反力 F'_Q 的方向相反,与 F_{1Q} 的方向相同。如果将带传动机构右侧的带和带轮作为分离体进行力分析,结果相同。

8. 设计带轮

关于带轮设计的具体内容,详见 6.6 节或者《机械设计手册》。

6.6　V 带轮的材料和结构

6.6.1　带轮的材料

带传动机构的应用场合不同,带轮所用材料略有差别。

1. 中速传动(25 m/s≤v≤30 m/s)

带传动机构用于中速传动时,带轮材料一般采用灰口铸铁,常用的材料牌号有 HT150 和 HT200。

2. 高速传动(30 m/s≤v≤45 m/s)

用于高速传动的带传动机构,常采用孕育铸铁或者铸钢作为带轮材料,也可以用钢板冲压带轮或者焊接带轮。汽车及农业机械中,带传动机构的带轮常采用钢板冲压而成。

3. 小功率传动(v≤100 m/s)

用于小功率传动的带传动机构,为了减轻带轮的质量,常采用铝合金、铸铝、塑料或者木材等作为带轮的材料。

6.6.2　带轮的结构

图 6.26 所示带轮结构图中,带轮由轮缘 1、轮辐 2 和轮毂 3 构成。

1. 轮缘

轮缘是带轮外圈的环形部分。轮缘上有轮槽,轮槽的结构尺寸,根据 V 带的型号,由表 6.11 查取。

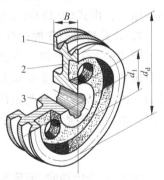

图 6.26　带轮结构

V带在带轮上弯曲时,外层受拉变窄,内层受压变宽,导致V带两侧的实际夹角小于带未产生弯曲时的夹角(40°),为使带弯曲时能够贴紧在轮槽两侧,根据轮槽的基准直径以及V带的型号,国家标准GB/T 13575.1—1992(表6.11)中将轮槽的楔角规定为4种类型:32°、34°、36°和38°。表6.11带型号行中的符号SPZ、SPA、SPB和SPC表示窄V带的型号。

2. 轮辐

轮辐是带轮的轮缘与轮毂之间的连接部分。常用带轮的轮辐结构形式有:实心式(图6.27(a))、辐板式(图6.27(b))及辐条式(图6.27(c))。根据带轮基准直径的大小,可以选用不同形式的轮辐结构。

1) 实心式轮辐

带轮基准直径 $d_d \leqslant (2.5 \sim 3) d_z$ 时(d_z 为带轮的轮毂直径),通常采用图6.27(a)所示的实心式轮辐结构。

表 6.11　V 带轮轮缘尺寸(摘自 GB/T 13575.1—1992)[43]　　　　mm

项　目		符号	槽　型						
			Y	Z SPZ	A SPA	B SPB	C SPC	D	E
基准宽度		b_d	5.3	8.5	11.0	14.0	19.0	27.0	32.0
基准线上槽深		h_{amin}	1.6	2.0	2.75	3.5	4.8	8.1	9.6
基准线下槽深		h_{fmin}	4.7	7.0 9.0	8.7 11.0	10.8 14.0	14.3 19.0	19.9	23.4
槽间距		e	8±0.3	12±0.3	15±0.3	19±0.4	25.5±0.5	37±0.6	44.5±0.7
槽边距		f_{min}	6	7	9	11.5	16	23	28
最小轮缘厚		δ_{min}	5	5.5	6	7.5	10	12	15
带轮宽		B	$B=(z-1)e+2f$　　　z—轮槽数						
外　径		d_a	$d_a = d_d + 2h_a$						
轮槽角 φ	32°	相应的基准直径 d_d	≤60	—	—	—	—	—	—
	34°		—	≤80	≤118	≤190	≤315	—	—
	36°		>60	—	—	—	—	≤475	≤600
	38°		—	>80	>118	>190	>315	>475	>600
	极限偏差		±30′						

　　2）辐板式轮辐

　　辐板式的轮辐结构呈板状(图 6.27(b))。当带轮基准直径 d_d 中等(($2.5\sim3$)$d_z\leqslant d_d\leqslant$ 300 mm)时,一般采用辐板式轮辐结构。如果轮缘与轮毂之间的距离大于 50 mm,通常在辐板上钻孔,以减轻带轮的质量。

　　3）辐条式轮辐

　　辐条式轮辐结构呈筋条形状(图 6.27(c))。如果带轮的基准直径 d_d 较大($d_d>$ 300 mm),则应采用辐条式轮辐结构。辐条的截面形状通常呈椭圆形,采用椭圆截面形状的辐条可以减少带轮旋转时的空气阻力。表 6.12 列出了辐条的数目 n 与带轮基准直径 d_d 之间对应关系的推荐值。

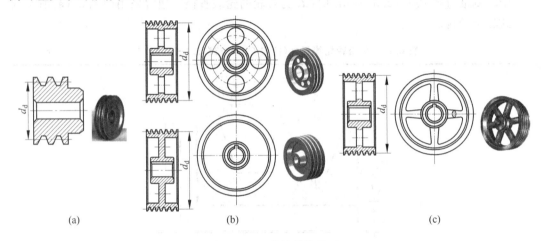

图 6.27　V 带轮结构类型

(a) 实心式带轮；(b) 辐板式带轮；(c) 辐条式带轮

表 6.12　带轮辐条数目推荐值

辐条数目 n	4	6	8
带轮基准直径 d_d/mm	$d_d<500$	$d_d=500\sim1600$	$d_d=1600\sim3000$

3. 轮毂

　　带轮的轮毂用来安装带轮支承轴。可以参照国家标准(GB/T 10413—1989)中的规定及其推荐的结构参数确定轮毂的相关尺寸。

　　设计带轮结构时,应考虑带轮的结构便于制造、重量轻、材质分布均匀。若带轮的圆周速度比较小(5 m/s$<v<$25 m/s),需进行静平衡;若带轮的圆周速度较高($v>$25 m/s),则应进行动平衡。采用铸铁和铸钢铸造带轮结构时,需考虑避免由于铸造产生过大的内应力。带轮轮槽的工作表面应该光滑,以减少 V 带工作表面的磨损。

　　国家标准(GB/T 10413—1989)规定了普通 V 带轮的基本形式、结构尺寸以及公差与配合方面的技术要求[43],应尽量参照选用。

习　题

选择填空题

1. 开口式带传动机构中，V带的应用几率高于平带，是因为_____。
　　A. V带截面积大，强度大　　　　　B. V带与带轮接触面积大
　　C. V带无接头　　　　　　　　　　D. V带与带轮间的当量摩擦系数大

2. 带传动不能保证精确的传动比，其原因是_____。
　　A. 带容易变形和磨损　　　　　　B. 带在带轮上打滑
　　C. 带有弹性滑动　　　　　　　　D. 带的紧、松边拉力比值太大

3. 带传动工作时的弹性滑动是由于_____。
　　A. 小带轮包角过小　　　　　　　B. 带与带轮间的摩擦系数偏低
　　C. 带的初拉力不足　　　　　　　D. 带的紧、松边拉力不等

4. 带传动机构工作时，只有_____在带全长上处处相等。
　　A. 紧边拉应力　　　　　　　　　B. 松边拉应力
　　C. 离心力引起的拉应力　　　　　D. 弯曲应力

5. 带传动采用张紧轮的目的是_____。
　　A. 减轻带的弹性滑动　　　　　　B. 改变带的运动方向
　　C. 提高带的寿命　　　　　　　　D. 调节带的预紧力

6. 带传动中，如果两个带轮的中心距及小带轮直径保持不变，则增大传动比，小带轮的包角_____，带绕过大带轮时的弯曲应力_____。
　　A. 减小　　　　　B. 增大　　　　　C. 保持不变

7. 摩擦型带传动主要依靠_____传递运动和动力。
　　A. 带的弹性力　　　　　　　　　B. 带和轮接触面之间的摩擦力
　　C. 带的紧边拉力　　　　　　　　D. 带的松边拉力

8. 传动带工作时受3种应力作用：由带的_____引起的拉应力；由带的_____引起的附加拉应力；由带的_____引起的弯曲应力。
　　A. 预紧力　　　　　　　　　　　B. 工作拉力
　　C. 弹性力　　　　　　　　　　　D. 离心力
　　E. 弯曲

9. 带传动中，如果主、从动带轮中心距 a 过大，则_____；如果两个带轮的中心距 a 过小，则_____。
　　A. 带传动的传动比增大　　　　　B. 会引起带抖动
　　C. 会导致带寿命缩短　　　　　　D. 带传动的传动比减小

10. 与平带传动相比，V带传动的主要优点是_____。
　　A. 带的寿命长　　　　　　　　　B. 传递相同功率时，结构紧凑
　　C. 传动效率高　　　　　　　　　D. 带的价格便宜

11. 带传动的有效圆周 F_t_____。
　　A. 随着载荷增加而增加　　　　　B. 随着载荷减小而减小

    C. 与载荷变化无关　　　　　　　　　D. 随着载荷增加而减少

12. 一般情况下,带传动的主要失效形式是_____和_____。

    A. 弹性滑动　　　　　　　　　　　　B. 打滑

    C. 带疲劳断裂　　　　　　　　　　　D. 带产生弹性变形

13. 设计 V 带传动机构时,需做下述各项工作:

(1) 确定带轮基准直径 d_{d1}、d_{d2};验算带速 v;

(2) 选择带的型号;

(3) 确定 V 带的根数 z;

(4) 确定带的预紧力 F_0;

(5) 确定带轮中心距 a、带的长度 L、验算小带轮包角 α_1;

(6) 计算带轮作用于轴上的压力 F_Q。

进行上述各项设计工作的顺序应为_____。

    A. (1)→(2)→(3)→(5)→(6)→(4)

    B. (1)→(2)→(4)→(5)→(3)→(6)

    C. (2)→(1)→(5)→(3)→(4)→(6)

    D. (2)→(1)→(5)→(6)→(3)→(4)

14. V 带传动时,_____与带轮的轮槽接触。

    A. 带的底面　　　　　　　　　　　　B. 带的顶面

    C. 带的两侧面　　　　　　　　　　　D. 带的一个侧面

15. 摩擦型带传动,_____是无法避免的物理现象。

    A. 弹性滑动　　　　　　　　　　　　B. 打滑

16. 带传动的传动比 $i \neq 1$ 时,如果小带轮包角为 α_1,大带轮包角为 α_2,则_____。

    A. $\alpha_1 = \alpha_2$　　　　　　B. $\alpha_1 > \alpha_2$　　　　　　C. $\alpha_1 < \alpha_2$

17. 欲使带传动机构具有足够的传动能力,设计带传动机构时,通常应保证小带轮的包角 α_1 _____。

    A. $< 150°$　　　　　　　　　　　　B. $> 150°$

    C. $> 120°$　　　　　　　　　　　　D. $< 120°$

18. 7 种 V 带型号中,传动能力最大的 V 带型号是_____,传动能力最小的 V 带型号是_____。代号为 E4660 的 V 带,"E"表示_____,"4660"表示_____。

19. 摩擦型带传动中,影响打滑的因素有:①_____;②_____;③_____;④_____。

20. V 带运转过程中,最大应力发生在_____处。

分析题

1. 一传动比 $i \neq 1$ 的开口摩擦型带传动机构,拟增设内侧张紧装置,试分析张紧轮置于带传动机构的什么位置最合理? 画出图示意,并说明理由。

2. 机械系统中的带传动机构通常置于系统的高速级还是低速级? 试分析并说明理由。

设计计算题

1. 用于减速的开口式平带传动机构中,两个带轮的基准直径分别为 $d_{d1} = 150$ mm、$d_{d2} = 400$ mm,带轮中心距 $a = 1000$ mm,主动带轮的转速 $n_1 = 1460$ r/min,带传动机构的传

动功率 $P=5$ kW,带轮材料为铸铁,与带之间的摩擦系数 $f=0.3$,传动带单位长度的质量 $q=0.35$ kg/m,试确定:

(1) 传动带的紧边拉力 F_1 和松边拉力 F_2;

(2) 带传动机构需要的预紧力 F_0;

(3) 带轮对于轴的作用力 F_Q。

2. 已知一减速传动的普通 V 带传动机构,单根 V 带能够传递的基本额定功率 $P_1=4.82$ kW,V 带与带轮的当量摩擦系数 $f_v=0.25$,主动带轮的转速 $n_1=1450$ r/min,小带轮的包角 $\alpha_1=152°$,两个带轮的基准直径 $d_{d1}=180$ mm、$d_{d2}=400$ mm,试确定该普通 V 带传动机构的有效圆周力 F_t、紧边拉力 F_1 和预紧力 F_0(注:自然对数的底取 e=2.718)。

3. 一个需要改进的机械传动系统,拟采用现有的一对 V 带轮,两个带轮的基准直径分别为 $d_{d1}=180$ mm、$d_{d2}=630$ mm,轮槽尺寸如图 6.28 所示,所选电动机功率 $P=5$ kW、转速 $n_1=1450$ r/min,要求带传动中心距为 800 mm 左右,机械系统工作平稳,一班制工作,试选配 V 带,分析该 V 带传动机构设计是否合适。

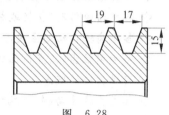

图 6.28

设计练习题

运用带传动机构设计一产品,并将设计信息和设计内容填入附录 A 中的"产品设计文档"。

7 齿 轮 传 动

◇ 齿廓啮合的基本定律与渐开线特性；

◇ 渐开线齿轮啮合的啮合线、重合度和中心距可分性；

◇ 各类齿轮传动(包括蜗杆传动)的正确啮合条件及其不产生根切的最少齿数；

◇ 各个齿轮传动的主要参数及其几何尺寸计算；

◇ 斜齿圆柱齿轮、直齿圆锥齿轮以及蜗杆传动的特点和主要参数；

◇ 变位齿轮的概念；

◇ 各类齿轮传动(包括蜗杆传动)的受力分析和计算；

◇ 齿轮传动的失效形式；

◇ 齿轮强度计算，掌握：

(1) 设计准则的确定；

(2) 各种强度计算公式的应用；

(3) 强度计算中各类参数的含义和选取方法。

7.1 齿轮传动的特点、类型和应用

7.1.1 齿轮传动的特点

齿轮的结构特征呈现为：在圆柱体(图 7.1(a)和图 7.1(d))或圆锥体(图 7.1(c))的外表面，或者在圆环体的内表面(图 7.1(b)中的大齿轮)均布有相同形状和尺寸的轮齿。

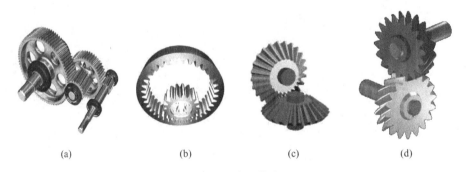

(a)   (b)   (c)   (d)

图 7.1 齿轮传动

(a) 外啮合圆柱齿轮传动；(b) 内啮合圆柱齿轮传动[28]；(c) 圆锥齿轮传动；(d) 螺旋齿轮传动[29]

齿轮传动具有下述特点：

(1) 齿轮传动依靠轮齿之间的相互啮合传递运动和动力，可以获得准确的、恒定不变的传动比，因此，传动平稳，工作可靠。

（2）能够在空间任意角度的两根轴线之间传递运动和动力。图7.1(a)所示的外圆柱齿轮传动机构和图7.1(b)所示的内圆柱齿轮传动机构,用来传递平行轴之间的运动和动力;图7.1(c)所示的圆锥齿轮传动机构,用来传递相交轴之间的运动和动力;图7.1(d)所示的螺旋齿轮传动机构,则用来传递交错轴之间的运动和动力。

（3）传递功率的范围大,小至几瓦,大至100 MW。

（4）齿轮的圆周速度范围大,可以很低,也可以高达300 m/s。

（5）传动效率可达0.95～0.99。

（6）使用寿命长,设计正确、维护良好的齿轮,寿命可达10～20年。

（7）结构紧凑。

（8）需要专门的加工设备,如滚齿机、插齿机或者刨齿机,等等。加工成本高,安装精度要求较高。

（9）如果齿轮的制造精度低,机构运行时将引起较大的振动,产生噪声。

（10）不适宜于两轴间距较大的传动。

7.1.2　齿轮传动的类型和应用

齿轮传动的分类方法有多种,可以根据工作条件、齿轮的轴线位置、轮齿的齿廓曲线、齿轮传动的精度等级、齿轮传动的运动速度或传动比要求等进行分类。本节主要从齿轮传动的工作条件和齿轮传动轴线的相对位置,介绍齿轮传动的类型。

7.1.2.1　根据齿轮传动的工作条件分类

齿轮传动根据其工作条件可以分为闭式齿轮传动、开式齿轮传动和半开式齿轮传动。

1. 闭式齿轮传动

闭式齿轮传动机构的齿轮安装在密闭的箱壳内,壳体内可以存储润滑油,有比较好的润滑条件,齿轮的装配精度比较高,能够保证机构良好工作。

闭式齿轮传动多用于重要场合,应用广泛。图7.2所示炕饼机的齿轮传动机构置放在箱体内部,属于闭式齿轮传动。图7.3所示减速器的齿轮传动机构置于箱体内,也是闭式齿轮传动。

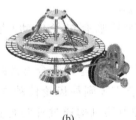

　　　　(a)　　　　　　　　　　　　(b)

图7.2　炕饼机　　　　　　　　　　　图7.3　减速器
(a) 外观结构；(b) 内部结构

2. 开式齿轮传动

开式齿轮传动机构的齿轮外露,轮齿上容易黏附灰沙,另外,齿轮只能靠油脂进行润滑,润滑条件差,故轮齿容易磨损,一般用于低速轻载场合的运动传递。

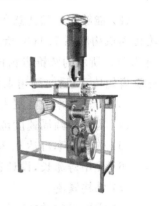

图 7.4 所示切管机中的齿轮传动机构未放置在壳体内,属于开式齿轮传动。

3. 半开式齿轮传动

半开式齿轮传动机构的齿轮浸在油池内,装有防护罩,但不封闭。其润滑条件不如闭式齿轮传动,但比开式齿轮传动好。

7.1.2.2 根据齿轮轴线的相对位置分类

根据齿轮轴线的相对位置,可以将齿轮传动划分成平行轴齿轮传动、相交轴齿轮传动和交错轴齿轮传动。

图 7.4　切管机

1. 平行轴齿轮传动

平行轴齿轮传动机构中,齿轮轴线相互平行。根据齿轮上轮齿的齿廓母线与齿轮转动轴线之间的相对位置关系,平行轴齿轮传动又分为直齿圆柱齿轮传动、斜齿圆柱齿轮传动、人字圆柱齿轮传动和曲齿圆柱齿轮传动,等等。其中,直齿圆柱齿轮上轮齿的齿廓母线与齿轮转动轴线平行(图 7.1(a)、图 7.1(b)和图 7.5(a));而斜齿圆柱齿轮(图 7.5(b))、人字圆柱齿轮(图 7.5(c))以及曲齿圆柱齿轮(图 7.5(d))上轮齿的齿廓母线与齿轮转动轴线不平行。另外,图 7.10 和图 7.11 所示非圆齿轮传动机构中,齿轮的轴线也相互平行。

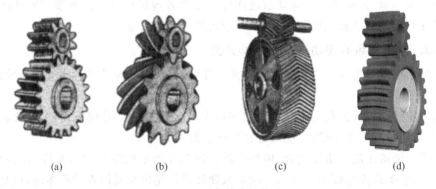

(a)　　　　　　　　(b)　　　　　　　　(c)　　　　　　　　(d)

图 7.5　平行轴齿轮传动

(a) 直齿圆柱齿轮传动;(b) 斜齿圆柱齿轮传动;(c) 人字圆柱齿轮传动;(d) 曲齿圆柱齿轮传动

1) 直齿圆柱齿轮传动的类型及其应用

直齿圆柱齿轮传动有 3 大类型,即外啮合齿轮传动、内啮合齿轮传动和齿轮齿条传动。

(1) 外啮合直齿圆柱齿轮传动。图 7.5(a)是外啮合直齿圆柱齿轮传动机构原型。根据齿轮啮合点处的运动速度分析知,外啮合直齿圆柱齿轮传动中的主动齿轮转向与从动齿轮转向相反。图 7.6 所示的剑杆织机无梭引纬机构通过外啮合直齿圆柱齿轮传动,将电动机的运动传递给驱动引纬剑运动的机构。

(2) 内啮合直齿圆柱齿轮传动。图 7.1(b)是内啮合直齿圆柱齿轮传动机构,机构运行时,主动齿轮与从动齿轮转向相同。

(3) 直齿圆柱齿轮与齿条传动。图 7.7 中,圆柱齿轮和齿条上的轮齿均为直齿。图 3.8(b)所示的插齿机构采用了齿轮齿条传动,齿轮呈扇形。

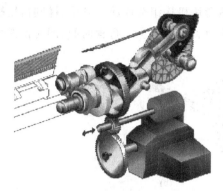

图 7.6　剑杆织机无梭引纬机构[38]

图 7.7　直齿齿轮齿条传动[28]

2）斜齿圆柱齿轮传动的类型及其应用

与直齿圆柱齿轮传动类似,斜齿圆柱齿轮传动亦可以分为外啮合(图 7.5(b))、内啮合(图 7.8)及齿轮齿条传动。一对相互啮合的齿轮或齿条,如果其中一者采用斜齿,另一者也必须采用斜齿。

斜齿传动的运动特性与直齿传动相同,但其承载能力和力学性能优于直齿传动。

图 7.9 所示和面机的传动机构中分别采用了一对直齿圆柱齿轮传动和一对斜齿圆柱齿轮传动。

图 7.8　内啮合斜齿圆柱齿轮传动[28]

图 7.9　和面机

3）人字圆柱齿轮传动

人字圆柱齿轮传动中,轮齿啮合点处的轴向分力可以相互抵消,因此,齿轮的受力状况比斜齿轮好,齿轮支承处作用于轴承的轴向力小。但是,人字齿轮加工复杂,制造成本高。

4）圆弧齿轮传动

圆弧齿轮传动是近几十年新发展的一种新型齿轮传动机构。自 1958 年以来,我国一些院校及科研单位也进行了相关研究、试验和推广工作。目前,圆弧齿轮传动已经在冶金、矿山、起重运输机械及高速齿轮传动中得到广泛应用。

5）非圆齿轮传动

在图 7.10 和图 7.11 所示的齿轮传动机构中,两个齿轮的转动轴线平行,但是齿轮是非圆齿轮。其中,图 7.10(a)所示的椭圆齿轮传动机构的传动比呈周期性变量,常用于自动化仪表、解算装置、印刷机械、纺织机械等有特定运动要求的机械系统中。图 7.10(b)所示的卧式压力机主机构,由一对椭圆齿轮串联对心曲柄滑块机构组合而成。其中,椭圆齿轮机构的效用是使机构系统的急回运动特性更显著,由此节省系统的空回行程时间;同时使滑块的工作行程速度均匀,改善机构系统的受力状况。

(a) (b)

图 7.10　椭圆齿轮传动及应用

(a) 原型[28];(b) 卧式压力机主机构[29]

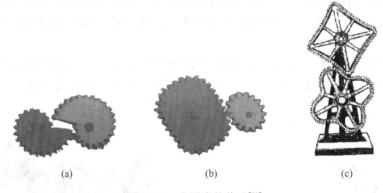

(a) (b) (c)

图 7.11　非圆齿轮传动[28]

2. 相交轴齿轮传动

相交轴齿轮传动机构中,齿轮轴线相交,通常为圆锥齿轮传动。齿轮轴线之间的交角可以是 90°(图 7.1(c)、图 7.12(b)和图 7.12(c)),也可以小于 90°(图 7.12(a))。其中,轴线交角为 90°的圆锥齿轮传动应用最为广泛。与平行轴齿轮传动类同,圆锥齿轮传动也有直齿(图 7.1(c)及图 7.12(a))、斜齿(图 7.12(b))和曲齿(图 7.12(c))等不同类型的轮齿。其中,直齿圆锥齿轮加工相对容易,故应用更为广泛。斜齿圆锥齿轮传动的动力性能好,但是制造困难,应用较少。曲齿圆锥齿轮传动主要应用于高速重载场合,例如,汽车、飞机、纺织机械等装备中常采用曲齿圆锥齿轮传动。图 7.13(a)是曲齿圆锥齿轮在织机开口机构中的

(a) (b) (c)

图 7.12　相交轴齿轮传动类型

(a) 直齿圆锥齿轮;(b) 斜齿圆锥齿轮;(c) 曲齿圆锥齿轮

应用。

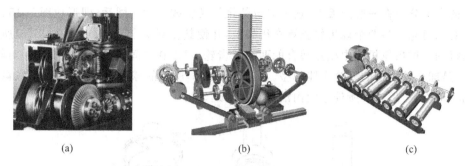

图 7.13　圆锥齿轮传动机构的应用
(a) 织机开口机构；(b) 电阻引线打弯机；(c) 滚子输送机

图 7.13(b)所示的电阻引线打弯机中采用了圆锥齿轮机构、圆柱齿轮机构、偏心轮滑块机构、槽轮机构和凸轮机构等。机械工作时,电动机首先驱动带传动机构中的主动带轮转动,再由从动带轮轴上的不同齿轮,将运动分别传递至不同的控制机构。其中:

(1) 槽轮机构带动大飞轮间歇转动,使大飞轮边缘上的 4 个开口依次对准电阻的存储仓,使欲进行引线打弯的电阻能够准确地落入飞轮边缘的槽口内;

(2) 机器下方的凸轮机构,将从大飞轮边缘槽口落下的电阻推送到引线打弯的工位;

(3) 从动带轮轴上,左右两侧的圆锥齿轮将运动传递给偏心轮滑块机构,偏心轮滑块机构中的滑块在往复运动的过程中,将电阻两头的引线打弯。

在图 7.13(c)所示的滚子输送机构中,电动机的运动,通过圆锥齿轮传动机构传递给输送机中的每个滚子。

3. 交错轴齿轮传动

交错轴齿轮传动机构中,相互啮合的齿轮轴线或者蜗杆蜗轮轴线既不相交也不平行,而是交错。如果一对轴线交错啮合的齿轮是斜齿轮,则称其为螺旋齿轮传动(图 7.1(d))。图 7.14是另外几种交错轴齿轮传动类型。交错轴齿轮传动中,齿轮轴线交错角多为 90°,也可以是非 90°的角。在图 7.13(a)所示的织机开口机构中,采用了交错角为 90°的蜗轮蜗杆传动。

图 7.14　交错轴齿轮传动类型
(a) 准双曲面齿轮传动；(b) 锥面蜗杆传动；(c) 圆柱蜗轮蜗杆传动

4. 球齿轮传动[29]

球齿轮是沿圆周分布的齿形绕旋转轴线转动一圈后形成的齿轮。图 7.15(a)是形成球齿轮的母体,也是相互啮合球齿轮在轴向剖面内的齿形。由图7.15(a)可见,轴向剖面内,球齿轮的齿形分布在一段圆弧上,这一对母体绕旋转轴线转动一圈后,即形成图7.15(b)所示的一对球齿轮。将两个球齿轮支承在机架上,并使其相互啮合,便形成图7.15(c)所示的球齿轮机构。球齿轮机构中相互啮合的两个球齿轮,可以在空间任意角度范围内相对转动。图7.16是球齿轮机构的三维实体模型。在图7.16(b)所示的球齿轮齿盘机构中,底盘在球齿轮的驱动下,可以在其所处平面内沿任意方向运动。

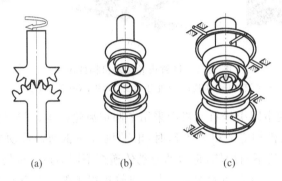

图 7.15　球齿轮传动机构的形成

(a) 形成球齿轮的母体;(b) 球齿轮;(c) 球齿轮机构

图 7.16　球齿轮机构的三维实体模型[29]

(a) 球齿轮机构;(b) 球齿轮齿盘机构

　　图7.17是球齿轮机构的一些应用实例。在图7.17(a)所示的抛物线天线控制机构中,抛物天线安装在球齿轮的上方,可以在齿盘上方的任意位置绕自身轴线转动接收信号。图7.17(b)所示的柔性机械手腕以及图7.17(c)所示的柔性机械手均采用了球齿轮

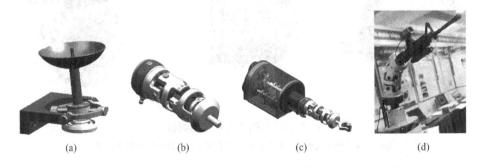

图 7.17　球齿轮机构的应用[29]

(a) 抛物线天线控制机构;(b) 柔性手腕机构;(c) 柔性机械手;(d) 全方位遥控武器

机构,并能在空间任意角度范围内运动。图 7.17(d)是国防科技大学在 2005 年全国挑战杯比赛中的参赛作品"全方位运动的遥控武器平台",这一作品利用球齿轮机构实现了武器的全方位运动。

7.1.2.3 齿轮传动类型总结

图 7.18 是按照不同分类方法定义的齿轮传动类型。

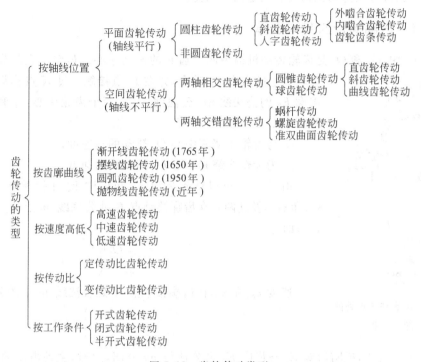

图 7.18 齿轮传动类型

7.1.3 齿轮传动的基本要求

齿轮传动机构不仅传递运动,也传递动力。齿轮传动机构工作过程中的常见问题有:噪声、冲击、振动、断齿、点蚀(齿面出现麻点)、磨损等。为避免这些问题,通常要求机构传动平稳,即保证齿轮传动具有恒定的传动比,并且有足够的强度。

1. 保持恒定的传动比

定义齿轮传动机构的传动比为主动齿轮 1 的转速 n_1 与从动齿轮 2 的转速 n_2 之比,即

$$i_{12} = \frac{n_1}{n_2} \tag{7-1}$$

由式(7-1)可见,如果齿轮传动的传动比 i_{12} 不是常数,意味着主动齿轮 1 的转速 n_1 恒定时,从动齿轮 2 的转速 n_2 处于变化状态,这样,从动齿轮旋转时产生的角加速度及其引起的惯性力矩,将导致齿轮传动机构形成附加动载荷,产生振动、冲击和噪声。如果齿轮传动机构运行过程中能够保持恒定的传动比,则齿轮传动平稳,可以减少冲击、振动和噪声。

2. 保证齿轮传动机构有足够的强度

齿轮传动机构的强度体现为:在预定的使用寿命期限内,齿轮的轮齿不会发生折断、齿

面点蚀、齿面胶合、齿面磨损和塑性变形等失效形式。

7.2　齿廓啮合的基本定律与共轭齿廓

　　齿廓啮合的基本定律主要讨论齿廓形状符合什么条件,才能够满足齿轮传动的基本要求之一——保持齿轮传动机构具有恒定的传动比。

7.2.1　齿廓啮合的基本定律

　　图 7.19 中,O_1 和 O_2 是齿轮传动机构中两个齿轮的转动中心。齿轮 1 上的齿廓 E_1 与齿轮 2 上的齿廓 E_2 啮合,并在 K 点接触。过 K 点作齿廓 E_1 和齿廓 E_2 的公法线 nn,公法线 nn 与两个齿轮中心 O_1 和 O_2 的连线交于 C 点。设:

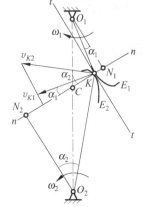

图 7.19　齿廓啮合点处的
　　　　速度分析

　　　　ω_1 为齿轮 1 绕其中心 O_1 转动的角速度;

　　　　ω_2 为齿轮 2 绕其中心 O_2 转动的角速度。

　　由图 7.19 可以得到齿廓 E_1 与齿廓 E_2 在接触点 K 的速度 v_{K1} 和 v_{K2},及其两者在齿廓接触点 K 处公法线 nn 上的分量 $v_{K1}^{(n)}$ 和 $v_{K2}^{(n)}$,即

$$\left.\begin{array}{l} v_{K1} = \omega_1 O_1 K \\ v_{K2} = \omega_2 O_2 K \end{array}\right\} \tag{7-2}$$

　　速度 v_{K1} 和 v_{K2} 在齿廓接触点 K 处公法线 nn 上的分量为

$$\left.\begin{array}{l} v_{K1}^{(n)} = v_{K1} \cos\alpha_1 \\ v_{K2}^{(n)} = v_{K2} \cos\alpha_2 \end{array}\right\} \tag{7-3}$$

　　如果 $v_{K1}^{(n)} < v_{K2}^{(n)}$,说明齿廓 E_1 与齿廓 E_2 沿公法线 nn 分离,此时,主动齿轮的运动无法通过齿廓 E_1 传递给从动齿轮的齿廓 E_2。如果 $v_{K1}^{(n)} > v_{K2}^{(n)}$,说明齿廓 E_1 将沿着公法线 nn 嵌入齿廓 E_2 中,这意味着将损坏齿轮的轮齿,如果齿轮正常工作,不可能出现这种现象。根据上述分析得出结论:当且仅当两个齿轮上轮齿的齿廓 E_1 和 E_2 在啮合点 K 处,沿公法线 nn 上的速度分量 $v_{K1}^{(n)}$ 与 $v_{K2}^{(n)}$ 相等时,齿轮机构才能够正常传递运动,即

$$v_{K1}^{(n)} = v_{K2}^{(n)} \tag{7-4}$$

将式(7-3)代入式(7-4)中得

$$v_{K1} \cos\alpha_1 = v_{K2} \cos\alpha_2 \tag{7-5}$$

　　图 7.19 中,分别过两个齿轮的回转中心 O_1 和 O_2 作齿廓啮合点公法线 nn 的垂线,由图示几何关系得:$\angle KO_1N_1 = \alpha_1$,$\angle KO_2N_2 = \alpha_2$,并且有

$$\left.\begin{array}{l} \overline{O_1 K} \cos\alpha_1 = \overline{O_1 N_1} \\ \overline{O_2 K} \cos\alpha_2 = \overline{O_2 N_2} \end{array}\right\} \tag{7-6}$$

　　由式(7-1)、式(7-2)、式(7-5)及式(7-6)可得

$$i_{12} = \frac{n_1}{n_2} = \frac{\omega_1}{\omega_2} = \frac{v_{K1}}{v_{K2}} \frac{\overline{O_2 K}}{\overline{O_1 K}} = \frac{\cos\alpha_2}{\cos\alpha_1} \frac{\overline{O_2 K}}{\overline{O_1 K}} = \frac{\overline{O_2 N_2}}{\overline{O_1 N_1}} \tag{7-7}$$

　　根据图 7.19 所示几何关系知 $\triangle O_1 CN_1 \backsim \triangle O_2 CN_2$,故有 $\dfrac{\overline{O_2 N_2}}{\overline{O_1 N_1}} = \dfrac{\overline{O_2 C}}{\overline{O_1 C}}$。这样,

式(7-7)的传动比计算式又可表示为

$$i_{12} = \frac{\omega_1}{\omega_2} = \frac{\overline{O_2 N_2}}{\overline{O_1 N_1}} = \frac{\overline{O_2 C}}{\overline{O_1 C}} \tag{7-8}$$

由式(7-8)知,如果$\dfrac{\overline{O_2 C}}{\overline{O_1 C}}$＝常数,则传动比$i_{12}$恒定不变。齿轮安装完毕后,两个齿轮的

中心位置O_1及O_2不会改变,即两个齿轮的中心距离$\overline{O_1 O_2}$为定长。这样,欲使$\dfrac{\overline{O_2 C}}{\overline{O_1 C}}$＝常

数,点C应是两个齿轮中心连线$O_1 O_2$上的一个固定点。换言之,欲使齿轮传动保持恒定的传动比,在主、从动齿轮啮合过程中,齿廓接触点处的公法线nn与两个齿轮中心连线$O_1 O_2$的交点C应为固定点。

根据上述讨论,齿廓啮合的基本定律可以表述为:欲使齿轮传动保持恒定的传动比,相互啮合齿轮的齿廓曲线必须满足条件:齿轮啮合过程中,主、从动齿轮的轮齿啮合点位于任何位置时,齿廓接触点的公法线nn与两个齿轮的中心连线都交于一个定点。

7.2.2　共轭齿廓

轭指两头牛背上的木架(图7.20),若干头牛同时犁地或者拉车时,在轭的作用下可以保持同步行走。共轭指按一定规律相配的一对。

共轭齿廓指满足齿廓啮合定律的一对相互啮合的齿廓。共轭齿廓曲线有无穷多组,当传动比要求确定之后,只要给出一条齿廓曲线,就可以根据齿廓啮合的基本定律求出与其共轭的另一条齿廓曲线。因此,理论上能够满足预定传动比规律的共轭曲线有无穷多种。但生产实践中,选择齿廓曲线时,通常还需综合考虑设计、制造、安装、检测、使用等方面的

图7.20　牛背上的轭[28]

因素。这样,工程实际中,只有极少数的曲线可以作为齿廓曲线。目前,机械中常用的共轭齿廓曲线有:

(1) 摆线齿廓。钟表机构中齿轮的齿廓曲线通常采用摆线。

(2) 变态摆线齿廓。摆线针轮减速器中齿轮的齿廓曲线常为变态摆线。

(3) 渐开线齿廓。在工程实践中应用最广。

目前常用的齿廓曲线有渐开线和摆线,近年,又提出了圆弧曲线和抛物线作为齿轮的齿廓曲线。其中,齿廓曲线为渐开线的齿轮(称为渐开线齿轮)已有200多年历史。目前,渐开线仍然是应用最广泛的齿廓曲线。本章将以渐开线齿廓为对象,阐述其应用和加工方面的相关特性。

7.3　渐开线齿廓及其啮合特性

渐开线齿廓具有很好的传动性能,而且便于制造、安装、测量,易于互换,是目前工程实践中应用最广泛的一种齿廓。

7.3.1　渐开线的形成及其特性

1. 渐开线的形成

一条直线沿圆周作纯滚动时,直线上任一点的轨迹即为该圆的渐开线。形成渐开线的圆称为渐开线的基圆,在基圆上作纯滚动的直线称为渐开线的发生线。

图 7.21(a)中,直线 BK 是渐开线的发生线,圆 O 是形成渐开线的基圆。

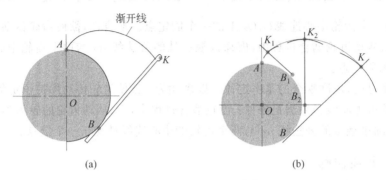

图 7.21　渐开线形成[28]

2. 渐开线的特性

渐开线的特性可以概括为 5 点:

(1) 渐开线发生线沿基圆滚过的长度等于基圆上被滚过的弧长。图 7.21(a)中,渐开线的发生线$\overline{BK}$在基圆 O 上作纯滚动,故$\overline{BK}=\overset{\frown}{AB}$。

(2) 渐开线的发生线$\overline{BK}$是渐开线上 K 点的法线。如图 7.21(b)所示,在渐开线形成过程中,其上 K 点附近的微小段曲线可以近似地看成是以点 B 为圆心,以$\overline{BK}$为半径的小段圆弧,因此,渐开线的发生线$\overline{BK}$实质上是渐开线上 K 点的曲率半径,即 K 点的法线。由图 7.21(b)知。渐开线上的 K 点离基圆越远,K 点的曲率半径$\overline{BK}$越大,渐开线越平直。渐开线起始点 A 处的曲率半径为零,即渐开线各点的曲率半径不等。

(3) 渐开线上任一点的法线与基圆相切。由图 7.21 所示渐开线的形成过程知,渐开线的发生线$\overline{BK}$沿基圆 O 作纯滚动,即发生线$\overline{BK}$与基圆 O 相切。由于渐开线的发生线$\overline{BK}$是渐开线上 K 点的法线,因此,渐开线上点的法线与基圆相切。

(4) 基圆内没有渐开线。渐开线从基圆的圆周开始向外展开,故基圆内部没有渐开线。

(5) 渐开线的形状取决于形成渐开线的基圆半径 r_b。由图 7.22 可见,渐开线的形状与基圆半径 r_b 有关。基圆半径 r_b 越小,渐开线弯曲越明显;基圆半径 r_b 越大,渐开线越平直;如果基圆半径 r_b 趋于无穷大,则渐开线变成直线。因此,齿廓呈直线形态的齿条可视为直线型渐开线,亦即基圆半径 r_b 趋于无穷大的渐开线。

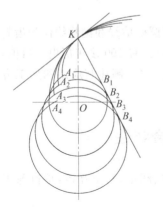

图 7.22　渐开线形状与基圆的关系[28]

3. 渐开线上点的压力角

渐开线上点 K 的法向压力方向线与该点的速度方向线所夹锐角,称为渐开线上 K 点的压力角,用 α_K 表示。

如图 7.23 所示,采用渐开线的齿廓及其共轭齿廓,在啮合点 K 处所受正压力 F_n 的作用线与齿廓渐开线上 K 点的法线 $\overline{BK}$ 重合。齿轮绕着形成齿廓渐开线的基圆圆心 O 转动时,齿廓上 K 点速度 v_K 的方向线垂直于 OK。如果忽略摩擦力的影响,啮合点 K 处法向力 F_n 的作用线与速度 v_K 方向线之间所夹的锐角 α_K 便是渐开线齿廓上 K 点的压力角。

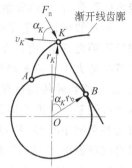

图 7.23 渐开线压力角

由图 7.23 所示几何关系知,渐开线上 K 点的压力角 $\alpha_K = \angle BOK$。根据渐开线的特性(3)可知,渐开线的发生线 $\overline{BK}$ 与基圆相切,故 $\triangle BOK$ 是直角三角形,由直角 $\triangle BOK$ 的边长与角度关系得

$$\cos \alpha_K = \frac{\overline{OB}}{\overline{OK}} = \frac{r_b}{r_K} \qquad (7\text{-}9)$$

式中,r_K 为渐开线上 K 点距渐开线基圆中心 O 的距离。

式(7-9)说明,渐开线上的 K 点离基圆中心 O 越远,其压力角 α_K 就越大。当 K 点位于渐开线的起始点 A 时,由于 $r_K = r_b$,式(7-9)计算求得 A 点处的压力角等于零。由此可见,渐开线上不同点处压力角大小不等,其值随着点与基圆中心 O 之间距离的增大而增大。

7.3.2 渐开线齿廓符合齿廓啮合的基本定律

齿廓曲线采用渐开线的轮齿称为渐开线齿廓。由渐开线的特性,可以证明渐开线齿廓能够保证齿轮传动具有恒定的传动比,即符合齿廓啮合基本定律。

图 7.24 是一对相互啮合的渐开线齿廓,形成齿廓 E_1 的渐开线基圆半径为 r_{b1},是主动齿轮 O_1 上的齿廓;形成齿廓 E_2 的渐开线基圆半径为 r_{b2},是从动齿轮 O_2 上的齿廓。齿廓 E_1 与齿廓 E_2 啮合时在 K 点相切构成高副,过接触点 K 作齿廓 E_1 和齿廓 E_2 的公法线 nn,公法线 nn 既是齿廓 E_1 上 K 点的法线,又是齿廓 E_2 上 K 点的法线。由渐开线的性质(3)

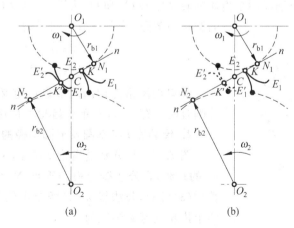

(a)   (b)

图 7.24 渐开线齿廓啮合

(a) 两对齿廓同时啮合;(b) 一对齿廓处于不同的啮合位置

可知,齿廓 E_1 在点 K 的法线 $\overline{N_1 K}$ 与基圆 O_1 相切,齿廓 E_2 在点 K 的法线 $\overline{N_2 K}$ 与基圆 O_2 相切。因此,两条法线 $\overline{N_1 K}$ 和 $\overline{N_2 K}$ 一定与公法线 nn 重合,成为一条直线 $\overline{N_1 N_2}$。即渐开线齿廓啮合时,齿廓接触点处的公法线 nn 与形成两个齿廓基圆的内公切线 $\overline{N_1 N_2}$ 重合。

　　渐开线齿轮制造完毕,齿轮基圆的大小即已确定;相互啮合的齿轮安装完毕,齿轮的基圆位置随之确定,而且在工作过程中通常保持不变。换言之,渐开线齿轮传动时,两个齿轮的基圆是大小及位置均已确定的定圆。由于两个定圆在同一方向只有一条内公切线。因此,渐开线齿轮传动过程中,相互啮合的齿廓接触点无论在何处,接触点处的公法线 nn 都与两个齿轮基圆的内公切线 $\overline{N_1 N_2}$ 重合,是一条定直线。图 7.24 所示渐开线齿轮传动中,两个齿轮基圆的中心 O_1 和 O_2 为定点,这两个定点的连线 $O_1 O_2$ 是一条定直线。图 7.24(a) 是同时有两对齿廓 E_1 与 E_2 以及 E_1' 与 E_2' 啮合的情形,这两对齿廓啮合的接触点分别是点 K 和点 K',两个接触点的公法线都与两个基圆的内公切线 $\overline{N_1 N_2}$(定直线)重合。图 7.24(b) 是一对齿廓 E_1 和 E_2 运动到不同位置 E_1' 和 E_2'(虚线所示位置)时的情形,其接触点 K' 的公法线同样与两个基圆的内公切线 $\overline{N_1 N_2}$ 重合,即与齿廓在接触点 K 处的公法线 nn 重合。根据上述分析,由图 7.24 得到结论:

　　(1) 相互啮合的渐开线齿轮,处于啮合状态的所有齿廓接触点处的公法线 nn 均与两个齿轮基圆的内公切线 $\overline{N_1 N_2}$ 重合,是一条定直线。

　　(2) 渐开线齿廓接触点的公法线 nn(定直线)与两个齿轮中心的连线 $O_1 O_2$(定直线)必定交于定点 C。

　　根据上述分析,由传动比计算公式(7-8),得到渐开线齿轮传动的传动比 i_{12} 为

$$i_{12} = \frac{\omega_1}{\omega_2} = \frac{\overline{O_2 C}}{\overline{O_1 C}} = 常数 \tag{7-10}$$

式(7-10)说明,渐开线齿轮传动的传动比恒定不变,符合齿廓啮合的基本定律。

7.3.3　渐开线齿轮的啮合特性

1. 节圆

　　图 7.25 所示的渐开线齿轮传动中,齿廓接触点公法线 nn 与两个齿轮中心连线 $\overline{O_1 O_2}$ 的交点 C,称为节点。分别以两个齿轮的转动中心 O_1 和 O_2 为圆心,以 $\overline{O_1 C}$ 和 $\overline{O_2 C}$ 为半径所作的圆称为节圆,其半径用 r_1' 和 r_2' 表示,即

$$\left.\begin{array}{l} r_1' = \overline{O_1 C} \\ r_2' = \overline{O_2 C} \end{array}\right\} \tag{7-11}$$

　　节圆是齿轮传动出现节点后定义的圆。只有两个齿轮啮合时才存在节圆,单个齿轮不存在节圆。

2. 传动比 i 与基圆及节圆半径的关系

　　图 7.25 中,分别过齿轮基圆中心 O_1 和 O_2,作公法线 nn 的垂线,在公法线上得到垂足 N_1 和 N_2。由渐开线的性质(3)可知,公法线 nn 是两个齿轮基圆的内公切线,故两个齿轮的基圆半径为

$$\left.\begin{array}{l} r_{b1} = \overline{O_1 N_1} \\ r_{b2} = \overline{O_2 N_2} \end{array}\right\} \tag{7-12}$$

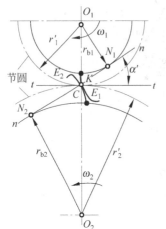

图 7.25　渐开线齿轮传动的节圆

由齿轮传动比 i_{12} 的计算式(7-8)、式(7-11)和式(7-12),可以得到传动比 i_{12} 与齿轮基圆及节圆半径的关系为

$$i_{12} = \frac{\omega_1}{\omega_2} = \frac{r_{b2}}{r_{b1}} = \frac{r'_2}{r'_1} \qquad (7\text{-}13)$$

式(7-13)反映:齿轮传动的传动比 i_{12} 是主动齿轮和从动齿轮的基圆半径 r_{b1} 与 r_{b2} 或节圆半径 r'_1 和 r'_2 之比的倒数。另外,齿轮传动时节圆的圆周速度满足关系

$$\omega_1 r'_1 = \omega_2 r'_2 \qquad (7\text{-}14)$$

式(7-14)表明,一对渐开线齿轮传动时,两个齿轮节圆的圆周速度相等,即两个齿轮的节圆作纯滚动。换言之,一对渐开线齿轮传动相当于一对节圆作纯滚动。

3. 啮合线与啮合角

1) 啮合线

齿轮传动时,两个齿廓啮合点(接触点)的轨迹称为啮合线。

渐开线齿轮传动时,所有处于啮合状态的齿廓接触点的公法线均与两个齿轮基圆的内公切线重合。因此,两个齿轮基圆的内公切线也是齿廓啮合点的轨迹,故渐开线齿轮传动的啮合线与两个齿轮基圆的内公切线重合。图 7.24 中,N_1 是主动齿轮的基圆 O_1 与基圆公切线的交点,N_2 是从动齿轮的基圆 O_2 与基圆公切线的交点。由于基圆内没有渐开线,因此,直线 $\overline{N_1 N_2}$ 是渐开线齿轮啮合线的最大值。

2) 啮合角

齿轮传动的啮合线与两个节圆公切线之间的夹角称为齿轮传动的啮合角,记为 α'(图 7.25)。渐开线齿轮传动的啮合线 $\overline{N_1 N_2}$ 是定直线。由于齿轮传动过程中两个齿轮的节圆作纯滚动,故其公切线 tt 也是定直线(图 7.25),这样,啮合角 $\alpha' =$ 常数。另外,节圆是一对齿轮啮合时才产生的圆,所以,啮合角 α' 只出现于齿轮啮合时。根据渐开线齿廓压力角的定义,由图 7.25 知,啮合角 α' 实质上也是渐开线齿廓在节圆上的压力角。

4. 渐开线齿轮传动的两大优点

渐开线齿轮传动的两大优点表现为:齿廓啮合点处的压力恒定;两个齿轮的中心距具有可分性。

1) 齿廓啮合点处的压力 F_n 恒定

如图 7.26 所示,渐开线齿轮传动中主动齿轮受到的力和力矩有:驱动力矩 T;齿廓啮合点 K 处,主动齿轮上的齿廓 E_1 受到从动齿轮上齿廓 E_2 给予的压力 F_n;齿轮支承处受到的支反力 R_x 和 R_y。将主动齿轮上受到的力及力矩对其转动中心 O_1 取矩,并由力矩平衡条件 $\sum M_{O_1} = 0$ 可以求得

$$F_n = \frac{T}{r_{b1}} \qquad (7\text{-}15)$$

齿轮制造完毕后,基圆半径 r_{b1} 即已确定,如果作用于主动齿轮上的驱动力矩 T 一定,由式(7-15)知,齿廓 E_1 在啮合点 K 处所受压力 F_n 的大小在齿轮传动过程中保持不变。

齿廓压力 F_n 的作用线沿着齿廓啮合点的公法线 nn,由于齿轮传动过程中,齿廓啮合点的公法线 nn 是一条定直线,故齿

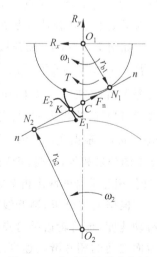

图 7.26 主动齿轮受力分析

廓压力 F_n 的方向保持不变。

由上述分析知,渐开线齿轮传动过程中,相互啮合的齿廓压力 F_n 的大小及方向均保持不变,即齿廓的压力 F_n 恒定不变。这样,安装齿轮的轴和轴承受力稳定,不易产生振动。

2) 中心距具有可分性

齿轮制造完毕后,两个齿轮的基圆半径 r_{b1} 和 r_{b2} 即已确定,由式(7-13)知,齿轮传动的传动比 i_{12} 亦已确定。既使两个齿轮的中心距 a 产生变化,也不会对齿轮传动的传动比 i_{12} 产生直接影响。例如,由于制造、安装误差或者轴承磨损等因素,导致齿轮传动的实际中心距与理论中心距产生偏差时,其传动比 i_{12} 仍然保持恒定不变。但这并不意味可以随意增大或者减小齿轮传动的中心距 a。实际中心距与理论中心距偏差过大时,会引起轮齿间的齿侧间隙过大,导致齿轮传动产生较大的振动和噪声;或齿侧间隙过小,易使齿轮传动出现卡死现象。因此,齿轮传动中心距只能在规定的公差范围内变动。

5. 渐开线齿廓间的相对滑动

根据齿廓啮合基本定律的分析,由式(7-4)知,轮齿啮合时,齿廓接触点的速度 v_{K1} 和 v_{K2} 在公法线 nn 上的速度分量一定相等。但并不意味着两者在公切线 tt 上的速度分量也一定相等。

根据图 7.19 所示齿轮啮合点的速度分析知,齿廓啮合点速度 v_{K1} 和 v_{K2} 在接触点公切线 tt 上的分量为

$$\left.\begin{array}{l} v_{K1}^{(t)} = v_{K1} \sin \alpha_1 \\ v_{K2}^{(t)} = v_{K2} \sin \alpha_2 \end{array}\right\} \tag{7-16}$$

式(7-16)中,$v_{K1}^{(t)}$,$v_{K2}^{(t)}$ 分别是图 7.19 所示齿廓 E_1 和 E_2 上啮合点 K 的速度 v_{K1} 和 v_{K2} 在接触点公切线 tt 上的分量;α_1、α_2 分别为渐开线齿廓 E_1 和 E_2 在啮合点 K 处的压力角。

由式(7-9)知,渐开线齿廓上不同点处的压力角不同,即图 7.19 中齿廓 E_1 与齿廓 E_2 在接触点 K 处的压力角 α_1 和 α_2 未必相等,而且 α_1 和 α_2 随着啮合点 K 的位置改变而变化。基于这一分析结果,由式(7-16)知,齿廓 E_1 和 E_2 在接触点 K 处的切线 tt 方向上的速度分量 $v_{K1}^{(t)}$ 及 $v_{K2}^{(t)}$ 随着接触点 K 的位置改变而变化,未必相等。换言之,轮齿啮合时,齿面之间的相对滑动速度随着啮合点 K 的位置改变而变化。

如图 7.25 所示,渐开线齿轮传动过程中,当齿廓 E_1 与齿廓 E_2 在节点 C 处啮合时,$\overline{O_1 K} = \overline{O_1 C} = r_1'$,$\overline{O_2 K} = \overline{O_2 C} = r_2'$,两个齿廓在接触点 K(与节点 C 重合)处的压力角相等,并且等于齿廓在节圆上的压力角(亦即啮合角 α'),即 $\alpha_1 = \alpha_2 = \alpha'$。另外,由式(7-2)及式(7-14)知,当齿廓 E_1 与齿廓 E_2 的啮合点位于节点 C 时,两者在啮合点处的速度相等,即 $v_{K1} = v_{K2}$。根据式(7-16),$v_{K1}^{(t)} = v_{K2}^{(t)}$,即齿廓接触点位于节点 C 时的速度 v_{K1} 与 v_{K2} 在公切线 tt 上的分量相等,此时,齿廓 E_1 与 E_2 之间没有相对滑动。或者说,轮齿啮合点位于节点 C 时,相互啮合的两个齿廓之间没有相对滑动。

根据上述分析,渐开线齿轮传动时,处于啮合状态的齿廓沿接触点切线方向的相对滑动速度,随着轮齿啮合点位置的改变而变化,而且轮齿啮合点距节点 C 越远,啮合点处齿面之间的相对滑动速度越大。齿廓啮合点沿公切线 tt 方向的相对滑动,将使齿廓表面磨损。

7.4　标准直齿圆柱齿轮的基本参数与几何尺寸

7.4.1　直齿圆柱齿轮各部分的名称及其代号

图 7.27 中是直齿圆柱齿轮的一部分,轮齿两侧的齿廓呈形状相同、方向相反的渐开线曲面。本节结合图 7.27 介绍直齿圆柱齿轮主要部分的名称与几何尺寸。

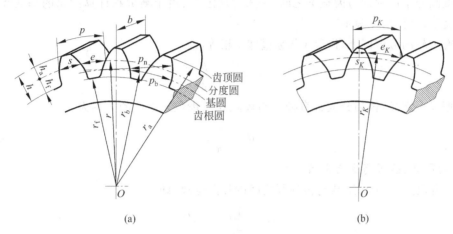

(a)　　　　　　　　　　　　　　　　(b)

图 7.27　直齿圆柱齿轮几何尺寸

1. 基圆

齿轮基圆是形成齿廓渐开线的圆,常用 r_b 和 d_b 分别表示其半径和直径。

2. 齿数 z

齿数指齿轮整个圆周上均布的轮齿总数。

3. 齿槽宽 e

齿槽是齿轮相邻两个轮齿间的空间,通常用齿槽宽表示齿槽的宽度尺寸。

齿槽宽指齿槽两侧齿廓间的弧长。在分度圆上度量的齿槽弧长是分度圆上的齿槽宽,用 e 表示(图 7.27(a));在半径为 r_K 的圆周上度量的齿槽弧长是半径为 r_K 圆上的齿槽宽,用 e_K 表示(图 7.27(b))。

4. 齿厚 s

齿厚是轮齿两侧齿廓间的弧长。在分度圆上度量的齿厚弧长称为分度圆齿厚,用 s 表示(图 7.27(a));在半径为 r_K 的圆上度量的齿厚弧长称为半径为 r_K 圆上的齿厚,用 s_K 表示(图 7.27(b))。

5. 齿距 p

齿距是齿轮上相邻两个轮齿同侧齿廓间的弧长。

(1)分度圆上度量的相邻两个轮齿同侧齿廓之间的圆弧长称为分度圆齿距,并将分度圆齿距 p 视为齿轮的齿距。由齿距 p、齿厚 s 以及齿槽宽 e 的定义知:$p=s+e$。

(2)在半径为 r_K 圆周上度量的相邻两齿同侧齿廓间的圆弧长称为半径 r_K 圆上的齿距,用 p_K 表示。由图 7.27(b)知:$p_K=s_K+e_K$。

(3)基圆上度量的相邻两个轮齿同侧齿廓之间的圆弧长称为基圆齿距,用 p_b 表示。

6. 齿顶圆和齿根圆

圆柱齿轮上所有轮齿的顶面均匀分布在同一个圆周上,该圆称为齿轮的齿顶圆,分别用 r_a 和 d_a 表示其半径和直径。

圆柱齿轮上所有轮齿的齿槽底面也分布在同一个圆周上,该圆称为齿轮的齿根圆,其半径和直径分别用 r_f 和 d_f 表示。

7. 分度圆

分度圆介于齿顶圆与齿根圆之间,是人为规定的、用于测量和计算齿轮的基准圆,其半径用 r 表示,直径用 d 表示。

标准齿轮的分度圆上,齿厚 s 与齿槽宽 e 相等,即

$$s = e = \frac{p}{2} \tag{7-17}$$

根据齿距定义,得到分度圆直径 d 与齿距 p 及齿数 z 之间的关系为

$$d = \frac{p}{\pi} z \tag{7-18}$$

8. 齿顶高、齿根高及全齿高

(1) 齿顶高 h_a 是分度圆与齿顶圆之间的径向距离,即

$$h_a = \frac{1}{2}(d_a - d) \tag{7-19}$$

(2) 齿根高 h_f 是分度圆与齿根圆之间的径向距离,即

$$h_f = \frac{1}{2}(d - d_f) \tag{7-20}$$

(3) 全齿高 h 是齿顶圆与齿根圆之间的径向距离,即

$$h = \frac{1}{2}(d_a - d_f) = h_a + h_f \tag{7-21}$$

9. 法向齿距 p_n

沿啮合线(即齿廓接触点公法线,也是齿轮基圆内公切线)测得的齿轮上相邻两齿同侧齿廓间的齿距称为法向齿距 p_n。根据渐开线的特性,渐开线的发生线在基圆上滚过的长度等于基圆上被滚过的弧长,可以证明齿轮的法向齿距 p_n 与基圆齿距 p_b 相等,即

$$p_n = p_b \tag{7-22}$$

10. 齿宽 b

沿齿轮轴线方向测得的轮齿宽度 b 称为齿宽。

7.4.2 直齿圆柱齿轮的基本参数

影响轮齿形状的参数称为齿轮的基本参数。渐开线直齿圆柱齿轮的基本参数有 5 个:齿数 z、模数 m、压力角 α、齿顶高系数 h_a^* 和顶隙系数 c^*。

1. 模数 m

齿轮的模数 m 是人为规定的齿轮参数,定义为分度圆上齿距 p 与 π 的比值,即

$$m = \frac{p}{\pi} \tag{7-23}$$

将式(7-23)代入式(7-18),得到用模数 m 表示的齿轮分度圆直径 d 的计算式:

$$d = mz \tag{7-24}$$

分度圆是测量、计算齿轮几何参数的基准圆。因为式(7-18)中含有无理数 π,如果将分度圆齿距 p 作为计算齿轮几何尺寸的标准参数,则由式(7-18)求得的分度圆直径 d,以及与其相关的齿轮几何尺寸,如齿顶高 h_a、齿根高 h_f 等也将是无理数。这给齿轮的设计、制造和测量均带来诸多不便。如果使齿距 p 为 π 的 m 倍,并规定 m 是整数或为简单的有理数,这样,将模数 m 作为计算齿轮几何尺寸的基本参数后,由式(7-24)求得的分度圆直径 d 便是一个有理数。另外,π 是一个无量纲的值,由式(7-23)知,模数 m 的量纲与齿距 p 的量纲相同,也是长度量纲 mm。

齿轮模数 m 已经标准化,国家标准(GB/T 1357—1987)规定了渐开线圆柱齿轮模数的标准值,表 7.1 是模数 m 的标准系列[47]。选用时,应优先选用 Ⅰ 系列(不采用 Ⅱ 系列括号)中的模数值。1996 年,ISO 发布了 ISO 54《通用机械和重型机械用圆柱齿轮——模数》国际标准,为了便于齿轮的制造、检测以及互换使用,亦可用国际标准 ISO 54 替代我国《渐开线圆柱齿轮模数》的标准[43]。

表 7.1　渐开线齿轮模数标准系列(摘自 GB/T 1357—1987)　　　　　　　mm

Ⅰ系列	0.1　0.12　0.15　0.2　0.25　0.3　0.4　0.5　0.6　0.8　1　1.25　1.5 2　2.5　3　4　5　6　8　10　12　16　20　25　32　40　50
Ⅱ系列	0.35　0.7　0.9　1.75　2.25　2.75　(3.25)　3.5　(3.75)　4.5　5.5 (6.5)　7　9　(11)　14　18　22　28　(30)　36　45

模数 m 是计算齿轮几何尺寸的一个基本参数,直接影响齿轮轮齿的齿形。图 7.28 反映了齿轮模数 m 和齿数 z 对齿廓形状的影响。其中,图 7.28(a)是齿轮分度圆直径 d 相同、模数 m 和齿数 z 不同时齿廓形状的差异;图 7.28(b)是模数 m 相同、齿数 z 不同时齿廓形状的区别;图 7.28(c)则是齿数 z 相同,模数 m 不同时齿廓形状的差异。由图 7.28(c)可见,齿数 z 一定时,模数 m 越大,齿轮的径向尺寸也越大。

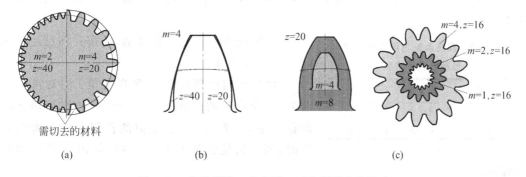

图 7.28　齿轮模数 m 和齿数 z 对齿廓形状的影响

(a) 相同直径 d 不同模数 m 和齿数 z[34];(b) 相同模数 m 不同 z;(c) 相同齿数 z 不同模数 m[29]

2. 压力角 α

式(7-9)表明,渐开线齿廓上不同点处压力角的大小不同。渐开线齿轮的压力角指齿廓在分度圆上的压力角,并且规定了压力角的标准值。我国规定渐开线齿轮压力角的标准值为 20°。一些特殊行业,例如,航空设备中的齿轮压力角也有采用 14.5°,15°,22.5° 和 25°

等非标准值。

根据图 7.29 所示的齿轮几何关系,可以求得齿轮压力角 α 与基圆半径 r_b 及分度圆半径 r 之间的关系,即

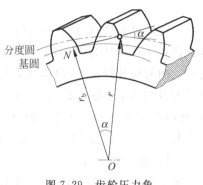

图 7.29 齿轮压力角

$$\alpha = \arccos \frac{r_b}{r} \qquad (7\text{-}25)$$

由式(7-25)及式(7-24)可以得到齿轮基圆半径(直径)的计算式:

$$r_b = r\cos\alpha \qquad (7\text{-}26)$$

或

$$d_b = d\cos\alpha = mz\cos\alpha \qquad (7\text{-}27)$$

由式(7-27)可知,分度圆直径 d 相同的渐开线齿轮,如果压力角 α 不同,齿轮基圆的大小将不同,由渐开线特性(5)(详见 7.3.1 节中的讨论)知,齿廓形状也将不同。因此,齿轮压力角 α 是决定渐开线齿廓形状的一个重要参数。

模数 m 和压力角 α 确定之后,齿轮的分度圆直径 d 和基圆直径 d_b 将随着齿数 z 的变化而改变(见式(7-24)及式(7-27))。这一现象说明,齿数 z 也会对齿廓形状产生影响,是齿轮的基本参数之一。

3. 齿顶高系数 h_a^* 及顶隙系数 c^*

模数 m 是计算齿轮几何尺寸的基本参数,有标准系列。因此,齿轮的几何尺寸均以模数 m 为基础进行计算,轮齿的齿顶高 h_a 和齿根高 h_f 也不例外,为此规定:

齿顶高 $\qquad\qquad\qquad h_a = h_a^* m \qquad\qquad\qquad (7\text{-}28)$

齿根高 $\qquad\quad h_f = (h_a^* + c^*)m = h_a + c^* m \qquad (7\text{-}29)$

顶隙 $\qquad\qquad\qquad c = c^* m \qquad\qquad\qquad (7\text{-}30)$

式(7-28)~式(7-30)中,h_a^* 为齿轮的齿顶高系数;c^* 为齿轮的顶隙系数,也称径向间隙系数。

齿顶高系数 h_a^* 及顶隙系数 c^* 在我国已经标准化,如表 7.2 所示。

顶隙(径向间隙)c 的物理含义是:一对齿轮啮合时,一个齿轮的齿顶圆与另一个齿轮齿根圆之间的径向距离(图 7.30)。顶隙的作用是避免齿轮啮合时,两个齿轮的轮齿相互碰撞,同时有利于存储润滑油。

表 7.2 圆柱齿轮齿顶高系数及顶隙系数标准值

系数	正常齿	短齿
h_a^*	1	0.8
c^*	0.25	0.3

渐开线齿轮传动的 5 个基本参数中,模数 m、压力角 α、齿顶高系数 h_a^* 和顶隙系数 c^* 均已标准化,设计齿轮时,通常应按国家标准选取标准值。

如果一个齿轮的压力角 α 是标准值($\alpha = 20°$),其模数 m、齿顶高系数 h_a^* 和顶隙系数 c^* 均为标准值,并且齿轮分度圆上的齿厚 s 与齿槽宽 e 相等($s = e$),则称这种齿轮为标准齿轮。

一个标准齿轮的基本参数值确定之后,其主要几何尺寸和齿廓形状即已确定。

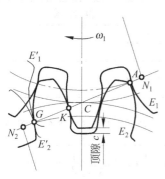

图 7.30 齿轮啮合顶隙[34]

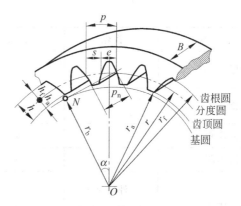

图 7.31 内齿轮结构

7.4.3 渐开线标准直齿圆柱齿轮的几何尺寸

1. 齿轮传动的几何尺寸

根据渐开线齿轮的 5 个基本参数：齿数 z、模数 m、压力角 α、齿顶高系数 h_a^* 以及顶隙系数 c^*，可以求得齿轮传动的几何尺寸。表 7.3 是标准直齿圆柱齿轮传动的几何尺寸计算式。其中，齿轮栏中的 1 和 2 分别是相互啮合的两个外齿轮的代号。图 7.31 是内齿轮的结构图，内齿轮与外齿轮几何尺寸的区别在于：内齿轮的分度圆大于齿顶圆、小于齿根圆。此外，为使齿顶高 h_a 范围内均为渐开线齿廓，内齿轮的齿顶圆半径 r_a 必须大于基圆半径 r_b。其余部分的几何尺寸，内齿轮与外齿轮相同。

表 7.3　标准直齿圆柱齿轮传动的几何尺寸

名　称	齿轮	代号	计 算 公 式
分度圆直径	1	d_1	$d_1 = mz_1$
	2	d_2	$d_2 = mz_2$
齿顶高		h_a	$h_a = h_a^* m$
齿根高		h_f	$h_f = (h_a^* + c^*)m = h_a + c^* m$
全齿高		h	$h = h_f + h_a = m(2h_a^* + c^*)$
齿顶圆直径	1	d_{a1}	$d_{a1} = d_1 + 2h_a = m(z_1 + 2h_a^*)$
	2	d_{a2}	$d_{a2} = d_2 + 2h_a = m(z_2 + 2h_a^*)$
	内齿轮	d_a	$d_a = d - 2h_a = m(z - 2h_a^*)$
齿根圆直径	1	d_{f1}	$d_{f1} = d_1 - 2h_f = m(z_1 - 2h_a^* - 2c^*)$
	2	d_{f2}	$d_{f2} = d_2 - 2h_f = m(z_2 - 2h_a^* - 2c^*)$
	内齿轮	d_f	$d_f = d + 2h_f = m(z + 2h_a^* + 2c^*)$
基圆直径	1	d_{b1}	$d_{b1} = d_1 \cos \alpha = mz_1 \cos \alpha$
	2	d_{b2}	$d_{b2} = d_2 \cos \alpha = mz_2 \cos \alpha$
齿距		p	$p = \pi m$

名　　称	齿轮	代号	计算公式
齿厚		s	$s = \dfrac{1}{2}\pi m$
齿槽宽		e	$e = \dfrac{1}{2}\pi m$
法向齿距		p_n	$p_n = p_b = \dfrac{\pi}{z}d_b = \pi m\cos\alpha = p\cos\alpha$
基圆齿距		p_b	
中心距	外啮合	a	$a = \dfrac{1}{2}(d_1 + d_2) = \dfrac{1}{2}m(z_1 + z_2)$
	内啮合		$a = \dfrac{1}{2}(d_内 - d_外) = \dfrac{1}{2}m(z_内 - z_外)$

2. 齿轮传动的标准中心距

一对标准齿轮传动机构,分度圆与节圆重合(分度圆相切)时的中心距,称为齿轮传动的标准中心距,即

$$a = \frac{1}{2}(d'_1 + d'_2) = \frac{1}{2}(d_1 + d_2) = \frac{m}{2}(z_1 + z_2) \tag{7-31}$$

标准齿轮按标准中心距安装时,分度圆与节圆重合,因此,可以保证两个齿轮的齿侧隙为零,顶隙是标准值。

7.5　渐开线齿轮正确啮合和连续传动的条件

7.5.1　渐开线齿轮正确啮合的条件

渐开线齿轮传动可以保证传动比恒定,但并不意味着任意两个渐开线齿轮都能够互相配对,并且正确啮合。欲使一对渐开线齿廓能够正确啮合,应具备以下两个条件:

(1) 齿廓啮合点应始终位于啮合线上。渐开线齿轮传动过程中,轮齿啮合点始终在齿廓接触点的公法线上,而齿廓接触点的公法线与啮合线重合,故渐开线齿廓正确啮合时,齿廓啮合点应在啮合线上。

(2) 前一对轮齿即将退出啮合前(时),后一对轮齿便能够在啮合线上进入啮合。相互啮合的齿轮,如果其中一个齿轮的齿距很小,另一个齿轮的齿距很大,这两个齿轮显然无法啮合。例如,重型机械用的渐开线齿轮显然无法与钟表机构中的渐开线齿轮相互啮合。这一实例说明,并非任意两个渐开线齿轮都能够相互配对并且正确啮合。一对齿轮能否正确啮合,与两个齿轮的齿距有关。

通过分析齿轮法向齿距 p_n 对齿轮传动的影响,可以进一步了解渐开线齿轮正确啮合的条件。

图 7.32(a)中,主动齿轮 1 的法向齿距 p_{n1} 小于从动齿轮 2 的法向齿距 p_{n2},即 $p_{n1} < p_{n2}$,从外观看,齿轮 1 的齿廓比齿轮 2 的齿廓小。这种情况下,主动齿轮 1 带动从动齿轮 2 转过一个角度之后,轮齿出现卡死现象,此时,轮齿啮合点(即卡死点)不在啮合线上,因此齿轮无

法正确啮合。

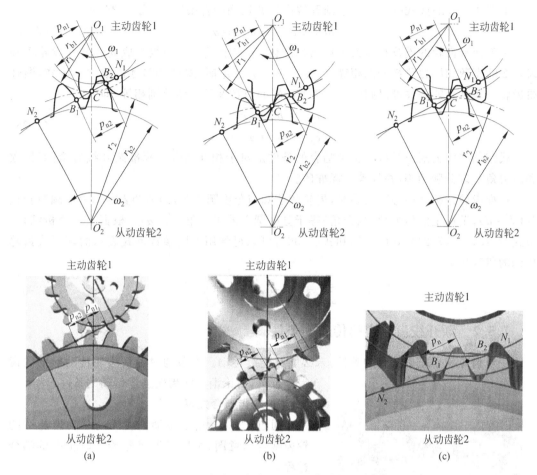

图 7.32 齿廓法向齿距对齿轮传动的影响[28]

(a) 法向齿距 $p_{n1} < p_{n2}$；(b) 法向齿距 $p_{n1} > p_{n2}$；(c) 法向齿距 $p_{n1} = p_{n2}$

图 7.32(b)中，主动齿轮 1 的法向齿距 p_{n1} 大于从动齿轮 2 的法向齿距 p_{n2}，即 $p_{n1} > p_{n2}$，此时，齿轮传动过程中也会出现卡死现象，卡死时的轮齿啮合点不在啮合线上。

图 7.32(c)中，主动齿轮 1 的法向齿距 p_{n1} 与从动齿轮 2 的法向齿距 p_{n2} 相等，即 $p_{n1} = p_{n2}$，两个齿轮的齿廓形状相同，齿廓啮合点始终位于啮合线上，因此齿轮传动能够正常进行，即齿廓能够正确啮合。由上述分析知，欲使渐开线齿轮正确啮合，两个齿廓的法向齿距应相等，即

$$p_{n1} = p_{n2} \tag{7-32}$$

因为渐开线齿廓的法向齿距与基圆齿距相等(式(7-22))，故渐开线齿廓正确啮合的条件也可以表述为两个齿廓的基圆齿距相等，即

$$p_{b1} = p_{b2} \tag{7-33}$$

设齿轮 1 与齿轮 2 啮合，根据表 7.3 中齿轮的法向(或基圆)齿距计算式可得

$$\left.\begin{array}{l} p_{n1} = p_{b1} = \pi m_1 \cos \alpha_1 \\ p_{n2} = p_{b2} = \pi m_2 \cos \alpha_2 \end{array}\right\} \tag{7-34}$$

式中,m_1,m_2 分别为齿轮 1 和齿轮 2 的模数;α_1,α_2 则是齿轮 1 和齿轮 2 的压力角。

根据式(7-32)或式(7-33)所示渐开线齿轮的正确啮合条件,由式(7-34)得

$$\pi m_1 \cos \alpha_1 = \pi m_2 \cos \alpha_2 \tag{7-35}$$

由于标准齿轮的模数和压力角均已标准化,事实上式(7-35)很难成立。只有齿轮 1 和齿轮 2 的模数和压力角均分别相等,即 $m_1 = m_2$、$\alpha_1 = \alpha_2$ 时,式(7-35)才能成立。这样,渐开线齿轮正确啮合的条件可以归结为:两个齿轮的模数及压力角分别相等,即

$$\left. \begin{array}{l} m_1 = m_2 = m \\ \alpha_1 = \alpha_2 = \alpha \end{array} \right\} \tag{7-36}$$

式(7-36)即为渐开线齿轮正确啮合的条件。对于相互啮合的标准渐开线齿轮,其模数和压力角一定分别相等,并且等于标准值。

标准齿轮按标准中心距安装时,齿轮的节圆与分度圆重合,即节圆直径与分度圆直径相等($d' = d$),节圆上的压力角(啮合角)等于分度圆上的压力角($\alpha' = \alpha$)。根据上述分析结果,由式(7-13)、式(7-24)、式(7-27)和式(7-36),可以得到用不同参数形式表示的渐开线齿轮传动的传动比 i_{12}:

$$i_{12} = \frac{\omega_1}{\omega_2} = \frac{d_2'}{d_1'} = \frac{d_{b2}}{d_{b1}} = \frac{d_2}{d_1} = \frac{z_2}{z_1} \tag{7-37}$$

7.5.2　渐开线齿轮连续传动的条件

一对齿轮满足正确啮合的条件,未必能够连续传动。本节通过分析齿轮传动时的轮齿啮合过程,讨论渐开线齿轮连续传动的条件。

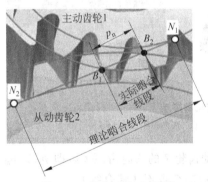

图 7.33　轮齿啮合过程[28]

1. 轮齿啮合过程

通过图 7.33 所示主动齿轮 1 与从动齿轮 2 的轮齿啮合示意图,可以了解齿轮传动时轮齿的啮合过程。

1) 轮齿啮合的起始点

齿轮传动过程中,轮齿的啮合由主动齿轮 1 的轮齿齿根部位推动从动齿轮 2 的轮齿齿顶部位开始,因为齿廓啮合点一定位于啮合线 $\overline{N_1 N_2}$(两个齿轮基圆的内公切线)上,故从动齿轮 2 的齿顶圆与啮合线的交点 B_2 是轮齿进入啮合的起始点。

2) 齿轮传动过程中轮齿上啮合点的位置变化情况

齿轮传动过程中,主动齿轮 1 推动从动齿轮 2 转动,轮齿啮合点沿着啮合线 $\overline{N_1 N_2}$ 移动。即在主动齿轮 1 的轮齿上,啮合点的位置由齿根移向齿顶;在从动齿轮 2 的轮齿上,啮合点的位置由齿顶移向齿根。

3) 轮齿啮合的终止点

由于主动齿轮 1 的轮齿啮合点位置由齿根移向齿顶,因此,当一对轮齿的啮合点位于主动齿轮 1 的轮齿齿顶部位时,说明该对轮齿的啮合即将结束。即主动齿轮 1 的齿顶圆与啮合线 $\overline{N_1 N_2}$ 的交点 B_1 是轮齿啮合的终止点。

2. 理论啮合线段及实际啮合线段

图 7.33 中,从动齿轮 2 的齿顶圆与啮合线 $\overline{N_1 N_2}$ 的交点 B_2 是一对齿廓啮合的起始点。轮齿啮合过程中,齿廓啮合点沿着啮合线 $\overline{N_1 N_2}$ 由啮合的起始点 B_2 向终止点 B_1 移动,当啮合点到达终止点 B_1(主动齿轮 1 的齿顶圆与啮合线 $\overline{N_1 N_2}$ 的交点)时,轮齿将脱离啮合。

1)理论啮合线段 $\overline{N_1 N_2}$

从图 7.33 所示轮齿的啮合过程看,啮合点沿啮合线 $\overline{N_1 N_2}$ 走过的实际轨迹段 $\overline{B_1 B_2}$ 只是啮合线 $\overline{N_1 N_2}$ 中的一部分。由于啮合线 $\overline{N_1 N_2}$ 与两个齿轮基圆的内公切线重合,其中,点 N_1 及点 N_2 是两个齿轮内公切线与基圆的切点。又因为基圆内没有渐开线,故点 N_1 及点 N_2 是轮齿啮合点的极限位置,即啮合线段 $\overline{N_1 N_2}$ 是一对轮齿啮合时,理论上可能达到的最大啮合线段,称其为理论啮合线。

2)实际啮合线段 $\overline{B_1 B_2}$

实际啮合线段指轮齿啮合过程中,啮合点走过的实际轨迹段。图 7.33 和图 7.35(a)所示轮齿啮合过程中,啮合点走过的实际轨迹段 $\overline{B_1 B_2}$ 只是理论啮合线段 $\overline{N_1 N_2}$ 中的一部分,$\overline{B_1 B_2}$ 即为实际啮合线段。

如果增大图 7.33 或图 7.35(a)中的主动齿轮 1 及从动齿轮 2 的齿顶圆直径,则齿廓啮合起始点 B_2 将趋近于点 N_1,其终止点 B_1 将趋近于点 N_2,这样,实际啮合线段 $\overline{B_1 B_2}$ 增长,但不会超出理论啮合线段 $\overline{N_1 N_2}$。

3. 渐开线齿轮连续传动的条件

由图 7.33 所示的轮齿啮合过程知,欲使齿轮连续传动,必须在前一对轮齿的啮合点到达啮合终止点 B_1 之前(尚未脱离啮合时),后一对轮齿就已经在啮合的起始点 B_2 接触,进入啮合状态。

图 7.34 中,前一对轮齿的啮合点已经到达啮合的终止点 B_1(即将脱离啮合),后一对轮齿还没有进入啮合(即主动齿轮 1 上轮齿的齿根部位还没有与从动齿轮 2 上轮齿的齿顶接触),此时,齿轮传动出现不连续情形。

图 7.33 中,前一对轮齿的啮合点位于终止点 B_1 即将脱离啮合的瞬间,后一对轮齿在啮合的起始点 B_2 开始接触(即主动齿轮 1 上轮齿的齿根部位刚与从动齿轮 2 上轮齿的齿顶接触),刚刚进入啮合。这种情况下,齿轮虽然能够连续传动,但是处于连续传动的临界状态。

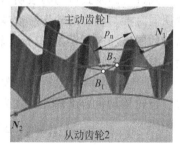

图 7.34　齿轮传动不连续[28]

图 7.35(a)中,前一对轮齿啮合点到达齿廓啮合的终止点 B_1 之前(即轮齿脱离啮合之前),后一对轮齿已经进入啮合,此时齿轮传动连续。由此可见,欲保证齿轮连续传动,应在前一对轮齿脱离啮合之前,后一对轮齿就已进入啮合状态。

根据上述分析,一对轮齿啮合的传动区间有限,欲使齿轮连续传动,必须在前一对轮齿还没有到达齿廓啮合的终止点 B_1(即尚未脱离啮合)之前,后一对轮齿就已经进入啮合。由图 7.35 所示齿轮传动连续的情形可见,齿廓的实际啮合线段 $\overline{B_1 B_2}$ 大于齿轮的法向齿距 p_n。由于渐开线齿廓的法向齿距 p_n 与基圆齿距 p_b 相等(式(7-22)),因此齿轮连续传动的条件

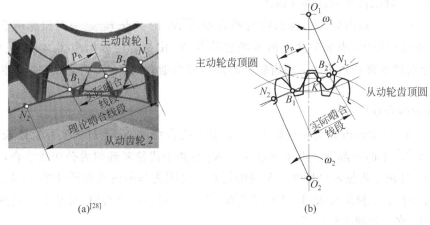

(a)[28]　　　　　　　　　　　　　　　　(b)

图 7.35　齿轮传动连续

可以表示为

$$\overline{B_1 B_2} \geqslant p_n \tag{7-38}$$

或

$$\overline{B_1 B_2} \geqslant p_b \tag{7-39}$$

4. 重合度ε

齿轮传动中,将实际啮合线段 $\overline{B_1 B_2}$ 与基圆齿距 p_b 的比值定义为齿轮传动的重合度 ε,即

$$\varepsilon = \frac{\text{实际啮合线段}}{\text{基圆齿距}} = \frac{\overline{B_1 B_2}}{p_b} \tag{7-40}$$

式(7-39)及式(7-40)表明,欲使渐开线齿轮能够连续传动,应使重合度 ε≥1。ε越大,说明同时参与啮合的轮齿对数越多。理论上,ε=1 就能够保证一对齿轮连续传动,但由于齿轮的制造和安装误差,以及齿轮传动过程中轮齿产生的变形,都会影响到轮齿啮合。设计齿轮时,通常使重合度 ε≥1.1。

重合度 ε 与两个齿轮的齿数 z_1 和 z_2、轮齿齿顶圆上的压力角 α_{a1} 和 α_{a2},以及啮合角 α' 有关。齿轮传动重合度的计算式为[41]

$$\varepsilon = \frac{z_1(\tan\alpha_{a1} - \tan\alpha') + z_2(\tan\alpha_{a2} - \tan\alpha')}{2\pi} \tag{7-41}$$

重合度 ε 是齿轮传动中,同时参与啮合的轮齿对数的平均值,反映齿轮是否能够连续传动,是衡量齿轮传动性能的一个重要指标。ε=1.45 表明齿轮传动过程中,平均有 1.45 对轮齿参与啮合。重合度越大,说明同时参与啮合的轮齿对数越多,这样,齿轮传动的平稳性越好,每对轮齿承受的载荷越小,齿轮的承载能力越大。因此,根据重合度可以衡量齿轮传动的承载能力及其传动的平稳性。

重合度 ε=1 时,表明第一对轮齿在齿廓啮合终止点 B_1 即将退出啮合的瞬间,第二对轮齿刚刚在齿廓啮合的起始点 B_2 进入啮合,图 7.36(a)所示重合度 ε=1 的齿轮传动过程中,只有一对轮齿处于啮合状态。图 7.36(b)为重合度 ε>1 时轮齿的啮合情况,在这种情况下,轮齿啮合点位于啮合线上 $\overline{DE}$ 段内时,只有一对轮齿处于啮合状态,即 $\overline{DE}$ 段是单齿啮合区;当轮齿啮合点位于啮合线上 $\overline{B_2 D}$ 段和 $\overline{EB_1}$ 段范围内时,同时有两对轮齿处于啮合状态,故$\overline{B_2D}$段和$\overline{EB_1}$段是双齿啮合区。即重合度$\varepsilon>1$时,齿轮传动过程中,有时仅有一对轮齿处于啮合状态,有时是两对或两对以上的轮齿同时处于啮合状态。图7.36(b)右侧是重合度$\varepsilon=1.61$时,轮齿在实际啮合段$\overline{B_1B_2}$内的单齿啮合区和双齿啮合区示意图。

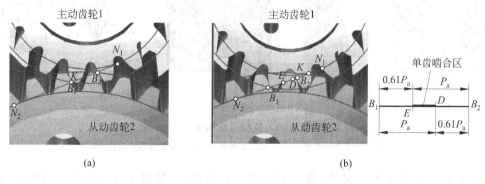

图7.36　不同重合度ε对应的轮齿啮合情况[28]

(a) 重合度$\varepsilon=1$;(b) 重合度$\varepsilon=1.61$

7.6　渐开线齿轮的切齿原理和传动精度

7.6.1　渐开线轮齿的加工方法

近代齿轮加工方法很多,有铸造法、热轧法、切制法、冲压法、模锻法、粉末冶金法、电加工法、分子(原子)排列法,等等。其中,切制法应用最广泛。根据加工原理不同,切制法分为仿形法及范成法两大类别。

7.6.1.1　仿形法

仿形法采用与齿轮齿槽形状相同的成形刀具或者模具切除轮坯齿槽部分的材料。常用的仿形方法有铣削法和拉削法。

1. 铣削齿轮

铣削法加工齿轮采用渐开线成形铣刀,在铣床上直接切削出齿轮的齿形。铣刀的刀刃形状与轮齿的齿槽形状相同。常用的成形铣刀有盘形铣刀、端面盘形铣刀和指状铣刀。

1)铣削法加工齿轮的原理和类型

图7.37(a)所示盘形铣刀加工齿轮的过程中,铣刀绕自身轴线旋转,同时沿被加工齿轮坯的轴线移动,一个齿槽加工完毕后,将齿轮坯转过$2\pi/z$弧度,再铣销第2个轮齿的齿槽,重复上述过程,直至铣出齿轮上的全部齿槽。图7.37(b)是加工曲齿圆锥齿轮采用的端面盘形铣刀;图7.37(c)则是采用指状铣刀铣削齿轮的示意图。指状铣刀的刀刃形状与被加工齿轮的齿槽形状相同,其加工方法与盘形铣刀类同,即刀具绕自身轴线旋转的同时,还沿着被加工齿轮坯的轴线移动。指状铣刀通常用于铣削模数$m>20\,\text{mm}$的齿轮或整体式人字齿轮的齿廓。

2)铣削法加工齿轮的特点及应用场合

用铣削法切削齿轮时,直接利用成形铣刀在普通铣床上加工齿轮,不需要专用机床,加工方法简单。由于一个轮齿铣削完毕,需将轮坯转位分度后,再铣削下一个轮齿,因此铣削

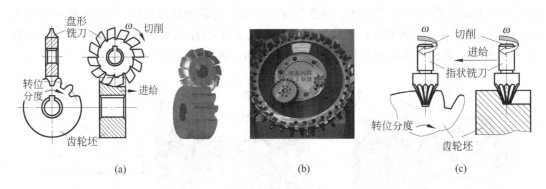

图 7.37 铣削齿轮和铣刀

(a) 盘形铣刀铣削齿轮[29];(b) 端面盘形铣刀;(c) 指状铣刀铣削齿轮[29]

加工不连续,生产效率低。另外,由于下述诸方面的原因,使得铣削法加工的齿轮精度比较低。

(1) 成形刀具的齿形误差和安装误差将直接影响被加工齿轮的齿廓精度。

(2) 齿轮坯的转位分度精度(齿轮坯与刀具的对中误差)直接影响到齿轮的加工精度。

(3) 渐开线齿轮的齿廓形状取决于齿轮的模数 m、齿数 z 和压力角 α。虽然齿轮压力角 $\alpha = 20°$ 是唯一的标准值,但是,齿轮模数 m 的标准值有几十种,齿数 z 的取值范围就更广。由 7.4 节中关于齿轮基本参数的分析讨论知,在压力角 α 一定的情况下,齿轮的模数 m 和齿数 z 直接影响轮齿的齿形。如果为不同模数及不同齿数的齿轮都准备一把铣削刀具,则刀具的数目相当庞大,经济性极差。生产实践中,对于同一种模数的齿轮,通常只准备了表 7.4 中规定的 8 种铣刀,其中,每种铣刀号适于加工齿数在一定范围内的齿轮。成形铣刀的刀刃形状依据表 7.4 规定的各个齿轮组中齿数最少的轮齿齿槽形状制作。这样,一种铣刀号加工模数相同但齿数不同的齿轮时,必然会影响渐开线齿廓形状的准确性,降低轮齿的齿形精度。

表 7.4 切制齿轮的铣刀号数

铣刀号数	1	2	3	4	5	6	7	8
齿轮齿数	12~13	14~16	17~20	21~25	26~34	35~54	55~134	≥135

铣削法加工齿轮适用于修配或者小批量齿轮的生产加工。

2. 拉削齿轮

利用齿轮拉刀切削齿轮称为拉削齿轮(图 7.38)。齿轮拉刀上均布的刀刃形状与被加工齿轮的齿槽形状相同。拉削法加工齿轮的优点是加工精度和加工效率非常高;缺点是拉刀的价格昂贵,需采用专用机床(拉床)才能加工。拉削齿轮的加工方法适用于大批量齿轮的专业化生产。

7.6.1.2 范成法

图 7.39 是范成法加工齿轮的原理图。范成法借助一对齿轮无侧隙啮合传动时,共轭齿廓互为包络线的原理加工齿轮,即根据齿轮啮合原理切削出齿轮的齿廓。范成法也称包络法或展成法,是目前齿轮加工中应用最广泛的一种切削方法。

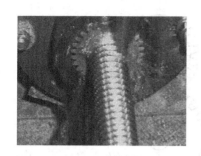

图 7.38 拉削齿轮[28]

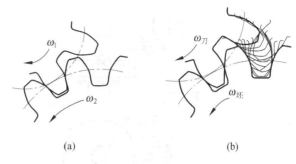

(a) (b)

图 7.39 范成法切齿原理

(a) 齿轮范成运动;(b) 范成法加工齿廓

如图 7.39(a)所示,一对无侧隙啮合的齿轮传动存在 4 个基本要素:两个几何要素和两个运动要素。其中,两个几何要素是一对相互啮合的渐开线齿廓;两个运动要素则是一对相互啮合的齿轮角速度 ω_1 和 ω_2。这 4 个要素中,给定其中任何 3 个要素,就能够获得第 4 个要素。

由图 7.39(b)知,刀具加工齿轮时,已经知道一个几何要素(刀具的齿廓)及两个运动要素(刀具的运动 $\omega_刀$ 和齿轮坯的运动 $\omega_坯$)。借助齿轮加工机床的传动系统,可以保证刀具与齿轮坯按传动比 $i=\dfrac{\omega_刀}{\omega_坯}$ 的关系运动。这样,通过刀具与齿轮坯之间的包络运动,即可得到齿轮无侧隙啮合的第 4 个要素——被加工齿轮的齿廓。

1. 齿轮插刀插齿

1) 齿轮插刀

图 7.40 所示齿轮插刀的轮齿齿形呈渐开线曲面、分布在圆柱体的外表面,其端面边缘有刀刃,也称插齿刀,是一种常用的齿轮加工刀具。齿轮插刀的模数和压力角均与被加工齿轮相同。为使加工后的齿轮啮合时产生顶隙,齿轮插刀的齿顶高比正常轮齿高出一个顶隙($c^* m$)。利用齿轮插刀,可以加工出模数和压力角与刀具相同,但齿数 z 与刀具不同的齿轮。

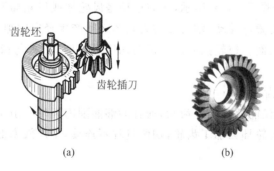

(a) (b)

图 7.40 齿轮插刀插齿

(a) 加工示意图;(b) 齿轮插刀

2) 齿轮插刀的插齿原理

如图 7.41(a)所示,齿轮插刀加工齿轮的过程中,插刀与齿轮坯之间有 4 种相对运动,即范成运动、切削运动、进给运动和让刀运动。

(1) 范成运动。范成运动是齿轮插刀与齿轮坯之间作类似于齿轮传动的啮合运动,也

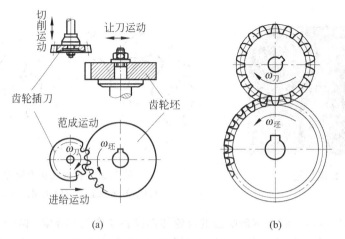

图 7.41　齿轮插刀插齿运动[28,29]

是加工齿轮的主运动,其目的是加工出齿轮坯上的齿廓。欲加工符合要求的渐开线齿廓,齿轮插刀的节圆应与被加工齿轮的节圆相切,两者之间作纯滚动。范成运动中,齿轮插刀与被加工齿轮轮坯之间的传动比 $i=\dfrac{\omega_刀}{\omega_坯}$ 为恒定值,刀具齿廓的运动轨迹包络出被加工齿轮的齿廓。如图 7.39(b)和图 7.41(b)所示,轮坯齿槽的齿形曲线是齿轮插刀的刀刃多次切削形成的包络线。

（2）切削运动。切削运动是齿轮插刀沿轮坯轴线方向的往复移动,其作用是沿着齿轮坯的轴线方向加工出轮齿的齿廓。图 7.41(a)中,齿轮插刀向下运动时,切除齿轮坯上齿槽的材料。

（3）进给运动。进给运动是齿轮插刀中心向齿轮坯轴线方向的移动,其目的是在齿轮坯的径向切制出轮齿的全齿高。

（4）让刀运动。如图 7.41(a)所示,让刀运动是齿轮坯或齿轮插刀的轴线沿径向远离齿轮插刀或齿轮坯轴线的微量移动,使刀刃与齿轮坯之间产生径向间隙,以避免齿轮插刀回程时擦伤已加工的轮齿表面。齿轮插刀向下运动切削轮坯时,刀具与齿轮坯的轴线重新返回到既定工作位置。

3）齿轮插刀的插齿特点

采用齿轮插齿,不仅能够加工外齿轮,而且能够插削内齿轮。由于齿轮插刀回程时不切削齿轮坯,因此,利用齿轮插刀加工齿轮,切削过程不连续,生产效率低。

2. 齿条插刀插齿

1）齿条插刀

将齿轮插刀的基圆半径增至无穷大后,刀具的渐开线齿廓变成直线齿廓,齿轮插刀演变成图 7.42 所示的齿条插刀。齿条插刀的模数和压力角与被加工齿轮相同,刀具顶部比正常轮齿的齿顶线高出一个顶隙($c^* m$)（图 7.42(c)）,以使加工出的齿轮啮合时产生顶隙。

2）齿条插刀的插齿原理

与齿轮插刀插齿原理类同,齿条插刀切削齿轮时,刀具与齿轮坯之间也有 4 种相对运动（图 7.43(a)）。

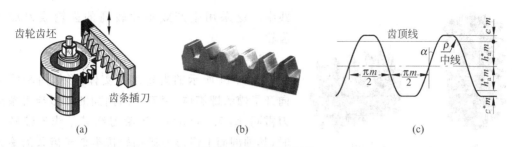

图 7.42　齿条插刀插齿
(a) 齿条插刀切削齿轮；(b) 齿条插刀；(c) 齿条插刀的齿廓

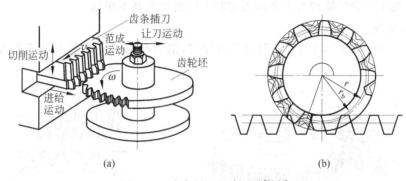

图 7.43　齿条插刀插齿运动[28,29]

(1) 范成运动。齿条插刀加工齿轮时，刀具节线与被加工齿轮的分度圆相切，两者作类似于齿条与齿轮的啮合运动，即范成运动。如图 7.43(b)所示，齿轮坯上轮齿的齿廓曲线是插刀刀刃多次切削形成的包络线。图 7.43(a)中，齿条插刀的移动速度 v 与齿轮坯分度圆的圆周速度 ωr 相等，即

$$v = \omega r = \omega \frac{mz}{2} \tag{7-42}$$

式中，ω 为齿轮坯转动的角速度；r 为被加工齿轮的分度圆半径；z 为被加工齿轮的齿数。

(2) 切削运动。齿条插刀加工齿轮时，沿着与轮坯轴线平行的方向往复移动，其作用是沿着齿轮坯的轴线方向加工出轮齿的齿廓。

(3) 进给运动。齿条插刀沿齿轮坯的径向移动为进给运动，其目的是切制出轮齿的全齿高。

(4) 让刀运动。让刀运动是齿条插刀做回程运动时，齿轮坯(或齿条插多)沿径向远离刀具节线(或齿轮坯轴线)的运动，以避免齿条插刀的刀刃回程时擦伤轮坯上已加工的齿廓表面。

3) 齿条插刀的插齿特点

齿条插刀的齿廓呈直线，易于制造，因此刀具可以获得比较高的制造精度。但是，利用齿条插刀无法加工内齿轮。与齿轮插刀工作情况雷同，因刀具回程时呈非切削状态，故加工齿轮的生产效率比较低。

3. 滚齿

采用齿轮插刀或者齿条插刀加工齿轮，均为断续切削，生产效率比较低。目前，生产实

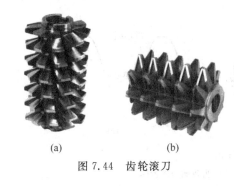

图 7.44 齿轮滚刀

践中广泛采用生产效率比较高的齿轮滚刀加工齿轮。

1) 齿轮滚刀

图 7.44 所示的齿轮滚刀实体,形似沿轴线方向开了槽的螺旋体,滚刀轴向剖面的齿形与齿条插刀雷同(图 7.44(b))。当滚刀绕其轴线连续转动时,其轴剖面上齿形的运动轨迹类似于齿条沿滚刀轴线方向的移动。齿轮滚刀一般为单头,滚刀转动 1 周,相当于齿条插刀沿滚刀轴线方向移动 1 个齿距。故滚刀加工齿轮的原理与齿条插刀切制齿轮的原理基本相同。

2) 滚齿原理

采用图 7.45(a)所示的齿轮滚刀加工齿轮时,滚刀与齿轮坯之间有范成和进给两种相对运动。

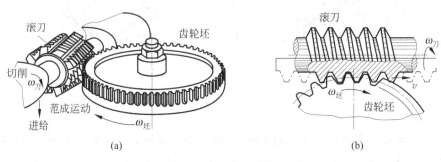

图 7.45 滚齿运动[29]

(1) 范成运动。图 7.45(a)中,齿轮坯绕自身轴线以角速度 $\omega_{坯}$ 转动,滚刀绕自身轴线以角速度 $\omega_{刀}$ 转动,这两种运动构成滚刀与被加工齿轮的范成运动。由于滚刀轴剖面内的齿形类似于齿条(图 7.44(b)),因此滚刀绕自身轴线的转动,相当于齿条刀具的移动。由图 7.45(b)所示滚刀轴剖面内的刀刃齿形与被加工齿轮的啮合情况可见,滚刀轴剖面内的假想齿条节线与被加工齿轮的分度圆相切并且作纯滚动,这样,滚刀切制齿轮的范成运动就类似齿条与齿轮的啮合运动。故滚刀轴剖面内假想齿条的移动速度 v 与齿轮坯转速 $\omega_{坯}$ 间的关系亦可用式(7-42)表示,即 $v = \omega_{坯} \, r = \omega_{坯} \dfrac{mz}{2}$。

(2) 进给运动。滚齿加工中的进给运动是滚刀沿轮坯轴线方向的移动,其目的是沿着齿轮坯的轴线方向切制出轮齿的齿廓。

3) 滚刀安装倾斜角

如图 7.46(a)所示,齿轮滚刀的轮齿沿圆周分布于螺旋线上,假设螺旋线的螺旋升角为 γ(图 7.46(b)),则加工直齿圆柱齿轮安装滚刀时,需将滚刀轴线倾斜一个螺旋升角 γ(图 7.46(c)),以保证滚刀螺旋线与被加工齿轮的轮齿方向一致。

4) 滚刀加工的特点

滚刀切制齿轮的加工精度高。由于滚刀加工齿轮是连续切削,因此,滚齿的生产率高于插齿。但是,滚刀不宜于加工内齿轮。在所有齿轮切削加工方法中,滚齿应用最为广泛。

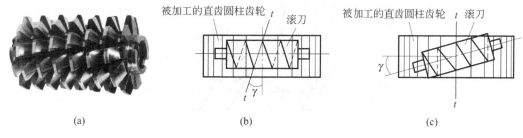

图 7.46　滚刀及其安装倾斜角

(a) 齿轮滚刀；(b) 滚刀螺旋角；(c) 滚刀安装倾斜角

4. 范成法加工齿轮的特点

范成法加工齿轮，无论是齿轮插刀插齿，或是齿条插刀插齿，或是齿轮滚刀滚齿，均可采用一把刀具，加工出模数 m 相同、压力角 α 相同，但齿数不同的齿轮。

7.6.2　渐开线轮齿的根切现象

范成法加工齿轮时，如果刀具齿顶将范成加工出的渐开线轮齿根部又切除掉一部分（图 7.47），这种现象即为轮齿根切。

1. 轮齿根切造成的后果

轮齿根切后，其根部的截面积减小，导致齿轮的抗弯强度降低。另外，齿廓实际啮合线段长度也因此减小，但齿轮的基圆齿距未变，由式(7-40)定义的齿轮传动重合度知，轮齿根切使得齿轮传动的重合度减小，影响传动的平稳性。

图 7.47　轮齿根切现象

根切严重的齿轮，一方面会削弱轮齿的抗弯强度，另一方面会影响齿轮传动的平稳性。因此，设计和加工齿轮时，应尽量避免轮齿根切。

2. 产生轮齿根切的原因

渐开线齿廓产生根切与齿轮刀具安装后的齿顶线位置有关。图 7.48 是齿条刀具范成加工渐开线齿廓时，刀具齿顶线处于不同位置的情形。图中，齿条刀具为主动件，被加工的齿轮坯为从动件，点 N_2 是被加工齿轮的基圆与啮合线的切点，即理论啮合线段的终止点；点 B_2 是被加工齿轮的齿顶圆与啮合线的交点，即实际啮合线段的起始点；点 B_1 是齿条刀具的齿顶线与啮合线的交点，也是实际啮合线段的终止点。

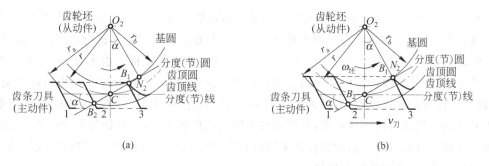

图 7.48　根切现象分析

(a) $\overline{CB_1} < \overline{CN_2}$，无根切；(b) $\overline{CB_1} = \overline{CN_2}$，根切的临界状态；(c) $\overline{CB_1} > \overline{CN_2}$，根切

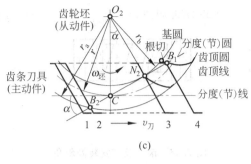

图 7.48 （续）

1) 轮齿无根切现象

图 7.48(a)中,齿条刀具的齿顶线(实际啮合线段的终止点 B_1),位于理论啮合线段终止点 N_2 的下方,$\overline{CB_1}<\overline{CN_2}$。此时,齿条刀具切削齿廓的过程可以概括为下述 3 个步骤:

(1) 齿条刀具的齿廓位于位置 1 时,刀具的齿顶与被加工齿轮的齿顶圆接触,开始切削轮齿的齿槽;

(2) 齿条刀具的齿廓到达位置 2 时,其齿廓与啮合线交于 B_2 点(即齿条刀具与被加工齿轮实际啮合线段的起始点),从 B_2 点开始,刀具切制出的齿廓曲线为渐开线齿廓;

(3) 齿条刀具的齿廓到达位置 3 时,其齿廓与啮合线交于 B_1 点(即实际啮合线段的终止点),至此完成一个渐开线齿廓的切制,刀具齿廓与切制完毕的渐开线齿廓即将分离。

由图 7.48(a)所示齿条刀具加工渐开线齿廓的过程可见,齿条刀具的齿顶线与啮合线的交点 B_1 位于理论啮合线段的终止点 N_2 的下方,即 $\overline{CB_1}<\overline{CN_2}$ 时,刀具齿廓与所加工齿廓啮合点的轨迹全部位于被加工齿轮的基圆外侧。根据齿轮范成加工原理以及渐开线的形成特性知,基圆以外的齿廓曲线为渐开线,因此,在这种情况下加工出的轮齿齿廓不会产生根切。

2) 轮齿产生根切的临界状态

图 7.48(b)中,齿条刀具的齿顶线通过理论啮合线段的终止点 N_2,即实际啮合线段的终止点 B_1 与理论啮合线段的终止点 N_2 重合,$\overline{CB_1}=\overline{CN_2}$。另外,点 N_2 也是啮合线与齿轮基圆的切点,故齿廓渐开线起始点所在的圆与基圆重合。即被加工齿轮的齿廓曲线仍然是渐开线,虽然没有产生根切,但是处于根切的临界状态。

3) 轮齿产生根切

图 7.48(c)中,齿条刀具的齿顶线位于理论啮合线段终止点 N_2 的上方,即实际啮合线段的终止点 B_1 位于理论啮合线段的终止点 N_2 的上方,$\overline{CB_1}>\overline{CN_2}$。此时,刀具齿廓到达位置 3 时,齿廓与啮合线交于点 N_2,此时,一个渐开线齿廓切制完成。由于点 N_2 是理论啮合线段的终止点(渐开线齿廓的极限啮合点),而刀具齿廓到达点 B_1 后才会与齿轮坯分离,因此,随着范成运动的进行,在刀具齿顶线未到达 B_1 点之前,刀具与被加工齿轮仍处于啮合状态并且继续切制齿轮坯的齿廓,直至刀具齿廓到达位置 4 时,才开始与齿轮坯的加工齿廓分离。齿条刀具从位置 3 运动到位置 4 的过程中,其齿顶将已经切制出的渐开线齿廓根部又切除掉一部分,导致轮齿产生根切。

由此可见,齿条刀具的齿顶线与啮合线的交点 B_1 若位于理论啮合线段终止点 N_2 的上方,即 $\overline{CB_1} > \overline{CN_2}$ 时,刀具齿顶将已经切制出的渐开线齿廓又切去一部分,被加工齿轮的轮齿产生根切。

3. 避免轮齿根切的方法

由上述分析知,欲避免根切,刀具的齿顶线应位于齿轮坯基圆与啮合线交点 N_2 的下方(图 7.49(a))。当刀具的齿顶线通过点 N_2 时(图 7.48(b)),加工出的轮齿虽然没有根切,但处于根切的临界状态。避免刀具齿顶线超过点 N_2 有 4 种方法:①限制最小齿数;②减小被加工齿轮的齿顶高系数 h_a^*;③增大刀具的压力角 α;④变位修正。

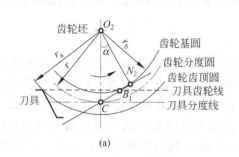 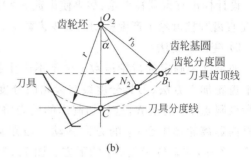

图 7.49　刀具齿顶线位置与齿廓根切的关系

(a) $\overline{CN_2} \geqslant \overline{CB_1}$(避免根切);(b) $\overline{CN_2} < \overline{CB_1}$(根切)

1) 限制最少齿数 $z_{\min}$

图 7.50 中, $\overline{O_2C} = r$ 是被加工齿轮的分度圆半径。在刀具位置和被加工齿轮的模数 m 保持不变的情况下,如果增加齿轮的齿数 z,由式(7-24)知,齿轮的分度圆半径增大,齿轮坯中心 O_2 将上移,设齿轮中心 O_2 上移至 O_2'' 点,则啮合线的极限点 N_2 沿着齿轮基圆的切线上移至点 N_2'',点 N_2'' 位于刀具齿顶线的上方,此时,切制出的轮齿不会产生根切;如果减少被加工齿轮的齿数 z,则齿轮的分度圆半径减小,齿轮坯中心 O_2 下移,设齿轮中心 O_2 下移至 O_2' 点,则啮合线的极限点 N_2 沿着齿轮基圆的切线下移至点 N_2',点 N_2' 位于刀具齿顶线的下方,此时,切制出的轮齿产生根切。

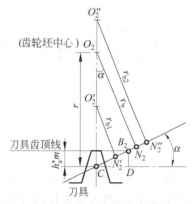

图 7.50　齿数对齿廓根切的影响

由于加工齿轮的刀具几何尺寸是确定值,这样,当模数 m 确定时,轮齿是否会产生根切,与被加工齿轮的齿数有关。增加齿数,可以避免齿廓根切;减少齿数,轮齿则有可能产生根切。因此,限制被加工齿轮的最小齿数,可以避免轮齿根切。

由图 7.50 所示刀具与齿轮坯啮合的几何关系,可以确定齿轮不产生根切的最少齿数 $z_{\min}$。图 7.50 中,由直角 $\triangle CN_2O_2$ 得

$$\overline{CN_2} = r\sin\alpha \tag{7-43}$$

由直角 $\triangle CDB_1$ 得

$$\overline{CB_1} = \frac{h_a^* m}{\sin\alpha} \tag{7-44}$$

将式(7-43)、式(7-44)以及式(7-24)代入图 7.49(a)所示的轮齿不根切的条件 $\overline{CN_2} \geqslant$

$\overline{CB_1}$ 中,得到齿轮不产生根切的齿数应满足的关系为

$$z \geqslant \frac{2h_a^*}{\sin^2 \alpha} \tag{7-45}$$

由表 7.2 以及直齿圆柱齿轮基本参数标准值可知,正常齿高的标准渐开线齿轮的齿顶高系数 $h_a^* = 1$,压力角 $\alpha = 20°$,代入式(7-45)中,得到直齿圆柱齿轮不产生根切的最少齿数 z_{min} 为

$$z_{min} = 17 \tag{7-46}$$

设计标准直齿圆柱齿轮,如果使齿数 $z \geqslant 17$,则切制出的轮齿不会产生根切,即齿数 $z = 17$ 是直齿圆柱齿轮不产生根切的最少齿数 z_{min}。

2) 变位修正法

如果已经确定的齿轮齿数 z 少于不产生根切的最小齿数 17,则按图 7.51(a)所示的标准齿轮加工方法(刀具分度线与齿轮的分度圆相切),刀具的齿顶线一定位于理论啮合线段极限点 N_2 的上方,这样切制出的轮齿将产生根切。欲避免根切,只能将加工齿轮的刀具向远离轮坯中心 O_2 的方向移动一段距离,使得刀具的齿顶线与理论啮合线的极限点 N_2 平齐,或者位于点 N_2 的下方。图 7.51(b)中,将刀具齿顶线向下移动了 xm 距离,使刀具的齿顶位于理论啮合线的极限点 N_2 的下方,这样,切削出的齿廓不再产生根切。这种避免齿轮根切的方法称为变位修正法。

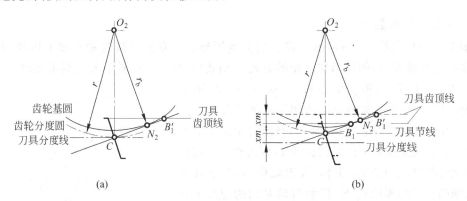

图 7.51　变位修正法避免齿廓根切
(a) 产生根切;(b) 避免根切

除了上述介绍的两种方法,减小齿顶高系数 h_a^*,或者增大刀具压力角 α,也可以避免齿廓产生根切,这种加工齿轮的刀具是非标准刀具,一般不采用。

3) 关于齿条刀具以及齿轮刀具避免根切的说明

图 7.52 中,点 B_2 和点 B_2' 分别是不同大小的齿轮刀具齿顶圆与啮合线的交点,点 B_2'' 则是齿条刀具齿顶线与啮合线的交点;点 C 是刀具节圆(或节线)与齿轮坯分度圆的切点。

在刀具齿顶高 $h_a^* m$ 不变的情况下,如果采用齿轮刀具,则刀具的齿顶圆越小,$\overline{CB_2}$ 越短,若 $\overline{CB_2} < \overline{CN_1}$,则加工出的渐开线齿廓不会产生根切。齿轮刀具的齿顶圆越大,刀具的齿顶圆与啮合线的交点 B_2 就越靠近理论啮合线段的极限点 N_1,CB_2 越长,若 $\overline{CB_2} > \overline{CN_1}$,即点 B_2 位于点 N_1 的上方时,被加工齿轮将产生根切。齿条刀具可以看成是齿顶圆半径 r_a 趋于无穷大的齿轮,当被加工齿轮的基本参数相同时,如果采用齿条刀具切制出的轮齿

没有根切,则采用齿轮刀具加工出的齿廓一定不会发生根切。鉴于这一特征,上述基于齿条刀具讨论的避免根切的措施和分析结果,完全适用于齿轮刀具的加工情况。

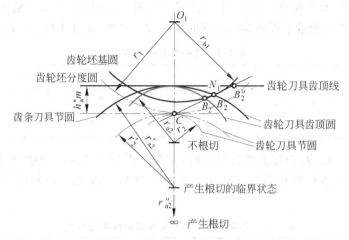

图 7.52　刀具齿顶圆直径对齿廓根切的影响

4. 变位齿轮

采用变位修正法加工出的齿轮称为变位齿轮。图 7.51(b)中,当刀具齿顶线与啮合线交于点 B_1' 时,因为点 B_1' 位于极限啮合点 N_2 的上方,因此加工出的轮齿产生根切。为避免轮齿根切,将图 7.51(b)中加工齿轮的刀具向远离轮坯中心 O_2 的方向(向下)移动一个距离 xm,使得刀具齿顶线与啮合线的交点 B_1 位于极限啮合点 N_2 的下方,即采用变位修正法加工齿轮,这样,可以避免轮齿根切。

图 7.51(b)中刀具移动的距离 xm 称为齿轮的变位量,是刀具节线位置与分度线位置之间的距离。其中,m 是齿轮的模数;x 称为变位系数。

变位齿轮是非标准齿轮,其几何尺寸计算与标准齿轮几何参数的计算方法有一定区别。例如,标准齿轮分度圆上的齿槽宽与齿厚相等,而变位齿轮分度圆上的齿槽宽与齿厚则不等。关于变位齿轮几何尺寸的计算方法及计算公式可参见《机械设计手册》。

7.6.3　齿轮传动精度

齿轮传动精度主要体现在三个方面:运动精度、工作平稳性精度和齿面接触精度[40,48]。

(1)齿轮传动的运动精度反映在齿轮传递运动的准确性,主要表现为相互啮合的齿轮旋转一周的过程中,其实际转角偏离理论转角的程度。

(2)齿轮传动的工作平稳性精度反映齿轮运转过程中产生振动、冲击和噪声的大小,主要表现为相互啮合的齿轮旋转一周的过程中,其瞬时传动比值与恒定传动比理论值的偏差程度。如果齿轮传动的瞬时传动比值偏离恒定传动比的理论值,就会引起齿轮的转速波动,并由此产生振动、冲击和噪声,影响齿轮传动的工作平稳性。

(3)齿面接触精度反映在齿轮传动过程中,轮齿啮合处载荷分布的均匀性,主要表现为相互啮合的轮齿齿面实际接触面积偏离理论接触面积的程度。

1. 齿轮传动的精度等级及其选用

国家标准(GB/T 10095—2008)将齿轮传动精度划分为 13 个等级[49],并通过数字 0～

12 表示精度等级的级别(见表 7.5),其中,数字"0"表示的精度等级最高,数字"12"表示的精度等级最低。齿轮传动精度等级中又可以划分为精密级(0~2 级)、高精度级(3~5 级)、中等精度级(6~9 级)和低精度级(10~12 级)四个类别。其中,0~1 级的精密级齿轮传动由于齿轮的加工工艺和测量手段还难以达到的相应技术水平,尚处于待发展阶段。

表 7.5　齿轮传动精度等级

精度等级	高 ━━━━━━━━━━━━━━━━━━━━━━━━━━━━━━━→ 低												
	0	1	2	3	4	5	6	7	8	9	10	11	12
等级类别	精密			高精度			中等精度				低精度		

设计齿轮传动机构,确定其精度等级时,主要考虑齿轮传动的用途、使用条件、传动功率、圆周速度、性能指标等相关技术要求。表 7.6 列出了齿轮传动常用精度等级的应用场合。

表 7.6　齿轮传动常用精度等级的应用场合[46]

精度等级	应 用 场 合	齿轮圆周速度 $v/(m/s)$	传动效率 $\eta/\%$
4 级	特别精密的分度机构; 非常平稳、无噪声的极高速传动; 检测 6~7 级齿轮用的测量齿轮	直齿:$v>35$ 斜齿:$v>70$	$\eta>99.5$
5 级	精密分度机构; 非常平稳无噪声的高速传动; 检测 8~9 级齿轮用的测量齿轮	直齿:$v>20$ 斜齿:$v>40$	$\eta>98.5$
6 级	分度机构; 运转平稳、无噪声、高速、高效、低噪声的重要传动; 读数装置中非常精密的传动	直齿:$v\leqslant15$ 斜齿:$v\leqslant30$	
7 级	高速、轻载、双向转动的传动; 机床进给传动; 有运动配合要求的传动; 中等速度的增速或减速传动; 读数装置中的传动; 中等速度的人字齿轮传动	直齿:$v\leqslant10$ 斜齿:$v\leqslant20$	$\eta>98$
8 级	无特别精度要求的传动; 飞机、汽车、拖拉机、起重机、农业机械、机床和普通减速器中不重要的传动	直齿:$v\leqslant6$ 斜齿:$v\leqslant12$	$\eta>97$
9 级	精度要求比较低的低速传动	直齿:$v\leqslant2$ 斜齿:$v\leqslant4$	$\eta>96$

机械制造设备和一般装备中(例如,金属切削机床、内燃机车、汽车底盘、轻型汽车、载重汽车、拖拉机、通用减速器、轧钢机、矿用绞车、起重机械、农业机械等[50]),常采用 5~9 级精度的齿轮传动。其中,5 级精度是 13 个精度等级中的基础等级。通常相互啮合的一对齿轮采用相同的精度等级,如果一对齿轮副中的两个齿轮采用不同的精度等级,则该对齿轮副的精度等级取决于精度等级较低的齿轮。

2. 齿轮加工方法与加工精度

7.6.1 节中谈到,渐开线齿轮的加工方法主要有仿形法和范成法。表 7.7 列出了常用的齿轮加工方法和与其对应的精度等级。

表 7.7 齿轮加工方法与加工精度[46]

加 工 方 法		加工精度/级	表面粗糙度值 $Ra/\mu m$
仿形法	盘状铣刀铣削	9	2.5~10
	指状铣刀铣削	9	2.5~10
	拉削	6~8	0.04~2.5
范成法	滚齿	6~9	1.25~5
	插齿	6~8	1.25~5
	剃齿	6~7	0.32~1.25
	磨齿	4~7	0.16~0.63

7.7 轮齿失效和齿轮材料

7.7.1 轮齿失效

影响轮齿失效的主要因素有齿轮传动的工作条件、齿轮材料和热处理方式等。

轮齿折断、齿面点蚀、齿面胶合、齿面磨损以及轮齿塑性变形是齿轮传动中常见的 5 种失效形式。

7.7.1.1 轮齿折断

如图 7.53(a)和图 7.53(b)所示,齿轮的轮齿在工作过程中承受载荷时,类似于一根悬臂梁,齿根部位产生的弯曲应力最大。另外,由于齿根部位过渡圆角处有比较大的应力集中现象,因此,轮齿的折断通常发生在齿根部位。

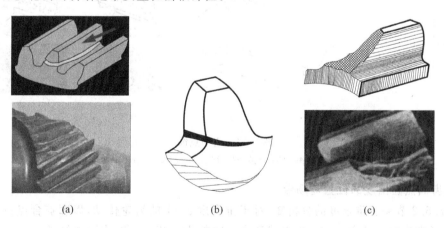

(a)   (b)   (c)

图 7.53 轮齿折断

(a) 全齿折断;(b) 拉应力侧疲劳裂纹;(c) 局部齿折断[29, 34]

轮齿产生折断的原因有疲劳折断和过载折断两种。

1. 疲劳折断

齿轮传动过程中,轮齿处于啮合状态时受到力的作用,脱离啮合后不再有力作用,因此,轮齿工作过程中受到交变应力的作用。对于单向旋转的齿轮,轮齿受到的弯曲应力呈脉动循环特性;而双向旋转齿轮的轮齿,则承受对称循环的弯曲应力。这样,齿轮传动过程中,轮齿的齿根部位在过高的交变应力反复作用下,首先在拉应力侧产生疲劳裂纹(图 7.53(b)),裂纹扩大后即会导致轮齿产生图 7.53(a)和图 7.53(c)所示的疲劳折断。

2. 过载折断

齿轮传动过程中,轮齿在短时间内严重过载或者受到意外冲击载荷的作用,使齿根危险截面上的应力超过极限值,导致轮齿突然折断的现象称为过载折断。采用淬火钢或铸铁材料制成的齿轮,容易发生过载折断。

轮齿的疲劳折断和过载折断均起始于轮齿齿根部位受拉应力的一侧(图 7.53(a)和图 7.53(b))。从轮齿折断的现象看,有全齿折断(图 7.53(a))和局部齿折断(图 7.53(c)),全齿折断一般发生于齿宽较小的直齿圆柱齿轮;局部齿折断则常发生于齿轮支承轴的刚度较低并且产生弯曲变形,以及轮齿宽度较大的直齿、斜齿和人字形齿轮传动。

7.7.1.2　齿面点蚀

1. 齿面点蚀产生的过程及原因

齿轮传动过程中,轮齿呈间断啮合(即间断受力)状态,因此,其表面接触应力如图 7.54(a)所示,呈脉动循环变化,如果齿面最大接触应力 σ_{Hmax} 超过材料允许的接触疲劳应力 $[\sigma_H]$,即 $\sigma_{Hmax} > [\sigma_H]$ 时,在较大接触应力 σ_H 的反复作用下,齿面表层首先产生如图 7.54(b)所示的微小裂纹,裂纹在齿面表层高压油的挤压下蔓延扩展,最终导致金属微粒剥落,形成斑点,产生疲劳点蚀。对于相对滑动速度较低的轮齿啮合,齿面之间不易形成油膜,容易产生齿面点蚀。

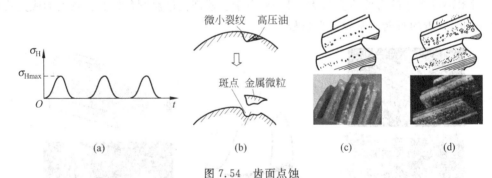

图 7.54　齿面点蚀

(a) 齿面接触应力曲线图;(b) 点蚀产生过程;(c) 早期点蚀;(d) 破坏性点蚀[34]

2. 齿面点蚀出现的位置与场合

由 7.5.2 节关于重合度的分析知,对于重合度 $\varepsilon > 1$ 的齿轮传动,齿廓啮合点位于节线附近时,通常为单齿啮合,此时,传动载荷由一对轮齿承担,因此,齿面点蚀首先出现在轮齿的节线附近靠近齿根的齿面上(图 7.54(c)),随着齿面点蚀面积的扩大,最终导致破坏性点蚀(图 7.54(d))。

轮齿的抗点蚀能力与齿面硬度有关,齿面硬度越高,抗点蚀能力越强。在齿面布氏硬度

≤350 HB 的软齿面闭式齿轮传动中,轮齿通常因齿面点蚀而失效。

开式齿轮传动的润滑条件差,轮齿磨损比较快,齿面尚未出现点蚀之前就已经磨损,因此,很少产生齿面点蚀。

3. 抗点蚀措施

通过下述措施可以防止齿面产生点蚀:

(1) 提高齿面硬度;

(2) 降低齿面粗糙度,由此提高齿面的许用接触应力$[\sigma_H]$;

(3) 增加润滑油的黏度,使轮齿齿面之间容易形成油膜,减小齿面的接触应力 σ_H。

7.7.1.3 齿面胶合

1. 齿面胶合产生的过程和原因

高速重载情况下的齿轮传动,由于轮齿间的相对滑动速度高,齿面接触处的压力大,极易引起齿面啮合区产生瞬时高温,导致润滑油失效,齿面间的油膜破裂,致使轮齿表面的金属直接接触,引起齿面金属局部熔黏。这样,齿轮继续转动的过程中,在较软轮齿的表面上,沿轮齿相对滑动方向被撕出与滑动方向一致的沟纹(图 7.55),齿面产生胶合而损坏。另外,齿轮在低速重载情况下运行时,由于速度低,轮齿间的压力大,齿廓表面不易形成油膜,也易引起齿面局部熔黏,产生胶合。

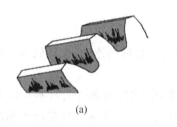
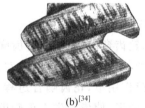

(a)　　　　　　　　　(b)[34]　　　　　　　　　(c)

图 7.55　齿面胶合

2. 防止胶合的措施

防止齿面胶合可以从 3 个方面考虑采取措施:

(1) 提高齿面硬度,降低齿面粗糙度,由此增强齿面的抗胶合能力;

(2) 对于高速传动的齿轮,采用含有抗胶合添加剂的润滑油,避免齿面间的润滑油膜因高温破裂而失效;

(3) 对于低速传动的齿轮,采用黏度大的润滑油,以保证齿轮低速运行时,润滑油能够黏附在齿廓表面,形成油膜。

7.7.1.4 齿面磨损

磨损有两种类型:跑合磨损和磨粒磨损。其中跑合磨损是将刚刚制造完毕的齿轮传动机构在轻载作用下运行(进行跑合),磨去齿廓在加工过程中产生的棱边和毛刺。跑合结束后,必须清洗、更换齿轮润滑油,以避免润滑油中的铁屑损伤齿面。跑合磨损是一种有益的磨损,不属于轮齿失效范畴。磨粒磨损是齿面磨损失效的主要原因。

1. 齿面磨损产生的原因与场合

齿轮传动过程中因砂粒、铁屑等杂质进入轮齿啮合表面引起的磨损称为齿轮传动中的磨粒磨损。磨粒磨损严重时,齿廓的渐开线形状被破坏(图 7.56),导致轮齿啮合时产生明显的振动和噪声,使齿轮传动失效。另外,齿轮轮齿磨薄后容易折断而报废。

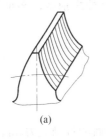 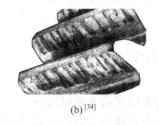 

(a) (b)[34] (c)

图 7.56 齿面磨损

齿面磨损通常出现在润滑条件比较差的齿轮传动中,磨粒磨损则是开式齿轮传动的主要失效形式。

2. 抗磨损措施

闭式齿轮传动中,提高齿面硬度、降低齿面粗糙度、改善密封和润滑条件(例如,在润滑油中加入减磨剂,保持油的清洁),可以提高齿廓表面抗磨粒磨损的能力,防止或者减轻齿面磨损。

开式齿轮传动中,应注意环境卫生,减少磨粒侵入齿廓表面。

7.7.1.5 齿面塑性变形

1. 轮齿塑性变形产生原因与场合

齿轮传动的塑性变形表现为轮齿弯曲、压陷或者齿廓表面材料的流动,齿轮轮齿产生塑性变形后,破坏了渐开线齿廓的形状,导致齿轮传动失效。

齿轮材料比较软时,在重载荷作用下,轮齿啮合过程中,较软齿面表层的材料会沿着轮齿所受摩擦力方向产生局部塑性变形,使齿廓失去正确齿形。图 7.57(a)中,主动齿轮的齿廓表面受到的摩擦力方向以齿轮节圆(线)为分界线,并且背离节线分别朝向轮齿的齿顶和齿根,因此,主动齿轮的齿廓产生塑性变形时,如图 7.57(b)所示,在齿廓表面节线附近形成凹沟。从动齿轮齿廓表面受到的摩擦力方向则与主动齿轮上轮齿受到的摩擦力方向相反,在齿顶高及齿根高部位分别指向节线,故从动齿轮齿廓产生塑性变形后,如图 7.57(c)所示,在齿廓表面的节线附近形成凸棱。

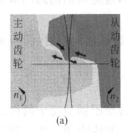 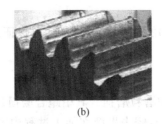 

(a) (b) (c)

图 7.57 齿面塑性变形

(a) 塑性变形的产生过程;(b) 主动齿轮的塑性变形;(c) 从动齿轮的塑性变形

在低速、重载和振动频繁场合下工作的齿轮传动机构,如果齿轮材质较软,齿面硬度较低,轮齿容易产生塑性变形。

2. 预防轮齿塑性变形的措施

提高轮齿的齿面硬度,采用高黏度润滑油,有利于齿廓啮合面间形成油膜,一方面减小轮齿啮合面间的摩擦力,另一方面保护齿面,以此提高轮齿抵抗塑性变形的能力。

7.7.1.6 轮齿失效小结

由上述分析讨论结果知,齿面点蚀、齿面磨损、齿面胶合以及轮齿塑性变形,均会使轮齿失去正确齿形,导致齿轮传动失去平稳性,使齿轮运行过程中产生振动和噪声。

并非所有齿轮传动同时存在上述 5 种失效形式,在不同的工作环境和工作条件下,齿轮的失效形式也将有所不同。通常,开式齿轮传动的失效形式主要表现为磨粒磨损。而闭式齿轮传动,则根据轮齿齿面硬度的不同、齿轮转速的高低和不同的承载情况,有不同的失效形式。如果轮齿的齿面硬度>350 HB,称其为硬齿面;如果轮齿的齿面硬度≤350 HB,则称其为软齿面。关于闭式齿轮传动的失效形式总结如下:

(1)一般情况下,闭式硬齿面齿轮传动容易产生弯曲折断而失效,其次是齿面疲劳点蚀失效;而闭式软齿面齿轮传动的主要失效形式是齿面点蚀,其次为弯曲折断。

(2)在高速或低速重载工作条件下运行的闭式齿轮传动,其主要失效形式表现为齿面胶合。

(3)如果低速、重载或振动频繁的工作场合采用闭式齿轮传动,其主要失效形式多为塑性变形。

7.7.2 齿轮材料

7.7.2.1 齿轮材料应具备的条件

为保证齿轮传动所需的工作能力,选择齿轮材料时应考虑下述几个方面:

(1)能够保证齿面有足够的硬度和耐磨性,以提高齿面的抗点蚀能力、抗磨粒磨损能力、抗胶合能力和抗塑性变形的能力;

(2)能够保证齿芯有足够的韧性,使齿轮传动在冲击载荷或变载荷作用下,有较强的抗弯曲疲劳能力;

(3)具有良好的加工和热处理工艺性,有利于齿轮达到所需的制造精度;

(4)价格低廉。

7.7.2.2 常用齿轮材料及热处理

齿轮常用材料有各种牌号的优质碳钢、合金钢、铸钢、铸铁等。加工齿轮的过程中,其材料通常需经过热处理,常用的热处理方式有:正火、淬火、回火、调质、渗碳、渗氮以及表面淬火等。

(1)正火处理。正火是将钢材加热到一定温度,保温一段时间后,在空气中冷却的热处理过程。由于冷却速度较快,因此正火处理后的钢材硬度和强度都比较高。

(2)淬火处理。淬火是将钢材加热到一定温度,保温一段时间后,在水或油中快速冷却的热处理过程。钢材经过淬火处理后,其硬度急剧增加,但是材料的内应力很大,脆性增加。

(3)回火处理。回火是将经过淬火处理的钢材重新加热到低于某个临界温度,保温一段时间后再进行冷却的热处理过程。

(4)调质处理。调质是将经淬火处理后的钢材进行高温回火的热处理过程。高温回火的温度在 500～650℃范围内。

(5) 渗碳处理。渗碳是将零件放入含有碳元素的介质中加热、保温,使碳元素的活性原子渗入零件表面的热处理过程。

(6) 渗氮处理。渗氮是一种化学热处理,材料经过渗氮后不再进行其他热处理,轮齿经渗氮处理后,齿面硬度可达 60～62 HRC。

(7) 表面淬火处理。表面淬火是将零件表面迅速加热到淬火温度,并且热量尚未传至零件中心就进行快速冷却的热处理过程。

1. 锻钢

锻钢是制造齿轮的主要材料。齿轮毛坯通过锻造获得。一般采用碳的质量分数为0.1%～0.6%的碳素钢或者合金钢。根据齿面硬度及齿轮的加工工艺,将锻钢齿轮分为软齿面齿轮和硬齿面齿轮两大类别。

1) 软齿面齿轮

齿面布氏硬度≤350 HB 的齿轮称为软齿面齿轮。如果采用碳素钢作为齿轮材料,齿面布氏硬度通常设定为≤210 HB;如果采用合金钢作为齿轮材料,则齿面布氏硬度的设定范围可以提高至≤350 HB。

如果大齿轮和小齿轮均采用软齿面齿轮,由于小齿轮的齿根比较薄(形成渐开线的基圆小),齿根弯曲强度相对于大齿轮比较低。又因为齿轮传动过程中,大齿轮转动一圈,小齿轮通常转动若干圈,即小齿轮每个轮齿的工作次数大于大齿轮的轮齿,因此,设计齿轮传动机构时,应使小齿轮的齿面硬度略高于大齿轮的齿面硬度(其布氏硬度值通常高出 25～50 HB),以保证小齿轮与大齿轮的使用寿命相近。

加工软齿面齿轮时,通常先进行粗加工,之后进行正火或者调质处理,热处理后经过精加工即形成齿轮成品。因此,软齿面齿轮的加工工艺比较简单,制造简便。由于软齿面齿轮通常采用机械加工的方式切制轮齿的齿面,因此,齿面硬度受到限制。

软齿面齿轮通常用于强度、速度和精度要求不高的一般机械传动。

2) 硬齿面齿轮

齿面布氏硬度＞350 HB 的齿轮称为硬齿面齿轮。加工硬齿面齿轮时,首先粗加工,之后进行正火或者调质热处理,然后精加工,精加工完毕,进行表面渗碳淬火或者表面淬火,以提高齿面硬度(一般达到 45～65 HRC)。齿面经过最终热处理后,为消除热处理后的变形,还需磨削或者研磨轮齿,硬齿面齿轮的加工精度高、制造复杂,需专门设备磨齿。

硬齿面齿轮的材料,根据齿轮加工拟采用的最终热处理方式确定。如果轮齿表面欲进行渗碳淬火,应采用低碳钢(常用 20 号碳素钢)或者低碳合金钢(常用 20Cr 或 20CrMnTi)。如果拟对齿轮进行整体表面淬火,则常采用中碳钢(45 钢)或者中碳合金钢(40Cr)。

硬齿面齿轮通常应用于结构要求紧凑、高速重载和精密机械中,生产批量越大,加工成本就越低。

2. 铸钢

齿轮分度圆直径 d≥500 mm 时,轮坯不易锻造,这种情况下,常采用铸钢(ZG310-570,ZG340-640 等)作为齿轮的材料。铸钢的收缩性比较大,产生的内应力大,故常需进行正火或者回火处理以消除其内应力。

3. 铸铁

与铸钢相比,铸铁的抗弯强度和抗冲击能力较差;但是抗点蚀和抗胶合的能力强;价格低廉,铸造性能和切削性能比较好。常用的铸铁材料有:灰铸铁 HT200、HT250 和 HT300 以及球墨铸铁 QT500-3、QT500-5 及 QT500-7 等。

开式齿轮传动,以及低速、轻载、无冲击的齿轮传动,或者几何尺寸较大的齿轮传动,常常采用铸铁作为齿轮的材料。

4. 非金属材料

对于高速轻载、精度要求不高,同时希望齿轮传动噪声比较小时,常采用非金属作为齿轮的材料。非金属材料的导热性差,因此,一对啮合齿轮中,一般只有一个齿轮(通常为小齿轮)采用非金属材料,另一个齿轮则采用金属材料。常用的非金属材料有尼龙和聚甲醛。

7.8　直齿圆柱齿轮强度计算

7.8.1　轮齿受力分析和计算载荷

计算和分析齿轮强度,设计支承齿轮的轴和轴承,都必须分析齿轮啮合的受力情况。

图 7.58 是按标准中心距安装的一对标准直齿圆柱齿轮传动受力分析图,我们以此为基础分析轮齿啮合处的受力情况。

1. 主动齿轮轮齿受力分析

忽略轮齿啮合处摩擦力的影响,主动齿轮受到的力和力矩有:原动机施加的驱动力矩 T_1;主动齿轮支承处受到的支反力 R_{x1} 和 R_{y1};轮齿啮合点处受到从动轮轮齿给予的总压力 F_{n1}。力 F_{n1} 的方向沿着轮齿啮合点公法线 N_1N_2 指向主动轮齿表面,由渐开线齿廓的啮合特性知,无论轮齿啮合点处于什么位置,力 F_{n1} 的作用线(亦即齿廓啮合点公法线)或者其延长线一定通过轮齿啮合的节点 C。

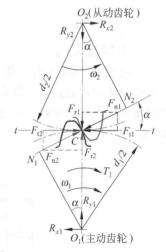

图 7.58　齿轮传动受力分析

主动齿轮的轮齿啮合点受到的作用力 F_{n1} 可以分解成两个相互垂直的分力:圆周力 F_{t1} 与径向力 F_{r1}。

圆周力 F_{t1} 与分度圆(节圆)相切,也称为切向分力,其方向与主动齿轮的旋转方向相反,是主动齿轮运动的阻力。如将主动齿轮 1 作为力的分析对象,则由力矩平衡条件 $\sum M_{O1} = 0$ 可以求得圆周力 F_{t1} 的大小为

$$F_{t1} = \frac{2T_1}{d_1} \tag{7-47}$$

径向力 F_{r1} 沿着主动齿轮的半径方向,指向主动齿轮的中心 O_1。由力分解的平行四边形关系,求得径向力 F_{r1} 和总压力 F_{n1} 的计算式分别为

$$F_{r1} = F_{t1} \tan \alpha \tag{7-48}$$

$$F_{n1} = \frac{F_{t1}}{\cos \alpha} = \frac{2T_1}{d_1 \cos \alpha} \tag{7-49}$$

2. 从动齿轮轮齿受力分析

由图 7.58 知,从动齿轮受到的力有:齿轮支承处受到的支反力 R_{x2} 和 R_{y2};轮齿啮合点处受到的主动齿轮轮齿给予的总压力 F_{n2},力 F_{n2} 与力 F_{n1} 是作用力与反作用力关系,其方向与 F_{n1} 相反,其大小与 F_{n1} 相同,即

$$\boldsymbol{F}_{n2} = -\boldsymbol{F}_{n1} \tag{7-50}$$

力 F_{n2} 也可以分解成两个相互垂直的分力:圆周力 F_{t2} 和径向力 F_{r2}。

圆周力 F_{t2} 与从动齿轮的分度圆相切,其方向与从动齿轮的转动方向相同,是驱动从动齿轮运动的有效分力。力 F_{t2} 与主动齿轮上的圆周力 F_{t1} 大小相等,方向相反。即

$$\boldsymbol{F}_{t2} = -\boldsymbol{F}_{t1} \tag{7-51}$$

径向力 F_{r2} 沿着从动齿轮半径方向,指向从动齿轮的回转中心 O_2,与主动齿轮上的径向力 F_{r1} 大小相等,方向相反。即

$$\boldsymbol{F}_{r2} = -\boldsymbol{F}_{r1} \tag{7-52}$$

3. 计算载荷 F_{nc}

1) 名义载荷 F_n

名义载荷是根据主动齿轮驱动力矩的名义值 T_1 求得的作用力,由式(7-49)及式(7-50)知,

$$F_n = F_{n1} = F_{n2} = \frac{2T_1}{d_1 \cos \alpha} \tag{7-53}$$

2) 计算载荷 F_{nc}

齿轮啮合时,名义载荷理论上沿齿宽均匀分布,但由于轴和轴承的变形(图 7.59(b)),以及传动装置的制造和安装误差等因素的影响,齿轮机构的工作载荷并非均匀分布,会出现载荷集中和附加动载荷。因此,计算齿轮强度时,必须用载荷系数 K 对名义载荷 F_n 进行修正,修正后的载荷称为计算载荷,用 F_{nc} 表示:

$$F_{nc} = KF_n \tag{7-54}$$

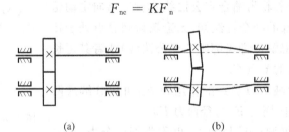

(a)   (b)

图 7.59   轴弯曲时的载荷集中现象

齿轮传动中,工作载荷和速度的变化会引起附加动载荷,而且齿轮精度越低,圆周速度越高,齿轮传动时产生的附加动载荷就越大。由于这些因素的影响,导致齿轮运转时受到的实际载荷大于理论上的名义载荷,进行齿轮强度验算时,用计算载荷 F_{nc} 代替名义载荷 F_n,这样,强度计算的结果会更贴近实际情况。

3) 载荷系数 K

齿轮的制造和装配误差以及轮齿、轴和轴承受力变形后,均会导致齿轮传动出现载荷集

中现象,而且轴和轴承的刚度越小,齿轮的轮齿宽度 b 越宽,载荷集中现象就越显著。进行齿轮强度计算时,可以通过载荷系数 K,修正这些不利于齿轮传动的影响因素,包括:齿轮的制造和装配误差,轮齿、轴和轴承受载后的变形,以及齿轮传动中工作载荷和速度的变化,等等。

载荷系数 K 的取值,主要考虑 3 个方面的因素:

(1) 驱动齿轮机构运动的原动机类型。例如,原动机是电动机还是内燃机,是单缸内燃机还是多缸内燃机,等等。

(2) 工作执行机构的载荷特性,即工作执行机构承受均匀载荷还是冲击载荷,是一般冲击载荷还是较大的冲击载荷,等等。

(3) 齿轮传动的精度。对于中等精度的齿轮传动,载荷系数 K 的取值范围通常为 1.2~1.4。

表 7.8 是与不同类型原动机和工作执行机构对应的载荷系数 K 的取值范围。对于软齿面齿轮,或者如图 7.60(a)所示齿轮相对于支承呈对称布置时,载荷系数 K 取表 7.8 中的小值;对于硬齿面齿轮,或者齿轮相对于支承呈悬臂梁布置(图 7.60(b))或非对称布置(图 7.60(c))时,载荷系数 K 取表 7.8 中的大值。

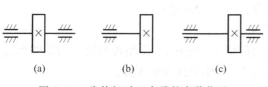

图 7.60　齿轮相对于支承的安装位置

表 7.8　载荷系数 K[40]

原动机	工作执行机构载荷特性		
	均　匀	中等冲击	较大冲击
电动机	1~1.2	1.2~1.6	1.6~1.8
多缸内燃机	1.2~1.6	1.6~1.8	1.9~2.1
单缸内燃机	1.6~1.8	1.8~2.0	2.2~2.4

7.8.2　齿根弯曲疲劳强度计算

1. 几点假设

计算轮齿的齿根弯曲疲劳强度时,需要对轮齿的受力状况作几点假设:

(1) 将轮齿视为悬臂梁,悬臂梁的宽度是齿宽 b(图 7.61(a));

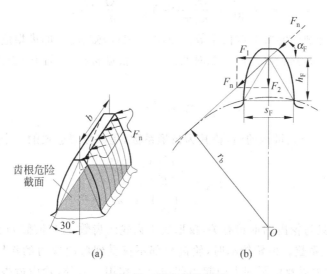

图 7.61　轮齿危险截面

（2）载荷 F_n 全部作用于一个轮齿的齿顶,且由一对轮齿承受(图 7.61(a))。载荷作用于齿顶时,齿根处的弯曲力矩最大。实际上,通常齿轮传动的重合度 $\varepsilon>1$,即一对轮齿在齿顶啮合时,与其相邻的轮齿也处于啮合状态,载荷理应由同时处于啮合状态(两对或两对以上)的轮齿分担。但是,考虑到齿轮加工和安装误差等方面的因素,计算齿根弯曲疲劳强度时,按一对轮齿承担全部载荷计算,由此得到的强度计算结果更加安全可靠。

（3）齿根危险截面用 30°切线法确定,如图 7.61(b)所示,作两根与轮齿齿廓对称中心线成 30°夹角的斜线,并使这两根斜线与轮齿根部两侧齿廓的圆角相切,过两个切点分别作与齿宽方向平行的直线,两根直线与切点连线构成的平面即为齿根危险截面(图 7.61(a))。这一假设与轮齿断裂的实际情况基本相符。危险截面处的齿厚用 s_F 表示。

2. 危险截面弯曲应力 σ_F

图 7.61(b)中,将作用于轮齿齿顶的力 F_n 分解成两个相互垂直的切向分力 F_1 和径向分力 F_2。

切向分力 F_1 在齿根危险截面上产生剪应力和弯曲应力。力 F_1 的大小为

$$F_1 = F_n\cos\alpha_F \qquad (7\text{-}55)$$

径向分力 F_2 在齿根危险截面上产生压应力。力 F_2 大小为

$$F_2 = F_n\sin\alpha_F \qquad (7\text{-}56)$$

式(7-55)和式(7-56)中,s_F 是齿根危险截面处的齿厚;h_F 是力 F_n 作用线与轮齿对称线的交点至危险截面的距离;α_F 是轮齿对称线的垂线与力 F_n 作用线间的夹角。

齿根危险截面上,径向分力 F_2 产生的压应力和切向分力 F_1 产生的剪应力,相对于力 F_1 引起的弯曲应力小得多,因此,计算齿根弯曲疲劳强度时,通常只考虑弯曲应力的影响。齿根危险截面处的弯曲力矩 M 为

$$M = KF_1h_F = Kh_F F_n\cos\alpha_F \qquad (7\text{-}57)$$

根据材料力学中弯曲应力的计算式,以及式(7-57)、式(7-49)、式(7-47)和式(7-24),可以求得齿根危险截面处的弯曲应力 σ_F 为

$$\sigma_F = \frac{M}{W} = \frac{2KT_1}{bz_1 m^2}Y_{Fa}Y_{sa} = \frac{KF_t}{bm}Y_{Fa}Y_{sa} \qquad (7\text{-}58)$$

式中,W 为齿根危险截面的抗弯截面系数。由图 7-61(a)知,轮齿的齿根危险截面形状呈矩形,其长度等于齿宽 b,其宽度是危险截面的齿厚 s_F,根据材料力学的知识,矩形截面的抗弯截面系数为

$$W = \frac{bs_F^2}{6} \qquad (7\text{-}59)$$

式(7-58)中,Y_{Fa} 是一个无量纲的值,称其为齿形系数,是参数表达式的一个代表符号,即

$$Y_{Fa} = \frac{6\left(\dfrac{h_F}{m}\right)\cos\alpha_F}{\left(\dfrac{s_F}{m}\right)^2\cos\alpha} \qquad (7\text{-}60)$$

齿形系数 Y_{Fa} 的值只与轮齿的形状有关,仅取决于齿轮的齿数 z,与模数 m 无关。

Y_{sa} 为应力修正系数。齿轮传动时,轮齿根部不仅受到弯曲应力的作用,同时还受到由径向力引起的压应力以及由圆周力引起的剪切应力作用。另外,轮齿齿根部位截面突变处存在应力集中。应力修正系数 Y_{sa} 考虑了除弯曲应力以外的其他应力对齿根危险截面应力

影响的修正系数。

对于齿顶高系数 $h_a^* = 1$、顶隙系数 $c^* = 0.25$ 以及压力角 $\alpha = 20°$ 的标准齿轮,其齿形系数 Y_{Fa} 和应力修正系数 Y_{sa} 的值可以根据齿数 z 由表 7.9 查得。

表 7.9　标准外齿轮齿形系数 Y_{Fa} 和应力修正系数 Y_{sa}[30]

$(h_a^* = 1、c^* = 0.25、\alpha = 20°)$

齿数 z	17	18	19	20	22	25	27	30	35
Y_{Fa}	2.97	2.91	2.85	2.81	2.72	2.63	2.57	2.53	2.46
Y_{sa}	1.52	1.53	1.54	1.56	1.575	1.59	1.61	1.625	1.65
齿数 z	40	45	50	60	70	80	100	200	∞
Y_{Fa}	2.41	2.37	2.33	2.28	2.25	2.23	2.19	2.12	2.06
Y_{sa}	1.67	1.69	1.71	1.73	1.75	1.775	1.80	1.865	1.97

由式(7-58)可以分别求得主动齿轮和从动齿轮的齿根弯曲应力 σ_{F1} 和 σ_{F2}。

$$\sigma_{F1} = \frac{KF_{t1}}{b_1 m} Y_{Fa1} Y_{sa1} \tag{7-61}$$

$$\sigma_{F2} = \frac{KF_{t2}}{b_2 m} Y_{Fa2} Y_{sa2} \tag{7-62}$$

式(7-61)和式(7-62)中,Y_{Fa1}、Y_{Fa2} 分别是主动齿轮和从动齿轮的齿形系数;Y_{sa1}、Y_{sa2} 分别是主动齿轮和从动齿轮的应力修正系数。齿轮的齿形系数和应力修正系数都可根据齿轮的齿数由表 7.9 查取。

由式(7-51)知,主动齿轮和从动齿轮的圆周力 F_{t1} 与 F_{t2} 大小相等,如果主、从动齿轮的轮齿宽度相等,即 $b_1 = b_2$,则由式(7-61)和式(7-62)可得主动齿轮弯曲应力 σ_{F1} 与从动轮弯曲应力 σ_{F2} 之间的关系式为

$$\frac{\sigma_{F1}}{Y_{Fa1} Y_{sa1}} = \frac{\sigma_{F2}}{Y_{Fa2} Y_{sa2}} \tag{7-63}$$

齿轮传动机构中,如果已知一个齿轮的弯曲应力,由式(7-63)可以直接求得另一个齿轮的弯曲应力。

3. 齿根许用弯曲应力 $[\sigma_F]$

齿根许用弯曲应力 $[\sigma_F]$ 的计算式为

$$[\sigma_F] = \frac{\sigma_{Flim}}{S_F} \tag{7-64}$$

式中,σ_{Flim} 为齿根弯曲疲劳极限,其值根据齿轮材料以及材料热处理后的硬度可由图 7.62 查取;S_F 是齿根弯曲疲劳安全系数,通常取 $S_F = 1.25$;当轮齿损坏会造成严重影响时,取 $S_F = 1.6$。

4. 齿根弯曲疲劳强度校核公式

由式(7-58)和式(7-64)可以得到齿根弯曲疲劳强度的校核计算式:

$$\sigma_F = \frac{2KT_1}{bz_1 m^2} Y_{Fa} Y_{sa} \leqslant [\sigma_F] \tag{7-65}$$

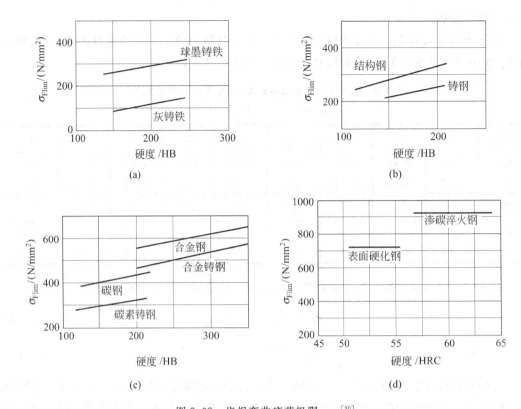

图 7.62　齿根弯曲疲劳极限 σ_{Flim}[30]

(a) 铸铁；(b) 正火处理的结构钢和铸钢；(c) 调质处理的碳钢和合金钢；

(d) 渗碳淬火钢和表面硬化(火焰或感应淬火)钢

齿轮设计完毕,利用式(7-65)可以验算齿根的弯曲疲劳强度。

由表 7.9 知,齿形系数 Y_{Fa} 和应力修正系数 Y_{sa} 的值取决于齿轮的齿数,一对相互啮合的齿轮,其齿数未必相同,如果传动比 $i_{12} \neq 1$,则主动齿轮的齿形系数 Y_{Fa1} 和应力修正系数 Y_{sa1} 未必等于从动齿轮的齿形系数 Y_{Fa2} 和应力修正系数 Y_{sa2}。另外,齿轮传动机构中,两个齿轮的材料未必相同、齿面硬度也不一定相等,这样,由图 7.62 和式(7-64)知,主、从动齿轮的许用应力 $[\sigma_{F1}]$ 和 $[\sigma_{F2}]$ 一般也不相等。因此,校核相互啮合的齿轮弯曲强度时,应分别对主、从动齿轮的齿根弯曲疲劳强度同时进行验算,即分别检验主、从动齿轮的齿根弯曲疲劳强度($\sigma_{F1} < [\sigma_{F1}]$,$\sigma_{F2} < [\sigma_{F2}]$)。

5. 齿根弯曲疲劳强度设计公式

齿轮传动设计中,通常先求得齿轮的基本参数(模数 m)。为此引入齿宽系数的概念,定义齿宽系数 ψ_d 为齿轮轮齿的宽度 b 与主动齿轮分度圆直径 d_1 的比值,即

$$\psi_d = \frac{b}{d_1} \tag{7-66}$$

在齿根弯曲疲劳强度校核公式(7-65)中引入齿宽系数 ψ_d,可以得到符合齿根弯曲疲劳强度的模数 m 计算式,称其为齿根弯曲疲劳强度设计公式:

$$m \geqslant \sqrt[3]{\frac{2KT_1}{\psi_d z_1^2} \frac{Y_{Fa} Y_{sa}}{[\sigma_F]}} \tag{7-67}$$

确定了主动齿轮的齿数 z_1、齿宽系数 ψ_d，以及齿轮材料和齿面硬度（即齿根许用弯曲应力 $[\sigma_F]$）之后，即可利用式(7-67)，求得符合齿根弯曲疲劳强度要求的模数 m。在满足齿根弯曲疲劳强度的条件下，适当增加齿数 z_1，可以提高齿轮传动的平稳性。由式(7-67)计算求得的齿轮模数 m 还应按表 7.1（或国家标准(GB/T 1357—1987)）圆整成标准值。

6. 两点说明

(1) 欲使所定模数 m 能够同时符合主、从动齿轮的齿根弯曲疲劳强度要求，利用式(7-67)计算齿轮模数 m 时，式中的 $\dfrac{Y_{Fa}Y_{sa}}{[\sigma_F]}$ 应取 $\dfrac{Y_{Fa1}Y_{sa1}}{[\sigma_{F1}]}$ 和 $\dfrac{Y_{Fa2}Y_{sa2}}{[\sigma_{F2}]}$ 中较大者。

(2) 齿根弯曲应力计算公式(7-58)和齿根弯曲疲劳强度校核公式(7-65)中，已经用主动齿轮的驱动力矩 T_1 和直径 d_1 替换了载荷参数 F_n，因此，运用齿根弯曲疲劳强度校核公式(7-65)和设计公式(7-67)时，不能用从动齿轮上受到的阻力矩 T_2 和从动齿轮齿数 z_2 直接置换式(7-65)和式(7-67)中主动齿轮的驱动力矩 T_1 和齿数 z_1。如果需要利用从动齿轮的相关参数校核齿根弯曲疲劳强度或计算齿轮模数 m，应将载荷 F_n 用从动齿轮的参数表示后代入式(7-57)中，进而导出由从动齿轮相关参数表示的齿根弯曲疲劳强度校核公式和设计计算式。

7.8.3 齿面接触疲劳强度计算

1. 齿面接触应力

计算和限制齿轮齿廓啮合面的接触应力 σ_H，是为了防止齿面产生疲劳点蚀而失效。借助两个圆柱体接触应力的计算方法和公式可以求解齿面接触应力。

1) 圆柱体接触应力

两个圆柱体接触，受到载荷 F_n 作用时，理论上接触处为线接触，但是由于材料的弹性变形，两个圆柱体实际上呈现为面接触，并且接触面对称中线上的接触应力最大(图 7.63)。根据弹性力学的赫兹公式，可以求得圆柱体接触面上的最大接触应力值 σ_H：

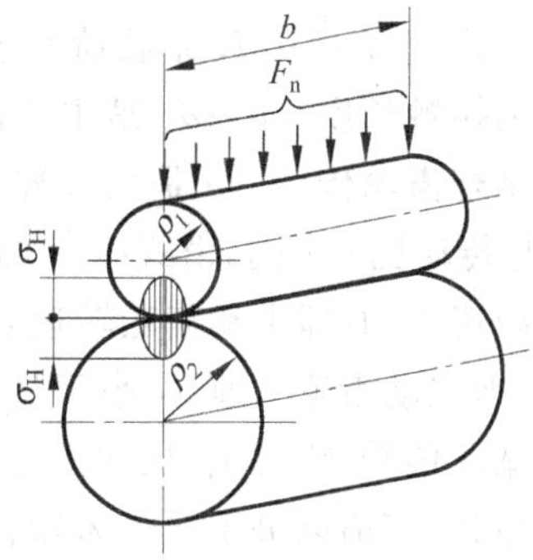

$$\sigma_H = \sqrt{\dfrac{F_n}{\pi b\left(\dfrac{1-\nu_1^2}{E_1}+\dfrac{1-\nu_2^2}{E_2}\right)}\dfrac{\rho_2 \pm \rho_1}{\rho_1\rho_2}} \qquad (7\text{-}68)$$

图 7.63 圆柱体接触表面应力

式中，F_n 是作用在圆柱体上的总压力，N；b 是两个圆柱体的接触长度，mm；ρ_1，ρ_2 分别为两个圆柱体的半径，mm；E_1，E_2 分别为两个圆柱体材料的弹性模量，N/mm^2；ν_1，ν_2 分别为两个圆柱体材料的泊松比（即横向变形系数），无量纲；"＋"用于外啮合（即两个圆柱体的外表面接触）；"－"：用于内啮合（即一个圆柱体的外表面与另一个圆柱体的内表面接触）。

2) 齿面接触应力

齿轮传动时，轮齿啮合点可视为两个"圆柱体"的接触，这两个"圆柱体"的半径即为两个

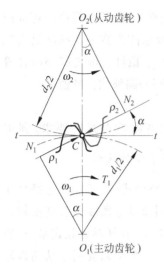

图 7.64　齿廓啮合点曲率半径

齿廓在接触点处的曲率半径,图 7.64 中,ρ_1 和 ρ_2 分别是主、从动齿轮在齿廓接触点处的曲率半径。由于渐开线齿廓上各点的曲率半径不同,又由 7.5.2 节关于重合度的讨论知:轮齿啮合点位于齿轮传动的节点(线)附近时,一般为单齿啮合,即此时齿轮传动的载荷由一对轮齿承担,齿面接触应力最大,故齿面疲劳点蚀多发生在齿轮传动的节点(线)附近,因此,计算齿面接触应力时,通常将位于节点 C 处的轮齿接触点作为齿面接触应力的计算点。

图 7.64 是标准齿轮按标准中心距安装时轮齿的啮合情况,此时齿轮的节圆与分度圆重合,即齿轮传动的节圆半径等于齿轮的分度圆半径。主、从动齿的轮齿接触点位于节点 C 处的曲率半径 ρ_1 和 ρ_2 与齿轮分度圆半径 d_1 和 d_2 的关系为

$$\left.\begin{array}{l} \rho_1 = \overline{N_1 C} = \dfrac{d_1}{2}\sin\alpha \\[2mm] \rho_2 = \overline{N_2 C} = \dfrac{d_2}{2}\sin\alpha \end{array}\right\} \tag{7-69}$$

将式(7-69)中轮齿在节点 C 处接触时的曲率半径 ρ_1 和 ρ_2、齿轮压力角 $\alpha = 20°$,以及由式(7-53)和式(7-54)求得的计算载荷 F_{nc} 代入圆柱体应力计算公式(7-68)中,即得齿面接触应力 σ_H 的计算公式:

$$\sigma_H = 2.5 Z_E \sqrt{\frac{2KT_1(\mu\pm 1)}{bd_1^2 u}} \ (\text{N/mm}^2) \tag{7-70}$$

式(7-70)中,K 是载荷系数,由表 7.8 确定;T_1 是主动齿轮的驱动力矩,N·mm;b 是轮齿的接触长度,mm;d_1 是主动齿轮的分度圆直径,mm;"+"用于外啮合齿轮传动;"—"用于内啮合齿轮传动。u 是大齿轮齿数与小齿轮齿数之比,即齿数比一定满足 $u \geqslant 1$。齿数比 u 与传动比 i 不同,由式(7-1)关于齿轮传动机构的传动比定义以及式(7-37)知,齿轮机构作减速传动(即主动齿轮转速 ω_1 大于从动齿轮转速 ω_2 时),传动比 $i > 1$;齿轮传动为增速运动(即主动齿轮转速 ω_1 小于从动齿轮转速 ω_2 时),传动比 $i < 1$。由此可见,只有当齿轮机构作减速传动,或者主、从动齿轮转速相等时,齿数比 u 才与齿轮传动比 i 相等。Z_E 为材料弹性系数,其值取决于两个齿轮材料的弹性模量 E_1 和 E_2 以及泊松比 ν_1 和 ν_2,其计算式为

$$Z_E = \sqrt{\frac{1}{\pi}\left(\frac{1-\nu_1^2}{E_1} + \frac{1-\nu_2^2}{E_2}\right)} \ (\sqrt{\text{N/mm}^2}) \tag{7-71}$$

表 7.10 是常用齿轮配对材料的弹性系数值。

表 7.10　齿轮配对材料弹性系数 Z_E [47] 　　$\sqrt{\text{N/mm}^2}$

小齿轮材料	大齿轮材料						
	钢	铸钢	球墨铸铁	铸铁	锡青铜	铸锡青铜	织物层压塑料
钢	189.8	188	181.4	162	159.8	155	56.4
铸钢		188	180.5	161.4			
球墨铸铁			173.9	156.6			
铸铁				143.7			

2. 轮齿许用接触应力[σ_H]

轮齿许用接触应力[σ_H]的计算式为

$$[\sigma_H] = \frac{\sigma_{Hlim}}{S_H} \ (\text{N/mm}^2) \tag{7-72}$$

式中，σ_{Hlim}是齿面接触疲劳极限，根据齿轮材料和材料热处理后的硬度，由图 7.65 查取；S_H 为齿面接触疲劳安全系数。一般情形下，取 $S_H = 1$；当齿面接触疲劳损坏会造成严重影响时，取 $S_H = 1.3$。

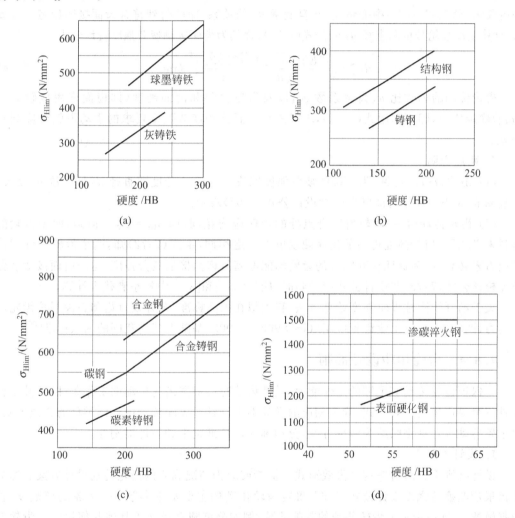

图 7.65　轮齿接触疲劳极限 σ_{Hlim}[30]
(a) 铸铁；(b) 正火处理的结构钢和铸钢；(c) 调质处理的碳钢及合金钢；
(d) 渗碳淬火钢和表面硬化(火焰或感应淬火)钢

齿面接触疲劳安全系数 S_H 通常小于齿根弯曲疲劳安全系数 S_F，这是因为弯曲疲劳造成的轮齿折断有可能造成重大事故，而齿面疲劳点蚀只是影响齿轮的工作性能和寿命，因此要求 $S_F > S_H$。

图 7.62 和图 7.65 是通过实验作出的曲线图。

3. 齿面接触疲劳强度校核公式

由式(7-70)和式(7-72)可以得到齿面接触疲劳强度的校核计算式:

$$\sigma_H = 2.5 Z_E \sqrt{\frac{2KT_1(\mu \pm 1)}{bd_1^2 u}} \leqslant [\sigma_H] \qquad (7\text{-}73)$$

齿轮设计完毕,利用式(7-73)即可验算齿面接触疲劳强度是否符合要求。

4. 齿面接触疲劳强度设计公式

分度圆是计算齿轮几何尺寸的基准圆,由式(7-24)知,分度圆直径 d 取决于齿轮的模数 m 和齿数 z。转变式(7-73)中变量 σ_H 与自变量 d_1 的关系,即可得到符合齿面接触疲劳强度要求、计算主动齿轮分度圆直径 d_1 的公式(7-74),称其为齿面接触疲劳强度设计公式。

$$d_1 \geqslant \sqrt[3]{\frac{2KT_1(u \pm 1)}{\psi_d u}\left(\frac{2.5 Z_E}{[\sigma_H]}\right)^2} \text{(mm)} \qquad (7\text{-}74)$$

齿轮传动的齿数比 u、齿宽系数 ψ_d,以及齿轮材料和齿面硬度(即齿面许用接触应力 $[\sigma_H]$)确定之后,即可利用式(7-74),求得满足齿面接触疲劳强度要求的主动齿轮分度圆直径 d_1。

5. 两点说明

(1) 由式(7-73)可见,齿面接触疲劳强度取决于齿轮的分度圆直径 d,与模数 m 无关。模数 m 的大小由齿根弯曲疲劳强度设计公式(7-67)决定。

(2) 齿轮传动时,一对轮齿啮合点处的接触应力相同,即 $\sigma_{H1} = \sigma_{H2}$。但是,两个齿轮的材料未必相同,齿轮热处理后的齿面硬度也不一定相同,由式(7-72)知,两个齿轮的许用接触应力未必相等,为保证相互啮合的齿轮均能够满足齿面接触疲劳强度,运用齿面接触疲劳强度校核公式(7-73)和设计公式(7-74)时,应将 $[\sigma_{H1}]$ 和 $[\sigma_{H2}]$ 中较小者代入计算。

关于渐开线圆柱齿轮强度计算方法,我国拟在国际标准"渐开线直齿和斜齿圆柱齿轮承载能力计算方法——工业齿轮应用"(ISO 9085—2002)基础上建立我国的国家标准[43]。

7.8.4　齿轮传动设计准则

为保证齿轮传动有足够的工作能力,设计齿轮时应根据齿轮传动的工作条件,及其工作条件下容易产生的失效形式,确定相应的设计准则。针对齿轮传动中不同类型的失效形式,将齿轮传动设计准则归纳为两种方案,分别称为设计准则Ⅰ和设计准则Ⅱ。

1. 设计准则Ⅰ

设计准则Ⅰ针对齿轮传动失效形式为折断或磨损情况确立的齿轮传动设计方案。即先由齿根弯曲疲劳强度设计公式(7-67)确定齿轮传动的主要基本参数——齿轮的模数 m,再根据模数 m 进一步确定齿轮传动的其他参数,例如分度圆直径 d 等其他几何尺寸。齿轮基本参数及几何尺寸确定(齿轮设计完毕)后,由式(7-73)检验齿面接触疲劳强度是否符合要求。

轮齿折断的主要原因是齿根弯曲疲劳强度弱,另外,轮齿磨损过度也会降低齿根的弯曲强度导致轮齿折断。因此,对于这一类失效形式占主导地位的齿轮传动,应采用设计准则Ⅰ设计并校核齿轮。

设计开式齿轮传动时,轮齿磨损会对齿根弯曲疲劳强度产生比较大的影响,因此,利用设计准则Ⅰ设计开式齿轮传动时,齿轮材料的许用应力取值为 $(0.7 \sim 0.8)[\sigma_F]$。

2. 设计准则Ⅱ

设计准则Ⅱ是针对齿轮传动失效形式为齿面点蚀、齿面胶合和轮齿塑性变形情况确立的设计方案。即先由齿面接触疲劳强度的设计公式(7-74)确定齿轮传动中主动齿轮的分度圆直径 d_1，再由分度圆直径 d_1 确定齿轮传动的模数 m，进而确定其他基本参数与几何尺寸。齿轮设计完毕(即齿轮的基本参数与几何尺寸确定之后)，再由式(7-65)检验齿根弯曲疲劳强度是否符合要求。

齿面接触应力太大或接触强度弱是齿轮产生齿面点蚀、齿面胶合和轮齿塑性变形的主要原因，对于这一类失效形式占主导地位的齿轮传动，应采用设计准则Ⅱ设计并校核齿轮。

7.8.5　齿轮强度计算中的参数选择

1. 模数 m 与齿数 z 的选择

模数 m 的大小会对轮齿的抗弯强度产生直接影响，由表7.3知，轮齿的齿厚与模数成正比，模数 m 越大，轮齿齿厚 s 的值越大，危险截面处齿厚 s_F 的值增大，由式(7-59)知，齿根危险截面的抗弯截面系数 W 将随之增大，这样，由式(7-58)求得的齿根危险截面弯曲应力 σ_F 越小，实际上间接提高了齿根危险截面的抗弯强度。反之，如果减小模数 m，轮齿危险截面的抗弯强度将会降低。

根据前述关于轮齿失效形式的分析，不同工作环境和工作条件下，齿轮传动的失效形式将有所不同。而针对不同的失效形式，齿轮的模数 m 和齿数 z 的选择亦有所不同。

1) 闭式软齿面齿轮传动

闭式软齿面齿轮传动的失效形式通常为齿面点蚀、齿面胶合或者轮齿塑性变形，因此，采用设计准则Ⅱ的设计公式确定齿轮传动的基本参数和主要几何尺寸。即首先由齿面接触疲劳强度设计公式(7-74)，计算主动齿轮分度圆直径 d_1 的取值范围，d_1 确定之后，在满足弯曲强度 $\sigma_F \leqslant [\sigma_F]$ 的条件下，减小齿轮模数 m(即增大齿数 z)，则由表7.3知，齿轮的基圆齿距 p_b 减小，由式(7-40)知，齿轮传动的重合度 ε 增大，传动平稳性提高。另外，减小模数 m，齿轮的齿槽宽 e 和全齿高 h 随之减小，即齿槽体积减小，这样，减少了齿轮的切削用量，提高了齿轮切削加工的效率。

设计闭式软齿面齿轮传动时，通常取小齿轮的齿数 $z_1 = 20 \sim 40$。如果齿轮传动机构主要用于传递动力，则应取较大的模数 m(通常取 $m \geqslant 1.5 \sim 2$ mm)，以提高轮齿危险截面的抗弯强度，防止意外断齿。

2) 闭式硬齿面齿轮传动

闭式硬齿面齿轮传动的失效形式通常为轮齿折断。因此，采用设计准则Ⅰ设计齿轮，即首先由齿根弯曲疲劳强度设计公式(7-67)计算模数 m 的取值范围，欲保证轮齿齿根危险截面有足够的弯曲强度，应增大齿轮模数 m；在提高齿根弯曲疲劳强度的同时，欲减小齿轮的结构尺寸，则需减小主动齿轮的分度圆直径 d_1。而减小主动齿轮分度圆直径 d_1，增大齿轮模数 m，必将减少主动齿轮的齿数 z_1。对于标准直齿圆柱齿轮，欲避免轮齿根切，齿轮的齿数不应少于17。

3) 开式齿轮传动

开式齿轮传动中，通常轮齿尚未产生齿面点蚀就已经磨损，因此其失效形式一般是齿面磨损，而且轮齿磨损到一定程度后容易折断而失效。到目前为止，针对轮齿的磨损失效，尚无成熟的设计计算方法,因此,开式齿轮传动也按设计准则Ⅰ确定齿轮传动的基本参数与几何尺寸,即首先由弯曲强度设计公式(7-67)确定齿轮模数 m,继而进一步计算齿轮的其他几何参数。考虑到齿面磨损会降低齿根的弯曲强度,设计开式齿轮传动时,由式(7-67)计算求得的齿轮模数 m 值需加大(10~20)%。由于开式齿轮传动通常不会出现齿面点蚀现象,故一般情况下不必校核齿面接触疲劳强度。

2. 齿宽系数 ψ_d 的选择

齿宽系数 ψ_d 对齿轮传动的影响可以归结为下述几点:

(1) 主动齿轮分度圆直径 d_1 保持不变的情况下,由式(7-66)知,增大齿宽系数 ψ_d,意味着轮齿的齿宽 b 增加。这样,如果支承齿轮的轴如图 7.59(b)所示产生弯曲,则齿宽 b 越大,轮齿啮合处,沿着齿宽的载荷分布越不均匀,即轮齿上载荷集中现象越显著,这样,容易导致轮齿局部折断(图 7.53(b))。

(2) 如果轮齿的宽度 b 保持不变,则增大齿宽系数 ψ_d,就意味着减小主动齿轮的分度圆直径 d_1,由式(7-47)和式(7-51)知,这将导致驱使从动齿轮运动的有效圆周力 F_{t2} 增大。另外,由式(7-37)知,实现同样的传动比 i_{12} 的情况下,减小主动齿轮的分度圆直径 d_1,从动齿轮的分度圆直径 d_2 将随之减小,这样,齿轮传动机构将更紧凑。

(3) 齿宽系数 ψ_d 的取值,与齿轮相对于支承的位置有关,也受主、从动齿轮的齿面硬度影响(见表 7.11)。①齿轮相对于支承对称布置时(图 7.60(a)),齿廓沿齿宽受力比较均匀,齿宽系数 ψ_d 可以取得大一些。②齿轮相对于支承呈非对称布置(图 7.60(b))或者呈悬臂梁布置(图 7.60(c))时,如果轴产生变形,则安装在轴上的齿轮沿轮齿宽度受力不均匀。此时,如果减小齿宽系数 ψ_d,在轮齿宽度 b 保持不变的情况下,就会增大主动齿轮的分度圆直径 d_1,由式(7-47)知,齿轮传动的圆周力 F_t 相应减小,这样可以改善轮齿沿齿宽的受力不均现象。③硬齿面齿轮承受弯曲载荷的能力较差,如果齿宽系数 ψ_d 取值小,可以减小齿轮传动的圆周力 F_t,齿根部位的弯曲应力也随之减小,这样,间接提高了齿根弯曲疲劳强度。

表 7.11　齿宽系数 ψ_d 推荐值[30]

齿轮相对于支承位置	主、从动齿轮齿面硬度	
	一轮是软齿面(硬度≤350 HB)	两轮均为硬齿面(硬度>350 HB)
对　称	0.8~1.4	0.4~0.9
非对称	0.6~1.2	0.3~0.6
悬　臂	0.3~0.4	0.2~0.25

3. 齿数比 u 的选择

齿面接触疲劳强度计算中,将齿数比 u 定义为大齿轮齿数与小齿轮齿数之比。即

$$u = \frac{z_{大}}{z_{小}} \tag{7-75}$$

增大齿数比 u,齿轮传动机构的结构尺寸增大,也使大齿轮与小齿轮的工作寿命差增加。因此,齿数比 u 不宜取得过大。对于直齿圆柱齿轮传动,规定齿数比 $u \leqslant 5$;对于斜齿圆柱齿轮传动,齿数比 $u \leqslant 8$。

7.8.6　齿轮传动设计的主要内容和步骤

设计齿轮传动机构的已知条件通常包括:齿轮传动的工作条件;需要传递的功率 P;主

动齿轮或从动齿轮的转速 n；齿轮传动的传动比 i_{12}；等等。

齿轮传动的设计内容主要包括：确定齿轮的材料和轮齿的齿面硬度以及热处理方式；根据强度设计公式确定齿轮的基本参数，再依据基本参数计算齿轮的几何尺寸，包括：模数 m、主、从动齿轮的齿数 z_1 和 z_2 以及分度圆直径 d_1 和 d_2、齿轮传动机构的中心距 a、轮齿宽度 b，等等。齿轮传动的设计过程可以概括为 7 个步骤：

（1）确定齿轮的材料、齿面硬度和热处理方式；

（2）确定齿轮的许用应力；

（3）初定小齿轮的齿数 z_1 和齿宽系数 ψ_{d}；

（4）根据齿轮传动的工作条件和齿面硬度，分析齿轮传动的失效形式，确定设计准则（即确定齿轮传动的设计公式和强度校核公式）；

（5）计算并协调齿轮的基本参数。由齿根弯曲疲劳强度设计公式求得的齿轮模数 m 未必是标准值，由齿面接触疲劳强度设计公式计算得到的主动齿轮分度圆直径 d_1，通常还需根据标准模数 m 值进行圆整和计算；

（6）验算齿轮传动是否满足齿根弯曲疲劳强度或者齿面接触疲劳强度条件；

（7）计算齿轮传动的几何尺寸。

在设计齿轮传动机构的过程中，将查取和计算求得的有关设计参数，填入表 7.12 中，这样，便于设计计算，也有利于审查设计结果。下面举一个齿轮传动的设计实例，帮助读者进一步了解齿轮传动设计过程中每个步骤的具体设计内容和分析计算方法。

表 7.12　齿轮传动机构设计参数表

齿　轮	材料	热处理	硬度 /HB	$\sigma_{\mathrm{Flim}}/$ $(\mathrm{N/mm^2})$	s_{F}	$[\sigma_{\mathrm{F}}]/$ $(\mathrm{N/mm^2})$	$\sigma_{\mathrm{Hlim}}/$ $(\mathrm{N/mm^2})$	s_{H}	$[\sigma_{\mathrm{H}}]/$ $(\mathrm{N/mm^2})$
1（主动）	40Cr	调质	250	590	1.25	472	700	1	700
2（从动）	45	调质	220	450	1.25	360	570	1	570
数据来源				图 7.62		式(7-64)	图 7.65		式(7-72)

齿　轮	Y_{Fa}	Y_{sa}	K	$Z_{\mathrm{E}}/\sqrt{\mathrm{N/mm^2}}$	ψ_{d}	齿宽 b/mm
1（主动）	2.63	1.59	1.4	189.8	1	65
2（从动）	2.19	1.80				60
数据来源	表 7.9		表 7.8	表 7.10	表 7.11	式(7-66)

齿　轮	齿数 z	模数 m/mm	分度圆直径 d/mm	中心距 a/mm
1（主动）	25	2.5	62.5	156.25
2（从动）	100		250	
数据来源		表 7.1	式(7-24)	表 7.3

例题　已知一对闭式外啮合直齿圆柱齿轮传动机构，主动齿轮由电动机驱动旋转，转速 $n_1=960\ \mathrm{r/min}$，要求传动比 $i_{12}=4$，传递功率 $P=10\ \mathrm{kW}$，载荷基本平稳，齿轮单方向旋转。试确定齿轮传动机构的主要几何尺寸参数。

解　1）确定齿轮材料、热处理方式和齿面硬度

根据齿轮传动的工作条件，齿轮机构承受的载荷基本平稳，速度中等，因此可采用软齿面齿轮传动。传动比 $i_{12}=4$，说明齿轮传动机构实现减速传动，故主动齿轮是小齿轮，从动齿轮是大齿轮。为保证大、小齿轮的使用寿命相近，选择齿轮材料、进行热处理时，应使小齿轮的齿面硬度略高于大齿轮的齿面硬度。小齿轮（主动齿轮）拟采用中碳合金钢（40Cr），进行调质处理，齿面硬度达到 250 HB；大齿轮（从动齿轮）采用中碳钢（45 钢），进行调质处理，齿面硬度达到 220 HB。将这一设计结果填入表 7.12，其中，齿轮 1 是主动齿轮，齿轮 2 是从动齿轮。

分析给定的齿轮传动工作条件和已经确定的齿面硬度，可以明确：本例中的齿轮传动属于闭式软齿面齿轮传动。

2）确定齿轮的许用应力

根据选择的齿轮材料和已经确定的齿面硬度，由图 7.62 查得主、从动齿轮的齿根弯曲疲劳极限 σ_{Flim}；由图 7.65 查得两个齿轮的齿面接触疲劳极限 σ_{Hlim}。

取主、从动齿轮的齿根弯曲疲劳安全系数 $S_F=1.25$、齿面接触疲劳安全系数 $S_H=1$。由式(7-64)和式(7-72)分别求得主、从动齿轮的齿根许用弯曲应力 $[\sigma_F]$ 和齿面接触许用应力 $[\sigma_H]$。

将查得、选取和计算求得的各个参数值填入表 7.12。

3）初定主、从动齿轮的齿数 z_1 和 z_2 以及齿宽系数 ψ_d

根据 7.8.5 节关于齿轮强度计算中参数选择的讨论和分析，按照闭式软齿面齿轮传动的工作特点，初选小齿轮（主动齿轮）的齿数 $z_1=25$。由表 7.11，选取齿宽系数 $\psi_d=1$。

根据给定的传动比 $i_{12}=4$，由式(7-37)求得从动齿轮（大齿轮）的齿数，

$$z_2 = i \times z_1 = 100$$

4）确定设计准则，计算有关设计参数

闭式软齿面齿轮传动的主要失效形式是齿面点蚀，应采用设计准则 Ⅱ，即按齿面接触疲劳强度设计公式(7-74)设计齿轮（确定主动齿轮的分度圆直径 d_1），由式(7-65)校核齿轮的齿根弯曲疲劳强度是否符合要求。

根据已知条件，主动齿轮传递的转矩 T_1 为

$$T_1 = 95.5 \times 10^5 \frac{P}{n_1} = 95.5 \times 10^5 \frac{10}{960} \approx 1 \times 10^5 (\text{N} \cdot \text{mm})$$

驱动齿轮机构的原动机是电动机，齿轮传动载荷基本平稳，且为软齿面齿轮，由表 7.8，取载荷系数 $K=1.4$。

主动齿轮材料是合金钢（40Cr），从动齿轮材料为碳素钢（45 钢），即配对齿轮的材料是钢对钢。由表 7.10 查得齿轮配对材料的弹性系数 $Z_E=189.8\sqrt{\text{N/mm}^2}$。

由式(7-75)计算齿数比 u 为

$$u = \frac{z_2}{z_1} = \frac{100}{25} = 4$$

表 7.12 中，主、从动齿轮的齿面许用接触应力分别为 $[\sigma_{H1}]=700$ N/mm² 和 $[\sigma_{H2}]=570$ N/mm²。根据 7.8.3 节关于齿面接触疲劳强度的计算与分析，欲保证主、从动齿轮均符合齿面接触疲劳强度要求，运用齿面接触疲劳强度设计公式(7-74)时，应将 $[\sigma_{H1}]$ 及 $[\sigma_{H2}]$ 中较小者代入计算，本例中 $[\sigma_{H2}] < [\sigma_{H1}]$，故将 $[\sigma_{H2}]=570$ N/mm² 代入式(7-74)求解主动齿

轮分度圆直径 d_1：

$$d_1 \geqslant \sqrt[3]{\frac{2KT_1(u\pm1)}{\psi_d u}\left(\frac{2.5Z_E}{[\sigma_H]}\right)^2} = \sqrt[3]{\frac{2\times1.4\times10^5(4+1)}{1\times4}\left(\frac{2.5\times189.8}{570}\right)^2} = 62.36\,(\text{mm})$$

5）计算并协调齿轮的主要基本参数

（1）齿轮模数 m

根据主动齿轮分度圆直径 d_1 的取值范围和初定的齿数 z_1，由式(7-24)得

$$m = \frac{d_1}{z_1} = \frac{62.36}{25} = 2.49\,(\text{mm})$$

根据表 7.1，协调与模数计算值相近的标准模数，取 $m=2.5$ mm。

（2）主动齿轮分度圆直径 d_1

与标准模数 $m=2.5$ mm 对应的主动齿轮分度圆直径 d_1 为

$$d_1 = mz_1 = 2.5\times25 = 62.5\,(\text{mm})$$

（3）轮齿宽度 b

根据选定的齿宽系数 $\psi_d=1$，由式(7-66)计算求得轮齿宽度 b 为

$$b = \psi_d d_1 = 1\times62.5 = 62.5\,(\text{mm})$$

圆整轮齿宽度 b 的计算值。为补偿齿轮安装误差，小齿轮的轮齿宽度 b_1 通常略大于大齿轮的轮齿宽度 b_2，取 $b_1=65$ mm，$b_2=60$ mm。

6）验算齿根弯曲疲劳强度

根据主、从动齿轮的齿数：$z_1=25$、$z_2=100$，由表 7.9 查得两个齿轮的齿形系数 Y_{Fa} 和应力修正系数 Y_{sa} 的值，见表 7.12。

（1）验算主动齿轮齿根弯曲疲劳强度

由式(7-58)计算主动齿轮的齿根弯曲应力 σ_{F1}：

$$\sigma_{F1} = \frac{2KT_1}{bz_1 m^2}Y_{Fa1}Y_{sa1} = \frac{2\times1.4\times10^5}{65\times25\times2.5^2}\times2.63\times1.59 = 115.3\,(\text{N/mm}^2)$$

由表 7.12 知，主动齿轮（齿轮 1）的许用弯曲应力 $[\sigma_{F1}]=472$ N/mm²，由于 $\sigma_{F1}<[\sigma_{F1}]$，故主动齿轮满足齿根弯曲疲劳强度条件。

（2）验算从动齿轮齿根弯曲疲劳强度

利用式(7-63)根据主动齿轮的齿根弯曲应力 σ_{F1}，可以直接求得从动齿轮的齿根弯曲应力 σ_{F2}：

$$\sigma_{F2} = \sigma_{F1}\frac{Y_{Fa2}Y_{sa2}}{Y_{Fa1}Y_{sa1}} = 115.3\times\frac{2.19\times1.80}{2.63\times1.59} = 108.7\,(\text{N/mm}^2)$$

由表 7.12 知，从动齿轮（齿轮 2）的许用弯曲应力 $[\sigma_{F2}]=360$ N/mm²，$\sigma_{F2}<[\sigma_{F2}]$，即从动齿轮满足齿根弯曲疲劳强度条件。

验算结果表明，两个齿轮均满足齿根弯曲疲劳强度要求。

7）计算主、从动齿轮的几何尺寸

根据上述已经确定的齿轮基本参数，由表 7.3 可以进一步计算主、从动齿轮的其他几何尺寸（计算略）。

7.9　斜齿圆柱齿轮传动

7.9.1　斜齿圆柱齿轮的齿廓曲面及其啮合特点

1. 斜齿圆柱齿轮齿廓曲面的形成

由直齿圆柱齿轮渐开线齿廓的形成过程知,发生线在基圆上作纯滚动时,其上一点的轨迹形成渐开线。将渐开线沿着基圆轴线延伸,便构成直齿圆柱齿轮的渐开线齿廓。

1) 直齿圆柱齿轮的齿廓曲面形成

如图 7.66(a)所示,将形成渐开线的基圆沿基圆轴线平移后形成基圆柱;将渐开线的发生线沿基圆轴线平移后形成发生面;将渐开线发生线上的点 K 沿基圆轴线平移后形成与基圆轴线平行的发生线$\overline{KK}$,即发生线$\overline{KK}$与基圆母线(或基圆轴线)之间的夹角等于 $0°$。这样,发生面在基圆柱面上作纯滚动时,其上发生线$\overline{KK}$在空间的运动轨迹即形成图 7.66(b)所示的直齿圆柱齿轮的渐开线齿廓曲面。

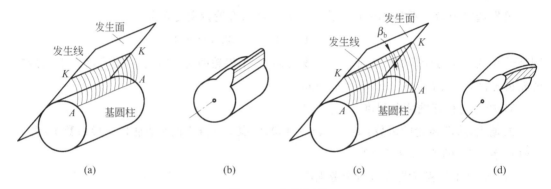

图 7.66　齿廓曲面
(a) 直齿齿廓曲面形成;(b) 直齿齿廓;(c) 斜齿齿廓曲面形成;(d) 斜齿齿廓

2) 斜齿圆柱齿轮的齿廓曲面形成

如图 7.66(c)所示,使发生面上的发生线$\overline{KK}$与基圆柱母线(基圆轴线)偏斜一个角度 β_b,这样,发生面在其基圆柱面上作纯滚动时,发生线$\overline{KK}$的空间运动轨迹形成斜齿圆柱齿轮的渐开线齿廓曲面。在基圆轴线的垂直平面内,斜齿轮各个端平面上的齿廓曲线仍然是渐开线,由于斜齿轮不同端平面内的渐开线基于同一基圆柱面上展成,因此,斜齿圆柱齿轮的各个端面上的渐开线形状相同,只是渐开线的起点位置不同。图 7.66(d)所示为斜齿圆柱齿轮的齿廓。

发生线$\overline{KK}$与基圆轴线(或基圆母线)之间的夹角 β_b 称为斜齿轮基圆柱上的螺旋角。如果基圆柱面上的螺旋角 $\beta_b = 0°$,即渐开线齿廓的发生线$\overline{KK}$与基圆轴线平行,则"斜齿轮"就变成了直齿轮,因此可以认为直齿圆柱齿轮是斜齿圆柱齿轮的特例。

2. 斜齿圆柱齿轮的啮合特点

渐开线齿廓啮合点的公法线是渐开线的发生线。因此,从轮齿啮合的端面看,齿廓接触点(即啮合点)位于渐开线的发生线上,是渐开线发生线上的 K 点;从轮齿啮合的齿宽上看,轮齿接触线是渐开线齿廓曲面的发生线$\overline{KK}$。

1) 直齿圆柱齿轮的啮合特点

直齿圆柱齿轮齿廓曲面的发生线$\overline{KK}$与基圆轴线(或基圆母线)平行,因此,一对直齿圆柱齿轮轮齿啮合的接触线与齿轮的轴线平行(图 7.66(b))。换言之,直齿圆柱齿轮传动中,轮齿沿整个齿宽同时进入或者同时退出啮合。这样,轮齿刚进入啮合的瞬间,整个轮齿宽度方向上同时受到力的作用,并且作用力由零突然增大到一定值;轮齿退出啮合时,轮齿整个齿宽上的作用力又突然减小至零。故直齿圆柱齿轮传动容易引起冲击和振动,噪声大,齿轮传动的平稳性比较差。

2) 斜齿圆柱齿轮的啮合特点

如图 7.66(c)所示,斜齿圆柱齿轮渐开线齿廓曲面的发生线$\overline{KK}$与基圆轴线(或基圆母线)之间存在夹角 β_b,故斜齿圆柱齿轮轮齿啮合处的接触线与渐开线齿廓的发生线$\overline{KK}$平行,并且与齿轮轴线之间存在夹角 β_b(图 7.66(d)及图 7.67)。鉴于这一特征,斜齿圆柱齿轮的轮齿在啮合过程中,其接触线长度处于变化状态。轮齿刚进入啮合时,齿廓接触线比较短。随着啮合的进行,齿廓接触线的长度由短变长,到达某一位置后又由长变短,直至脱离啮合。这一现象说明:斜齿轮传动过程中,两个轮齿的齿廓逐渐进入啮合,然后又逐渐退出啮合。这意味着第 1 对轮齿尚未脱离啮合之前,第 2 对、第 3 对轮齿就开始陆续进入啮合。这一现象表明,齿轮几何参数(基圆齿距)相同时,斜齿轮实际啮合线段的长度比直齿轮的实际啮合线段长,因此,斜齿轮重合度 ε 比较大,同时参与啮合的齿数平均值大,这样就降低了每对轮齿承受的载荷,提高了齿轮传动的承载能力,延长了齿轮的使用寿命。另外,斜齿轮的每一对轮齿在啮合过程中,其加载和卸载过程呈逐渐进行状态,轮齿上受到的作用力先由小逐渐变大,再由大逐渐变小,轮齿的啮合比较平稳。因此,斜齿轮传动的冲击、振动和噪声都比较小,适用于高速、重载大功率的传动,应用非常广泛。

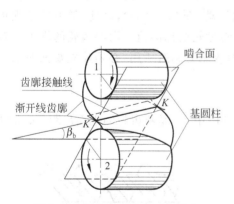

图 7.67　斜齿圆柱齿轮啮合特点

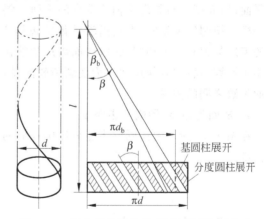

图 7.68　斜齿圆柱齿轮分度圆/基圆柱面展开

7.9.2　斜齿圆柱齿轮传动的基本参数与正确啮合条件

7.9.2.1　螺旋角β

斜齿圆柱齿轮分度圆柱面上的螺旋角称为斜齿圆柱齿轮的螺旋角 β,即齿面发生线$\overline{KK}$与分度圆母线间的夹角。螺旋角 β 反映了轮齿在圆柱面上的倾斜程度。如图 7.68 所示,斜齿圆柱齿轮的分度圆柱面和基圆柱面展开后呈矩形,分度圆柱展开的矩形边长分别是分度

圆周长 πd 和轮齿的宽度。图 7.68 中，l 是斜齿轮轮齿的螺旋线导程，即斜齿轮转动一圈，轮齿螺旋线上升一个导程 l。故轮齿螺旋角 β 与齿轮分度圆直径 d 和螺旋线导程 l 之间呈如下关系：

$$\tan\beta = \frac{\pi d}{l} \qquad\qquad (7\text{-}76)$$

同理，由基圆柱面展开的矩形，亦可求得轮齿在基圆柱面上的螺旋角 β_b 与基圆直径 d_b 以及轮齿螺旋线导程 l 之间的关系：

$$\tan\beta_b = \frac{\pi d_b}{l} \qquad\qquad (7\text{-}77)$$

由于基圆和分度圆上轮齿螺旋线的导程 l 相同，而基圆的周长 πd_b 小于分度圆的周长 πd，由式(7-76)和式(7-77)知，轮齿在基圆上的螺旋角 β_b 小于分度圆上的螺旋角 β。

与螺纹类同，斜齿轮的旋向也有左旋和右旋之分，其判断方法与左右旋螺纹的判断方法相同，即面对轴线呈铅垂方向放置的斜齿轮，观察轮齿螺旋线，如果轮齿螺旋线上升方向是右高左低，则斜齿轮为右旋齿轮(图 7.69(a))；如果轮齿螺旋线上升方向是左高右低，则斜齿轮是左旋齿轮(图 7.69(b))。

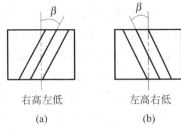

右高左低　　　　左高右低

(a)　　　　　　(b)

图 7.69　斜齿轮旋向

(a) 右旋；(b) 左旋

7.9.2.2　法面参数和端面参数

斜齿轮的齿面为螺旋渐开面，轮齿的几何参数通过螺旋渐开面的法面和端面参数描述。图 7.70(a)中，斜齿轮的法面是与分度圆柱面上螺旋线垂直的平面，即与轮齿法线 nn 平行的平面；端面则是与斜齿轮轴线垂直的平面。斜齿轮在法面和端面内的齿形以及几何参数不一样。切制斜齿轮时，刀具沿着轮齿的齿槽方向运动(图 7.70(b))，因此，斜齿轮法面齿槽的齿形与刀具齿形相同，故取法面齿形参数作为斜齿轮的标准值。而斜齿轮的端面参数则用于计算齿轮的几何尺寸。为使斜齿轮的设计参数能为制造所用，必须建立端面参数与法面参数之间的关系。

1. 法面齿距 p_n 和端面齿距 p_t

在图 7.71 所示斜齿圆柱齿轮分度圆柱面的展开图中，p_t 是斜齿轮的端面齿距，p_n 是法面齿距。

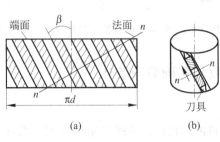

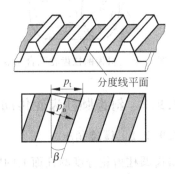

端面　β　法面　n

n　　　πd

n

刀具

(a)　　　　　　(b)

图 7.70　斜齿圆柱齿轮端平面及法平面

p_t

分度线平面

p_n

β

图 7.71　斜齿圆柱齿轮齿距

1) 法面齿距 p_n

斜齿轮的法平面内,分度圆柱面上相邻两齿同侧齿廓间的弧长称为斜齿轮的法面齿距 p_n。

2) 端面齿距 p_t

斜齿轮的端平面内,分度圆柱面上相邻两齿同侧齿廓间的弧长称为斜齿轮的端面齿距 p_t。

由图 7.71 得到法面齿距 p_n 与端面齿距 p_t 以及螺旋角 β 之间的关系:

$$p_n = p_t \times \cos\beta \tag{7-78}$$

2. 法面模数 m_n 和端面模数 m_t

1) 法面模数 m_n

斜齿轮的法面齿距 p_n 与 π 的比值称为斜齿轮的法面模数,用 m_n 表示:

$$m_n = \frac{p_n}{\pi} \tag{7-79}$$

2) 端面模数 m_t

斜齿轮的端面齿距 p_t 与 π 的比值称为斜齿轮的端面模数,用 m_t 表示:

$$m_t = \frac{p_t}{\pi} \tag{7-80}$$

式(7-78)两侧同时除以 π,可以得到斜齿轮法面模数 m_n 与端面模数 m_t 之间的关系为

$$m_n = m_t \times \cos\beta \tag{7-81}$$

3. 法面压力角 α_n 和端面压力角 α_t

齿轮的压力角指轮齿受力(啮合)点处,轮齿所受法向力的作用线与该点速度方向线之间所夹锐角。下面以图 7.72 中的斜齿条(也可视为斜齿轮分度圆柱面展开的齿廓)为例说明斜齿轮法面压力角 α_n 与端面压力角 α_t 之间的关系。

1) 法面压力角 α_n

图 7.72 中,斜齿条受到的法向力 F_n 的作用线在法面内,齿条运动速度 v 的方向线沿着水平线,根据齿轮压力角的定义,斜齿条的法面压力角 $\alpha_n = \angle a'b'c$。法平面内,由直角 $\triangle a'b'c$ 得

$$\tan\alpha_n = \frac{a'c}{a'b'} \tag{7-82}$$

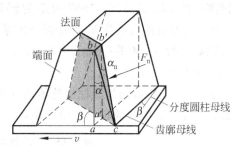

图 7.72　斜齿轮压力角

2) 端面压力角 α_t

斜齿轮的端面压力角 $\alpha_t = \angle abc$ 可以看成法面压力角 α_n 在端面内的映射,如图 7.72 所示,端平面内,由直角 $\triangle abc$ 得

$$\tan\alpha_t = \frac{ac}{ab} \tag{7-83}$$

3) 法面压力角 α_n 与端面压力角 α_t 的关系

如果将图 7.72 看成斜齿轮分度圆柱面展开的齿廓,由于轮齿的法面垂直于其齿廓,因此,在水平面内,$\angle aa'c = 90°$。另外,线段 ca 在轮齿的端平面内,与分度圆柱的母线垂直;线段 $a'c$ 在轮齿的法平面内,与轮齿的齿廓母线垂直,故 $\angle aca' = \beta$(斜齿轮的螺旋角)。

$\triangle aa'c$ 是直角三角形,线段 ac 是直角 $\triangle aa'c$ 的斜边,因此有

$$a'c = ac \times \cos \beta \tag{7-84}$$

图 7.72 所示垂直平面内,法面内的齿高 $a'b'$ 等于端面内的齿高 ab,即 $a'b' = ab$,由式 (7-82)~式 (7-84) 得到法面压力角 α_n 与端面压力角 α_t 的关系为

$$\tan \alpha_n = \tan \alpha_t \cos \beta \tag{7-85}$$

4. 齿顶高系数与顶隙系数

斜齿轮的法面齿高等于端面齿高,即齿顶高 h_a 为

$$h_a = h_{an}^* m_n = h_{at}^* m_t \tag{7-86}$$

齿根高为

$$h_f = (h_{an}^* + c_n^*) m_n = (h_{at}^* + c_t^*) m_t \tag{7-87}$$

式 (7-86) 和式 (7-87) 中,h_{an}^* 是法面齿顶高系数,c_n^* 是法面顶隙系数,h_{at}^* 是端面齿顶高系数,c_t^* 是端面顶隙系数。

将式 (7-81) 代入式 (7-86) 和式 (7-87),得到法面齿顶高系数 h_{an}^*、法面顶隙系数 c_n^* 与端面齿顶高系数 h_{at}^* 及端面顶隙系数 c_t^* 之间的关系:

$$h_{at}^* = h_{an}^* \cos \beta = h_a^* \cos \beta$$
$$c_t^* = c_n^* \cos \beta = c^* \cos \beta \tag{7-88}$$

7.9.2.3 斜齿圆柱齿轮几何参数的标准值

如图 7.70(b) 所示,采用成型铣刀或者滚刀加工斜齿轮时,刀刃沿着斜齿轮齿槽方向切削,即进刀方向与轮齿的法面垂直。因此,刀具的齿形参数应与斜齿轮法面参数相同。由于这一原因,斜齿轮传动将法面参数作为齿形参数的标准值,即法面模数 m_n 是标准模数,符合国家标准 GB/T 1357—1987 规定的模数标准系列 (表 7.1);法面压力角 α_n 是标准值,$\alpha_n = 20°$;法面齿顶高系数 h_{an}^* 和法面顶隙系数 c_n^* 也是标准值,其中,h_{an}^* 与标准直齿圆柱齿轮的齿顶高系数 h_a^* 相等 (即 $h_{an}^* = h_a^*$),c_n^* 与标准直齿圆柱齿轮的顶隙系数相等 (即 $c_n^* = c^*$),两者均由表 7.2 查取。

表 7.13 是标准斜齿圆柱齿轮传动的几何尺寸计算。由中心距 a 的计算公式知,轮齿的螺旋角 β 亦会影响齿轮传动的中心距 a。

表 7.13　标准斜齿圆柱齿轮传动的几何尺寸

名　称	齿轮	代号	计 算 公 式
分度圆直径	1	d_1	$d_1 = z_1 m_t = z_1 \dfrac{m_n}{\cos \beta}$
	2	d_2	$d_2 = z_2 m_t = z_2 \dfrac{m_n}{\cos \beta}$
齿顶高		h_a	$h_a = h_a^* m_n$
齿根高		h_f	$h_f = (h_a^* + c^*) m_n = h_a + c^* m_n$
全齿高		h	$h = h_f + h_a = m_n (2h_a^* + c^*)$
齿顶圆直径	1	d_{a1}	$d_{a1} = d_1 + 2h_a = m_n \left(\dfrac{z_1}{\cos \beta} + 2h_a^* \right)$
	2	d_{a2}	$d_{a2} = d_2 + 2h_a = m_n \left(\dfrac{z_2}{\cos \beta} + 2h_a^* \right)$
	内齿轮	d_a	$d_a = d - 2h_a = m_n \left(\dfrac{z}{\cos \beta} - 2h_a^* \right)$

续表

名　称	齿轮	代号	计算公式
齿根圆直径	1	d_{f1}	$d_{f1}=d_1-2h_f=m_n\left(\dfrac{z_1}{\cos\beta}-2h_a^*-2c^*\right)$
	2	d_{f2}	$d_{f2}=d_2-2h_f=m_n\left(\dfrac{z_2}{\cos\beta}-2h_a^*-2c^*\right)$
	内齿轮	d_f	$d_f=d+2h_f=m_n\left(\dfrac{z}{\cos\beta}+2h_a^*+2c^*\right)$
中心距		a	$a=\dfrac{1}{2}(d_1+d_2)=\dfrac{m_n(z_1+z_2)}{2\cos\beta}$

7.9.2.4　斜齿圆柱齿轮正确啮合的条件

与直齿圆柱齿轮传动的正确啮合条件分析方法类同,斜齿圆柱齿轮传动的正确啮合条件是:

(1) 两个齿轮的法面模数相等,即 $m_{n1}=m_{n2}$;

(2) 两个齿轮的法面压力角相等,即 $\alpha_{n1}=\alpha_{n2}$;

(3) 两个齿轮的螺旋角大小相等,即 $\beta_1=\beta_2$;旋向相反。图 7.73 所示相互啮合的斜齿圆柱齿轮中,一个是左旋,一个是右旋。两个齿轮的螺旋角 β 相等。

由斜齿圆柱齿轮的正确啮合条件可见,除了两个齿轮的法面模数和法面压力角分别相等外(这一点与直齿圆柱齿轮传动的正确啮合条件类同),两个齿轮的螺旋角还必须匹配。由于 $\beta_1=\beta_2$,由式(7-81)和式(7-85)知,斜齿圆柱齿轮传动满足正确啮合条件时,两个齿轮的端面模数和端面压力角也分别相等,即 $m_{t1}=m_{t2}$,$\alpha_{t1}=\alpha_{t2}$。

右旋齿轮　　　左旋齿轮
图 7.73　斜齿圆柱齿轮传动[27]

7.9.3　斜齿圆柱齿轮的当量齿轮

如图 7.70(b)所示,利用仿形法加工斜齿轮,刀具的进给方向与轮齿的法面垂直,因此刀具的齿形应尽可能与斜齿轮法平面内轮齿的齿形接近或者相同。由于仿形法切制齿轮的铣刀号数与被加工齿轮的齿数有关(表 7.4),用仿形法加工斜齿轮,选择铣刀号数时,必须知道与斜齿轮法面齿形对应的齿数值。如果斜齿轮的实际齿数是 z,将斜齿轮的法面齿形近似看成假想直齿圆柱齿轮的齿形,则确定了这个假想直齿圆柱齿轮的齿数之后,即可根据该齿数选择加工斜齿轮的铣刀号数。除此之外,斜齿轮传动过程中,轮齿间的作用力在渐开线螺旋齿廓的法面内,进行强度计算时,亦需知道斜齿轮的法面齿形。

1. 当量齿轮

精确确定斜齿轮的法面齿形是比较困难的,通常采用与斜齿轮法面齿形相近的齿形代替斜齿轮的法面齿形,我们将与斜齿轮法面齿形相近的假想直齿圆柱齿轮称为斜齿轮的当量齿轮。

确定当量齿轮的步骤和方法如下。

1) 计算分度圆柱面上轮齿法平面内椭圆顶点 C 的曲率半径 ρ。

图 7.74 中,过分度圆柱面上任一点 C,作轮齿螺旋线的法面 nn,法面 nn 与分度圆柱面的交线是一椭圆。

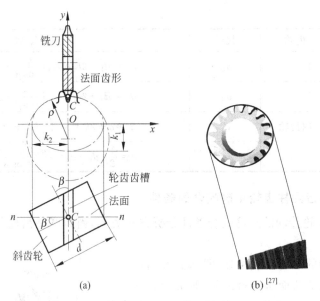

(a)   (b)[27]

图 7.74 斜齿圆柱齿轮法面齿形

椭圆的短轴半径 k_1 是斜齿圆柱齿轮的分度圆半径,即

$$k_1 = \frac{d}{2} \tag{7-89}$$

由图 7.74 所示几何关系知,椭圆的长轴半径 k_2 与斜齿轮螺旋角 β 和分度圆直径 d 之间的关系式为

$$k_2 = \frac{d}{2\cos\beta} \tag{7-90}$$

根据高等数学中已知曲线函数(即椭圆方程),求解曲线上任意点曲率半径的公式[①],以及式(7-89)和式(7-90),求得图 7.74 所示椭圆上 C 点的曲率半径 ρ 为

$$\rho = \frac{k_2^2}{k_1} = \frac{d}{2\cos^2\beta} \tag{7-91}$$

以 C 点的曲率中心为圆心,曲率半径 ρ 为半径作圆。由图 7.74 可见,该圆与 C 点附近的椭圆弧段非常接近。

2) 作一个齿形与斜齿轮法面齿形相近的假想直齿圆柱齿轮,即斜齿轮的当量齿轮,并规定当量齿轮的基本参数如下:

(1) 当量齿轮的分度圆半径等于 C 点的曲率半径 ρ,由式(7-91)得当量齿轮的分度圆直

---

① 函数 $y=f(x)$,若 $f(x)$ 具有两阶导数,则函数 $y=f(x)$ 在点 (x,y) 的曲率半径 ρ 是

$$\rho = \left| \frac{(1+y'^2)^{\frac{3}{2}}}{y''} \right| \tag{1}$$

图 7.74 中,椭圆的直角坐标方程: $\dfrac{x^2}{k_2^2} + \dfrac{y^2}{k_1^2} = 1$,即 $y = \pm\dfrac{k_2}{k_1}\sqrt{k_2^2 - x^2}$,$y \Big|_{C(0,k_1)} > 0$;$y' = -\dfrac{k_1}{k_2}\dfrac{x}{\sqrt{k_2^2 - x^2}}$,$y'\Big|_{C(0,k_1)} = 0$;$y'' = -k_1 \times k_2(k_2^2 - x^2)^{-\frac{3}{2}}$,$y''\Big|_{C(0,k_1)} = -\dfrac{k_1}{k_2^2}$。将 y' 及 y'' 在点 C 处的值代入式(1)中,即得椭圆上点 C 处的曲率半径:$\rho = \left| -\dfrac{k_2^2}{k_1} \right| = \dfrac{k_2^2}{k_1}$。

径 d_v 为

$$d_v = 2\rho = \frac{d}{\cos^2\beta} \tag{7-92}$$

（2）当量齿轮的模数是斜齿圆柱齿轮的法面模数 m_n；

（3）当量齿轮的压力角是斜齿圆柱齿轮的法面压力角 α_n。

由于当量齿轮（假想的直齿圆柱齿轮）的分度圆半径是椭圆上 C 点的曲率半径，所以分度圆弧与椭圆上 C 点附近的椭圆弧段非常接近。另外，当量齿轮的模数和压力角是斜齿轮的法面模数和法面压力角，因此，当量齿轮的齿形与斜齿轮的法面齿形十分接近，可以将这个假想直齿圆柱齿轮（斜齿轮的当量齿轮）的齿形近似地看成斜齿轮的法面齿形。

2. 当量齿数 z_v

斜齿轮当量齿轮的齿数 z_v 称为当量齿数。

由于当量齿轮是一个假想的直齿圆柱齿轮，故可根据直齿圆柱齿轮基本参数的计算方法求解当量齿轮的齿数 z_v，由式（7-24）、式（7-92）、表 7.13 和式（7-81）可以求得当量齿轮的齿数 z_v 与斜齿轮实际齿数 z 之间的计算关系为

$$z_v = \frac{d_v}{m_n} = \frac{d}{m_n\cos^2\beta} = \frac{zm_t}{m_n\cos^2\beta} = \frac{z}{\cos^3\beta} \tag{7-93}$$

由式（7-93）知，斜齿圆柱齿轮的当量齿数 z_v 总是大于其实际齿数 z。

3. 斜齿圆柱齿轮不根切的最少齿数 z_{min}

斜齿圆柱齿轮的当量齿轮是一个假想的直齿圆柱齿轮，7.6.2 节的分析结果表明，直齿圆柱齿轮不产生根切的最少齿数是 17，因此，当量齿轮不产生根切的最少齿数 $z_{vmin}=17$，由式（7-93）可以求得斜齿圆柱齿轮不产生根切的最少齿数 z_{min} 为

$$z_{min} = z_{vmin}\cos^3\beta < 17 \tag{7-94}$$

式（7-94）说明，斜齿圆柱齿轮不产生根切的最少齿数少于直齿圆柱齿轮不产生根切的最少齿数 17。由 7.9.4 节知，斜齿轮螺旋角 β 的取值范围是 $\beta=8°\sim20°$，如果取螺旋角 $\beta=20°$，由式（7-94）求得斜齿轮不产生根切的最小齿数是 14。这意味着，与直齿圆柱齿轮传动相比，相同工作条件下，斜齿圆柱齿轮传动机构的结构更紧凑。

7.9.4　斜齿圆柱齿轮传动的受力分析

1. 主动齿轮受力分析

由图 7.75 所示斜齿圆柱齿轮传动机构中主动齿轮的受力分析图知，主动齿轮受到的力和力矩有：原动机施予主动齿轮的驱动力矩 T_1；主动齿轮支承处受到的支反力 R_{x1} 和 R_{y1}；轮齿啮合点处受到从动轮轮齿给予的总压力 F_{n1}。力 F_{n1} 的作用线在斜齿轮法面内，垂直于斜齿轮的齿廓。

主动齿轮轮齿啮合点处受到的作用力 F_{n1} 可以分解成 3 个相互垂直的分力：圆周力 F_{t1}、径向力 F_{r1} 和轴向力 F_{a1}。

圆周力 F_{t1} 在斜齿轮的端面内，与分度圆相切，其方向与主动齿轮的转动方向相反，是主动齿轮运动的阻力。将图 7.75 所示主动齿轮作为受力分离体，由对 O_1 点的力矩

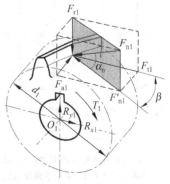

图 7.75　主动斜齿轮受力分析

平衡条件 $\sum M_{O_1} = 0$，求得圆周力 F_{t1} 的大小为

$$F_{t1} = \frac{2T_1}{d_1} \tag{7-95}$$

径向力 F_{r1} 沿着主动齿轮的半径方向，并且指向主动齿轮中心 O_1。由图 7.75 中力多边形的几何关系，可以求得径向力 F_{r1} 与圆周力 F_{t1}、斜齿轮螺旋角 β 和法面压力角 α_n 之间的关系式：

$$F_{r1} = \frac{F_{t1}}{\cos \beta} \tan \alpha_n \tag{7-96}$$

轴向力 F_{a1} 的方向取决于主动齿轮的旋向和转向，可以通过图 7.75 所示力分析的图解方式判别，亦可采用左右手法则[①]判断其方向。根据图 7.75 所示力多边形的几何关系，可以得到轴向力 F_{a1} 与圆周力 F_{t1} 之间的关系式：

$$F_{a1} = F_{t1} \tan \beta \tag{7-97}$$

2. 从动齿轮受力分析

斜齿圆柱齿轮传动机构中的从动齿轮受力分析方法与直齿圆柱齿轮力分析类同，从动齿轮受到的力（矩）有：从动齿轮支承处受到的支反力；工作机给予的运动阻力；轮齿啮合点处受到主动轮轮齿给予的法向总压力 F_{n2}。力 F_{n2} 与主动齿轮轮齿啮合点处受到的力 F_{n1} 是作用力与反作用力关系，两者大小相等，方向相反。即

$$\boldsymbol{F}_{n2} = -\boldsymbol{F}_{n1} \tag{7-98}$$

从动齿轮轮齿受到的总压力 F_{n2} 同样可以分解成圆周力 F_{t2}、径向力 F_{r2} 和轴向力 F_{a2}。这 3 个相互垂直的分力，其大小分别与主动齿轮上对应力的大小相等，但方向相反。即

$$\left. \begin{array}{l} \boldsymbol{F}_{t2} = -\boldsymbol{F}_{t1} \\ \boldsymbol{F}_{r2} = -\boldsymbol{F}_{r1} \\ \boldsymbol{F}_{a2} = -\boldsymbol{F}_{a1} \end{array} \right\} \tag{7-99}$$

其中，圆周力 F_{t2} 与从动齿轮的分度圆相切，其方向与从动齿轮的转向相同，是驱动从动齿轮运动的有效分力；径向力 F_{r2} 沿着从动齿轮的半径方向，指向从动齿轮的中心；对于从动齿轮，不能直接采用上面介绍的左右手法则判断轴向力 F_{a2} 的方向，但是，可以先运用左右手法则判断主动齿轮啮合点处轴向力 F_{a1} 的方向，再根据作用力和反作用力关系，确定从动齿轮啮合点处轴向力 F_{a2} 的方向。

3. 螺旋角 β 的取值范围

由上述力分析结果知，斜齿圆柱齿轮啮合点处的受力情况与直齿圆柱齿轮传动有所不同，轮齿啮合点处不仅有圆周力 F_{t1} 和径向力 F_{r1}，而且还有轴向力 F_{a1}。由式(7-97)和图 7.76 知，斜齿轮啮合点处轴向力 F_a 的大小与螺旋角 β 有关，螺旋角 β 越大，轴向力 F_a 也越大。为避免斜齿圆柱齿轮传动产生过大的轴向力，设计斜齿

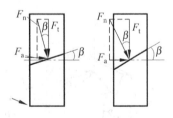
图 7.76　螺旋角 β 对轴向力的影响

---

① 斜齿圆柱齿轮传动中，判断主动齿轮轴向力 F_{a1} 方向的左右手法则（注：不适于判断从动齿轮的轴向力方向）：
主动齿轮若为左旋，用左手握住齿轮的轴线；若为右旋，则用右手握住齿轮的轴线。四指弯曲方向代表主动齿轮转动方向，拇指指向即为主动齿轮轴向力 F_{a1} 的方向。

轮时,规定斜齿圆柱齿轮的螺旋角 β 不能超过限定值,通常取 $\beta=8°\sim20°$。

由于斜齿轮传动存在轴向力,因此要求斜齿轮的轴向固定可靠,这样,安装斜齿轮的轴及其支承时,需要考虑斜齿轮传动中轴向力的传递,结构相对复杂。

图 7.77 所示为抵消斜齿轮轴向力的方法,图 7.77(a)中,在同一根轴上安装了一对螺旋角相同,旋向相反的斜齿轮,两个斜齿轮作用于轴和支承处的轴向力可以相互抵消。改善了轴系结构沿轴线方向的受力状况。图 7.77(b)中的人字齿轮,实质上由两个螺旋角相等、旋向相反的斜齿轮合并而成,由于轮齿左右对称,因此轴向力抵消,即人字齿轮啮合时,轴向力大小为零,故人字齿轮传动设计允许螺旋角 β 取较大值(可达 $\beta=25°\sim40°$)。但是,人字齿轮制造复杂,成本高。

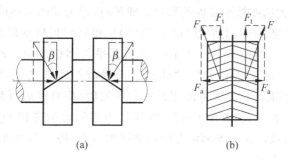

(a) (b)

图 7.77 抵消斜齿轮轴向力方法

(a) 安装一对旋向相反的斜齿轮;(b) 人字齿轮

7.10 直齿圆锥齿轮传动

7.10.1 直齿圆锥齿轮的齿廓曲线及其传动特点

7.10.1.1 直齿圆锥齿轮的齿廓形成原理

图 7.78(a)所示直齿圆锥齿轮的齿廓形成原理与圆柱齿轮渐开线齿廓的形成方式类同,渐开线齿廓发生面 S 在基圆锥上作纯滚动的过程中,其上直线 $\overline{OK}$ 的空间轨迹形成由圆锥大端向锥顶逐渐收缩的渐开线曲面,即直齿圆锥齿轮的齿廓。直线 $\overline{OK}$ 称为圆锥齿轮渐

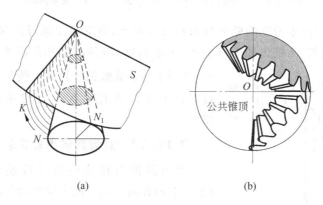

(a) (b)

图 7.78 直齿圆锥齿轮的齿廓形成

(a) 齿廓形成原理;(b) 球面渐开线

开线齿廓的发生线,位于初始位置时与基圆锥母线重合。

1. 理论齿廓

圆锥齿轮渐开线齿廓发生面 S 在基圆锥上作纯滚动时,发生线 $\overline{OK}$ 的长度不变,因此渐开线 $\overline{NK}$ 上各点与锥顶 O 的距离相等,即直齿圆锥齿轮大端齿形的渐开线 $\overline{NK}$ 一定在以锥顶 O 为圆心,以 $\overline{OK}$ 为半径的球面上。理论上,直齿圆锥齿轮的齿廓曲线如图 7.78(b)所示,是以锥顶 O 为球心的球面渐开线,即渐开线上的点均在球面上。

2. 近似齿形

圆锥齿轮的理论齿廓是一个无法在平面内展开的球面渐开线,这增加了圆锥齿轮的设计和制造难度,因此,圆锥齿轮常常采用近似齿廓曲面代替理论齿廓。图 7.79(a)中,直齿圆锥齿轮理论齿廓的大端在轴平面内的形状是圆弧 $\overparen{ef}$,过大端作母线 $\overline{Op}$ 与圆锥齿轮的分度圆锥母线 $\overline{O_1p}$ 垂直的圆锥,称其为背锥(图 7.79(b)),将圆锥齿轮球面渐开线齿形投影到背锥上,得到点 e' 和点 f'。由图 7.79(a)可见,背锥几乎与圆锥齿轮大端的球面贴合,这样,投影到背锥上的齿形与圆锥齿轮大端的球面渐开线齿形非常接近,将背锥展开,得到如图 7.79(c)所示的与圆锥齿轮大端齿形相近的扇形齿轮,用背锥展开后的齿形代替圆锥齿轮的球面齿形,将扇形齿轮卷回到背锥上,并通过圆锥齿轮的锥顶 O_1 连接背锥齿廓上各点,这些连线构成的直纹曲面与球面渐开线齿廓极为接近,将其作为圆锥齿轮的实际齿廓表面,即圆锥齿轮的近似齿形。

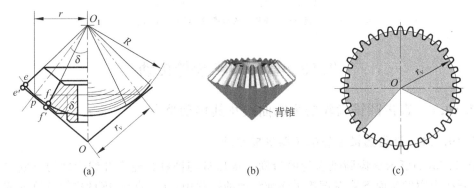

(a)　　　　　　　　　　(b)　　　　　　　　　　(c)

图 7.79　直齿圆锥齿轮近似齿形与当量齿轮

(a) 齿廓近似齿形；(b) 圆锥齿轮的背锥[27]；(c) 当量齿轮[28]

由此可见,直齿圆锥齿轮的轮齿分布在圆锥面上,齿形沿圆锥母线向锥顶方向逐渐缩小。与圆柱齿轮类似,圆锥齿轮有基圆锥、分度圆锥、齿顶圆锥和齿根圆锥(图 7.80)。其中,基圆锥是形成圆锥齿轮渐开线齿廓曲面的圆锥,分度圆锥则是计算直齿圆锥齿轮轮齿参数的基准圆锥面。

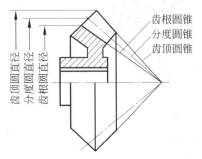

图 7.80　直齿圆锥齿轮齿形

7.10.1.2　直齿圆锥齿轮传动特点

直齿圆锥齿轮传动用于传递两轴相交的运动(图 7.1(c)和图 7.81),两个齿轮轴线之间的交角 Σ 可以是任意角度(图 7.81(a))。图 7.81(b)所示轴线正交($\Sigma=90°$)的直齿圆锥齿轮传动应用最为广泛。圆锥齿

轮传动时,两个圆锥齿轮的节圆锥保持纯滚动,如果节圆锥与分度圆锥重合,则圆锥齿轮是
标准安装。

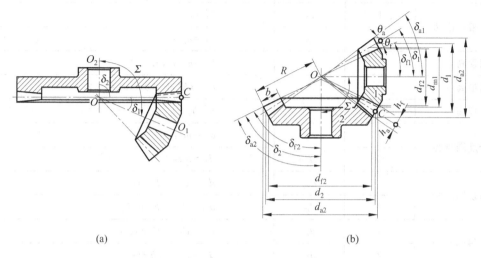

图 7.81　直齿圆锥齿轮传动

(a) 两轴线任意交角；(b) 两轴线正交

7.10.2　直齿圆锥齿轮的基本参数和当量齿轮

1. 圆锥齿轮的基本参数与几何尺寸

由于圆锥齿轮大端轮齿的尺寸大,计算和测量的相对误差小,也便于确定机构的外廓尺寸,因此,圆锥齿轮均以大端齿形的基本参数作为几何尺寸计算的基准,即标准圆锥齿轮大端轮齿的模数 m 由表 7.1 查取,是标准值；大端齿形压力角 $\alpha = 20°$,是标准值；大端齿顶高系数 $h_a^* = 1$；但是,圆锥齿轮大端齿形的顶隙系数 $c^* = 0.2$,这与标准直齿圆柱齿轮有所不同。由图 7.81(b) 知,随着圆锥齿轮轮齿宽度 b 的增加,其大、小端齿形的差异增大,这对于提高齿轮强度没有明显的改善作用。如果圆锥齿轮大、小端的齿形差异过大,会增加齿轮加工的难度。

圆锥齿轮各个参数的名称及其几何尺寸计算参见图 7.81 和表 7.14。

表 7.14　标准直齿圆锥齿轮传动的几何尺寸($\Sigma = 90°$)

名　称	齿轮	代号	计 算 公 式
齿根角		θ_f	$\theta_f = \arctan \dfrac{h_f}{R}$
齿顶角		θ_a	$\theta_a = \theta_f$
分度圆锥角	1	δ_1	$\delta_1 = \arctan \dfrac{z_1}{z_2}$
	2	δ_2	$\delta_2 = \arctan \dfrac{z_2}{z_1} = 90° - \delta_1$
齿顶圆锥角	1	δ_{a1}	$\delta_{a1} = \delta_1 + \theta_a$
	2	δ_{a2}	$\delta_{a2} = \delta_2 + \theta_a$

名　称	齿轮	代号	计　算　公　式
齿根圆锥角	1	θ_{f1}	$\theta_{f1} = \delta_1 - \theta_f$
	2	θ_{f2}	$\theta_{f2} = \delta_2 - \theta_f$
齿顶高		h_a	$h_a = h_a^* \, m, h_a^* = 1$
齿根高		h_f	$h_f = (h_a^* + c^*)m, c^* = 0.2$
全齿高		h	$h = h_a + h_f$
分度圆直径	1	d_1	$d_1 = mz_1$
	2	d_2	$d_2 = mz_2$
齿顶圆直径	1	d_{a1}	$d_{a1} = d_1 + 2h_a\cos\delta_1$
	2	d_{a2}	$d_{a2} = d_2 + 2h_a\cos\delta_2$
齿根圆直径	1	d_{f1}	$d_{f1} = d_1 - 2h_f\cos\delta_1$
	2	d_{f2}	$d_{f2} = d_2 - 2h_f\cos\delta_2$
锥距		R	$R = \dfrac{d}{2\sin\delta} = \dfrac{1}{2}m\sqrt{z_1^2 + z_2^2}$
齿宽		b	$b = (0.25\sim0.35)R$,常取 $b = 0.3R$

2. 圆锥齿轮传动的传动比 i

如图 7.81 所示,标准圆锥齿轮标准安装时,节圆锥与分度圆锥重合。工作时,两个齿轮的节圆锥(分度圆锥)保持纯滚动,因此,节圆锥上,齿廓啮合处(包括节圆锥大端齿廓接触点 C)的圆周速度相等。设图 7.81 中齿轮 1 和齿轮 2 的转速分别为 ω_1 和 ω_2,则

$$\omega_1 \frac{d_1}{2} = \omega_2 \frac{d_2}{2} \tag{7-100}$$

由图 7.81(b)所示的几何关系得

$$\left.\begin{array}{l} \dfrac{d_1}{2} = \overline{OC}\sin\delta_1 \\[2mm] \dfrac{d_2}{2} = \overline{OC}\sin\delta_2 \end{array}\right\} \tag{7-101}$$

由式(7-37)和式(7-101)得到圆锥齿轮传动的传动比是

$$i_{12} = \frac{\omega_1}{\omega_2} = \frac{z_2}{z_1} = \frac{d_2}{d_1} = \frac{\sin\delta_2}{\sin\delta_1} \tag{7-102}$$

圆锥齿轮传动的齿轮轴线夹角 $\Sigma = \delta_1 + \delta_2 = 90°$ 时,根据三角函数关系,传动比又可表达为

$$i_{12} = \frac{\sin\delta_2}{\sin\delta_1} = \tan\delta_2 = \cot\delta_1 \tag{7-103}$$

由式(7-103)知,给定传动比 i_{12} 设计圆锥齿轮传动机构时,可以利用传动比 i_{12} 求得两个齿轮的分度圆锥角。

3. 当量齿轮

如图 7.79 所示,将形成圆锥齿轮近似齿形的背锥展成平面,可得到一个分度圆半径

r_v 等于背锥母线长度 $\overline{Op}$ 的扇形齿轮(图 7.79(a)及图 7.79(c)),补全图 7.79(c)所示的扇形齿轮的轮齿后,形成直齿圆柱齿轮,视其为圆锥齿轮的当量齿轮,这一当量齿轮的齿形与圆锥齿轮的大端齿形相近。即圆锥齿轮的当量齿轮是一个分度圆半径 r_v 等于背锥母线长度 $\overline{Op}$(图 7.79(a))、模数和压力角分别与圆锥齿轮大端模数和压力角相同的直齿圆柱齿轮(图 7.79(c))。引入直齿圆锥齿轮的当量齿轮概念后,就可以将圆锥齿轮传动中的相关问题转化为直齿圆柱齿轮传动的问题进行分析。

4. 当量齿数 z_v

当量齿数 z_v 是圆锥齿轮当量齿轮的齿数。

由图 7.79(a)所示几何关系,得到背锥母线长度 r_v 与大端分度圆半径 r 之间的关系:

$$r_v = \frac{r}{\cos \delta} = \frac{mz}{2\cos \delta} \tag{7-104}$$

式中,δ 是圆锥齿轮的分度圆锥角;z 是圆锥齿轮的实际齿数。

圆锥齿轮的当量齿轮是图 7.79(c)所示的直齿圆柱齿轮,由式(7-24)和式(7-104)得

$$z_v = \frac{2r_v}{m} = \frac{z}{\cos \delta} \tag{7-105}$$

由式(7-105)表明的圆锥齿轮当量齿数 z_v 与实际齿数 z 之间的关系知,圆锥齿轮的当量齿数 z_v 大于其实际齿数 z,而且一般不是整数。

5. 圆锥齿轮不产生根切的最少齿数 z_{min}

圆锥齿轮的当量齿轮是直齿圆柱齿轮,这样,由式(7-46)知,当量齿轮不产生根切的最少齿数 $z_{vmin} = 17$。根据式(7-105),圆锥齿轮不产生根切的最少齿数 $z_{min} = z_{vmin} \cos \delta = 17\cos \delta$,即直齿圆锥齿轮不产生根切的最少齿数 $z_{min} < 17$。

6. 圆锥齿轮正确啮合的条件

参见图 7.81,针对圆锥齿轮的当量齿轮参数特征,引用 7.5.1 节的分析结论,由式(7-36)得到标准直齿圆锥齿轮的正确啮合条件为:

(1) 两个齿轮的大端模数相等,即 $m_1 = m_2 = m$,m 是标准模数值,由表 7.1 选取;

(2) 两个齿轮的大端压力角相等,即 $\alpha_1 = \alpha_2 = \alpha = 20°$;

(3) 两个齿轮的锥距相等,即 $R_1 = R_2 = R$。

7.10.3 直齿圆锥齿轮的受力分析

1. 主动齿轮受力分析

由图 7.82 所示直齿圆锥齿轮传动机构中主动齿轮的受力分析图知,主动齿轮受到的力(矩)有:原动机施予主动齿轮的驱动力矩 T_1;主动齿轮支承处受到的支反力 R_{x1} 和 R_{y1};轮齿啮合点处受到从动轮轮齿给予的总压力 F_{n1},力 F_{n1} 的作用线所在平面与分度圆锥母线垂直,由于直齿圆锥齿轮的轮齿沿着齿宽由大端向锥顶逐渐缩小,为便于圆锥齿轮强度计算,近似认为作用于轮齿的总压力 F_{n1} 位于齿宽中点。

主动齿轮轮齿啮合点处受到的作用力 F_{n1} 可分解成 3 个相互垂直的分力,即圆周力 F_{t1}、径向力 F_{r1} 和轴向力 F_{a1}。

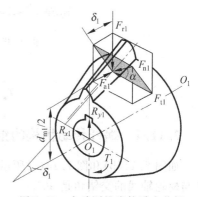

图 7.82 主动圆锥齿轮受力分析

圆周力 F_{t1} 与分度圆锥在齿宽中点端面的分度圆相切,其方向与主动齿轮的转向相反,是主动齿轮运动的阻力。将图 7.82 所示主动齿轮作为受力分离体,由对齿轮轴线 $\overline{O_1O_1}$ 的力矩平衡条件 $\sum M_{O_1O_1} = 0$,求得圆周力 F_{t1} 与主动力矩 T_1 之间的关系:

$$F_{t1} = \frac{2T_1}{d_{m1}} \tag{7-106}$$

式中,d_{m1} 是主动齿轮齿宽中点处的分度圆直径,亦称平均分度圆直径。由图 7.81(b)所示圆锥齿轮几何关系得

$$d_{m1} = d_1\left(1 - \frac{b}{2R}\right) \tag{7-107}$$

径向力 F_{r1} 指向主动齿轮轴心。由图 7.82 中力多边形的几何关系,得到径向力 F_{r1} 与圆周力 F_{t1} 之间的关系式:

$$F_{r1} = F_{t1}\tan\alpha\cos\delta_1 \tag{7-108}$$

轴向力 F_{a1} 指向主动齿轮的大端,其作用线与齿轮轴线平行(图 7.82)。F_{a1} 的大小是

$$F_{a1} = F_{t1}\tan\alpha\sin\delta_1 \tag{7-109}$$

2. 从动齿轮的受力分析

如图 7.83 所示,圆锥齿轮传动机构中,从动齿轮受到的力(矩)除了工作机施加的运动阻力外,还有支承处受到的支反力,以及轮齿啮合点处受到的总压力 F_{n2}。F_{n2} 与主动齿轮轮齿啮合点处的总压力 F_{n1} 是作用力与反作用力关系,两者大小相等,方向相反。从动齿轮轮齿受到的总压力 F_{n2} 同样可分解成 3 个相互垂直的圆周力 F_{t2}、径向力 F_{r2} 和轴向力 F_{a2}。其中,圆周力 F_{t2} 与从动齿轮的转向相同,是从动齿轮运动的驱动力。如果两个圆锥齿轮轴线的交角 $\Sigma = \delta_1 + \delta_2 = 90°$,由图 7.83 知,轮齿啮合点 A 处,从动齿轮的圆周力 F_{t2} 与主动齿轮的圆周力 F_{t1} 大小相等,方向相反;径向力 F_{r2} 指向从动齿轮轴心,与主动齿轮的轴向力 F_{a1} 大小相等,方向相反;轴向力 F_{a2} 指向从动齿轮大端,与主动齿轮的径向力 F_{r1} 大小相等,方向相反。即

$$\left.\begin{aligned}
\boldsymbol{F}_{t2} &= -\boldsymbol{F}_{t1} \\
\boldsymbol{F}_{r2} &= -\boldsymbol{F}_{a1} \\
\boldsymbol{F}_{a2} &= -\boldsymbol{F}_{r1}
\end{aligned}\right\} \tag{7-110}$$

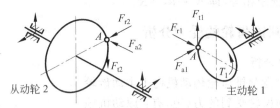

图 7.83　圆锥齿轮传动机构受力分析

7.11　蜗杆传动

7.11.1　蜗杆传动机构的组成和特点

如图 7.14(b)和图 7.14(c)所示,蜗杆传动机构用于传递交错轴之间的运动和动力,蜗杆与蜗轮轴线的交错角是 90°。

1. 蜗杆传动机构的组成

如图 7.14(b)、图 7.14(c)所示,蜗杆和蜗轮是蜗杆传动机构中的活动构件,也是组成机构的主要构件。

1) 蜗杆

蜗杆传动机构实质上由图 7.1(d)所示螺旋齿轮传动机构演变而成,如果螺旋齿轮传动机构中主动齿轮的齿数很少(例如: $z_1 = 1$)、螺旋角 β_1 非常大,则主动齿轮的轮齿就演变成单个齿在圆柱体上旋转多圈的螺杆,即图 7.84(a)所示的蜗杆。与螺杆类同,蜗杆也有左旋与右旋、单线与多线之分。其中,右旋蜗杆应用较多。通常,蜗杆传动机构中的蜗杆为主动件。只有少数机械中,例如,离心机、内燃机和增压机中,将蜗杆作为从动件。

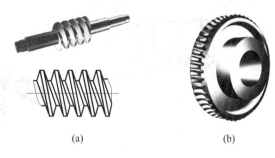

(a)   (b)

图 7.84　圆柱蜗杆及蜗轮

(a) 圆柱蜗杆; (b) 蜗轮

2) 蜗轮

如图 7.84(b)所示,蜗轮实际上是轮缘制成内凹圆弧形的斜齿圆柱齿轮,在机构中通常作为从动件。

2. 蜗杆传动的特点

蜗杆传动的特点可以概括为 7 个方面:

(1) 结构紧凑。

(2) 单级蜗杆传动即可获得比较大的传动比。用于动力传动时,传动比 $i_{12} = 5 \sim 70$;作为分度机构时,传动比 $i_{12} \geqslant 1000$。

(3) 传动平稳,振动和噪声小。

(4) 由于蜗轮分度圆柱面的母线呈圆弧形,因此,蜗杆与蜗轮轮齿之间的啮合为线接触,这样,蜗杆传动的承载能力较大,可以传递较大的动力。

(5) 当蜗杆的导程角(蜗杆分度圆上螺旋线与蜗杆轴线垂直平面间的夹角)小于齿面接触处的摩擦角时,蜗杆传动可以实现自锁。

(6) 蜗杆传动时,轮齿啮合处的相对滑动速度比较大(详见 7.11.4 节的分析),因此,摩擦损耗大,容易发热,传动效率低($\eta = 0.7 \sim 0.92$)。

(7) 为提高轮齿的耐磨性,改善轮齿啮合点处的散热性,蜗轮常常采用减磨性比较好的材料(如青铜)制造,制造成本比较高。

(8) 蜗轮通常采用蜗杆滚刀切制而成,加工出的蜗轮必须与形同滚刀的蜗杆啮合(图 7.85),因此蜗杆传动机构的蜗轮(或蜗杆)不能任意互换。

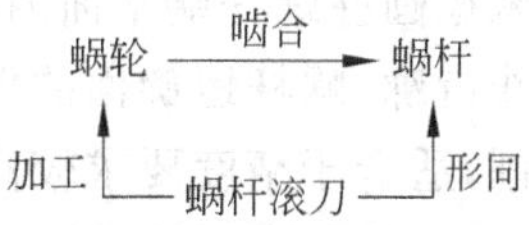

图 7.85　蜗轮加工及啮合条件

7.11.2　蜗杆传动的类型

7.11.2.1　按蜗杆的形状分类

根据蜗杆的形状,将蜗杆传动分为 3 种类型:圆柱蜗杆传动(图 7.84(a))、环面蜗杆传动(图 7.86)和锥面蜗杆传动(图 7.87)。其中,圆柱蜗杆传动也称普通蜗杆传动。

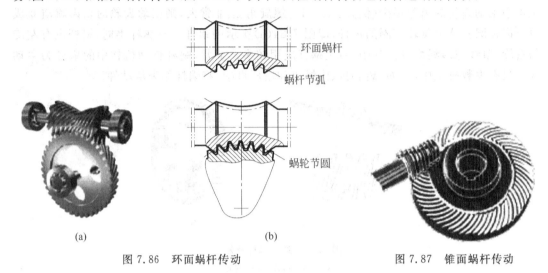

图 7.86　环面蜗杆传动　　　　　　　　　　图 7.87　锥面蜗杆传动

1. 圆柱蜗杆传动

圆柱蜗杆传动机构中,蜗杆的轴向外形呈圆柱形(图 7.84(a)),制造简单,应用广泛。

2. 环面蜗杆传动

图 7.86 所示环面蜗杆传动机构中,蜗杆的轴向外形是以内凹圆弧为母线形成的旋转曲面(图 7.86(b))。其特点是在啮合传动区域内,蜗轮节圆位于蜗杆的节弧面上,传动效率高、润滑条件好、承载能力强。但是,环面蜗杆的传动需要比较高的制造和安装精度。

3. 锥面蜗杆传动

图 7.14(b)和图 7.87 所示锥面蜗杆传动机构中,蜗杆是分布在节锥上的等导程螺旋,蜗轮犹如曲线齿的圆锥齿轮。其传动特点是:蜗杆和蜗轮同时参与啮合的齿数多、重合度大,故传动平稳,承载能力强。蜗轮可以用淬火调质钢制造,能够节省贵重的有色金属材料青铜。

7.11.2.2　按蜗杆齿形分类

蜗杆传动机构中,圆柱蜗杆应用最为广泛。圆柱蜗杆根据其齿形差异分为 3 种类别:阿基米德圆柱蜗杆(图 7.88(a))、渐开线圆柱蜗杆(图 7.88(b))和圆弧齿圆柱蜗杆(图 7.88(c))。

1. 阿基米德圆柱蜗杆

图 7.88(a)是加工阿基米德圆柱蜗杆时,刀具的位置和蜗杆齿形。由图 7.88(a)知,阿基米德圆柱蜗杆端平面内的齿廓曲线是阿基米德渐开线,轴剖面(Ⅰ—Ⅰ)内的蜗杆齿形是直线齿廓,蜗杆螺旋面的形成与螺纹相同,加工容易。这种蜗杆可以用齿轮加工设备切制和磨削,适合于精度要求较高,生产批量较大的场合。

2. 渐开线圆柱蜗杆

加工渐开线圆柱蜗杆时,如图 7.88(b)所示,刀具的切削刃所在平面不通过蜗杆轴线,

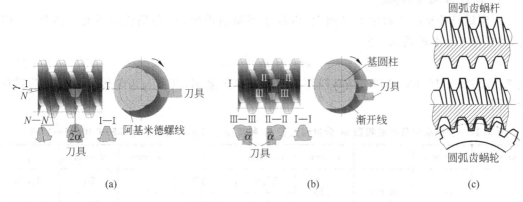

图 7.88　圆柱蜗杆齿形

(a) 阿基米德蜗杆[34]；(b) 渐开线蜗杆[34]；(c) 圆弧齿蜗杆

而是与基圆相切。渐开线圆柱蜗杆端平面内的齿廓是渐开线，Ⅱ—Ⅱ剖面是蜗杆螺旋线的左侧齿形，Ⅲ—Ⅲ剖面是蜗杆螺旋线的右侧齿形，蜗杆轴平面(Ⅰ—Ⅰ)内的齿廓是曲线。

与阿基米德圆柱蜗杆类同，渐开线蜗杆也可以用齿轮加工设备切制和磨削，适合于精度要求较高，生产批量较大的场合。

3. 圆弧齿蜗杆

如图 7.88(c)所示，圆弧齿蜗杆轴平面内的齿廓为内凹圆弧。圆弧蜗杆传动的承载能力比阿基米德蜗杆传动高 50%～100%。因此，在批量生产的蜗杆减速器中，已经逐步取代阿基米德蜗杆。

7.11.3　普通蜗杆传动的基本参数与几何尺寸的计算和选择

本节以阿基米德圆柱蜗杆传动机构为例，讨论蜗杆传动的基本参数与几何尺寸。

蜗杆传动机构中，将通过蜗杆轴平面且垂直于蜗轮端平面的平面称为蜗杆传动的中间平面(图 7.89)。中间平面内，阿基米德圆柱蜗杆的齿廓呈直线，类似于齿条；蜗轮齿廓呈渐开线，类似于圆柱齿轮。这样，蜗杆与蜗轮在中间平面内的啮合类似于齿条与齿轮的啮合，其参数及几何尺寸与齿条齿轮传动类似。在蜗杆传动的设计和其制造中，均以蜗杆传动中间平面上的参数和尺寸为基准。

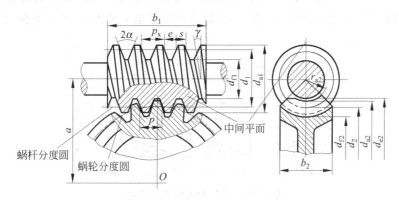

图 7.89　普通圆柱蜗杆传动

1. 模数 m 和压力角 α

规定蜗杆传动机构的中间平面上,蜗杆轴平面的模数 m_{x1} 与蜗轮端平面的模数 m_{t2} 相等,并且等于标准模数 m。即

$$m_{x1} = m_{t2} = m \qquad\qquad (7\text{-}111)$$

表 7.15(GB/T 10085—1988)是蜗杆传动的标准模数系列,其值与齿轮传动的模数系列有所不同。

表 7.15   普通蜗杆传动的模数 m、分度圆直径 d_1 和直径系数 q 的标准系列(GB/T 10085—1988)

m/mm	d_1/mm	q	m/mm	d_1/mm	q	m/mm	d_1/mm	q
1	18	18.000	3.15	35.5	11.270	10	90	9.000
				56	17.778		160	16.000
1.25	20	16.000	4	40	10.000	12.5	112	8.960
	22.4	17.920		71	17.750		200	16.000
1.6	20	12.500	5	50	10.000	16	140	8.750
	28	17.500		90	18.000		250	15.625
2	22.4	11.200	6.3	63	10.000	20	160	8
	35.5	17.750		112	17.778		315	15.75
2.5	28	11.200	8	80	10.000	25	200	8
	45	18.000		140	17.500		400	16

蜗杆轴平面的压力角 α_{x1} 与蜗轮端平面的压力角 α_{t2} 相等,并且等于标准压力角。即

$$\alpha_{x1} = \alpha_{t2} = \alpha = 20° \qquad\qquad (7\text{-}112)$$

蜗杆传动机构用于传递动力时,允许压力角 $\alpha = 25°$;用于分度时,允许压力角 $\alpha = 15°$ 或者 $\alpha = 12°$。

2. 蜗杆的导程角 γ 与分度圆直径 d_1

如图 7.89 所示,蜗杆的分度圆是蜗杆在中间平面内沿轴线方向的齿厚 s 与齿槽宽 e 相等的圆柱面。蜗杆的导程角 γ 则如图 7.90 所示,是蜗杆分度圆柱面上螺旋线的切线与蜗杆端平面之间的夹角。蜗杆导程角类似于螺纹的螺旋升角,展开蜗杆分度圆柱面,由图 7.90 得到导程角 γ 与蜗杆头数 z_1(类似于螺纹线数)、模数 m 和分度圆直径 d_1 之间的关系式:

$$\tan\gamma = \frac{l}{\pi d_1} = \frac{z_1 p_x}{\pi d_1} = \frac{m z_1}{d_1} \qquad\qquad (7\text{-}113)$$

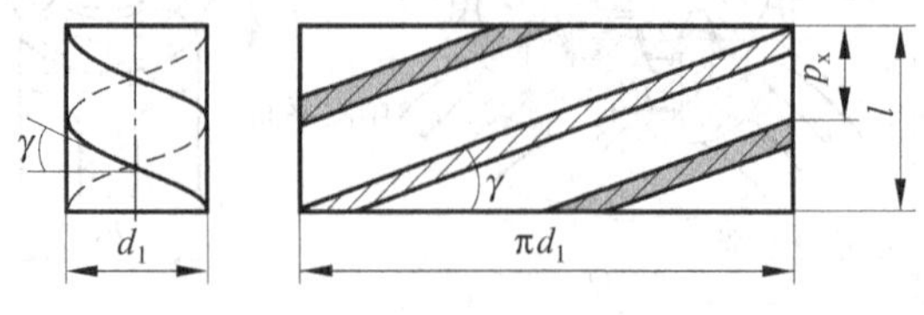

图 7.90   蜗杆分度圆柱展开图

或者

$$d_1 = m \frac{z_1}{\tan \gamma} \tag{7-114}$$

式(7-113)和式(7-114)中，l 是蜗杆的螺旋线导程，由式(5-1)知 $l = z_1 p_x$；p_x 是蜗杆的轴向齿距。式(7-23)得 $p_x = \pi m$。

蜗杆的导程角 γ 越大，蜗杆传动的效率就越高；反之亦然，导程角 γ 小到一定程度时，蜗杆传动具有自锁性。

3. 蜗杆直径系数 q

由式(7-114)知，模数 m 确定之后，蜗杆分度圆直径 d_1 还会随着 $\frac{z_1}{\tan \gamma}$ 的变化而变化。

另外，由图 7.85 知，欲保证蜗杆与蜗轮能够正确啮合，加工蜗轮的滚刀参数应与蜗轮啮合的蜗杆参数相同，这意味着，只要有一种蜗杆，就必须有一把与其对应的加工蜗轮的滚刀。因为蜗杆分度圆直径 d_1 不仅随模数 m 变化，而且还会随着 $\frac{z_1}{\tan \gamma}$ 的变化而变化，即同一模数的蜗杆传动，加工蜗轮的滚刀规格数目可以很多，为了限制加工蜗轮滚刀的数量和规格，定义

$$q = \frac{z_1}{\tan \gamma} \tag{7-115}$$

并称 q 为蜗杆直径系数。国家标准 GB/T 10085—1988 规定(表 7.15)，蜗杆分度圆直径 d_1 只能取标准值，并且与模数 m 匹配。这样，不仅加工蜗轮的滚刀标准化，而且明显减少了滚刀的规格种类。表 7.15 中，模数 m 和蜗杆分度圆直径 d_1 是标准值，蜗杆直径系数 q 则是导出值，每一种模数 m 只对应 1～2 个 q 值。

由式(7-115)和式(7-114)知，蜗杆直径系数 q（或者蜗杆分度圆直径 d_1 与模数 m）及蜗杆线数 z_1 确定之后，其导程角 γ 也随之确定。

4. 蜗轮分度圆直径 d_2

蜗轮分度圆直径 d_2 的计算方法与齿轮分度圆直径的计算方法相同，即

$$d_2 = m z_2 \tag{7-116}$$

应该注意，蜗轮的轮齿形似斜齿轮的轮齿，利用式(7-116)计算其分度圆直径 d_2 时，模数 m 是蜗轮在中间平面内的端面模数。

5. 蜗杆传动的传动比 i_{12}

图 7.89 所示蜗杆传动的中间平面内，蜗杆传动相当于渐开线齿条与齿轮的啮合。而且标准安装时，蜗杆与蜗轮啮合的节圆与分度圆重合。这样，中间平面内蜗轮的节圆(分度圆)与蜗杆的节线(分度圆柱面上的母线)保持纯滚动。即蜗杆转动 1 圈，其螺旋齿沿轴向移动的距离为 1 个导程 $z_1 p_x$，蜗轮分度圆转过的弧长与蜗杆螺旋齿沿轴向移动的距离相等。另外，根据式(7-23)关于齿轮模数的定义，蜗杆的轴向齿距 $p_x = \pi m_{x1}$，蜗轮的端面齿距 $p = \pi m_{t2}$，将式(7-111)关系代入蜗杆和蜗轮的齿距计算式中，求得蜗杆的轴向齿距 p_x 与蜗轮的端面齿距 p 相等，即 $p_x = p$。这样，蜗杆转动一圈，蜗轮转过 $\frac{z_1 p_x}{z_2 p} = \frac{z_1}{z_2}$ 圈($z_2 p$ 是蜗轮分度圆的周长)。由此得到蜗杆传动的传动比 i_{12} 的计算式为 $i_{12} = \frac{n_1}{n_2} = \frac{1}{z_1/z_2} = \frac{z_2}{z_1}$。将式(7-114)及式(7-116)代入其中，即可得到蜗杆传动的传动比：

$$i_{12} = \frac{n_1}{n_2} = \frac{z_2}{z_1} = \frac{d_2}{d_1 \tan \gamma} \tag{7-117}$$

式中，n_1、n_2 分别是蜗杆和蜗轮的转速；z_1 是蜗杆线数；z_2 是蜗轮齿数。

比较式(7-37)和式(7-117)知，蜗杆传动的传动比 $i_{12} = \dfrac{n_1}{n_2} \neq \dfrac{d_2}{d_1}$，这一点与齿轮传动有所不同，应当注意。

6. 蜗杆线数 z_1 和蜗轮齿数 z_2 的选择

1) 蜗杆线数 z_1 的选择

蜗杆线数的选取与蜗杆传动的传动比和传动效率有关。

(1) 蜗杆线数 z_1 越大，蜗杆传动的效率就越高。如果要求蜗杆传动有较高的传动效率，则蜗杆线数 z_1 应取得多一些。通常，传动效率 $\eta = 0.75 \sim 0.82$ 时，取 $z_1 = 2$；传动效率 $\eta = 0.8 \sim 0.92$ 时，取 $z_1 = 3 \sim 4$。

(2) 由式(7-117)知，要求在蜗杆传动的传动比 i_{12} 较大时，应减少蜗杆线数 z_1。但是，蜗杆线数 z_1 越少，蜗杆传动的效率越低。根据所需的传动比 i_{12}，可由表 7.16 选取蜗杆线数 z_1。

表 7.16　蜗轮齿数 z_2 的推荐使用值[40]

传动比 i_{12}	$7 \sim 13$	$14 \sim 27$	$28 \sim 40$	> 40
蜗杆线数 z_1	4	2	2,1	1
蜗轮齿数 z_2	$28 \sim 52$	$28 \sim 54$	$28 \sim 80$	> 40

(3) 要求自锁时，取 $z_1 = 1$，此时蜗杆的传动效率 η 最低($\eta = 0.4 \sim 0.5$)。

2) 蜗轮齿数 z_2 的选择

(1) 欲避免蜗轮产生根切，蜗杆线数 $z_1 = 1$ 时，蜗轮齿数 $z_2 \geqslant 17$；蜗杆线数 $z_1 \geqslant 2$ 时，蜗轮齿数 $z_2 \geqslant 26$。

(2) 蜗杆传动机构传递动力时，为提高传动的平稳性，应使蜗轮齿数 $z_2 \geqslant 28$，一般取 $z_2 = 29 \sim 70$。

(3) 蜗杆传动机构用于分度时，一段要求传动比 i_{12} 很大，常取蜗轮齿数 $z_2 \geqslant 100$。

根据式(7-116)，模数 m 确定之后，蜗轮齿数 z_2 越多，蜗轮分度圆直径 d_2 越大，即蜗轮越大，与其啮合的蜗杆将越长，蜗杆刚度随之减小。因此，增加蜗轮齿数 z_2 时，应考虑蜗轮尺寸对蜗杆刚度的影响。

表 7.16 是与传动比 i_{12} 和蜗杆线数 z_1 匹配的蜗轮齿数 z_2 的推荐值。

7. 标准中心距 a

蜗杆传动的标准中心距 a 指中间平面内，蜗杆及蜗轮的节圆与分度圆重合时的中心距。根据图 7.89 所示几何关系，由式(7-114)~式(7-116)，可以求得蜗杆传动的标准中心距 a：

$$a = \frac{1}{2}(d_1 + d_2) = \frac{m}{2}(q + z_2) \tag{7-118}$$

8. 圆柱蜗杆传动的几何尺寸计算

蜗杆传动的主要参数包括：蜗杆线数 z_1、蜗轮齿数 z_2、模数 m 和蜗杆直径系数 q。计算蜗杆传动的几何尺寸之前，首先要通过下述两个方面的工作，确定这些主要参数。

（1）根据蜗杆传动的功用和要求的传动比及其传动效率，选取蜗杆线数 z_1 和蜗轮齿数 z_2；

（2）根据蜗杆传动的强度条件确定模数 m 和直径系数 q。

蜗杆传动的主要参数确定之后，即可根据图 7.89，由表 7.17 计算普通圆柱蜗杆传动的几何尺寸。

表 7.17　普通圆柱蜗杆传动的几何尺寸[30]

名　称	蜗杆/蜗轮	代号	计算公式
分度圆直径	蜗杆	d_1	$d_1 = mq$
	蜗轮	d_2	$d_2 = mz_2$
齿顶高		h_a	$h_a = h_a^* m = m,\ h_a^* = 1$
齿根高		h_f	$h_f = (h_a^* + c^*)m = 1.2m,\ c^* = 0.2$
全齿高		h	$h = h_f + h_a = m(2h_a^* + c^*)$
齿顶圆直径	蜗杆	d_{a1}	$d_{a1} = d_1 + 2h_a = m(q + 2h_a^*)$
	蜗轮	d_{a2}	$d_{a2} = d_2 + 2h_a = m(z_2 + 2h_a^*)$
齿根圆直径	蜗杆	d_{f1}	$d_{f1} = d_1 - 2h_f = m(q - 2h_a^* - 2c^*)$
	蜗轮	d_{f2}	$d_{f2} = d_2 - 2h_f = m(z_2 - 2h_a^* - 2c^*)$
齿距	蜗杆	p_x	$p_x = \pi m,\ p_x$：轴向齿距
	蜗轮	p	$p = p_x = \pi m$
导程角	蜗杆	γ	$\tan\gamma = \dfrac{mz_1}{d_1} = \dfrac{z_1}{q}$
齿宽	蜗杆	b_1	$z_1 = 1 \sim 2$ 时，$b_1 \geqslant (11 + 0.06z_2)m$ $z_1 = 4$ 时，$b_1 \geqslant (12.5 + 0.09z_2)m$
	蜗轮	b_2	$z_1 = 1 \sim 2$ 时，$b_2 \leqslant 0.75d_{a1}$ $z_1 = 4$ 时，$b_2 \leqslant 0.67d_{a1}$
外圆直径	蜗轮	d_{e2}	$z_1 = 1$ 时，$d_{e2} \leqslant d_{a2} + 2m$ $z_1 = 2$ 时，$d_{e2} \leqslant d_{a2} + 1.5m$ $z_1 = 4$ 时，$d_{e2} \leqslant d_{a2} + m$
中心距		a	$a = \dfrac{1}{2}(d_1 + d_2) = \dfrac{m}{2}(q + z_2)$
齿顶圆弧半径	蜗轮	r_{a2}	$r_{a2} = a - \dfrac{d_{a2}}{2}$

7.11.4　蜗杆传动的正确啮合条件与齿面相对滑动

1. 蜗杆传动的正确啮合条件

蜗杆传动机构的中间平面内，蜗杆与蜗轮的啮合可视为齿条与渐开线齿轮的啮合，因此，蜗杆传动的正确啮合条件与齿轮传动相同。即

（1）蜗杆的轴向模数 m_{x1} 与蜗轮的端面模数 m_{t2} 相等，并且等于标准模数 m，即满足式(7-111)。

（2）蜗杆的轴向压力角 α_{x1} 与蜗轮的端面压力角 α_{t2} 相等,并且等于标准压力角 α,即满足式(7-112)。

（3）蜗杆与蜗轮轴线的交错角为 90°时,还应满足:①蜗杆与蜗轮旋向相同。即两者都是左旋或者都是右旋,这一点与斜齿圆柱齿轮传动有所不同。由图 7.91 知,蜗轮轮齿为右旋时,蜗杆必须是右旋,其下方的轮齿(图中虚线)才能够与右旋蜗轮上方啮合的轮齿贴合。②蜗杆导程角 γ 与蜗轮分度圆柱上螺旋角 β_2 相等,即 $\gamma=\beta_2$。蜗杆与蜗轮啮合处,轮齿的倾斜方向应相同。图 7.91 中,蜗杆是右旋,螺旋角是 β_1;蜗轮也是右旋,螺旋角是 β_2;两者啮合处,轮齿方向吻合,即

$$\Sigma = \beta_1 + \beta_2 = 90° \tag{7-119}$$

另外,蜗杆的螺旋角 β_1 与导程角 γ 互为余角,即

$$\beta_1 + \gamma = 90° \tag{7-120}$$

比较式(7-119)和式(7-120)得

$$\gamma = \beta_2 \tag{7-121}$$

2. 齿面相对滑动

1）齿面间的滑动速度 v_s

图 7.92 所示蜗杆传动中的蜗杆与蜗轮齿廓啮合点位于节点 C,设蜗杆转速为 $n_1(\text{r/min})$,蜗轮转速为 $n_2(\text{r/min})$。

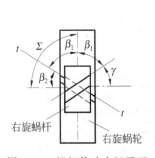

图 7.91 蜗杆传动中间平面

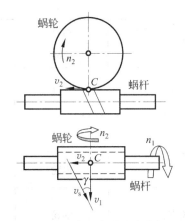

图 7.92 齿面滑动速度分析

蜗杆上 C 点绝对速度 v_1 的方向与蜗杆分度圆相切,其大小为

$$v_1 = \frac{\pi n_1 d_1}{60} \ (\text{mm/s}) \tag{7-122}$$

蜗轮上 C 点绝对速度 v_2 的方向与蜗轮分度圆相切(与蜗杆轴线平行),其大小为

$$v_2 = \frac{\pi n_2 d_2}{60} \ (\text{mm/s}) \tag{7-123}$$

如果将蜗轮上的 C 点视为动坐标,分析图 7.92 所示蜗杆传动啮合点 C 的速度,则由理论力学关于绝对速度、牵连速度和相对速度的定义及其关系知,蜗杆上 C 点的速度 v_1 是绝对速度、蜗轮上 C 点的速度 v_2 是牵连速度、蜗杆上 C 点相对于蜗轮上 C 点的速度 v_s 则是相对速度。啮合点 C 处的这 3 个速度构成封闭的速度矢量多边形,即

$$v_1 = v_2 + v_s \tag{7-124}$$

由于 v_1 垂直于 v_2，故图 7.92 中，点 C 的速度矢量多边形呈直角三角形，由直角三角形的边长关系，或者由式(7-122)、式(7-123)和式(7-117)均可得到

$$\frac{v_2}{v_1} = \tan\gamma \tag{7-125}$$

式(7-125)说明，蜗杆与蜗轮的速度比值等于蜗杆导程角 γ 的正切，即 v_s 与 v_1 之间的夹角正是蜗杆的导程角 γ，换言之，蜗杆与蜗轮在啮合点 C 处相对滑动速度 v_s 的方向沿着蜗杆齿廓的螺旋线方向，说明蜗杆与蜗轮啮合点处的轮齿沿蜗杆螺旋线方向有相对滑动。根据图 7.92 所示速度矢量多边形的几何关系，得到相对滑动速度 v_s 的大小为

$$v_s = \sqrt{v_1^2 + v_2^2} = \frac{v_1}{\cos\gamma} \tag{7-126}$$

由式(7-126)知，蜗杆与蜗轮在齿廓啮合点处的相对滑动速度 v_s 大于蜗杆分度圆的圆周速度 v_1 和蜗轮分度圆的圆周速度 v_2。即蜗杆传动机构工作时，啮合点处轮齿间的相对滑动速度 v_s 比较大。

2）齿面相对滑动的后果

由于啮合点处轮齿的相对滑动速度 v_s 比较大，因此，齿廓表面容易产生磨损，发热量大。如果散热条件不好，会降低润滑油的黏度、使其容易从啮合齿面挤出而失去润滑作用，引起齿面产生胶合。为减小摩擦，提高轮齿的耐磨性，常常采用贵重有色金属(青铜)制造蜗轮的齿圈。

7.11.5 蜗杆传动的受力分析

蜗杆传动受力分析的思想方法与斜齿圆柱齿轮传动类同，蜗轮和蜗杆在啮合点处受到的法向总压力 F_n 可以分解成 3 个相互垂直的分力：圆周力 F_t、径向力 F_r 和轴向力 F_a。

1. 蜗杆的受力分析

图 7.93 中，蜗杆是主动件，点 C 是蜗杆与蜗轮的啮合点。啮合点 C 处蜗杆受到蜗轮轮齿给予的总压力 F_{n1}，将总压力 F_{n1} 分解成 3 个相互垂直的分力：圆周力 F_{t1}、径向力 F_{r1} 和轴向力 F_{a1}。其中，圆周力 F_{t1} 的作用线在蜗杆端平面(与蜗杆轴线垂直的平面)内，与蜗杆的分度圆相切。其方向与蜗杆的转动方向相反，是蜗杆运动的阻力。径向力 F_{r1} 垂直指向蜗杆轴线。轴向力 F_{a1} 的作用线与蜗杆轴线平行，其方向与斜齿圆柱齿轮传动中主动齿轮轴向力的判断方法相同，即根据蜗杆的转动方向及其螺旋线的旋向，由左右手法则判断。

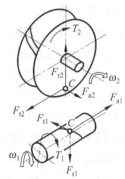

图 7.93 蜗杆传动受力分析

2. 蜗轮的受力分析

如图 7.93 所示，蜗轮在啮合点处受到蜗杆施予的总压力 F_{n2} 亦可分解成相互垂直的圆周力 F_{t2}、径向力 F_{r2} 和轴向力 F_{a2}。分析啮合点处蜗轮的 3 个分力方向时，应当注意蜗轮轴线与蜗杆轴线交错 90° 的几何特征。即在蜗轮的啮合点 C 处，圆周力 F_{t2} 的作用线在蜗轮的端平面内，与蜗轮的分度圆相切。其方向与蜗轮的转动方向相同，是驱动蜗轮转动的动力，

并且与蜗杆上的轴向力 F_{a1} 大小相等,方向相反;径向力 F_{r2} 垂直指向蜗轮的轴线,并且与蜗杆上的径向力 F_{r1} 等大反向;轴向力 F_{a2} 的作用线与蜗轮的轴线平行,与蜗杆的圆周力 F_{t1} 大小相等,方向相反。

参照图 7.93,根据上述分析知,啮合点处蜗轮和蜗杆的 3 个分力存在下述关系:

$$\left.\begin{array}{l} F_{t2} = -F_{a1} \\ F_{r2} = -F_{r1} \\ F_{a2} = -F_{t1} \end{array}\right\} \tag{7-127}$$

设蜗杆受到的驱动力矩为 T_1,蜗轮的工作阻力矩是 T_2。分别将蜗杆和蜗轮作为受力分析的分离体,由力对各自轴线的力矩平衡条件,以及式(7-127)表明的各力之间的关系,得到各个力的大小为

$$F_{a1} = F_{t2} = \frac{2T_2}{d_2} \tag{7-128}$$

$$F_{r1} = F_{r2} = F_{t2} \tan \alpha \tag{7-129}$$

$$F_{a2} = F_{t1} = \frac{2T_1}{d_1} \tag{7-130}$$

蜗杆传动以蜗杆轴平面和蜗轮端平面的参数为标准值,其中,蜗轮相当于一个斜齿圆柱齿轮,根据斜齿轮端面压力角 α_t 和法面压力角 α_n 之间的关系式(7-85),以及斜齿轮径向力计算式(7-96),得到径向力 F_{r1} 和 F_{r2} 的计算式(7-129)。式(7-129)中,α 是蜗轮端面压力角(相当于斜齿圆柱齿轮的端面压力角 α_t)。

习　题

分析思考题

1. 通过圆柱齿轮啮合点处的运动分析说明:
   (1) 外啮合圆柱齿轮传动机构中,主动齿轮的转向与从动齿轮的转向相反;
   (2) 内啮合圆柱齿轮传动机构中,主动齿轮的转向与从动齿轮的转向相同。

2. 根据连杆机构压力角、凸轮机构压力角、渐开线齿廓上任一点的压力角、直齿圆柱齿轮压力角、斜齿轮圆柱齿轮压力角的定义,分析说明这些压力角的共同点和不同点。

3. 请根据齿轮传动啮合角和渐开线齿廓压力角的定义,通过作图分析说明:渐开线齿轮传动的啮合角实质上就是渐开线齿廓在节圆上的压力角。

4. 试证明渐开线齿轮的法向齿距 p_n 与基圆齿距 p_b 相等。

5. 为什么说式(7-58)中的齿形系数 Y_{Fa} 与模数 m 无关?阐明理由。

选择填空题

1. 圆柱齿轮的齿廓渐开线弯曲程度取决于_____的大小。
   A. 分度圆　　　　　B. 齿顶圆　　　　　C. 齿根圆　　　　　D. 基圆

2. 渐开线齿廓在基圆上的压力角_____。
   A. 大于 0°　　　　　B. 小于 0°　　　　　C. 等于 0°　　　　　D. 等于 20°

3. 由渐开线的特性知,渐开线齿廓上的点离基圆的圆心越远,该点的压力角_____。
   A. 越大　　　　　　B. 越小　　　　　　C. 不变　　　　　　D. 等于 0°

4. 渐开线齿轮的压力角是齿廓在_____处的压力角；一对外啮合圆柱齿轮传动，两个齿轮的_____相切并作纯滚动，故齿轮中心距是两个_____的半径之和。如果一对外啮合标准直齿圆柱齿轮按标准中心距安装，则两个齿轮的_____与_____重合。

　　　A. 分度圆　　　　　　B. 齿顶圆　　　　　　C. 基圆　　　　　　D. 节圆

　　　E. 齿根圆

5. 对于单个齿轮言，只存在_____圆和_____角，只有当一对齿轮啮合时才存在_____圆和_____角。

　　　A. 分度　　　　　　　B. 节　　　　　　　　C. 啮合　　　　　　D. 压力

6. 一对渐开线直齿圆柱齿轮正确啮合的条件是：两个齿轮的_____和_____分别相等。

　　　A. 直径　　　　　　　B. 宽度　　　　　　　C. 模数　　　　　　D. 齿槽宽

　　　E. 压力角　　　　　　F. 齿距　　　　　　　G. 齿厚　　　　　　H. 齿数

　　　I. 基圆

7. 渐开线标准直齿圆柱齿轮是_____的齿轮。

　　　A. 分度圆上的模数和压力角均为标准值

　　　B. 节圆与分度圆重合

　　　C. 分度圆上齿厚等于齿槽宽、压力角等于20°、齿顶高系数和顶隙系数均为标准值

8. 齿轮强度计算公式中的齿形系数 Y_F 仅与齿轮的_____有关。

　　　A. 齿数　　　　　　　B. 压力角　　　　　　C. 变位系数　　　　D. 模数

9. 一对渐开线标准直齿圆柱齿轮按标准中心距安装，由于制造或者安装误差导致齿轮中心距增大时，两个齿轮的分度圆直径_____，节圆直径_____，传动比 $i_{12} = \dfrac{\omega_1}{\omega_2}$ _____。

　　　A. 变大　　　　　　　B. 变小　　　　　　　C. 保持不变

10. 一对渐开线齿轮的中心距产生微小变化时，轮齿啮合点处的总压力 F_n _____，齿轮传动比 i_{12} _____。

　　　A. 发生微小变化　　　B. 发生较大变化　　　C. 恒定不变

11. 齿轮机构工作时，轮齿齿面的疲劳点蚀首先发生在_____的部位。

　　　A. 靠近齿顶　　　B. 节线附近　　　　　C. 靠近齿根　　　D. 齿根和齿顶

12. 齿轮传动的重合度 ε 越大，表示同时参与啮合的轮齿对数的平均值越_____，齿轮传动越_____。

　　　A. 少　　　　　　　　B. 多　　　　　　　　C. 不平稳　　　　　D. 平稳

13. 试根据图 7.36(b) 所示重合度 $\varepsilon > 1$ 的情形，分析齿轮传动的单齿啮合区位于轮齿的_____附近。

　　　A. 齿顶线　　　　　　B. 齿根线　　　　　　C. 节线

14. 闭式软齿面齿轮传动，通常应按_____疲劳强度进行设计，确定齿轮的主要参数后还应校核_____疲劳强度。

　　　A. 齿面接触　　　　B. 齿面弯曲　　　　　C. 齿根弯曲　　　　D. 齿根接触

15. 一个齿顶高系数 $h_a^* = 1$，顶隙系数 $c^* = 0.25$ 的标准直齿圆柱齿轮、其齿距 $p =$

15.7 mm,齿顶圆直径 $d_a=400$ mm,则该齿轮的齿数_____。

  A. $z=82$ B. $z=78$ C. $z=76$ D. $z=80$

16. 齿轮传动时,相互啮合的一对轮齿在齿根部位的弯曲应力值_____,两个轮齿的齿面接触应力值_____。

  A. 相同   B. 不同

17. 设计闭式硬齿面齿轮传动时,通常先根据_____疲劳强度条件确定_____,设计完毕后,校核_____疲劳强度。

  A. 齿面接触   B. 齿根弯曲

  C. 小齿轮分度圆直径 d_1 D. 齿轮模数 m

18. 按齿面接触疲劳强度设计齿轮时,应将_____中的较小者代入设计公式进行计算。

  A. $[\sigma_{H1}]$ 与 $[\sigma_{H2}]$ B. $[\sigma_{F1}]$ 与 $[\sigma_{F2}]$ C. Y_{F1} 与 Y_{F2} D. $\dfrac{[\sigma_{F1}]}{Y_{F1}}$ 与 $\dfrac{[\sigma_{F2}]}{Y_{F2}}$

19. 进行齿轮强度计算时,应以_____进行计算。

  A. 名义载荷   B. 计算载荷

20. 标准直齿圆柱齿轮不产生根切的最小齿数_____,标准斜齿圆柱齿轮不产生根切的最小齿数_____,标准圆锥齿轮不产生根切的最小齿数_____。

  A. 大于 17   B. 等于 17   C. 小于 17

21. 用仿形法加工斜齿圆柱齿轮时,应根据_____模数选择成型铣刀。

  A. 轴平面   B. 法面   C. 端面   D. 大端

22. 斜齿圆柱齿轮传动机构中,齿轮的螺旋角 β 越大,轮齿啮合点处产生的轴向力_____。

  A. 越小   B. 越大   C. 保持不变

23. 蜗杆传动的传动比计算式 $i_{12}=$_____是错误的。

  A. $\dfrac{n_1}{n_2}$ B. $\dfrac{z_2}{z_1}$ C. $\dfrac{d_2}{d_1\tan\gamma}$ D. $\dfrac{d_2}{d_1}$

24. 蜗杆传动机构中,蜗杆的_____模数是标准值,蜗轮的_____模数是标准值。

  A. 端面   B. 法面   C. 轴平面

25. 蜗杆传动的正确啮合条件是:蜗杆的导程角 γ 与蜗轮的分度圆柱螺旋角 β _____。

  A. 大小相等,旋向相同   B. 大小相等,旋向相反

  C. 大小不等,旋向相同   D. 大小不等,旋向相反

26. 已知蜗杆传动机构中,蜗杆的线数 $z_1=1$、模数 $m=6$ mm,特性系数 $q=12$,蜗轮的齿数 $z_2=40$、转速 $n_2=50$ r/min,则当啮合点位于节点时,齿廓间的相对滑动速度 v_s 等于_____m/s。

  A. 1.89   B. 3.35   C. 6.25   D. 7.56

27. 普通圆柱蜗杆传动机构中,如果模数和其他条件保持不变,则提高蜗杆的特性系数,蜗杆的刚度将_____。

  A. 降低   B. 提高

C. 不变   D. 可能提高,也可能减小

作图分析题

1. 在图 7.94 所示传动装置中,斜齿轮 1 是原动件,蜗轮 4 是运动输出件,两者转向如图所示。

(1) 试确定蜗杆 3 的螺旋线方向,并在图中示意;

(2) 欲使轴 Ⅱ 上的轴向力可以抵消,试确定斜齿轮 2 的旋向,并在图中示意;

(3) 确定齿轮 1 的轴向力方向,并在图中示意;

2. 图 7.95 所示传动装置由斜齿轮 1 和斜齿轮 2,蜗杆 3、蜗轮 4 以及鼓轮组成。斜齿轮 1 是原动件。欲使重物 Q 提升,试确定:

(1) 各轴的转向;

(2) 蜗轮 4 的轮齿旋向应为_____旋;

(3) 欲使轴 Ⅱ 上的轴向力可以抵消,试确定并画出斜齿轮 2 的旋向;

(4) 在图 7.95(b) 中分别标示出斜齿轮 1 的圆周力 F_{t1}、径向力 F_{r1} 和轴向力 F_{a1};斜齿轮 2 的圆周力 F_{t2}、径向力 F_{r2} 和轴向力 F_{a2}。

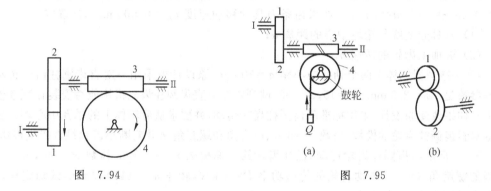

图 7.94   图 7.95

3. 图 7.96 所示两级斜齿圆柱齿轮减速器,轴 Ⅰ 是减速器动力源的输入轴,轴 Ⅲ 是减速器输出运动的轴。输出轴 Ⅲ 的转动方向如图所示,欲使支承轴 Ⅱ 的轴承受到的轴向力最小。

(1) 在图中标出轴 Ⅰ 和轴 Ⅱ 的转动方向;

(2) 确定轴 Ⅰ、轴 Ⅱ 和轴 Ⅲ 上各个齿轮的旋向(在图中标示,并文字说明)。

4. 图 7.97 所示由蜗杆传动机构和齿轮机构组成的传动装置中,已知:主动斜齿圆柱齿轮 1 的转速 n_1 及其旋转方向,蜗杆 5 的旋向。欲使轴 Ⅱ 承受的轴向力最小,试确定:

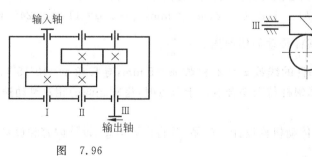 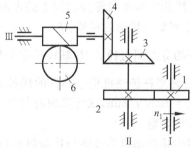

图 7.96   图 7.97

（1）斜齿轮 1 和斜齿轮 2 的轮齿旋向；

（2）蜗轮 6 的转向和旋向；

（3）轴Ⅱ上圆锥齿轮 3 和斜齿轮 2 的轴向力方向。

计算题

1. 一对标准安装的外啮合标准直齿圆柱齿轮传动，测得其中心距 $a = 160\ \text{mm}$，两个齿轮的齿数分别是 $z_1 = 20, z_2 = 44$。试确定两个齿轮的模数 m、齿距 p、分度圆直径 d_1 和直径 d_2、齿顶圆直径 d_{a1} 和直径 d_{a2}、齿根圆直径 d_{f1} 和直径 d_{f2}。

2. 一对外啮合的标准斜齿圆柱齿轮传动，已知：齿轮法面模数 $m_n = 3\ \text{mm}$，螺旋角 $\beta = 8°6'40''$，两个齿轮的齿数 $z_1 = 23, z_2 = 76$，试确定：

（1）斜齿圆柱齿轮的当量齿数 z_{v1} 和 z_{v2}；

（2）齿轮传动的中心距；

（3）分度圆直径 d_1 和直径 d_2；

（4）齿顶圆直径 d_{a1} 和直径 d_{a2}；

（5）齿根圆直径 d_{f1} 和直径 d_{f2}。

3. 用齿条插刀范成法加工齿数 $z = 15$ 的渐开线直齿圆柱齿轮，已知基本参数：$h_a^* = 1$，$c^* = 0.25, \alpha = 20°, m = 4\ \text{mm}$。如果齿条刀具的移动速度 $v_{刀} = 0.002\ \text{m/s}$，试确定：

（1）刀具分度线与轮坯中心的距离 a；

（2）被加工齿轮的转速 n。

4. 一减速器箱体上两个轴孔中心距 $a = 70\ \text{mm}$，原设计拟采用一对直齿圆柱齿轮传动的基本参数是：$m = 2.5\ \text{mm}, z_1 = 15, z_2 = 38$，试判别这对直齿圆柱齿轮机构能否安装在减速器箱体上？如果改变原设计，采用标准斜齿圆柱齿轮传动，并要求适应箱体上的轴孔中心距。试确定这对斜齿圆柱齿轮的模数、齿数 z_1 和 z_2、压力角和螺旋角 β，并判断小齿轮是否产生根切。

5. 一标准斜齿圆柱齿轮传动，已知齿轮的法面模数 $m_n = 2\ \text{mm}$，齿数 $z_1 = 30, z_2 = 100$，轮齿的螺旋角 $\beta = 10°$，主动齿轮的传递功率 $P = 4\ \text{kW}$，转速 $n_1 = 1440\ \text{r/min}$，试确定作用在齿轮上的轴向力 F_a 的大小。

6. 某传动装置中有一对渐开线标准直齿圆柱齿轮（正常齿），大齿轮已经损坏，小齿轮的齿数 $z_1 = 24$，齿顶圆直径 $d_{a1} = 78\ \text{mm}$，中心距 $a = 135\ \text{mm}$，试计算：

（1）大齿轮的主要几何尺寸；

（2）这对齿轮的传动比 i_{12}。

7. 用范成法加工一渐开线标准直齿圆柱齿轮，已知齿轮基本参数：$h_a^* = 1, c^* = 0.25$，$\alpha = 20°, m = 4\ \text{mm}, z_1 = 10$。如果不允许被加工齿轮产生根切，并且不能改变齿轮的齿数，应采取什么措施？分析齿轮分度圆上的齿厚是否产生变化，产生何种变化？

8. 已知蜗杆传动的参数：$h_a^* = 1, c^* = 0.2, m = 4\ \text{mm}, z_1 = 2, q = 11, d_2 = 240\ \text{mm}$。试计算蜗杆的分度圆直径 d_1 和蜗杆传动的传动比 $i_{12} = \dfrac{\omega_1}{\omega_2}$。

9. 已知蜗杆传动机构中蜗杆的线数 $z_1 = 2$，模数 $m = 5\ \text{mm}$，导程角 $\gamma = 10°18'17''$，蜗杆的转速 $n_1 = 1000\ \text{r/min}$，试计算蜗杆传动啮合点位于节点时，齿廓之间的相对滑动速度 v_s。

设计练习题

运用齿轮传动机构或蜗杆传动机构设计一产品，并将设计信息、设计内容和设计过程填入附录 A 中的"产品设计文档"。

8 轮　系

本章学习要求

◇ 轮系的功用；

◇ 定轴轮系传动比计算及其从动件运动方向判断；

◇ 周转轮系传动比计算及其从动件运动方向判断；

◇ 复合轮系传动比计算及其从动件运动方向判断。

8.1　轮系的功用和分类

8.1.1　轮系的功用

如图 8.1 所示，轮系是由两对及其以上的齿轮机构构成的传动装置，一般介于主动轴（或原动机）和从动轴（或执行机构）之间。工程实践中，常常利用轮系实现变速、换向，传递大功率的运动和动力等，因此，轮系的应用非常广泛，其具体功用主要体现为 7 个方面。

图 8.1　轮系

1. 实现远距离传动

图 8.2 中主动轴中心 O_1 与从动轴中心 O_2 相距较远，当主、从动轴传递运动的传动比不大时，如果只采用图 8.2(a)所示的一对齿轮传动，机构的外廓尺寸很大。而采用如图 8.2(b)所示的若干对齿轮传动，通过 4 个齿轮（3 对齿轮副）组成的轮系将主动轴的运动传递给从动轴，则机构的外廓尺寸明显减少。由此可见，采用轮系不仅使传动装置的结构紧凑，而且能节约加工齿轮的原材料。

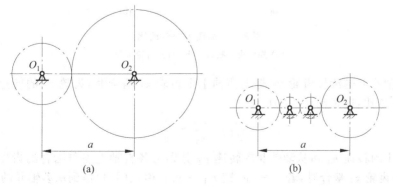

(a)　　　　　　　　　　　　　(b)

图 8.2　远距离齿轮传动

（a）一对齿轮传动；（b）轮系

2. 获得较大传动比

主从动轴之间的运动传递需要较大传动比时,如果只采用图8.3(a)所示的一对齿轮传动,则大、小齿轮的齿数相差甚多,这样,一方面传动机构的外廓尺寸很大;另一方面,由于小齿轮的轮齿工作次数远远多于大齿轮的轮齿工作次数,因此小齿轮的轮齿磨损过快,大、小齿轮的寿命相差甚远。如果采用如图8.3(b)所示的轮系(由4个齿轮,2对齿轮副组成)实现大传动比的运动传递。则每对齿轮副中,两个齿轮直径(齿数)相差不大(多),这样,大、小齿轮的使用寿命比较接近。

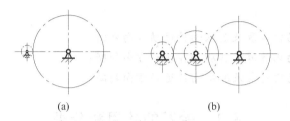

图 8.3 大传动比齿轮传动

(a) 一对齿轮传动;(b) 轮系

一对齿轮传动的传动比通常限定在 $i < 8$;而轮系传动的传动比 i 可以达到 10 000(详见例 8-7 的讨论)。

3. 实现多种传动比

实现多种传动比的含义是:主动轴转速不变的情况下,从动轴可以获得多种转速。图 8.4 中,轴 I 是主动轴,齿轮 $z_{1'}$ 和 $z_{2'}$ 固连在轴 I 上;轴 II 是从动轴,齿轮 z_1 与齿轮 z_2 组成双联滑移齿轮,可以在轴 II 上沿着其轴线轴向移动。主动轴 I 上齿轮的齿数以及从动轴 II 上双联滑移齿轮的齿数不等,即 $z_{1'} \neq z_{2'}$、$z_1 \neq z_2$。移动从动轴 II 上的双联滑移齿轮,分别使其与轴 I 上不同齿数的齿轮啮合,即可改变从动轴 II 的转速。

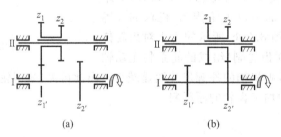

图 8.4 实现多种传动比

(a) 左侧齿轮啮合;(b) 右侧齿轮啮合

当从动轴 II 上的滑移齿轮 z_1 与主动轴 I 上齿轮 $z_{1'}$ 啮合时,齿轮 $z_{1'}$ 的转速 $n_{1'}$ 与齿轮 z_1 的转速 n_1 之比,即传动比 $i_{1'1}$ 为

$$i_{1'1} = \frac{n_{1'}}{n_1} = \frac{z_1}{z_{1'}} \tag{8-1}$$

主动轴 I 的转速 n_1 和从动轴 II 的转速 n_{II} 分别与各自轴上参与啮合的齿轮转速相同,即齿轮 z_1 与齿轮 $z_{1'}$ 啮合时,若 $z_1 = z_{1'}$,则 $n_{II} = n_1$。由式(8-1)得到从动轴 II 的转速 n_{II} 为

$$n_{II} = n_1 = \frac{n_{1'}}{i_{1'1}} = \frac{z_{1'}}{z_1} n_{1'} = \frac{z_{1'}}{z_1} n_I \tag{8-2}$$

同理,当从动轴Ⅱ上的滑移齿轮 z_2 与主动轴上固定齿轮 $z_{2'}$ 啮合时,齿轮 $z_{2'}$ 的转速 $n_{2'}$ $(n_{2'}=n_{\text{I}})$ 与齿轮 z_2 的转速 $n_2(n_2=n_{\text{II}})$ 之比,即传动比 $i_{2'2}$ 为

$$i_{2'2} = \frac{n_{2'}}{n_2} = \frac{z_2}{z_{2'}} \tag{8-3}$$

此时,从动轴Ⅱ的转速为

$$n_{\text{II}} = n_2 = \frac{n_{2'}}{i_{2'2}} = \frac{z_{2'}}{z_2} n_{2'} = \frac{z_{2'}}{z_2} n_{\text{I}} \tag{8-4}$$

由式(8-2)和式(8-4)知,图 8.4 所示齿轮传动机构中,从动轴Ⅱ上的双联滑移齿轮分别与主动轴Ⅰ上的不同齿轮啮合,如果两对齿轮传动的传动比不等,即 $i_{1'1} \neq i_{2'2}$,则主动轴Ⅰ转速 n_{I} 不变的情况下,从动轴Ⅱ可以获得两种不同的转速。

图 8.5 是汽车自动变速机构简图。轴Ⅰ是输入运动的主动轴,轴Ⅱ是传递运动的中间轴,轴Ⅲ则是输出运动的从动轴。轴Ⅲ上的齿轮 4 和齿轮 6 均为滑移齿轮,移动滑移齿轮 4 或 6,使其与轴Ⅱ上的不同齿轮啮合,这样,在主动轴Ⅰ转速 n_{I} 保持不变的情况下,输出运动的从动轴Ⅲ可以获得不同的转速 n_{III}。

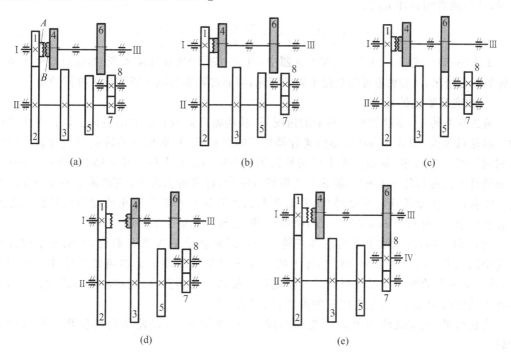

图 8.5 汽车自动变速机构[34]

图 8.5(a)中,从动轴Ⅲ上的滑移齿轮 4 和 6 没有与轴Ⅱ上的任何齿轮啮合,而且端面离合器(由主动轴Ⅰ上齿轮 1 的端面齿与从动轴Ⅲ上齿轮 4 的端面齿组成)处于分离状态,此时主动轴Ⅰ虽然转动,但是,从动轴Ⅲ静止不动,即

$$n_{\text{III}} = 0 \tag{8-5}$$

图 8.5(b)中,从动轴Ⅲ上的滑移齿轮 4 和 6 虽然没有与轴Ⅱ上的任何齿轮啮合,但是端面离合器齿轮 1 和齿轮 4 的端面处于啮合状态,主动轴Ⅰ的运动通过端面离合器直接传递给从动轴Ⅲ,此时,从动轴Ⅲ的转速 n_{III} 与主动轴Ⅰ的转速 n_{I} 相等。即

$$n_{\text{Ⅲ}} = n_{\text{Ⅰ}} \tag{8-6}$$

图 8.5(c)中,从动轴Ⅲ上的滑移齿轮 6 与中间轴Ⅱ上的齿轮 5 啮合,主动轴Ⅰ的运动首先通过齿轮 1 与齿轮 2 的啮合传递给中间轴Ⅱ,然后通过中间轴Ⅱ上的齿轮 5 与从动轴Ⅲ上的齿轮 6 啮合,将运动传递给从动轴Ⅲ。此时,从动轴Ⅲ的转速 $n_{\text{Ⅲ}}$ 为

$$n_{\text{Ⅲ}} = \frac{n_{\text{Ⅰ}}}{i_{12} \times i_{56}} = \frac{z_1}{z_2} \frac{z_5}{z_6} n_{\text{Ⅰ}} \tag{8-7}$$

图 8.5(d)中,从动轴Ⅲ上的滑移齿轮 4 与中间轴Ⅱ上的齿轮 3 啮合,主动轴Ⅰ的运动,通过齿轮 1 与齿轮 2 的啮合传递给中间轴Ⅱ,然后通过中间轴Ⅱ上的齿轮 3 与从动轴Ⅲ上的齿轮 4 啮合,将运动传递给从动轴Ⅲ。此时,从动轴的转速 $n_{\text{Ⅲ}}$ 是

$$n_{\text{Ⅲ}} = \frac{n_{\text{Ⅰ}}}{i_{12} \times i_{34}} = \frac{z_1}{z_2} \frac{z_3}{z_4} n_{\text{Ⅰ}} \tag{8-8}$$

图 8.5(e)中,从动轴Ⅲ上的滑移齿轮 6 与中间轴Ⅳ上的齿轮 8 啮合,主动轴Ⅰ的运动通过齿轮 1 与齿轮 2 的啮合传递给中间轴Ⅱ,中间轴Ⅱ的运动通过齿轮 7 与齿轮 8 的啮合传递给中间轴Ⅳ,最后经齿轮 8 与从动轴Ⅲ上的滑移齿轮 6 啮合,将运动传递给从动轴Ⅲ。此时,从动轴Ⅲ的转速 $n_{\text{Ⅲ}}$ 为

$$n_{\text{Ⅲ}} = \frac{n_{\text{Ⅰ}}}{i_{12} \times i_{78} \times i_{86}} = \frac{z_1}{z_2} \frac{z_7}{z_8} \frac{z_8}{z_6} n_{\text{Ⅰ}} = \frac{z_1}{z_2} \frac{z_7}{z_6} n_{\text{Ⅰ}} \tag{8-9}$$

由式(8-5)~式(8-9)可见,汽车变速器中,当主动轴Ⅰ的转速保持不变时,通过改变轮系中齿轮的啮合情况,从动轴Ⅲ可以获得不同的转速,即通过轮系传动可以实现多种传动比。

4. 改变从动轴的转向

通过轮系传动,主动轴转向不变的情况下,从动轴可以获得不同的转向。以汽车变速机构中的轮系为例,图 8.5(b)中,端面离合器处于啮合状态,从动轴Ⅲ的转向与主动轴Ⅰ的转向相同。图 8.5(c)中,从动轴Ⅲ上的滑移齿轮 6 与中间轴Ⅱ上的齿轮 5 啮合,图 8.5(d)中,从动轴Ⅲ上滑移齿轮 4 与中间轴Ⅱ上的齿轮 3 啮合,这两种情况下,主动轴Ⅰ的运动经过两次外啮合齿轮传动传递给从动轴Ⅲ,根据 7.1.2.2 节关于外啮合齿轮传动中齿轮转动方向的分析结果知,图 8.5(c)和图 8.5(d)中,从动轴Ⅲ与主动轴Ⅰ的转向相同。

图 8.5(e)中,从动轴Ⅲ上的滑移齿轮 6 与中间轴Ⅳ上的齿轮 8 啮合,主动轴Ⅰ的运动经过中间轴Ⅱ上的齿轮 7 和中间轴Ⅳ上的齿轮 8 以及从动轴Ⅲ上的齿轮 6 传递给从动轴Ⅲ,即主动轴Ⅰ的转向经过 3 对外啮合齿轮传动传递给从动轴Ⅲ,此时从动轴Ⅲ的转向与主动轴Ⅰ的转向相反,用汽车换挡时的说法就是"倒车"。

由此可见,主动轴转向保持不变的情况下,借助轮系,可以使从动轴实现不同方向的旋转。

5. 合成运动

通过轮系可以将两个独立的转动合成为一个转动。

图 8.6(a)所示行星轮系中,如果将齿轮 1 和齿轮 3 作为输入构件,同时给这两个齿轮分别输入运动,通过轮系将齿轮 1 和 3 的运动进行合成,并由转臂 H 输出合成后的运动(图 8.6(b)),由轮系的转速计算知(关于行星轮系转速计算详见 8.3 节中讨论),转臂 H 的转速等于齿轮 1 与齿轮 3 的转速之和,称这种轮系为加法机构。

图 8.6(c)所示行星轮系中的齿轮 3 和转臂 H 为输入构件,齿轮 3 与转臂 H 的运动合成之后由齿轮 1 输出。根据轮系的转速计算可以求得齿轮 1 的转速等于转臂 H 与齿轮 3 的转速之差,称这种轮系为减法机构。

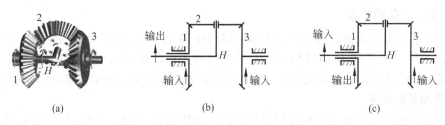

图 8.6　行星轮系

(a) 原型[28]；(b) 加法机构；(c) 减法机构

6. 分解运动

轮系分解运动的含义是：将一个转动分解为两个独立的转动。图 8.7 所示汽车后桥差速器是一个由齿轮 1～齿轮 5 组成的差动轮系，其中，齿轮 1 和齿轮 3 分别与汽车左右两侧的车轮连接。汽车发动机的运动，经变速箱传递给齿轮 5，通过齿轮 5 与齿轮 4 的啮合，带动齿轮 4 以及固接在齿轮 4 上的转臂 H 转动，转臂 H 在运转过程中，带动行星齿轮 2 旋转，行星齿轮 2 分别与齿轮 1 和齿轮 3 啮合，驱动齿轮 1 和齿轮 3 带动汽车左右两侧的车轮旋转。汽车直线行走时，差动轮系相当于一个与齿轮 4 固连的整体。汽车转弯时，左右两侧的车轮转速不等，如果汽车向左转弯，其右侧车轮比左侧车轮旋转得快一些；如果向右转弯，则左侧车轮比右侧车轮转得快。换言之，汽车后桥差速器（即差动轮系）可以将齿轮 5 输入的旋转运动转换成齿轮 1（左侧车轮）和齿轮 3（右侧车轮）的独立转动，而且齿轮 1 的转速 n_1 与齿轮 3 的转速 n_3 可以不等。

7. 实现分路传动

通过轮系可以将主动轴的运动分别传递给不同的从动轴，实现分路传动。图 8.8 中，主动轴的运动通过其上的 3 个齿轮，分别传递给 6 个不同的从动轴（轴 1～轴 6），由此实现分路传动。

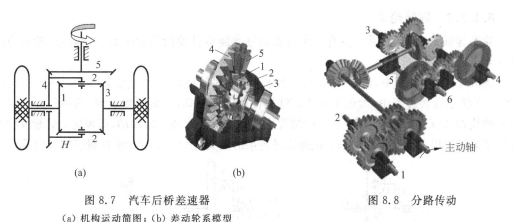

图 8.7　汽车后桥差速器

(a) 机构运动简图；(b) 差动轮系模型

图 8.8　分路传动

轮系传动可以作为减速器、增速器、变速器以及换向机构等运作。

8.1.2　轮系的类型

轮系运转过程中，根据各个齿轮几何轴线的相对位置变化情况，将轮系分为定轴轮系、周转轮系和复合轮系 3 种类型。

8.1.2.1 定轴轮系

如果轮系中所有齿轮的轴线位置在运转过程中固定不动,称其为定轴轮系。图 8.9 所示轮系中,所有齿轮的几何轴线位置在轮系运转过程中均保持不变,这类轮系属于定轴轮系。根据组成轮系的齿轮轴线是否平行,定轴轮系又分为平面定轴轮系和空间定轴轮系。

1. 平面定轴轮系

如果组成轮系的所有齿轮都在相互平行的平面内运动,即轮系中所有齿轮的轴线相互平行,即为平面定轴轮系。图 8.9(a)和图 8.9(b)所示定轴轮系中,所有齿轮的轴线相互平行,故为平面定轴轮系。

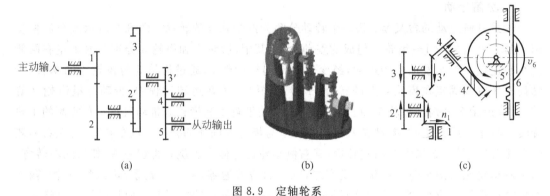

(a) (b) (c)

图 8.9 定轴轮系

(a) 平面定轴轮系;(b) 平面定轴轮系[27];(c) 空间定轴轮系

2. 空间定轴轮系

如果组成轮系的齿轮不完全在相互平行的平面内运动,则称其为空间定轴轮系。图 8.9(c)所示轮系中,各个齿轮的轴线位置固定不动,但是齿轮 1 和齿轮 4 的轴线(亦是蜗杆 4′的轴线)与轮系中其他齿轮的轴线不平行,因此,该轮系属于空间定轴轮系。

8.1.2.2 周转轮系

轮系运转过程中,如果至少有一个齿轮的轴线绕着其他齿轮轴线运动,称这种轮系为周转轮系。

图 8.10 所示轮系中,齿轮 1、齿轮 3 和构件 H 的转动轴线相重合,齿轮 2 安装在构件 H 上。在轮系运转过程中,齿轮 1 和 3 的轴线位置固定不动,是定轴线齿轮;而齿轮 2 不仅绕自身轴线 O_2 转动,且随着轴线 O_2 一同绕着构件 H 的旋转轴线 O_H 转动,即齿轮 2 的轴线位置在轮系运转过程中处于变动状态。根据周转轮系的定义,图 8.10 所示轮系属于周转轮系。

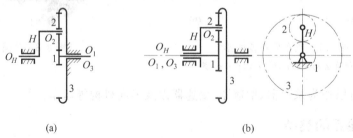

(a) (b)

图 8.10 周转轮系

(a) 行星轮系;(b) 差动轮系

1. 周转轮系的组成

周转轮系由 3 大部分组成：行星轮、转臂以及中心轮。如图 8.10 所示，轮系运转过程中，轴线位置变动的齿轮 2 既绕自身轴线 O_2 自转，又绕定轴齿轮 1 和齿轮 3 的轴线 O_1 和轴线 O_3 公转，犹如行星绕着恒星（太阳）运行，故将齿轮 2 视为行星轮，将齿轮 1 和齿轮 3 视为太阳轮，也称其为中心轮，而支撑行星轮的构件 H 称为转臂（系杆或行星架）。

由于中心轮 1 和 3 以及转臂 H 转动轴线的位置固定，因此，常常作为轮系运动的输入或者输出构件，即周转轮系的中心轮和转臂是轮系中的基本构件，只有当基本构件的旋转轴线共线时，周转轮系才能够正常工作。

2. 周转轮系的类型

根据自由度数目的不同，周转轮系划分为行星轮系和差动轮系两种类型。

1）行星轮系

周转轮系中，如果有一个中心轮固定不动，则称其为行星轮系。图 8.10(a) 所示周转轮系的中心轮 3 固定不动，因此是行星轮系。行星轮系中，机构的活动构件数目 $n=3$，低副数 $p_L=3$，高副数 $p_H=2$，由机构自由度计算公式（2-1）可以求得轮系自由度 $F=1$。这一计算结果表明，欲使行星轮系有确定运动，只需一个原动件。

2）差动轮系

周转轮系中，如果中心轮都能够运动，称其为差动轮系。图 8.10(b) 所示周转轮系的中心轮 1 和 3 都能够转动，属于差动轮系。这一差动轮系中，机构的活动构件数目 $n=4$，低副数 $p_L=4$，高副数 $p_H=2$，由机构自由度的计算公式（2-1）求得该轮系的自由度 $F=2$。由此可见，欲使差动轮系有确定运动，必须有两个原动件。

8.1.2.3 复合轮系

实际应用中，除了广泛应用单一的定轴轮系或者单一的周转轮系外，还经常采用由定轴轮系与周转轮系组合而成的复合轮系，或者由若干个周转轮系组合形成的复合轮系。复合轮系也称为混合轮系。图 8.11 中，齿轮 1、齿轮 2 和齿轮 2′ 的轴线位置固定，组成定轴

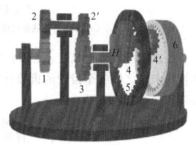

图 8.11 复合轮系[27]

轮系；行星轮 4 和 4′、转臂 H，以及中心轮 3、中心轮 5 和中心轮 6 组成周转轮系。这两种类型的轮系组合后，构成一个复合轮系。

8.2 定轴轮系的传动比计算

定轴轮系的传动比等于轮系中主动轴与从动轴的角速度之比。如果将定轴轮系中的轴 g 视为主动轴，其转速记为 ω_g；轴 k 视为从动轴，其转速记为 ω_k，则主动轴与从动轴的传动比值标记为 i_{gk}，并有

$$i_{gk} = \frac{\omega_g}{\omega_k} = \frac{n_g}{n_k} \qquad (8\text{-}10)$$

定轴轮系传动比的计算包括两个方面的内容：①计算传动比值 i_{gk} 的大小；②确定从动轴的转向。

8.2.1 定轴轮系传动比值的计算

图 8.12(a)～(c)所示单对齿轮传动的传动比 i_{12} 可由式(7-37)计算求得,即 $i_{12}=\dfrac{\omega_1}{\omega_2}=\dfrac{z_2}{z_1}$。图 8.9(a)中,设齿轮 1 是定轴轮系的主动轮(首轮),齿轮 5 为定轴轮系的从动轮(末轮),这样,主动轮 1 与从动轮 5(即首末轮)之间的传动比值 i_{15} 为

$$i_{15}=\frac{\omega_1}{\omega_5}=\frac{\omega_1}{\omega_2}\frac{\omega_2}{\omega_3}\frac{\omega_3}{\omega_4}\frac{\omega_4}{\omega_5}=\frac{\omega_1}{\omega_2}\frac{\omega_{2'}}{\omega_3}\frac{\omega_{3'}}{\omega_4}\frac{\omega_4}{\omega_5}$$

$$=\frac{z_2}{z_1}\frac{z_3}{z_{2'}}\frac{z_4}{z_{3'}}\frac{z_5}{z_4}=\frac{\text{首轮 1 至末轮 5 之间所有从动齿轮的齿数乘积}}{\text{首轮 1 至末轮 5 之间所有主动齿轮的齿数乘积}}$$

$$=i_{12}\times i_{2'3}\times i_{3'4}\times i_{4'5} \tag{8-11}$$

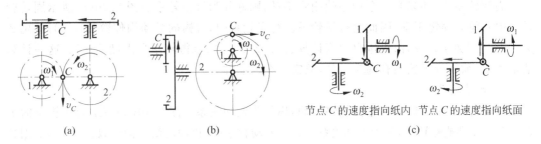

图 8.12　单对齿轮传动的从动轮转向

(a) 外啮合圆柱齿轮传动;(b) 内啮合圆柱齿轮传动;(c) 圆锥齿轮传动

由式(8-11)得出推论:定轴轮系中首轮 g 与末轮 k 之间的传动比 i_{gk},可以利用轮系中首轮与末轮之间各个齿轮的齿数计算求得,也可以通过首轮至末轮之间各对齿轮传动比的连乘积计算,即

$$i_{gk}=\frac{\omega_g}{\omega_k}=\frac{\text{首轮 }g\text{ 至末轮 }k\text{ 之间所有从动轮齿数乘积}}{\text{首轮 }g\text{ 至末轮 }k\text{ 之间所有主动轮齿数乘积}} \tag{8-12}$$

或

$$i_{gk}=\frac{\omega_g}{\omega_k}=i_{g(g+1)}\times\cdots\times i_{(k-1)k} \tag{8-13}$$

如果传动比值 $i_{gk}>1$,说明末轮 k 的转速 ω_k 低于首轮 g 的转速 ω_g,此时首末轮之间的传动是减速传动;如果传动比值 $i_{gk}<1$,则首末轮之间的传动为增速传动,即末轮 k 的转速 ω_k 高于首轮 g 的转速 ω_g。

定轴轮系中,同样两个齿轮之间,如果将齿轮 k 作为主动轮(首轮),齿轮 g 作为从动轮(末轮),则首末轮之间的传动比值为 i_{kg},并且有

$$i_{kg}=\frac{\omega_k}{\omega_g}=\frac{1}{i_{gk}} \tag{8-14}$$

利用式(8-12)和式(8-13)可以求解定轴轮系中任意两个齿轮之间的传动比值。

例 8-1　求解图 8.9(a)所示定轴轮系中齿轮 2 与齿轮 4 之间的传动比值 i_{24}。

分析求解　由题意知,齿轮 2 是首轮,齿轮 4 为末轮,图 8.9(a)中,齿轮 2 至齿轮 4 之间经过两对齿轮啮合,即齿轮 2′ 与齿轮 3 的啮合以及齿轮 3′ 与齿轮 4 的啮合。其中,齿轮 2′ 和

齿轮 $3'$ 分别是这两对齿轮传动中的主动轮,齿轮 3 和齿轮 4 是从动轮。因此,借助推论得到的定轴轮系传动比计算公式(8-12)可以求得齿轮 2 与齿轮 4 的传动比值 i_{24} 为

$$i_{24} = \frac{\omega_2}{\omega_4} = \frac{\omega_{2'}}{\omega_4} = \frac{z_3 z_4}{z_{2'} z_{3'}} = i_{2'3} i_{3'4} \tag{8-15}$$

8.2.2 从动轮(末轮)转向的确定

8.2.2.1 单对齿轮传动从动轮(轴)转向的确定

由式(7-14)知,齿轮传动节点处,两个齿轮的圆周速度大小相等,方向相同。根据这一特性,可以判断主、从动齿轮之间的转向关系。图 8.12 中,设齿轮 1 为主动轮,齿轮 2 为从动轮。图 8.12(a)所示外啮合圆柱齿轮传动中,从动轮 2 的转向与主动轮 1 转向的相反;而图 8.12(b)所示内啮合圆柱齿轮传动中,从动轮 2 的转向则与主动轮 1 的转向相同。如果相互啮合的两个齿轮轴线不平行,例如,图 8.12(c)所示的圆锥齿轮传动以及图 8.13 所示的蜗杆传动,主、从动轮的转向既不相同也不相反,此时,只能借助图示箭头标记从动轮 2 的转向。对于圆锥齿轮传动(图 8.12(c)),如果主动轮 1 和从动轮 2 在节点 C 处的圆周速度方向均由纸面指向纸里,则描述主动轮 1 和从动轮 2 转向的箭头同时指向节点 C;如果主动轮 1 和从动轮 2 在节点 C 处的圆周速度方向由纸里指向纸面,则描述两个齿轮转向的箭头同时背离节点 C。

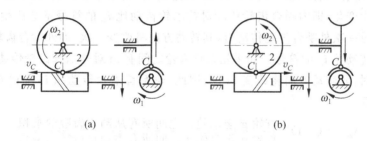

图 8.13 蜗杆传动

(a) 蜗杆右旋;(b) 蜗杆左旋

图 8.13 所示蜗杆传动机构中,设蜗杆是主动件,则从动件蜗轮在啮合点处的圆周速度方向可以借助"左右手法则[①]"进行判断。由左右手判断法则,可以确定图 8.13(a)所示右旋蜗杆传动机构中,蜗轮在节点 C 处的圆周速度 v_C 的方向指向左侧。图 8.13(a)左视图中(从左侧向右看的视图),蜗轮在节点 C 处的圆周速度方向由纸里指向纸面,故图中用背离节点 C 的箭头表示蜗轮的圆周速度方向。同理,可以确定图 8.13(b)所示左旋蜗杆传动机构中,蜗轮在节点 C 处圆周速度 v_C 的方向指向右侧。图 8.13(b)的左视图中,蜗轮在节点 C 处的圆周速度方向由纸面指向纸里,故图中用指向节点 C 的箭头表示蜗轮的圆周速度方向。

8.2.2.2 轮系末轮(从动轮)转向的确定

定轴轮系末(从动)轮的转向需根据首(主动)末(从动)轮轴线是否平行,采用不同的方

---

① 蜗杆传动机构中,判断从动件(蜗轮)啮合点处圆周速度方向的左右手法则:右旋蜗杆,用左手握蜗杆轴线;左旋蜗杆,用右手握蜗杆轴线。四指弯曲方向与蜗杆转向一致,拇指指向即为蜗轮在啮合点处的圆周速度方向。

法判断和描述。

1. 首末轮轴线平行时末轮转向的确定方法

定轴轮系中首末轮轴线平行时,末轮的转向或者与首轮相同,或者与首轮相反,此时,借助首末轮传动比值前的正负号描述末轮与首轮的转向相同还是相反。设齿轮 g 是首轮,齿轮 k 是末轮,规定:

(1) 末轮 k 与首轮 g 转动方向相同时,首末轮的传动比 i_{gk} 取正值;

(2) 末轮 k 与首轮 g 转动方向相反时,首末轮的传动比 i_{gk} 取负值,即末轮 k 与首轮 g 的传动比是 $-i_{gk}$。

定轴轮系首末轮轴线平行时,存在两种情形:一种情形如图 8.9(a)所示,首末轮(即主、从动轮)之间的所有齿轮轴线都平行;另一种情形是首末轮之间含有轴线不平行的齿轮,例如,图 8.8 所示轮系中,从动轴 3、4、5、6 的轴线均与主动轴的轴线平行。但是,主动轴的运动传递至从动轴 3、4、5、6 的过程中,要经过轴线不平行的两对圆锥齿轮传动。

1) 首末轮间所有齿轮的轴线都平行时确定末轮转向的方法

轮系中所有齿轮的轴线都平行,如图 8.9(a)所示,说明组成轮系的齿轮均为圆柱齿轮,并且只有外啮合与内啮合两种传动类型,这类轮系在工程中应用非常广泛。

由于内啮合齿轮传动中,从动轮与主动轮的转向相同(图 8.12(b)),而外啮合齿轮传动中,从动轮与主动轮的转向相反(图 8.12(a)),这说明,轮系中首轮的转向经过内啮合齿轮传动时不会发生变化,即内啮合齿轮传动对首末轮传动比 i_{gk} 的符号不会产生影响。但是,首轮的转向经过一次外啮合齿轮传动时,其转动方向将改变一次,即外啮合齿轮传动会直接影响到首末轮传动比 i_{gk} 的符号。如果轮系首末轮之间有 m 对外啮合齿轮传动,那么首轮运动传递至末轮时,其转动方向将改变 m 次,因此,轮系首末轮传动比 i_{gk} 前的符号可以通过 $(-1)^m$ 表示,即

$$i_{gk} = (-1)^m \frac{首轮 \ g \ 至末轮 \ k \ 之间所有从动轮齿数的乘积}{首轮 \ g \ 至末轮 \ k \ 之间所有主动轮齿数的乘积} \tag{8-16}$$

式中,m 是首末轮之间外啮合传动的次数。

定轴轮系中,如果首末轮之间所有齿轮轴线均平行,由式(8-16)计算求得的首末轮传动比 $i_{gk} > 0$,说明末轮 k 与首轮 g 的转动方向相同;如果 $i_{gk} < 0$,则末轮 k 与首轮 g 的转动方向相反。

例 8-2　求解图 8.9(a)所示定轴轮系中齿轮 1 与齿轮 5 之间的传动比值 i_{15},并确定齿轮 5 的转动方向。

分析求解　在图 8.9(a)所示轮系中,首轮 1 与末轮 5 之间所有齿轮轴线均相互平行,自首轮 1 将运动传递至末轮 5 的过程中,一共经历过 1 次内啮合及次外啮合(即 $m=3$)。故可直接利用式(8-16)计算其传动比值 i_{15},同时确定末轮 5 的转动方向,即

$$i_{15} = (-1)^3 \frac{z_2}{z_1} \frac{z_3}{z_{2'}} \frac{z_4}{z_{3'}} \frac{z_5}{z_4} = -\frac{z_2}{z_1} \frac{z_3}{z_{2'}} \frac{z_5}{z_{3'}} \tag{8-17}$$

由式(8-17)知,齿轮 4 的齿数 z_4 并不影响首末轮传动比值 i_{15} 的大小,但是,齿轮 4 存在与否,会影响到从动轮 5 的转动方向。有齿轮 4 时,外啮合次数 $m=3$,传动比 $i_{15} < 0$,说明末轮 5 的转向与首轮 1 的转向相反;无齿轮 4 时,外啮合次数 $m=2$,传动比 $i_{15} > 0$,此时,末轮 5 的转向与首轮 1 的转向相同。

轮系中不改变首末轮传动比值,仅影响末轮转动方向的齿轮称为惰轮(或过桥齿轮)。

2)首末轮间含有轴线不平行齿轮时确定末轮转向的方法

如果首末轮轴线平行,但是,两者之间含有轴线不平行的圆锥齿轮传动或者蜗杆传动,此时,无法直接通过 $(-1)^m$ 确定首末轮传动比前的正、负号,需要在轮系机构运动简图中,通过箭头标记各个齿轮的转向,并由此确定末轮的转动方向。由于末轮轴线与首轮轴线平行,故确定了末轮的转向之后,直接在传动比前添加"十"或"一",以示末轮转向与首轮相同还是相反。如果末轮 k 与首轮 g 的转向相同,则 $i_{gk}>0$;如果末轮 k 与首轮 g 的转向相反,则 $i_{gk}<0$。

例 8-3 已知图 8.14 所示定轴轮系中各个齿轮的齿数,试计算传动比 i_{15},并确定齿轮 5 的转动方向。

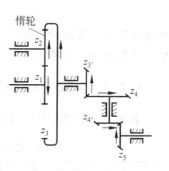

图 8.14 首末轮间含有不平行轴线

分析求解 图 8.14 所示定轴轮系的机构运动简图表明,首轮 z_1 与末轮 z_5 的轴线平行,但是,首轮 z_1 和末轮 z_5 之间含有轴线不平行的圆锥齿轮 z_4 和齿轮 $z_{4'}$,因此只能在机构运动简图中通过标示箭头确定末轮 z_5 的转向。

(1)确定末轮 z_5 的转动方向

根据图 8.12 单对齿轮传动时从动轮转向的辨别方法,利用箭头标示图 8.14 中每个齿轮转动方向后得知:末轮 z_5 与首轮 z_1 的转动方向相反。

(2)计算传动比 i_{15}

轮系传动时,首轮 z_1 至末轮 z_5 之间,齿轮 z_1、齿轮 z_2、齿轮 $z_{3'}$ 以及齿轮 $z_{4'}$ 是主动轮,齿轮 z_2、齿轮 z_3、齿轮 z_4 和齿轮 z_5 则是从动轮,由式(8-12)以及末轮 5 的转向分析结果(末轮 z_5 与首轮 z_1 的转动方向相反),传动比值 i_{15} 的计算式为

$$i_{15}=-\frac{\omega_1}{\omega_5}=-\frac{z_2 z_3 z_4 z_5}{z_1 z_2 z_{3'} z_{4'}}=-\frac{z_3 z_4 z_5}{z_1 z_{3'} z_{4'}} \tag{8-18}$$

因为末轮 z_5 与首轮 z_1 轴线平行,并且两者转向相反,故式(8-18)中,传动比 i_{15} 前取"一"号。由式(8-18)知,齿轮 z_2 对传动比值 i_{15} 的大小并没有产生影响,如果没有齿轮 z_2,即齿轮 z_1 与内齿轮 z_3 直接啮合时,齿轮 z_3 与齿轮 z_1 的转向相同;增加齿轮 z_2 后,如图 8.14 中箭头所示,齿轮 z_3 与齿轮 z_1 的转向相反。因此,图 8.14 所示轮系中的齿轮 z_2 只是用于改变齿轮转动方向的惰轮。

2. 首末轮轴线不平行时末轮转向的确定方法

定轴轮系中的首末轮轴线不平行时,末轮的转动方向无法通过首末轮转向相同还是相反进行判定,因此不能用首末轮传动比前的正负号描述末轮转向。此时,首末轮的传动比值仍然采用式(8-12)计算,末轮的转动方向则需在图中通过箭头标示。

例 8-4 图 8.15 所示定轴轮系中,输入运动的构件是右旋蜗杆 1,试确定运动输出构件圆锥齿轮 5 的转动方向。

分析求解 图 8.15 所示轮系中,右旋蜗杆 1 的轴线垂直于纸面,与输出运动的圆锥齿轮 5 的轴线不平行,即首末轮轴线不平行,因此,只能用图示箭头的方法确定末轮 5 的转动方向。

蜗杆是右旋,借助判断蜗轮啮合点圆周速度的左右手法则知,蜗轮在啮合点 C 处的圆

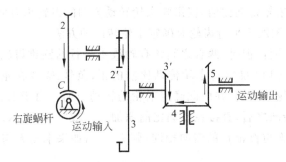

图 8.15　首末轮轴线不平行的轮系

周速度方向由纸面指向纸里,故用指向节点 C 的箭头表示蜗轮的转向。进一步用图示箭头的方法即可确定齿轮 5 的转动方向,从齿轮 5 的右侧向左看,齿轮 5 呈顺时针转动。

8.2.3　定轴轮系传动比计算小结

表 8.1 是定轴轮系中首末轮传动比计算及末轮转向判断方法总结。

表 8.1　定轴轮系中首末轮传动比计算及末轮转向判断方法小结

首末轮间的组成构件 / 传动比 i	圆柱齿轮	含有圆锥齿轮、蜗轮蜗杆	
	所有轴线平行	首、末轮轴线平行	首、末轮轴线不平行
大小	式(8-16)	式(8-12)	式(8-12)
末轮转向的判断方法(传动比 i 的符号)	$(-1)^m$ m:外啮合传动次数	箭头标示 首末轮同向:$+i$ 首末轮反向:$-i$	只能图中箭头标示 注:不能在传动比 i 前添加"+"或"−"

8.3　周转轮系的传动比计算

8.3.1　周转轮系传动比计算的基本思路与转化轮系

1. 周转轮系传动比计算的基本思路

周转轮系与定轴轮系的根本区别在于:周转轮系中有一个作回转运动的转臂 H 支撑行星轮,使行星轮既绕自身轴线转动,同时又随着转臂 H 绕着转臂的轴线公转(图 8.10)。因此无法直接利用定轴轮系的传动比计算方法求解周转轮系的传动比,这也是周转轮系传动比计算的难点。

根据图 8.10 所示周转轮系中的构件组成情况知,行星轮 2 的运动由两部分合成:

(1) 转臂 H 的旋转运动,使得行星轮 2 的轴线绕着转臂 H 的回转轴线 O_H 转动,即轮系运转时,行星轮 2 的位置处于变动状态;

(2) 行星轮 2 绕自身轴线 O_2 的转动。

行星轮轴线位置变动是计算周转轮系传动比的难点。如果通过某种方法,使图 8.10 中行星轮 2 的轴线 O_2 相对固定,即让支承行星轮 2 的转臂 H 固定不动,则周转轮系就可以转化成一个定轴轮系。这样,便可利用定轴轮系传动比的计算方法求解周转轮系的传动比。

2. 周转轮系的转化轮系

图 8.16(a)所示周转轮系中,设转臂 H 的转速为 ω_H。如果假想给整个周转轮系附加一个公共的角速度($-\omega_H$),其大小与转臂 H 的转速 ω_H 相等,方向与转臂 H 的转动方向相反。此时,轮系中各个构件之间的相对运动关系并没有改变,但转臂 H 的角速度变成零($\omega_H-\omega_H=0$)。即给周转轮系附加一个公共角速度($-\omega_H$)后,转臂 H 变成静止不动的构件。这样,便将周转轮系转化成一个假想的定轴轮系,称这个假想的定轴轮系为周转轮系的转化轮系,如图 8.16(b)所示,转化轮系中各个构件之间的相对运动关系与周转轮系中构件的相对运动关系完全相同。

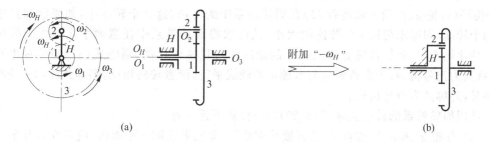

图 8.16 周转轮系转化
(a) 周转轮系;(b) 转化轮系

表 8.2 列出了与图 8.16 对应的周转轮系转化前后轮系中各个构件的转速,并且采用具有上标 H 的传动比和转速符号表示转化轮系中的传动比和转速。由表 8.2 知,周转轮系转化后,转化轮系中转臂 H 的转速 $\omega_H^{(H)}=0$,说明转臂 H 静止,变成机架,如图 8.16(b)所示,原周转轮系变成定轴轮系(转化轮系),这样,借助定轴轮系传动比和转速的计算公式以及从动轮转向的判定方法,即可求解并确定转化轮系中各个齿轮的转速和转向。

表 8.2 周转轮系转化前后各构件转速

转速＼构件	齿轮 1	齿轮 2	齿轮 3	转臂 H
周转轮系转速	ω_1	ω_2	ω_3	ω_H
转化轮系转速	$\omega_1^{(H)}=\omega_1-\omega_H$	$\omega_2^{(H)}=\omega_2-\omega_H$	$\omega_3^{(H)}=\omega_3-\omega_H$	$\omega_H^{(H)}=\omega_H-\omega_H=0$

8.3.2 周转轮系的传动比计算

1. 转化轮系的传动比

周转轮系的转化轮系是定轴轮系,因此可按定轴轮系传动比的计算方法求解转化轮系的传动比。图 8.16(b)所示转化轮系中,所有齿轮轴线均平行,因此,可以通过中心轮 1 与 3 之间外啮合齿轮传动的对数($m=1$),确定两个中心轮的转向是相同还是相反。由式(8-16)及表 8.2 可以求得图 8.16(b)所示转化轮系中齿轮 1 至齿轮 3 的传动比 $i_{13}^{(H)}$,即

$$i_{13}^{(H)}=\frac{\omega_1^{(H)}}{\omega_3^{(H)}}=\frac{\omega_1-\omega_H}{\omega_3-\omega_H}=(-1)^m\frac{z_2z_3}{z_1z_2}=-\frac{z_3}{z_1} \tag{8-19}$$

传动比 $i_{13}^{(H)}$ 为负值,说明转化轮系中,齿轮 1 与齿轮 3 的转向相反。

2. 周转轮系传动比

设齿轮 g 和齿轮 k 是周转轮系中与转臂 H 轴线平行的任意两个齿轮(中心轮),其转速分别为 ω_g 和 ω_k,则由式(8-16)和表 8.2 可以推论出周转轮系传动比计算的一般公式,即周转轮系中首轮 g、末轮 k、转臂 H 三者之间的转速 ω_g、ω_k 和 ω_H 的关系为:

$$i_{gk}^{(H)} = \frac{\omega_g^{(H)}}{\omega_k^{(H)}} = \frac{\omega_g - \omega_H}{\omega_k - \omega_H}$$

$$= \pm \frac{\text{转化轮系中首轮 } g \text{ 至末轮 } k \text{ 之间所有从动轮齿数乘积}}{\text{转化轮系中首轮 } g \text{ 至末轮 } k \text{ 之间所有主动轮齿数乘积}} \tag{8-20}$$

由式(8-20)末尾等号两边的表达式知,等号右边各齿轮的齿数是已知值,等号左边是 3 个构件(齿轮 g、齿轮 k 和转臂 H)在周转轮系中的转速,这 3 个转速中,如果已知其中任意两个转速,即可求得第 3 个转速的大小,从而求得周转轮系中任意两个构件之间的传动比。转化轮系中,如果首轮 g 与末轮 k 的轴线平行且转向相同,则等式(8-20)的右边取正号,称其为正号机构;如果首轮 g 与末轮 k 的轴线平行,两者转向相反,则等式(8-20)的右边取负号,并称其为负号机构。

使用周转轮系的转速关系式(8-20)时应注意下述 5 点:

(1) 首轮 g、末轮 k、转臂 H 三者轴线应平行,即三者在同一平面内、或者在相互平行的平面内转动。只有当首轮 g、末轮 k 及转臂 H 轴线平行时,其转速才能直接相加或者相减。

(2) 式(8-20)末尾等号右边的正号或负号不仅表明转化轮系中首轮 g 与末轮 k 之间的转向关系,而且还影响到周转轮系中转速 ω_g、ω_k、ω_H 的计算值和周转轮系传动比的正负号(即齿轮之间的转向关系),因此,计算过程中不能去除等式(8-20)末尾等号右边的正号或负号。

(3) 周转轮系各个构件的真实转速 ω_g、ω_k 和 ω_H 中,如果规定某一转速的转向为正,则其余两者转向与规定转向相反时,其转速应以负值代入式(8-20)中进行计算。

(4) 式(8-20)同样适用于由圆锥齿轮组成的周转轮系,但式(8-20)中所有转速均应在相互平行的平面内。

(5) 如果行星轮的轴线与转臂 H 的轴线平行,亦可用式(8-20)求解行星轮的转速。

例 8-5 图 8.10(a)所示周转轮系中,已知齿轮 1、齿轮 2 和齿轮 3 的齿数分别为: $z_1 = 10$,$z_2 = 20$,$z_3 = 50$,齿轮 3 固定不动,试求传动比 i_{1H}。

分析求解 图 8.10(a)所示行星轮系的中心轮 3 固定不动,即 $\omega_3 = 0$。由式(8-20)可得

$$i_{13}^{(H)} = \frac{\omega_1^{(H)}}{\omega_3^{(H)}} = \frac{\omega_1 - \omega_H}{\omega_3 - \omega_H} = \frac{\omega_1 - \omega_H}{0 - \omega_H} = -\frac{\omega_1}{\omega_H} + 1 = -i_{1H} + 1$$

$$= (-1)^1 \frac{z_2 z_3}{z_1 z_2} = -\frac{z_3}{z_1} = -\frac{50}{10} = -5$$

即

$$i_{1H} = \frac{\omega_1}{\omega_H} = 1 + 5 = 6$$

计算求得的 $i_{1H} = 6 > 0$,说明周转轮系中齿轮 1 的转动方向与转臂 H 的转动方向相同,并且中心轮 1 转过 6 圈,转臂 H 转 1 圈。

例 8-6 图 8.17(a)所示周转轮系中,齿轮 1、齿轮 2、齿轮 2′ 及齿轮 3 的齿数分别为 $z_1 = 60$,$z_2 = 20$,$z_{2'} = 25$,$z_3 = 15$,已知齿轮 1 和齿轮 3 的转速分别为 $n_1 = 100$ r/min,$n_3 = 400$ r/min,两个齿轮的转向如图 8.17(a)中箭头所示,求转臂 H 的转速 n_H,并确定其转向。

分析求解 图 8.17 所示周转轮系由圆锥齿轮组成,轮系中含有轴线不平行的齿轮 2 和

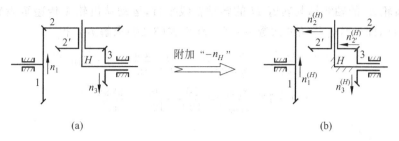

图 8.17 例 8-6 图

(a) 周转轮系；(b) 转化轮系

齿轮 2'），根据题意，已知齿轮 1 和齿轮 3 的转速值 n_1 和 n_3 及其转向，欲求转臂 H 的转速 n_H，并确定其转向。由图 8.17(a) 知，齿轮 1、齿轮 3 和转臂 H 三者轴线重合（相互平行），因此，可以利用式 (8-20) 建立周转轮系中齿轮 1、齿轮 3 和转臂 H 三者转速 n_1、n_3 和 n_H 之间的关系。

图 8.17(a) 所示周转轮系的转化轮系中（图 8.17(b)），将齿轮 1 视为首轮，齿轮 3 视为末轮，首末两轮的轴线平行。但是，两个齿轮之间含有轴线不平行的齿轮 2 和 2'，因此，只能在机构运动简图中，用箭头标示出转化轮系中各个齿轮的转向，如图 8.17(b) 所示，由图示关系知，转化轮系中，齿轮 1 与齿轮 3 的转向相反，因此，运用式 (8-20) 求解转化轮系中齿轮 1 与齿轮 3 的传动比 $i_{13}^{(H)}$ 时，等式右边取负号，即

$$i_{13}^{(H)} = \frac{n_1^{(H)}}{n_3^{(H)}} = \frac{n_1 - n_H}{n_3 - n_H} = -\frac{z_2 z_3}{z_1 z_{2'}} \tag{8-21}$$

根据题意，已知实际周转轮系中，齿轮 1 与齿轮 3 转向相反（图 8.17(a)），如果规定齿轮 1 的转向为正，即 $n_1 = 100$ r/min，则齿轮 3 的转速 n_3 应取负值（即 $n_3 = -400$ r/min），将两者代入式 (8-21) 中进行计算。根据这一分析结果，将题中给定的已知条件分别代入式 (8-21) 得

$$\frac{100 - n_H}{(-400) - n_H} = -\frac{20 \times 15}{60 \times 25} = -\frac{1}{5} \tag{8-22}$$

由式 (8-22) 求得转臂 H 的转速 $n_H \approx 16.7$ r/min。由于已经规定轮系中齿轮 1 的转向为正，求得的 $n_H > 0$，说明转臂 H 的转向与齿轮 1 的转向相同。

这里应当注意：

(1) $i_{13} \neq i_{13}^{(H)}$。$i_{13} = \dfrac{n_1}{n_3}$ 是周转轮系中齿轮 1 与齿轮 3 的绝对转速 n_1 与 n_3 之比；而 $i_{13}^{(H)} = \dfrac{n_1 - n_H}{n_3 - n_H}$ 则是转化轮系中齿轮 1 与齿轮 3 的速度（相对于转臂的运动速度）之比。

(2) 图 8.17(a) 所示周转轮系中，$i_{13} \neq \dfrac{z_3}{z_1}$。即计算周转轮系中齿轮的传动比不能直接利用定轴轮系传动比的计算方法。

例 8-7 设图 8.18 所示轮系中，各个齿轮的齿数分别为 $z_1 = 100$，$z_2 = 101$，$z_{2'} = 100$，$z_3 = 99$，求传动比 i_{1H}。

分析求解 图 8.18 中，齿轮 z_3 固定不动，其转速 $\omega_3 = 0$，

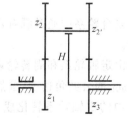

图 8.18 例 8-7 和例 8-8 图

齿轮 z_1 和齿轮 z_3 的轴线均与转臂 H 的转动轴线平行,运动从齿轮 1 传递至齿轮 3 经历两次外啮合传动,即外啮合传动的次数 $m=2$。利用式(8-20)求解 i_{1H},得

$$i_{13}^{(H)} = \frac{\omega_1^{(H)}}{\omega_3^{(H)}} = \frac{\omega_1 - \omega_H}{\omega_3 - \omega_H} = \frac{\omega_1 - \omega_H}{0 - \omega_H} = 1 - i_{1H}$$

$$= (-1)^2 \frac{z_2 z_3}{z_1 z_{2'}} = \frac{101 \times 99}{100 \times 100} = \frac{9999}{10^4}$$

即

$$i_{1H} = \frac{n_1}{n_H} = 1 - i_{13}^{(H)} = \frac{1}{10\ 000} \tag{8-23}$$

$i_{1H} > 0$,说明齿轮 1 转动 1 圈,转臂 H 与齿轮 1 同方向转动 10 000 圈。如果将转臂 H 作为主动件,齿轮 1 作为从动件,则传动比 $i_{H1} = \dfrac{n_H}{n_1} = \dfrac{1}{i_{1H}} = 10\ 000$。该例说明利用轮系可以实现大传动比的运动传递。

例 8-8 图 8.18 所示轮系中,将齿轮 3 的齿数增加 1,由原来的 99 改变成 100,其余齿轮的齿数与例 8-7 相同,即 $z_1 = 100$,$z_2 = 101$,$z_{2'} = 100$,$z_3 = 100$,求传动比 i_{1H}。

分析求解 分析求解方法与例 8-7 类同,只是以不同的齿数 z_3 代入转速关系式中计算,即

$$i_{13}^{(H)} = \frac{\omega_1^{(H)}}{\omega_3^{(H)}} = \frac{\omega_1 - \omega_H}{\omega_3 - \omega_H} = \frac{\omega_1 - \omega_H}{0 - \omega_H} = 1 - i_{1H}$$

$$= (-1)^2 \frac{z_2 z_3}{z_1 z_{2'}} = \frac{101 \times 100}{100 \times 100} = \frac{101}{100}$$

即

$$i_{1H} = \frac{n_1}{n_H} = 1 - i_{13}^{(H)} = -\frac{1}{100} \tag{8-24}$$

式(8-24)的计算结果表明:$i_{1H} < 0$,说明齿轮 1 每转动 1 圈,转臂 H 与齿轮 1 反方向转动 100 圈。

例 8-7 和例 8-8 说明,行星轮系中输出轴的转向,不仅与输入轴的转向有关,而且与轮系中各个齿轮的齿数有关。例 8-8 只是将例 8-7 中的齿轮 3 增加了 1 个齿数,转臂 H 不仅改变了方向,由原来与齿轮 1 同方向旋转改变成与齿轮 1 转向相反。而且转臂的转速值也产生了较大变化,与齿轮 1 之间的传动比由 $i_{1H} = \dfrac{1}{10\ 000}$ 变成 $i_{1H} = -\dfrac{1}{100}$。这一特点也正是周转轮系与定轴轮系的不同之处。

8.4 复合轮系的传动比计算

复合轮系中通常既有定轴轮系,又有周转轮系(参见图 8.11),或者由若干个周转轮系组成。

由定轴轮系和周转轮系组合而成的复合轮系,计算其传动比时,如果给整个轮系附加一个 $-\omega_H$ 的公共角速度,虽然可将复合轮系中的周转轮系转化成定轴轮系,但同时也将复合轮系中的定轴轮系转化成了周转轮系,这样,求解复合轮系传动比的问题仍然没有得到解决。如果复合轮系由若干个周转轮系组成,并且各个周转轮系中转臂的转速不等,则无法通

过给整个复合轮系附加一个公共角速度$-\omega_H$的方法,将整个轮系转化为定轴轮系。由此可见,计算复合轮系传动比,既不能将整个轮系作为定轴轮系处理,通常也不能以整个轮系为对象,采用轮系转化的方法求解齿轮的转速或者齿轮间的传动比。

复合轮系传动比计算可以概括为两大步骤:

(1) 正确区分各个基本轮系,即区分出组成复合轮系的定轴轮系和周转轮系,这是正确求解复合轮系中各个齿轮转速和轮系传动比的关键步骤。

(2) 分别列出求解各个基本轮系传动比的计算式。首先找出各个基本轮系之间的联系,再联立求解各个基本轮系的传动比计算方程式。

1. 区分组成复合轮系的定轴轮系和周转轮系

1) 区分定轴轮系的方法

定轴轮系由一系列轴线位置固定、且连续啮合的齿轮组成。图 8.11 所示复合轮系中,齿轮 1 与齿轮 2 啮合,齿轮 $2'$ 与齿轮 3 啮合,这两对齿轮串联,连续地传递运动,4 个齿轮的轴线位置固定,因此这 4 个(两对)齿轮组成一个定轴轮系。

2) 区分周转轮系的方法

周转轮系的一个显著特征是轮系中含有轴线位置变动的行星轮。从这一特征出发即可方便地找出组成周转轮系的齿轮。即

(1) 首先找出轴线位置变动的齿轮,即行星轮;

(2) 找出转臂 H,即支撑行星轮的构件;

(3) 找出中心轮,与行星轮啮合的齿轮。

有时一个复合轮系中可能含有多个周转轮系,而一个基本周转轮系中至多只有 3 个中心轮,例如,图 8.10、图 8.16(a)、图 8.17(a)以及图 8.18 所示周转轮系中,只有 2 个中心轮;图 8.11 中有 3 个中心轮(称其为 3K 型周转轮系)。复合轮系中,找出组成各个周转轮系的齿轮之后,剩余齿轮即组成定轴轮系。

2. 复合轮系传动比计算示例

例 8-9　图 8.19 所示轮系中各个齿轮的齿数分别为 $z_1=24, z_2=52, z_{2'}=21, z_3=78, z_{3'}=18, z_4=30, z_5=78$,求传动比 i_{1H}。

分析求解　图 8.19 中不是一个单纯的定轴轮系或者单纯的周转轮系。因此,求解传动比 i_{1H} 之前,首先需分析轮系的组成。再根据基本轮系之间的联系,建立轮系中相关构件之间的转速关系。

(1) 分析轮系的组成

图 8.19 所示轮系中,齿轮 2 和 $2'$ 的轴线位置随着框架 H(齿轮

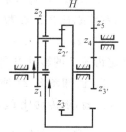

图 8.19　例题 8-9 图

5)一同绕框架 H 的转动中心转动,故为行星轮;内齿轮 5 支承行星轮 2($2'$),因此是转臂 H;而分别与行星轮 2 和行星轮 $2'$ 啮合的齿轮 1 和齿轮 3 则是周转轮系中的中心轮。鉴于这一分析结果知,齿轮 2 和齿轮 $2'$、齿轮 5,以及齿轮 1 和齿轮 3 组成周转轮系,由于周转轮系中的两个中心轮都能够转动,因此,这 5 个齿轮组成的周转轮系是差动轮系。

另外,由图 8.19 知,齿轮 $3'$、齿轮 4 和齿轮 5 相互啮合,且轴线位置固定,因此,这 3 个齿轮组成定轴轮系。

图 8.19 中,差动轮系与定轴轮系之间通过齿轮 3($3'$)以及齿轮 5 联系在一起。

（2）求解传动比

组成差动轮系的齿轮 1、齿轮 3 以及转臂 H 的轴线相互平行，由差动轮系的转化轮系，以及式(8-20)可得

$$i_{13}^{(H)} = \frac{n_1 - n_H}{n_3 - n_H} = (-1)\frac{z_2 z_3}{z_1 z_{2'}} \tag{8-25}$$

将题中各个齿轮的齿数代入式(8-25)得

$$\frac{\dfrac{n_1}{n_H} - 1}{\dfrac{n_3}{n_H} - 1} = \frac{i_{1H} - 1}{i_{3H} - 1} = -\frac{52 \times 78}{24 \times 21} = -\frac{169}{21}$$

即

$$\frac{i_{1H} - 1}{i_{3H} - 1} = -\frac{169}{21} \tag{8-26}$$

组成定轴轮系的齿轮 3′、齿轮 4、齿轮 5 的轴线相互平行，由计算式(8-16)以及题中给定的齿轮齿数可以求得该定轴轮系的传动比为

$$i_{3'5} = \frac{n_{3'}}{n_5} = (-1)\frac{z_4 z_5}{z_{3'} z_4} = -\frac{z_5}{z_{3'}} = -\frac{78}{18} = -\frac{13}{3} \tag{8-27}$$

由图 8.19 所示两个轮系的连接条件：$n_3 = n_{3'}$、n_5 就是 n_H，得 $i_{3'5} = i_{3H} = -\dfrac{13}{3}$，此结果代入式(8-26)得

$$i_{1H} = -\frac{169}{21}\left(-\frac{13}{3} - 1\right) + 1 = 43.9 \tag{8-28}$$

$i_{1H} = 43.9 > 0$，说明齿轮 1 与转臂 H(内齿轮 5)的转向相同。

习　　题

计算题

1. 图 8.20 所示轮系中，左旋蜗杆 1 的线数 $z_1 = 2$，转向如图所示。蜗轮 2 的齿数 $z_2 = 50$，右旋蜗杆 2′ 的线数 $z_{2'} = 1$，蜗轮 3 的齿数 $z_3 = 40$，其余各齿轮的齿数分别为：$z_{3'} = 30$，$z_4 = 20$，$z_{4'} = 26$，$z_5 = 18$，$z_{5'} = 46$，$z_6 = 16$，$z_7 = 22$。试求蜗杆 1 与齿轮 7 的传动比 i_{17}，并确定齿轮 7 的转动方向。

2. 已知图 8.21 所示定轴轮系中齿轮 1 的转向和各齿轮的齿数 z_1、z_2、$z_{2'}$、z_3、z_4、$z_{4'}$、z_5、$z_{5'}$、z_6，求传动比 i_{16}，并确定齿轮 6 的转动方向。

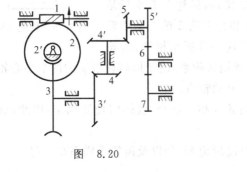

图　8.20

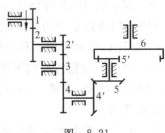

图　8.21

3. 图 8.22 所示主轴箱中,齿轮 3、4 和 5 组成一个滑移齿轮,齿轮 9 和齿轮 10 组成一个滑移齿轮,已知各齿轮的齿数:$z_1=18$、$z_2=20$、$z_3=18$、$z_4=19$、$z_5=20$、$z_6=20$、$z_7=21$、$z_8=22$、$z_9=22$、$z_{10}=18$、$z_{11}=30$、$z_{12}=26$,齿轮 1 的转速 $n_1=446.7$ r/min。试求带轮轴能够获得的 6 挡转速。

4. 图 8.23 所示轮系中,已知各齿轮的齿数:$z_1=20$、$z_2=40$、$z_{2'}=15$、$z_3=60$、$z_{3'}=z_4=18$、$z_7=20$,齿轮 7 的模数 $m=3$ mm,蜗杆 5 左旋,其线数 $z_5=1$,蜗轮 6 的齿数 $z_6=40$,齿轮 1 是主动轮,转速 $n_1=100$ r/min,转向如图所示。试求齿条 8 的运动速度 v_8 及其移动方向。

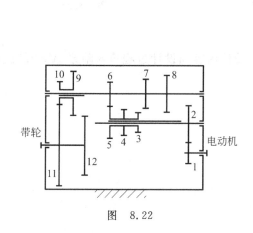

图　8.22

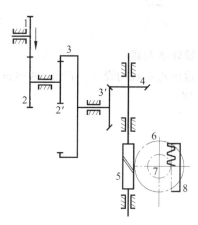

图　8.23

5. 图 8.24 所示输送带行星轮系中,已知各齿轮的齿数:$z_1=12$、$z_2=33$、$z_{2'}=30$、$z_3=78$、$z_4=75$,输入轴的转速 $n_1=1450$ r/min。试求输出轴转速 n_4 的大小和转动方向。

6. 图 8.25 所示为圆锥齿轮组成的周转轮系中,已知各齿轮的齿数:$z_1=60$、$z_2=40$、$z_{2'}=z_3=20$,$n_1=n_3=120$ r/min,如果中心轮 1 与中心轮 3 的转动方向相反,试求转臂 H 的转速 n_H,确定其大小和方向。

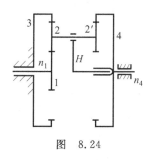

图　8.24

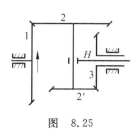

图　8.25

7. 图 8.26 所示铣床转速盘的行星减速装置中,齿轮 1 和 2 的齿数 $z_1=z_2=17$。试确定齿轮 3 的齿数 z_3;手柄转过 90°时,计算构件 H 转过的角度值。

8. 图 8.27 所示轮系中,已知各齿轮的齿数:$z_1=z_2=20$、$z_{2'}=30$、$z_3=z_{3'}=36$、$z_4=30$、$z_{4'}=20$、$z_6=24$。试划分轮系中的周转轮系及定轴轮系,计算传动比 i_{1H},说明齿轮 1 与转臂 H 的转向相同还是相反。

9. 图 8.28 所示轮系中,已知各齿轮的齿数:$z_1=z_{2'}=z_{4'}=20$、$z_2=40$、$z_3=30$、$z_4=80$、$z_5=60$。齿轮 1 的转速 $n_1=960$ r/min,转向如图中箭头所示。试求齿轮 5 的转速 n_5 的大小

及其转动方向。

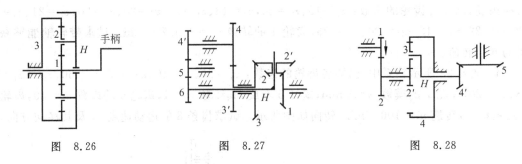

图　8.26　　　　　　　　　图　8.27　　　　　　　　　图　8.28

设计练习题

运用轮系机构设计一产品,并将设计信息、设计内容和设计过程填入附录 A"产品设计文档"中。

9 轴

9.1 轴的类型与材料

轴是机械中常见的重要零件之一，其主要功用有两个：

（1）支承旋转类零件，例如齿轮、带轮、凸轮、链轮和联轴器等，并且保证这类零件有确定的工作位置；

（2）传递运动和扭矩。

9.1.1 轴的类型

可以根据轴的承载情况或者轴的结构形状对轴进行分类。

9.1.1.1 按轴的承载情况分类

根据轴的承载情况对轴进行分类时，主要考虑作用于轴上的载荷形式是扭矩、弯矩、还是两种性质载荷的共同作用，将轴分为转轴、心轴和传动轴3种类型。

1. 转轴

轴工作时如果既承受弯矩又传递扭矩，则称其为转轴。图9.1(c)所示轴系结构受力状况与图9.1(a)所示减速器中轴Ⅰ（或轴Ⅲ）的受力状况类同，根据图9.1(b)减速器中轴Ⅰ和

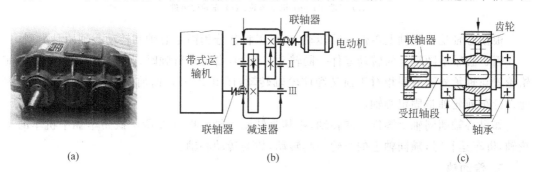

图 9.1 减速器及其轴系结构

(a)减速器；(b)减速器中轴Ⅰ和轴Ⅲ的轴系结构受力分析；(c)轴系结构

轴Ⅲ的轴系结构受力分析知,轴Ⅰ和轴Ⅲ上安装齿轮处以及轴承支承处,分别受到齿轮和轴承作用于轴上的、垂直于轴线的横向力(图 9.1(c)),在这些横向力的作用下,轴受到弯曲力矩的作用。除此之外,齿轮啮合处的圆周力对轴产生扭矩,同时,联轴器将动力源的旋转运动传递给轴,因此,轴上齿轮与联轴器之间的轴段受到扭矩作用。即图 9.1(c)所示轴系结构中的轴,既承受弯矩又传递扭矩,因此是转轴。

2. 心轴

只承受弯矩不传递扭矩的轴称为心轴。图 9.2(c)所示自行车前轮轴,受到前叉给予的向下的横向力,另外,路面作用于前轮的反力,通过轴承外圈、轴承滚珠和轴承内圈传递给前轮轴,使前轮轴受到向上的横向力作用,这些横向力对前轮轴产生弯矩,由于自行车的前轮轴上没有扭矩作用,故为心轴。图 9.3(c)所示机动车轮组件中,车轮轴仅受到轨道的反作用力和车厢的重力作用产生弯矩,轴上无扭矩作用,因此也是心轴。

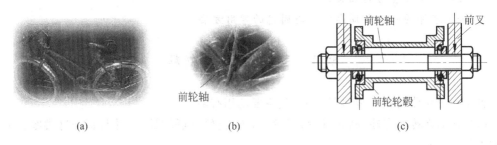

(a) (b) (c)

图 9.2 自行车及其前轮的轴系结构

(a)自行车;(b)自行车前轮轴;(c)前轮的轴系结构

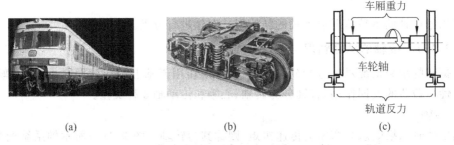

(a) (b) (c)

图 9.3 机动车轮及其轴组件

(a)机动车;(b)机动车轮;(c)车轮轴组件

根据心轴是否随轴上零件一同转动,又可以将其分为固定心轴和转动心轴两种类型。

固定心轴不随轴上的转动零件一同转动。例如,自行车行驶时,其前轮心轴组件中的前轮轮毂与轴承外圈一同相对于前叉和前轮轴转动(图 9.2(c)),而前轮轴本身并不转动,因此自行车前轮轴是固定心轴。

如果心轴随同轴上零件一同转动,称其为转动心轴。图 9.3 所示铁路车辆中机车的车轮轴,机车运行时,随同轴上的车轮一起转动,故为转动心轴。

3. 传动轴

只传递扭矩,不承受或者仅承受很小弯矩的轴称为传动轴。图 9.4 中,汽车发动机与后桥差速器(驱动汽车后轮运动的装置)之间的轴(图 9.4(b)),将发动机的旋转运动传递给汽车后桥差速器的输入轴(图 9.4(c))。该轴不承受弯矩,仅传递扭矩,因此是传动轴。

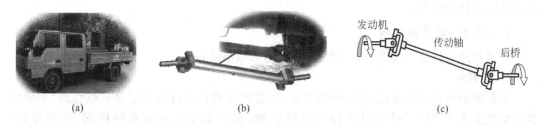

图 9.4 汽车及其传动轴组件
(a) 汽车;(b) 汽车传动轴;(c) 传动轴组件

9.1.1.2 按轴的结构形状分类

根据轴线的几何形状,可以将轴分为直轴、曲轴和挠性轴(亦称软轴)。

直轴根据其外表的结构形状特征,又划分为光轴、阶梯轴、实心轴、空心轴和凸轮轴等。其中,光轴全长上直径相同,形状简单,加工方便,轴上应力集中源少,通常只在轴端安装零件,多用于传递扭矩。图 9.4(c)所示汽车发动机至后桥差速器之间的传动轴即为光轴。阶梯轴上各轴段直径不同(图 9.5(a))。横截面形状呈圆环形的轴称为空心轴,采用空心轴可以减轻轴的质量。

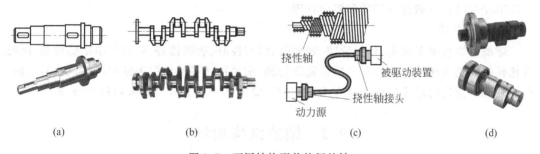

图 9.5 不同结构形状特征的轴
(a) 阶梯轴;(b) 曲轴;(c) 挠性轴[29,48];(d) 凸轮轴

曲轴上含有几何中心线与轴的回转中心线不重合的轴段(图 9.5(b)),通常是内燃机、曲柄压力机等机器上的专用零件,一般将往复移动转变成旋转运动,或者将旋转运动转变成往复移动。图 1.23(b)所示内燃机活塞下方的曲轴,将活塞的往复运动转变成轴的旋转运动。

图 9.5(c)所示挠性轴由若干层紧贴在一起的钢丝层构成,形似密圈弹簧,可以将扭矩和旋转运动灵活地传递到任何位置,常用于传递主动轴与从动轴轴线不重合的运动,采用挠性轴传递连续振动的运动时,可以缓和冲击。另外,机器人或机械手中常常采用挠性轴。

凸轮轴将凸轮与轴做成一个整体,如图 9.5(d)所示,轴上具有非圆形的截面段。

9.1.2 轴的材料

9.1.2.1 轴材料的基本要求

轴工作时一般受到交变应力的作用,其损坏形式通常为疲劳损坏。这就要求轴的材料有足够的疲劳强度,同时应力集中的敏感性小。设计轴时,应根据轴的使用要求,同时考虑经济性选择轴的材料。

9.1.2.2　常用轴材料

轴的常用材料有三大类别:碳素钢、合金钢和球墨铸铁。

1. 碳素钢

碳素钢的应力集中敏感性低,价格低廉,通过热处理可以改善其综合机械性能(如耐磨性和抗疲劳强度等)。对于轻载和不重要的轴,常常采用普通碳素结构钢,其牌号有:Q235,Q255,Q275 等,此时,无须进行热处理。对于中载和一般要求的轴,常采用优质碳素结构钢,其牌号有:20 钢,35 钢,40 钢,45 钢和 50 钢,其中,45 钢应用最广。采用优质碳素钢作为轴的材料时,需进行正火或者调质处理,以改善轴的整体机械性能。轴颈处一般进行表面淬火和低温回火处理,以提高轴颈的耐磨性能。

2. 合金钢

合金钢的机械强度比较高,淬火性能较好,但是应力集中敏感性高,价格昂贵。对于重载或重要的轴,采用合金钢能够提高轴的强度和耐磨性,减轻轴的质量,减小轴的直径。轴材料中常用的合金钢有中碳合金钢、低碳合金钢和高级优质合金钢。其中,中碳合金钢的常用牌号有 40Cr、40CrNi、40MnB 及 35SiMn 等,一般进行调质处理;低碳合金钢常用的牌号有 20Cr 和 20CrMnTi 等,通常进行渗碳淬火和低温回火处理;采用高级优质合金结构钢 38CrMoAlA 时,一般进行调质和氮化处理。

3. 球墨铸铁

球墨铸铁有很多优点,价格低廉、强度高、耐磨性好、吸振性好、应力集中敏感性低,同时有比较好的切削加工性能。对于形状复杂的轴,常采用球墨铸铁作为轴的材料,例如,曲轴、凸轮轴等。常用的球墨铸铁牌号有 QT400-15、QT450-10、QT500-7 和 QT600-3 等。

9.2　轴的结构设计

进行轴的结构设计时,需在满足强度、刚度和振动稳定性的基础上,根据轴上零件的定位要求和轴的加工与装配工艺性要求,合理地确定轴的结构形状及其尺寸[48]。

9.2.1　轴的结构形状要求与组成

轴的结构形状受到多方面因素的影响,包括作用于轴上的载荷大小、方向和分布情况;轴上零件的结构形状、尺寸、布局、轴向和周向固定的方式;以及轴的毛坯、制造和装配工艺、生产规模;安装和运输条件,等等。由于影响轴的结构因素比较多,因此,轴没有标准的结构形式。

1. 轴结构应满足的条件

轴的结构形状应保证轴上的零件能够有准确的工作位置、使轴有良好的加工和装配工艺性、便于轴的加工和轴上零件的装拆与调整。另外,轴的结构要有利于提高轴的强度、刚度和振动稳定性,使轴受力合理,同时有利于节省材料、减轻质量。

2. 轴的结构组成及其作用

轴的结构组成与人体组成类似,根据轴各部分承担的功能不同,轴的结构组成分为轴段、轴颈、轴头和轴肩。轴段是轴上直径不等部分的统称,图 9.6 中,轴上 1~7 各个部分的轴径不等,这些部分统称为轴段,例如,轴段 1、轴段 2、……、轴段 7。与轴承配合的轴段称为轴颈,图 9.6 所示轴系结构中,轴段 3 和轴段 7 处安装滚动轴承,故为轴颈。轴承安装在轴颈上,起到支承轴的作用。安装传动零件的轴段称为轴头,例如,图 9.6 中,轴段 1 上安装带轮,轴段 4 上安装齿轮,这两个轴段都是轴头。轴肩是轴段之间用于轴上零件轴向定位的圆环形台阶,图 9.6 中,轴段 1 与轴段 2 构成的轴肩,用以实现带轮的轴向定位;轴段 4 与轴段 5 构成的轴肩用于齿轮的轴向定位;轴段 6 与轴段 7 形成的轴肩则用于轴承的轴向定位。

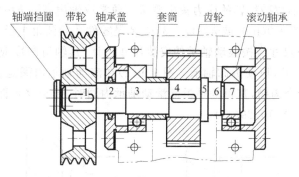

图 9.6　轴的结构组成

3. 确定轴的结构形状时应考虑的因素

确定轴的结构形状时,从满足强度、节省材料考虑,等强度轴最好,但是,等强度轴的结构形状复杂,加工难度比较大;如果仅从便于加工考虑,光轴最好,但是,在光轴上定位和固定零件的难度增加;综合考虑轴的强度、加工工艺性,以及轴上零件的定位和固定,采用阶梯轴最好。阶梯轴的强度近似于等强度,并且容易加工,同时便于轴上零件的定位、固定和装拆。如果图 9.6 和图 9.7 所示阶梯轴的中部轴段直径大,两端轴段直径小,则零件可以从阶梯轴的两端分别装拆,比较方便。

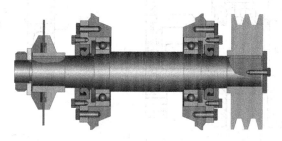

图 9.7　鼓形阶梯轴[34]

9.2.2　确定轴的结构尺寸应注意的事项

轴的结构尺寸主要包括各个轴段的直径和长度、轴肩高度、轴肩圆角、轴肩和轴端倒角,以及与轴上零件连接部位的尺寸,等等。

1. 各轴段直径的确定

确定阶梯轴各个轴段直径时,注意下述几个方面:

(1) 与零件相配合的直径应按机械标准 JB 176—1960 取标准值。

（2）零件装拆时经过的轴段直径应小于零件的孔径。例如,图9.6中,安装或者拆卸齿轮时,需经过轴段1、轴段2和轴段3,因此,这3个轴段的直径应小于齿轮的孔径。

（3）与滚动轴承配合的直径应符合滚动轴承的内径标准。

（4）轴上螺纹直径应符合螺纹标准。

（5）安装联轴器的轴径应与联轴器的孔径范围相适应。

（6）轴肩高度要保证定位可靠,同时减轻应力集中现象。轴肩需有适当的高度,才能保证轴上零件定位的可靠性。应当注意,轴径突变处,由于其横截面积产生突变,有应力集中现象,因此轴肩不能太高,以减轻轴的应力集中现象。通常取轴肩高度 $h=(2\sim3)c$,c 是零件孔的倒角高度(图9.8,图9.9(b)),或 $h=(2\sim3)R$,R 是零件孔的圆角半径(图9.9(a))[48]。与滚动轴承配合的轴肩尺寸应按滚动轴承的安装尺寸设计,其轴肩高度应低于滚动轴承内圈端面的高度(图9.9(d)),以便拆卸轴承。图9.9(e)在滚动轴承内圈定位的轴肩上,沿圆周120°间隔处设计了3个沟槽,其目的是拆卸滚动轴承内圈时,便于放入拆卸轴承内圈专用工具的钩头(图9.9(d),图10.29(c))。

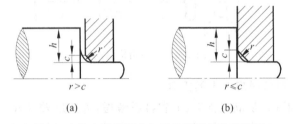

图9.8　轴肩过渡圆角与零件孔倒角合理配置

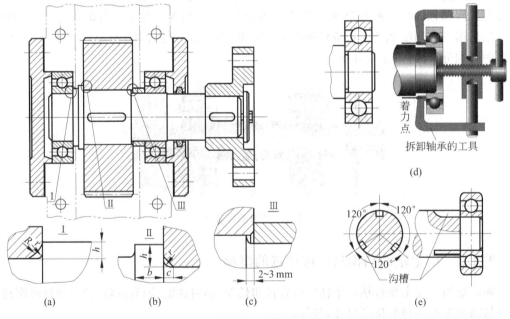

图9.9　轴结构尺寸设计注意事项

（7）非配合轴段直径可以采用非标准值,但应取整数,以便于轴的加工、测量和检验。

（8）轴径变化处应采用过渡圆角,而且过渡圆角应尽可能大,但必须保证零件能够靠紧轴肩定位,轴上过渡圆角半径 r 应小于零件孔的倒角高度 c(即 $r<c$,图 9.8(b)和图 9.9(b))和零件孔的圆角半径 R(即 $r<R$,图 9.9(a))。表 9.1 是机械标准(JB5－1959)规定的轴肩过渡圆角半径 r 的取值。

表 9.1　轴肩过渡圆角半径 r(JB 5—1959)[48]　　　　mm

轴径 d	>10~18	>18~30	>30~50	>50~80	>80~120	>120~180
r	1	1.5	2	2.5	3	4
R 或 c	1.5	2	2.5	3	4	5

注:R 为零件孔圆角半径(见图 9.9(a));c 为零件孔倒角高度(见图 9.8)。

2. 各轴段长度的确定

阶梯轴各轴段的长度取决于轴段上零件或轴承的轴向长度。确定轴段长度时应考虑下述 4 个方面的因素。

(1)与零件相配合的轴段长度应略短于轮毂的轴向长度,即 $l_{轴段}<l_{轮毂}$,通常使 $l_{轮毂}-l_{轴段}=2\sim5$ mm。例如,图 9.9 中齿轮的轮毂长度应比与其配合的轴段的长度略长一些(图 9.9(c))。轴头处,联轴器的轮毂长度应比与其配合的轴段长度长一些。这样,可以保证零件轴向定位可靠,不会产生轴向窜动。

(2)保证轴上各个转动零件运转时不会与其他零件碰撞。确定轴段长度时,应保证轴上各个转动零件与其他零件之间留有适当的间隙,以防零件运转时互相碰撞。例如,图 9.9 中,齿轮与箱体内壁(双点画线)之间,沿轴线方向均留有适当的间隙,以免齿轮转动时与箱体内壁产生碰撞。

(3)装有螺母、挡圈等紧固件的轴段长度,应保证装拆和调整紧固件时有一定的活动空间。

(4)装有滑移零件的轴段长度,应按零件的滑移距离确定。例如,变速箱中的滑移齿轮所在轴段的轴向长度,应按齿轮滑移的距离确定。

9.2.3　轴上零件的固定

零件固定在轴上的目的是:使轴能够传递运动和动力;防止轴上零件沿轴线方向移动;使轴上零件能够承受轴向和周向载荷。

9.2.3.1　轴上零件的轴向固定

零件在轴上的轴向位置固定后,其上受到的双向轴向力能够通过轴和轴上的零件传递至箱体,再由箱体传递到机座上。如图 9.10 所示轴系结构,齿轮如果受到向左的轴向力 $F_左$ 作用,力 $F_左$ 通过套筒传递给轴承的内圈,再经过轴承的滚子和外圈传至箱体左侧的轴承盖,由于轴承盖通过螺钉与箱体连接,因此,传至轴承盖的力,又经连接螺钉传递给箱体,最终通过箱体传至机架。当齿轮受到向右的轴向力 $F_右$ 作用时,轴向力通过轴肩传递给轴,又通过右侧轴承定位处的轴肩将力传至轴承内圈,再经轴承的滚子和外圈传递到箱体右侧的轴承盖,最终通过箱体传至机架。

零件在轴上的固定方式很多,下面介绍几种常用的辅助实现零件轴向固定的零件。

1. 套筒

套筒常与轴肩配合实现零件的轴向固定。图 9.10 所示轴系结构中,齿轮借助套筒和轴

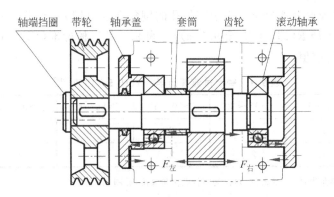

图 9.10　轴系结构中零件的轴向力传递示意图

肩实现轴向定位与固定。当齿轮受到向左的轴向力 $F_左$ 作用时,轴向力 $F_左$ 通过套筒传递给轴承内圈,最后传递至箱体。套筒结构简单,工作可靠。借助套筒固定零件的轴向位置,其优点是轴上不需钻孔和切削螺纹,避免了轴上开退刀槽、钻孔或者切削螺纹引起的应力集中。同时,也简化了轴的结构,有利于提高轴的强度。另外,套筒能够传递较大的轴向力。

　　套筒与轴的配合通常较松,随轴一同旋转时会产生离心力,引起振动和噪声。套筒越长,其质量越大,产生的离心力越大。另外,套筒的转速越高,旋转时产生的离心力也越大。因此,套筒不适用于固定高速轴上零件的轴向位置,一般用于固定轴中间部位零件的轴向位置,且零件之间的间距较短,以防套筒太长产生较大的离心力。

　　2. 圆螺母

　　圆螺母常与轴肩或套筒配合使用。图 9.11 中,轴上的齿轮借助轴肩轴向定位后,通过圆螺母轴向固定。采用螺母固定轴上零件的轴向位置,必须在轴上切制螺纹和退刀槽(退刀槽的作用是避免加工螺纹时划伤相邻轴段的表面)。轴上的螺纹和退刀槽易使轴产生较大的应力集中,降低轴的抗疲劳强度。

　　圆螺母常常用于固定轴端零件的轴向位置。当轴上零件无法采用套筒固定或套筒太长时,也可以采用圆螺母固定;对于需要调整间隙的零件,利用圆螺母进行调整比较方便。图 9.12 所示轴系结构中,利用轴段 3 上的圆螺母可以调整轴段 4 上轴承内圈的轴向位置,由此实现轴承的间隙调整。

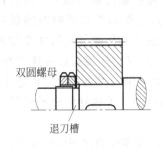

图 9.11　圆螺母固定方式

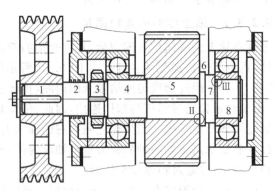

图 9.12　轴系结构

3. 弹性挡圈

如图 9.13(a)所示,采用弹性挡圈固定轴上零件,需在轴上切出环形槽,并将弹性挡圈嵌入槽中,使其端面紧贴轴上需进行轴向固定的零件端面,实现零件的轴向定位。弹性挡圈的结构简单、紧凑,装拆方便,但是能够承受的轴向载荷比较小,因此,常用于固定零件的轴向力较小且轴刚度比较大的场合。例如,用于滚动轴承的轴向固定等。弹性挡圈通常与轴肩或者套筒联合使用(如图 9.13(a)中零件的轴向固定)。

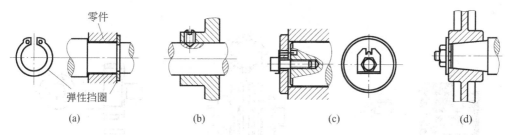

图 9.13　零件在轴上的轴向固定方式
(a)弹性挡圈;(b)紧定螺钉;(c)轴端挡圈;(d)圆锥面＋轴端挡圈

4. 紧定螺钉

图 9.13(b)中,通过紧定螺钉将零件与轴固连为一体,同时实现零件的轴向和周向固定。采用紧定螺钉固定轴上的零件,可以简化轴的结构,一般用于结构要求紧凑或者光轴上零件的定位与固定。紧定螺钉能够承受的轴向力较小,只适用于传力或受力不大的零件固定,例如,仪器仪表中轴上零件的定位与固定,多采用紧定螺钉。

5. 轴端挡圈

如图 9.13(c)和图 9.13(d)所示,轴端挡圈只适用于轴端零件的轴向固定。图 9.13(d)中,轴端挡圈与圆锥面联合使用,实现零件的轴向定位和固定。其中,圆锥面用以实现零件的轴向和周向定位,轴端挡圈则用于固定零件的轴向位置。轴端挡圈简单可靠,装拆方便,但需在轴端加工螺纹孔。

9.2.3.2　轴上零件的周向固定

为使轴上的旋转零件(如齿轮、皮带轮、凸轮和联轴器等)能够可靠地传递扭矩,零件与轴之间必须实现周向固定,避免两者沿圆周方向产生相对运动。零件在轴上的周向固定也称轴毂连接。常用的轴毂连接(周向固定)的方式有键连接、花键连接、紧定螺钉连接和过盈配合连接等。

1. 键连接

键分为平键、半圆键、楔键和切向键等,其中普通平键应用最广。键是标准零件(GB 1095—1979,GB 1096—1979),设计普通键连接时,应首先选择键的类型,再根据键所在轴段的直径和零件孔的长度选择键的尺寸,最后校核键的挤压强度和剪切强度。

如图 9.14(a)所示,键连接通过键的两个侧面与轴和零件孔内的键槽侧面接触,实现轴上零件的周向固定并传递扭矩。键的上表面与零件孔内的键槽底部存在间隙。图 9.14(a)所示普通平键根据其两端的形状分为圆头平键(A 型)、方头平键(B 型)和单圆头平键(C 型)。其中,A 型平键的两端呈半圆形,可以比较好地固定在槽中,A 型键槽多采用指状铣刀加工,故轴上键槽端部的应力集中显著;B 型平键两端均呈方形,轴上键槽由盘形铣刀加工成形,应力集中较小;C型平键一端呈方形,一端呈半圆形,多用于轴端零件的周向固定。图9.12中,轴段1上的带轮与轴的周向固定采用C型平键连接。图9.9所示轴系结构中的齿轮和联轴器、图9.10和图9.12所示轴系结构中的带轮与齿轮,以及图9.14(a)和图9.11中的齿轮,均采用键连接实现零件的周向固定。同一根轴上,如果有两个或两个以上的零件通过键连接实现周向固定(图9.9、图9.10及图9.12),从便于轴的加工和轴上零件的装配考虑,同一根轴上的键槽应位于轴的同一母线上,并且尽可能采用同一规格的键槽截面尺寸。

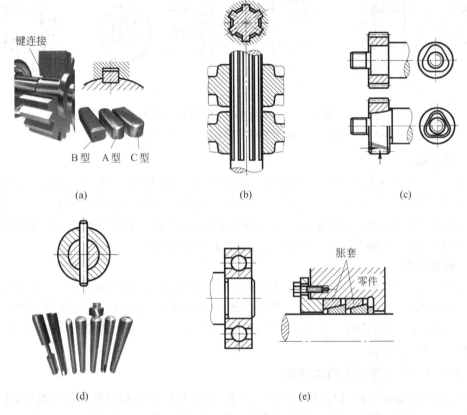

图9.14 零件在轴上的周向固定方式

(a) 键连接;(b) 花键连接;(c) 型面连接;(d) 销钉连接;(e) 过盈连接

2. 花键连接

图9.14(b)所示花键连接,轴和零件孔的周向均布多个键齿。花键的工作面是齿的侧面。与平键比较,花键是多齿传递载荷,承载能力高,对中性好,零件可以在轴上滑移,便于导向。另外,花键的齿深较浅,因此,应力集中小,对轴的削弱程度低。根据齿形不同,花键分为矩形花键、渐开线花键和三角形花键。其中,矩形花键齿的横截面形状如图9.14(b)所示,呈矩形,应用最广。矩形花键的基本尺寸系列参见国家标准(GB 1144—2001);渐开线花键的齿廓呈渐开线,其基本尺寸系列参见国家标准(GB/T 3478.1~3478.9—1995),渐开线花键的连接强度比较高,多用于传递扭矩较大的场合;三角形花键齿的截面形状呈三角形,多用于薄壁零件的连接。

3. 型面连接

图 9.14(c)所示型面连接,通过轴与孔的非圆型面实现零件的周向固定,由此传递运动和扭矩。零件通过型面连接实现周向固定的优点是结构紧凑、连接可靠,但是轴和零件孔的制造难度增加,加工精度要求比较高。

4. 销钉连接

如图 9.14(d)所示,销钉连接通过销钉固定零件与轴之间的相对位置,实现零件的周向固定。销钉有圆柱形、圆锥形等各种形状。与紧定螺钉连接类同,销钉连接可以同时实现轴上零件的轴向和周向定位与固定,但是只能传递不大的轴向力和径向力。采用销钉连接,超载时,销钉会产生剪切断裂,因此可以兼作安全保护装置,通常用于强度要求不高的场合。

5. 过盈配合连接

过盈配合连接通过轴与孔之间的过盈配合实现零件在轴上的周向固定。图 9.14(e)左图中,轴承通过与轴颈的过盈配合实现轴承在轴上的周向固定。图 9.14(e)右图中,胀套的内表面为圆锥面,沿轴线方向右移胀套,可以使胀套与零件和轴配合面上产生比较大的正压力,进而形成较大的摩擦力,相当于过盈配合实现零件在轴上的周向固定。过盈配合实质上是借助于材料的弹性和配合面上的压力所产生的摩擦力传递扭矩。过盈量越大,配合面上的压力越大,连接越牢固,能够传递的扭矩也越大。过盈配合连接的结构简单,其对中精度和加工精度要求都比较高,承载能力大,耐冲击性能好,同时能够承受轴向力。采用过盈配合连接,轴的结构变化小,有利于提高轴的刚度,降低轴的应力集中敏感性。

9.2.4 轴结构的设计步骤

轴的设计过程可以概括为 3 大阶段:①进行粗略的设计计算;②设计轴结构;③对于重要的轴,须进一步校核其强度和刚度。关于轴的粗略设计计算以及轴的强度和刚度校核详见 9.3 节。确定轴的具体结构之前,安装在轴上的零件孔直径和轴向长度均已明确。设计时,先初步确定轴最细处的最小直径,再根据轴上零件的结构尺寸、布局形式、定位方式和固定方法,确定各轴段的直径和轴段长度,轴的结构随之确定。设计轴结构的过程可以概括为下述 7 步:

(1) 确定轴上零件的装配方案,即确定零件在轴上的安装位置,以及零件从轴的哪个方位(哪一端)套入轴上;

(2) 确定轴上零件的定位方式;

(3) 确定各轴段的直径;

(4) 确定各轴段的长度;

(5) 确定轴的结构细节,例如轴肩和轴端倒角尺寸、轴段之间的过渡圆角半径、退刀槽尺寸、轴段螺纹孔尺寸、键槽尺寸等;

(6) 确定轴的加工精度、尺寸公差、形位公差、零件与轴的配合、表面粗糙度等技术要求;

(7) 画轴的结构图。

轴结构的设计工作常与轴的强度和刚度计算、轴承和联轴器的尺寸选择、键连接强度校核计算等方面的工作交叉进行,需经过反复修改后才能确定最佳结构方案,再画出轴的结构工作图。

9.3　轴的设计计算

轴的工作能力主要取决于其强度和刚度。强度不足时,轴会产生断裂和塑性变形而失效;刚度不足时,会导致轴产生过大的弯曲变形和扭转变形,影响轴正常工作。轴的设计计算内容包括两大部分:

(1) 粗略的设计计算,即初估出轴的最小直径;

(2) 精确的校核计算,主要进行两方面的校核,即弯扭合成强度校核(也称当量弯矩校核)和刚度校核。

9.3.1　粗略的设计计算

设计轴结构时,粗略的设计计算实质上是初估轴最细处的最小直径。初估轴径的方法有两种:一是按扭转强度条件初估轴最细处的最小直径;二是根据经验公式初估轴最细处的最小直径。

1. 按扭转强度初估轴的最小直径

根据材料力学的扭剪应力计算公式,轴受扭矩 T 作用时产生的扭剪应力 τ 为

$$\tau = \frac{T}{W_T} \tag{9-1}$$

式中,W_T 为轴的抗扭截面系数,mm^3,对于直径为 d 的实心轴有

$$W_T = \frac{\pi d^3}{16} \approx 0.2 d^3 \tag{9-2}$$

设轴传递的功率为 $P(kW)$,轴的转速为 $n(r/min)$,则轴旋转的角速度 ω 为

$$\omega = \frac{2\pi n}{60} = \frac{\pi n}{30} \text{ (rad/s)} \tag{9-3}$$

由 $T\omega = 1000P$ 以及式(9-2)得

$$T = \frac{1000P \times 30}{\pi n} = 9550 \frac{P}{n} \text{ (N · m)} \tag{9-4}$$

或

$$T = 9550 \times 10^3 \frac{P}{n} \text{ (N · mm)} \tag{9-5}$$

由式(9-1)、式(9-2)和式(9-5)知,对于实心圆截面轴,如果只传递扭矩 T,其扭剪强度条件为

$$\tau_T = \frac{T}{W_T} = \frac{9550 \times 10^3 P}{0.2 d^3 n} \leqslant [\tau_T] \tag{9-6}$$

式中,$[\tau_T]$ 为轴材料的许用扭剪应力,N/mm^2。

由式(9-6)得到符合扭剪强度条件的实心轴直径 d 的计算式:

$$d \geqslant \sqrt[3]{\frac{9550 \times 10^3}{0.2[\tau_T]}} \sqrt[3]{\frac{P}{n}} = A\sqrt[3]{\frac{P}{n}} \text{ (mm)} \tag{9-7}$$

式(9-7)中,A 是取决于材料许用扭剪应力 $[\tau_T]$ 的设计常数,表 9-2 中列出了一些常用轴材料的 A 值,也可以根据轴材料的许用扭剪应力 $[\tau_T]$,由式(9-8)计算求得:

$$A = \sqrt[3]{\frac{9550 \times 10^3}{0.2[\tau_T]}} \qquad (9-8)$$

式(9-7)是根据扭转强度条件初估轴最细处最小直径的计算式。根据式(9-7)求得的直径 d 还应按直径标准系列进行圆整。轴上开键槽后会削弱轴的强度,因此,有键槽的轴段应适当增大轴径,有一个键槽时,轴径增加 $4\% \sim 5\%$;有两个键槽时,轴径增加 $7\% \sim 10\%$。轴的材料确定之后,许用扭剪应力 $[\tau_T]$ 即已确定,考虑弯矩影响时应适当降低 $[\tau_T]$,即设计常数 A 应取表 9-2 中的大值。

表 9.2 常用材料的 A 值[30,48]

轴材料	Q235,20	35	45	40Cr,35SiMn,38SiMnMo,20CrMnTi
$[\tau_T]$	$12 \sim 20$	$20 \sim 30$	$30 \sim 40$	$40 \sim 52$
A	$160 \sim 135$	$135 \sim 118$	$118 \sim 107$	$107 \sim 98$

注:1. 传动轴或者轴受到的弯矩相对于扭矩很小时,$[\tau_T]$ 取大值,A 取小值。

2. 转轴,A 取大值。

3. 当轴材料选用普通结构钢 Q235 或者中碳合金钢 35SiMn 时,A 取大值。

2. 按经验公式初估轴的最小直径

根据轴的运转速度高低,初估最小轴径的经验公式有所不同。

高速运转的轴,例如,减速器高速级的运动输入轴,通常直接与电动机的输出轴相连,其最小轴径 d 可由下述经验公式(9-9)估算求得,即

$$d = (0.8 \sim 1.2)D \qquad (9-9)$$

式中,D 为电动机轴径。

对于低速运转的轴,例如,减速器低速级的运动输出轴,估算其最小轴径的经验公式是

$$d = (0.3 \sim 0.4)a \qquad (9-10)$$

式中,a 为齿轮减速器低速级齿轮的中心距。

9.3.2 精确的校核计算

轴结构设计的精确校核计算内容包括:(1)校核轴的弯扭合成强度;(2)校核轴的刚度。

1. 轴的强度校核

轴的结构尺寸确定之后,即可按照材料力学中的第三强度理论,即按弯扭合成强度(亦称当量弯矩)校核轴径。图 9.15(a)所示轴系结构中,轴的左端有联轴器,两个轴承支承点之间有一斜齿圆柱齿轮。图 9.15(b)是图 9.15(a)所示轴系结构的受力分析图,斜齿轮啮合处受到轴向力 F_a、径向力 F_r 和圆周力 F_t 的作用;点 A 和 B 是轴的支承点,轴在水平面和垂直平面内受到的支反力分别是 R_{HA} 和 R_{VA} 以及 R_{HB} 和 R_{VB};轴与联轴器连接处受到扭矩 T 的作用。轴的弯扭合成强度校核计算可以划分为 7 大步骤(图 9.15)。

1)绘制轴的受力简图(图 9.15(b))

2)绘制轴在水平面内和垂直平面内的受力简图

将轴上各作用力分解成水平分力和垂直分力,分别作出水平面内和垂直面内的受力简图,并求出这两个平面内的支反力。根据图 9.15(b)所示轴的受力简图分析,轴在水平面内

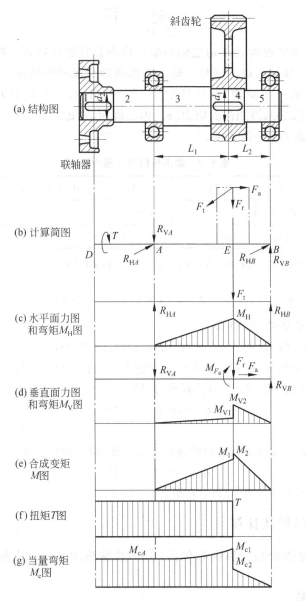

图 9.15　轴系结构受力分析和应力分析

受到的力如图 9.15(c)所示,有齿轮啮合处的圆周力 F_t,支承点 A 和 B 处的水平支反力 R_{HA} 和 R_{HB}。轴在垂直平面内受到的力如图 9.15(d)所示,有齿轮啮合处的轴向力 F_a 和径向力 F_r,将轴向力 F_a 平移至轴线位置后产生的等效力矩 $M_{F_a} = F_a \dfrac{d}{2}$($d$ 为齿轮分度圆或节圆直径),支承点 A 和 B 处的垂直支反力 R_{VA} 和 R_{VB}。

　　3) 绘制轴在水平面内和垂直面内的弯矩图

　　分别根据轴在水平面和垂直面内的受力简图,作两个平面内的弯矩图。图 9.15(c)是轴在水平面内的受力简图和弯矩 M_H 图;图 9.15(d)是轴在垂直面内的受力简图和弯矩 M_V 图。

4) 计算合成弯矩 M 并绘制弯矩图

水平面与垂直面合成后的弯矩 M 称为合成弯矩,按式(9-11)计算:

$$M = \sqrt{M_H^2 + M_V^2} \tag{9-11}$$

图 9.15(e)是合成弯矩 M 图。

5) 绘制轴的扭矩 T 图

由图 9.15(b)所示轴的受力简图知,轴与联轴器连接处受到扭矩 T 的作用,另外,齿轮上的圆周力 F_t 也对轴产生扭矩。根据轴的扭矩平衡条件知,轴系结构中,安装联轴器的轴段与安装齿轮的轴段之间受到扭矩作用,并且这一区间的轴段上扭矩相等,即

$$F_t \frac{d}{2} = T \tag{9-12}$$

式中,d 是斜齿轮的分度圆(或节圆)直径。

6) 计算当量弯矩 M_c

根据材料力学的第三强度(弯扭合成强度)理论,当量弯矩 M_c 可由式(9-13)计算:

$$M_c = \sqrt{M^2 + (\alpha T)^2} \tag{9-13}$$

式中,α 是应力折算系数,其值根据扭矩 T 的扭转应力特性确定。即对应不同的扭转应力特性,应力折算系数 α 取不同的值。

使轴产生弯矩的力,其方向在轴的旋转过程中通常不会改变,因此,轴受到的弯曲应力通常呈现出图 9.16(c)所示的对称循环应力特性。例如,图 9.15 所示轴系结构中,齿轮啮合处的圆周力 F_t 使轴在水平面内产生弯矩,在 F_t 的作用下,轴的母线位于纸平面后侧时受压(产生压应力),位于纸平面前侧时受拉(产生拉应力),即在 F_t 的作用下,轴的弯曲应力呈对称循环特性。

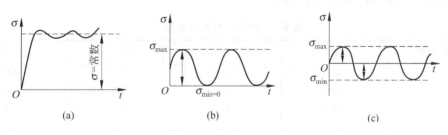

图 9.16 应力特性

(a) 静应力特性;(b) 脉动循环应力特性;(c) 对称循环应力特性

作用于轴上的扭矩 T 产生扭转应力,其特性取决于轴的运转情况和扭矩 T 的稳定性,轴的扭转应力特性有 3 种类型:

(1) 静应力特性(图 9.16(a)),即扭转应力基本稳定。如果轴受到的扭矩 T 为恒定值,并且单向连续地转动,则轴的扭转应力是静应力特性。此时,取 $\alpha = 0.3$。

(2) 脉动循环应力特性(图 9.16(b))。如果轴受到的扭矩 T 不稳定,并且单向连续地转动,则轴上的扭转应力呈脉动循环应力特性。此时,取 $\alpha = 0.6$。

(3) 对称循环应力特性(图 9.16(c))。如果轴频繁地换向转动,则轴的扭转应力特性呈对称循环应力特性,此时,取 $\alpha = 1$。

由此可见,如果轴受到弯矩和扭矩的共同作用,由于两种力矩产生的应力特性未必相

同,轴的弯矩产生的应力通常呈对称循环应力特性,而扭矩产生的应力则有可能是静应力特性,也可能是脉动循环应力特性或者是对称循环应力特性。进行轴的强度计算,利用式(9-13)求解轴的当量弯矩时,弯曲应力和扭转应力的循环特性须统一。应力折算系数 α,就是将扭转应力的不同特性折合成与弯曲应力一致的对称循环应力特性。

理论上,如果作用于轴上的扭矩 T 恒定,对于单向连续转动的轴,轴上的扭转应力应是静应力特性。实际上,由于轴的转动不可能完全均匀,例如,电动机的电压不稳定,或者存在外界环境因素的干扰,轴运转时就会产生振动,扭转应力亦随之变化,为安全起见,常将单向转动轴的扭转应力看成脉动循环应力特性。

　　7) 校核轴危险剖面的强度

轴的危险剖面是当量弯矩 M_c 大而轴径小的剖面。根据图 9.15(g)所示当量弯矩 M_c 图,可以确定最大当量弯矩所在平面。由材料力学中的弯曲应力计算公式可以求得实心圆轴的弯曲应力为

$$\sigma = \frac{M_c}{W} \approx \frac{M_c}{0.1d^3} \leqslant [\sigma_{-1}]_b \tag{9-14}$$

或

$$d \geqslant \sqrt[3]{\frac{M_c}{0.1[\sigma_{-1}]_b}} \tag{9-15}$$

式(9-14)和式(9-15)中,$[\sigma_{-1}]_b$ 为对称循环应力特性下材料的许用弯曲应力,N/mm²,根据轴材料的抗拉极限强度 σ_b,由表 9.3 查取;W 为轴的抗弯截面系数,mm³,对于实心圆轴

$$W = \frac{\pi d^3}{32} \approx 0.1d^3 \tag{9-16}$$

式中,d 是轴上危险剖面的直径,mm。

表 9.3　轴的许用弯曲应力[51]　　　　　　　　　　　　　　　　N/mm²

轴的材料	σ_b	$[\sigma_{+1}]_b$	$[\sigma_0]_b$	$[\sigma_{-1}]_b$
碳钢	400	130	70	40
	500	170	75	45
	600	200	95	55
	700	230	110	65
合金钢	800	270	130	75
	900	300	140	80
	1000	330	150	90
	1200	400	180	110
铸钢及灰铸铁	400	100	50	30
	500	120	70	40
	400	65	35	25

　　注:σ_b 为轴材料的抗拉强度极限;$[\sigma_{+1}]_b$ 为静应力状态下材料的许用弯曲应力;$[\sigma_0]_b$ 为脉动循环应力状态下材料的许用弯曲应力;$[\sigma_{-1}]_b$ 为对称循环应力状态下材料的许用弯曲应力。

　　如果危险剖面的初估轴径大于式(9-15)求得的轴径,说明原来初估的轴径合适。否则可以按式(9-15)求得的轴径进行修正。如果轴的危险剖面处有键槽,则键槽会削弱轴的强度,故危险剖面所在轴段的直径应适当增大。轴段上只有一个键槽时,轴径加大 4%~5%;

如果轴段上有两个键槽,则轴径加大 7%～10%。

式(9-13)、式(9-14)和式(9-15)亦适用于传动轴和心轴的强度计算。

例题　图 9.17 所示转轴的轴系结构中,斜齿轮是主动轮,齿轮按标准中心距安装,即轴上斜齿轮的节圆与分度圆重合,已知斜齿轮的分度圆直径 $d = 332$ mm,螺旋角 $\beta = 8°6'34''$(右旋),轴材料选用 45 钢,调质处理,轴的传递功率 $P = 5.1$ kW,单向旋转,其转速 $n = 37.7$ r/min,支承 A 处的轴承中点与齿轮轮齿宽度中点的距离 $L_1 = 140$ mm,支承 B 处的轴承中点与齿轮轮齿宽度中点的距离 $L_2 = 80$ mm,各轴段初估轴径为:安装联轴器的轴段 1, $d_1 = 55$ mm;安装齿轮的轴段 4,$d_4 = 75$ mm;安装轴承的轴段 2 和轴段 5,$d_2 = d_5 = 60$ mm。试校核该轴的强度。

解　根据轴强度校核计算的分析步骤进行强度计算。

(1) 绘制轴的受力简图(图 9.17(b)),计算作用于轴和齿轮上各个力的大小。

轴的支承点可近似地取在轴承宽度的中点。根据题中给定的参数,求解作用于轴上各个力的大小。由题意知,轴的传递功率 $P = 5.1$ kW,转速 $n = 37.7$ r/min,由式(9-4)求得扭矩 T

$$T = 9550 \frac{P}{n} = 9550 \frac{5.1}{37.7} = 1292 \ (\text{N} \cdot \text{m}) \tag{9-17}$$

由式(9-12)以及斜齿轮径向力 F_r 和轴向力 F_a 的计算式(7-96)和式(7-97)求得斜齿轮啮合处的 3 个分力:

$$\left. \begin{aligned} \text{圆周力} \quad F_t &= \frac{2T}{d} = \frac{2 \times 1292}{332 \times 10^{-3}} = 7780 \ (\text{N}) \\ \text{径向力} \quad F_r &= \frac{F_t}{\cos \beta} \tan \alpha_n = \frac{7780}{\cos 8°6'34''} \tan 20° = 2860 \ (\text{N}) \\ \text{轴向力} \quad F_a &= F_t \tan \beta = 7780 \times \tan 8°6'34'' = 1100 \ (\text{N}) \end{aligned} \right\} \tag{9-18}$$

(2) 绘制水平面和垂直平面内轴的受力简图(图 9.15(c)和图 9.15(d)),求解轴在两个平面内的支承反力。

① 水平面内(图 9.17(c)),由对 B 点的力矩平衡条件 $\sum M_{BH} = 0$ 得

$$R_{HA}(L_1 + L_2) - F_t L_2 = 0$$

由力平衡条件 $\sum F_H = 0$ 得

$$R_{HA} + R_{HB} - F_t = 0$$

解得

$$\left. \begin{aligned} R_{HA} &= F_t \frac{L_2}{L_1 + L_2} = 7780 \times \frac{80}{140 + 80} = 2830 \ (\text{N}) \\ R_{HB} &= F_t - R_{HA} = 7780 - 2830 = 4950 \ (\text{N}) \end{aligned} \right\} \tag{9-19}$$

② 垂直平面内(图 9.17(d)),由对 A 点的力矩平衡条件 $\sum M_{AV} = 0$ 得

$$F_r L_1 + M_{Fa} - R_{VB}(L_1 + L_2) = 0$$

由力平衡条件 $\sum F_V = 0$ 得

$$F_r + R_{VA} - R_{VB} = 0$$

解得

$$
\left.
\begin{aligned}
R_{VB} &= \frac{F_{r}L_{1} + M_{F_{a}}}{L_{1} + L_{2}} = \frac{F_{r}L_{1} + F_{a}\dfrac{d}{2}}{L_{1} + L_{2}} = \frac{2860 \times 140 + 1100 \times \dfrac{332}{2}}{140 + 80} \\
&= 2650 \,(\text{N}) \\
R_{VA} &= R_{VB} - F_{r} = 2650 - 2860 = -210 \,(\text{N})
\end{aligned}
\right\} \tag{9-20}
$$

所求各力若为正值,说明力的方向与图中所示方向一致;若为负值,说明力的方向与图中所示方向相反。

(3) 绘制轴在水平面内和垂直面内的弯矩图

根据材料力学的规定,弯矩图画在轴的受压侧。由式(9-18)～式(9-20)各个力的计算结果,求解轴截面 E 在水平面和垂直平面内的弯矩。

轴截面 E 在水平面内的弯矩 M_{H}

$$
M_{H} = R_{HA}L_{1} = \frac{2830 \times 140}{1000} = 396 \,(\text{N} \cdot \text{m}) \tag{9-21}
$$

轴截面 E 的左侧和右侧在垂直平面内的弯矩 M_{V1} 和弯矩 M_{V2}

$$
\left.
\begin{aligned}
\text{截面 } E \text{ 左侧} \quad M_{V1} &= R_{VA}L_{1} = \frac{210 \times 140}{1000} = 29.4 \,(\text{N} \cdot \text{m}) \\
\text{截面 } E \text{ 右侧} \quad M_{V2} &= R_{VB}L_{2} = \frac{2650 \times 80}{1000} = 212 \,(\text{N} \cdot \text{m})
\end{aligned}
\right\} \tag{9-22}
$$

根据式(9-21)和式(9-22)绘制轴在水平面内的弯矩 M_{H} 图和垂直面内的弯矩 M_{V} 图(图 9.17(d)和图 9.17(f))。

(4) 计算合成弯矩并绘制合成弯矩 M 图

由式(9-11)以及式(9-21)和式(9-22)求得的结果,分别求得轴截面 E 的左侧与右侧的合成弯矩 M_{1} 和弯矩 M_{2}：

$$
\left.
\begin{aligned}
\text{截面 } E \text{ 左侧} \quad M_{1} &= \sqrt{M_{H}^{2} + M_{V1}^{2}} = \sqrt{396^{2} + 29.4^{2}} = 397 \,(\text{N} \cdot \text{m}) \\
\text{截面 } E \text{ 右侧} \quad M_{2} &= \sqrt{M_{H}^{2} + M_{V2}^{2}} = \sqrt{396^{2} + 212^{2}} = 449 \,(\text{N} \cdot \text{m})
\end{aligned}
\right\} \tag{9-23}
$$

图 9.17(g)是根据式(9-23)绘制的合成弯矩 M 图。

(5) 绘制轴的扭矩 T 图

由图 9.17(b)所示轴的空间受力简图知,轴在 DE 段受到扭矩 T 的作用。根据式(9-17)求得的扭矩值,绘制图 9.17(h)所示的扭矩 T 图。

(6) 计算当量弯矩并绘制当量弯矩 M_{C} 图

为安全起见,轴单向转动时,按脉动循环应力特性选取应力折算系数 $\alpha = 0.6$。由式(9-13),同时根据图 9.17(g)所示的合成弯矩 M 图和图 9.17(h)所示的扭矩 T 图,分析轴上各个截面的力矩分布情况,由式(9-17)和式(9-23)的计算结果,可以求得不同轴截面的当量弯矩:

$$
\left.
\begin{aligned}
\text{截面 } D \quad M_{CD} &= \sqrt{0^{2} + (\alpha T)^{2}} = \sqrt{(0.6 \times 1292)^{2}} = 775 \,(\text{N} \cdot \text{m}) \\
\text{截面 } E \text{ 左侧} \quad M_{C1} &= \sqrt{M_{1}^{2} + (\alpha T)^{2}} = \sqrt{397^{2} + (0.6 \times 1292)^{2}} = 871 \,(\text{N} \cdot \text{m}) \\
\text{截面 } E \text{ 右侧} \quad M_{C2} &= \sqrt{M_{2}^{2} + (\alpha T)^{2}} = \sqrt{449^{2} + (0.6 \times 0)^{2}} = 449 \,(\text{N} \cdot \text{m})
\end{aligned}
\right\}
$$

$$\tag{9-24}$$

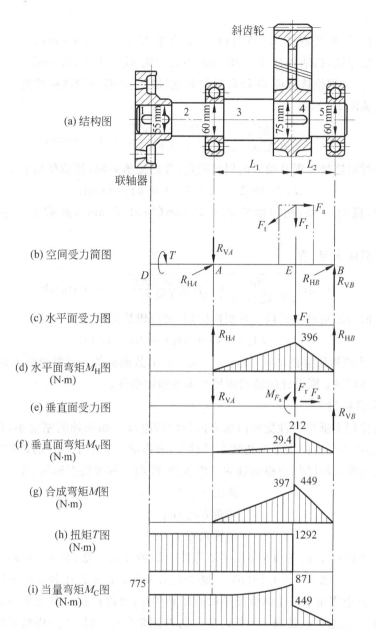

图 9.17 例题的轴系结构受力分析和应力分析

图 9.17(i)所示当量弯矩 M_C 图根据式(9-24)计算结果绘制而成。

(7) 校核轴上危险剖面的强度

由题意,轴材料选用 45 钢,调质处理。根据国家标准 GB/T 699—1999"优质碳素结构钢牌号及交货状态下的力学性能"[50],45 钢调质处理后,其抗拉强度极限 $\sigma_b \geqslant 600$ N/mm²,设 $\sigma_b = 700$ N/mm²,由表 9.3 得到对称循环特性下轴的许用弯曲应力 $[\sigma_{-1}]_b = 65$ N/mm²。

如图 9.17(a)所示结构图,轴段 1 的轴径 $d_1 = 55$ mm,齿轮所在轴段 4 的轴径 $d_4 = 75$ mm。根据图 9.17(i)所示的当量弯矩 M_C 图以及式(9-24)的计算结果知,轴的危险剖面有两处：

(1) 截面 D 处，初估轴径 $d_1 = 55$ mm，当量弯矩 $M_{cD} = 775$ (N·m)；

(2) 截面 E 左侧，初估轴径 $d_4 = 75$ mm，当量弯矩 $M_{c1} = 871$ (N·m)。

由式(9-15)，分别校核截面 D 和 E 处的初估轴径是否符合弯曲强度要求。

轴段 1 上截面 D 处，有

$$d_D \geqslant \sqrt[3]{\dfrac{M_{cD}}{0.1[\sigma_{-1}]_b}} = \sqrt[3]{\dfrac{775 \times 1000}{0.1 \times 65}} = 49.2 \text{ (mm)} \tag{9-25}$$

轴段 1 通过键连接实现联轴器的周向固定，考虑键槽影响，将轴径加大 5%，即

$$d_D \geqslant 49.2 \times (1 + 5\%) = 51.7 \text{ (mm)}$$

由题意知，截面 D 处，初估轴径 $d_1 = 55$ mm(>51.7 mm)，故截面 D 处的轴径满足要求。

轴段 4 上截面 E 处，有

$$d_E \geqslant \sqrt[3]{\dfrac{M_{c1}}{0.1[\sigma_{-1}]_b}} = \sqrt[3]{\dfrac{871 \times 1000}{0.1 \times 65}} = 51.2 \text{ (mm)} \tag{9-26}$$

轴段 4 上的齿轮通过键连接实现周向固定，考虑键槽影响，将轴径加大 5%，即

$$d_E \geqslant 51.2 \times (1 + 5\%) = 53.7 \text{ (mm)}$$

因为轴截面 E 处的初估轴径 $d_4 = 75$ mm>53.7 mm，故原初估轴径符合强度条件要求。

轴强度校核结论：原设计的轴结构尺寸满足强度条件。

2. 轴的刚度校核

轴在载荷作用下抵抗弹性变形的能力称为轴的刚度。如果轴的刚度小，在较大的力或力矩作用下，轴产生的弯曲变形或扭转变形过大，将影响轴和轴上零件的正常工作。为避免轴因刚度不足失效，设计时，应根据轴的工作条件，限制轴的弹性变形量，即

$$\left.\begin{aligned} \text{挠度} \quad y &\leqslant [y] \\ \text{转角} \quad \theta &\leqslant [\theta] \\ \text{扭转角} \quad \varphi &\leqslant [\varphi] \end{aligned}\right\} \tag{9-27}$$

式(9-27)中的挠度 y、转角 θ 是反映轴弯曲变形的相关参数(图 9.18(a))；扭转角 φ 则是反映轴扭转变形的参数(图 9.18(b))。轴受到力和弯矩作用产生弹性变形时的挠度 y 和转角 θ，以及在扭矩作用下产生弹性变形时的扭转角 φ，可以根据材料力学中的相关公式和计算方法求解。而挠度 y、转角 θ 和扭转角 φ 的许用值 $[y]$、$[\theta]$ 和 $[\varphi]$ 则根据轴的应用场合从机械设计手册中查取。

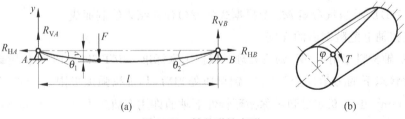

(a)　　　　　　　　　　　　　　　(b)

图 9.18　轴的弹性变形

(a) 弯曲变形；(b) 扭转变形

习 题

思考题

1. 轴工作时的变应力是因为有变载荷的作用而产生,也可能由静载荷的作用而产生。这一表述是否正确?举例说明理由。

2. 设计轴结构时应考虑哪些因素?

选择填空题

1. 根据轴的承载情况,轴分成转轴、心轴和传动轴 3 种类别。自行车前轮轴是_____轴,脚蹬处的链轮轴是_____轴,后轮轴是_____轴。

    A. 心轴   B. 转轴   C. 传动轴

2. 增大相邻轴段之间过渡圆角半径,其优点是_____。

    A. 零件的轴向定位更可靠   B. 轴的加工方便

    C. 减小轴的应力集中,提高轴的抗疲劳强度

3. 转轴上载荷和支点位置确定之后,即可根据_____计算或者校核轴径。

    A. 弯曲强度   B. 弯曲刚度   C. 扭转强度   D. 扭转刚度

    E. 弯扭合成强度

4. 按弯曲应力计算转轴,采用应力折算系数 α,主要考虑_____。

    A. 弯矩产生的应力可能不是对称循环应力

    B. 轴上存在应力集中

    C. 扭矩产生的应力可能不是对称循环应力

    D. 强度理论与试验结果存在偏差

5. 作用于转轴的各种载荷中,_____可能产生对称循环弯曲应力。

    A. 作用线位于旋转轴线上的轴向载荷

    B. 垂直于轴线的径向载荷

    C. 扭矩

    D. 不平衡质量引起的离心力

6. 对于正反向旋转的轴,按弯扭合成强度计算式 $M_c = \sqrt{M^2 + (\alpha T)^2}$ 计算弯矩时,式中的应力折算系数 α 应取_____。

    A. 0.3   B. 0.6   C. 1   D. 2

7. 由计算公式 $d \geqslant A \sqrt[3]{\dfrac{P}{n}}$ 求得的轴直径,通常作为阶梯轴_____轴段的_____直径。

    A. 最粗   B. 中部   C. 最细   D. 危险截面所在

    E. 最小   F. 最大

8. _____可以提高轴的刚度。

    A. 用合金钢代替碳素钢   B. 用球墨铸铁代替碳素钢

    C. 提高轴的表面质量   D. 加大轴径

分析判断题

1. 试分析说明图 9.1(b)所示减速器中的轴Ⅱ是传动轴、心轴还是转轴?

2. 图 9.15 所示轴系结构中,试分析斜齿圆柱齿轮啮合处的径向力 F_r 和轴向力 F_a 作用于轴上的弯曲应力是静应力特性、脉动循环应力特性还是对称循环应力特性? 说明理由。

3. 指出图 9.19 所示轴系结构中的设计错误,文字说明,并绘制出正确结构。

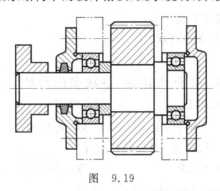

图 9.19

实践练习题

1. 试举出 4 种以上你在生活、学习和工作场合所用产品的轴系结构中零件的轴向定位和固定方式,并绘制轴系结构中零件的轴向定位与固定的结构图,同时文字简要说明。

2. 试举出 4 种以上你在生活、学习和工作场合所用产品的轴系结构中零件的周向定位与固定方式,并绘制出零件的周向定位与固定的结构图,同时文字简要说明。

10 轴 承

本章学习要求

◇ 滑动轴承及滚动轴承的结构特征；
◇ 滚动轴承的主要类型、特点及代号；
◇ 滚动轴承的选用；
◇ 滚动轴承的失效形式；
◇ 滚动轴承的基本额定载荷、当量载荷和基本额定寿命的概念及其计算；
◇ 滚动轴承组合设计应考虑的基本问题和相应措施。

10.1 轴承的分类和功用

轴承的主要作用是支承轴和轴上的旋转零件,保持轴的旋转精度,减少旋转轴与固定支承之间的摩擦和磨损。

轴承根据其工作时的摩擦性质,分为滚动轴承和滑动轴承两大类别。其中,滑动轴承工作时,支承部位相对运动构件之间的摩擦性质为滑动摩擦(图 10.1(a));滚动轴承工作时,轴承构件之间的摩擦特性为滚动摩擦(图 10.1(b))。

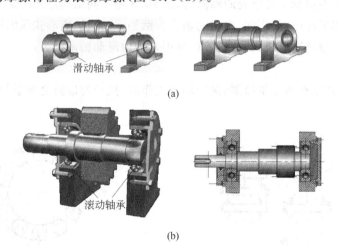

(a)

(b)

图 10.1 轴承类型
(a)滑动轴承；(b)滚动轴承

1. 滑动轴承

滑动轴承根据其承受载荷的方向不同,分为向心滑动轴承和推力滑动轴承两种类型。

向心滑动轴承主要承受支承处的径向力,有整体式、剖分式、调心式和静压式等不同类型。图10.1(a)和图10.2(a)所示整体式滑动轴承,结构简单、成本低,但是装拆轴时,必须沿轴向移动滑动轴承,才能装入或者拆卸轴。图10.2(b)所示剖分式滑动轴承,由轴承座和轴承盖两个部分组成,装拆轴时,只需打开轴承盖即可装入或者取出轴,无须移动整个滑动轴承。如果滑动轴承支承处的宽径比(轴承宽度与直径之比)较大,轴颈或者轴承座中心线存在较大的同轴度误差,或者轴产生比较大的弯曲变形,则会导致轴承两端边缘接触(图10.2(c)),引起轴承迅速严重磨损。在这种情况下,采用图10.2(c)所示的自动调心轴承,可以适应轴颈在轴弯曲时产生的偏斜。图10.2(d)是静压向心滑动轴承,在轴颈和轴承座之间,通过液压系统供给的压力油支承轴颈,因此,静压滑动轴承的轴颈与轴承座相对运动的摩擦性质为液体摩擦,摩擦损失小,轴承的使用寿命长,但是,需要一套专门的供油设备,制造和使用、维护成本比较高。

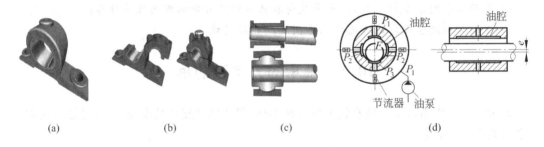

(a)　　　　　　(b)　　　　　　(c)　　　　　　(d)

图10.2　向心滑动轴承的类型

(a) 整体式;(b) 剖分式;(c) 调心式;(d) 静压式

推力滑动轴承主要承受支承处的轴向力,图10.3是不同结构形式的推力滑动轴承。

滑动轴承常用于高速、高精度、重载的场合。例如,汽轮机、离心式压缩机、内燃机、大型电机、水泥搅拌机、滚筒清砂机、破碎机等机械中常采用滑动轴承。

2. 滚动轴承

图10.4是滚动轴承的结构简图,滚动轴承工作时,滚子与滚道之间呈相对滚动,其摩擦性质为滚动摩擦。

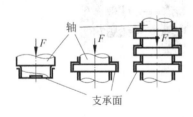

图10.3　推力滑动轴承

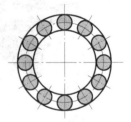

图10.4　滚动轴承结构

滚动轴承的应用十分广泛,本章后面各节主要针对滚动轴承的结构、类型、代号和选用进行详细的论述。

10.2　滚动轴承的类型、特点和代号

10.2.1　滚动轴承的基本结构、类型和特点

10.2.1.1　滚动轴承的基本结构

滚动轴承由 4 大部分组成：外圈、内圈、滚动体和保持架（图 10.5(a)）。

作为支承件使用时，滚动轴承的外圈通常安装在轴承座孔、机架孔或者零件孔中，与孔的配合比较松，一般不转动；内圈通常安装在轴颈上，与轴颈的配合比较紧，随同轴颈一同转动；滚动体是滚动轴承的核心元件，工作时在轴承的内圈和外圈之间滚动，其形状有球体、圆柱体、滚针、球面滚子和圆锥体等（图 10.5(b)）；保持架置于滚动轴承的内圈和外圈之间，其作用是沿圆周均匀隔开滚动体，防止运动时滚动体直接接触产生摩擦。如图 10.4 和图 10.5(a)所示，滚动轴承内圈的外部和外圈的内部有滚道，内圈与外圈之间相对转动时，滚动体在内圈和外圈之间沿着滚道滚动。

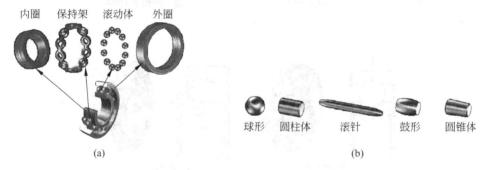

图 10.5　滚动轴承的基本结构
(a) 轴承的组成结构；(b) 滚子结构形状

10.2.1.2　滚动轴承的基本类型

滚动轴承可以按其承受的载荷方向进行分类，也可以根据滚动体的形状和滚动体的列数进行分类。

1. 按轴承承受的载荷方向分类

按轴承承受的载荷方向划分轴承类型时，可以将轴承分为向心轴承（图 10.6(a)）、推力轴承（图 10.6(b)）、向心推力轴承和推力向心轴承（图 10.6(c)）。其中，向心轴承主要承受或者只能承受径向载荷；推力轴承只能承受轴向载荷；向心推力轴承主要承受径向载荷，同时也能承受不大的轴向载荷；推力向心轴承主要承受轴向载荷，同时也可承受不大的径向载荷。

2. 按滚动体的形状分类

按滚动体形状分类，滚动轴承分为球轴承、圆柱滚子（针）轴承和圆锥滚子轴承。其中，球轴承的滚动体是球体。图 10.6 中，深沟球轴承、推力球轴承和角接触球轴承中的滚动体均为球体，统称为球轴承。圆柱滚子（针）轴承的滚动体是圆柱（或细长圆柱）体，图 10.6 中，圆柱滚子轴承、滚针轴承和推力滚子轴承的滚动体均为圆柱体或细长圆柱体，统称为圆柱滚

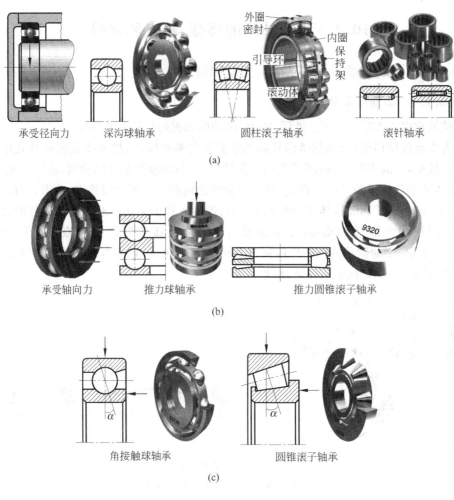

图 10.6　滚动轴承的类型

(a) 向心轴承；(b) 推力轴承；(c) 向心推力和推力向心轴承

子轴承。圆锥滚子轴承的滚动体是圆锥体(图 10.6(c))。

3. 按滚动体的列数分类

　　滚动轴承按滚动体的列数可分为单列轴承、双列轴承或多列轴承。单列轴承沿轴承宽度方向只有一列滚动体,例如,图 10.6(a)中的深沟球轴承及滚针轴承,图 10.6(b)中的推力圆锥滚子轴承,以及图 10.6(c)所示的轴承均为单列轴承。双列轴承沿轴承宽度方向有两列滚动体,例如,图 10.6(a)中的圆柱滚子轴承、图 10.6(b)中的推力球轴承都是双列轴承。如果沿轴承宽度方向有多列滚动体,这类轴承称为多列轴承。

10.2.1.3　滚动轴承的特点

　　滚动轴承构件之间相对运动的摩擦性质为滚动摩擦,具有摩擦阻力小、起动灵敏、效率高等特点。另外,滚动轴承的润滑比较简便,可以采用油润滑,也可采用脂润滑。由于滚动轴承中的滚子与内、外圈滚道之间为点接触或者线接触,因此抗冲击能力差,高速时会出现噪声。滚动轴承是标准件,易于互换。

10.2.2 滚动轴承的代号

滚动轴承的类型和尺寸规格很多,为便于生产、设计和使用,国家标准规定了滚动轴承的代号。轴承的代号均打印在轴承的端面上(图10.6)。

如图10.7所示,滚动轴承的代号由前置代号、基本代号和后置代号共3部分组成。其中,前置代号用字母表示;基本代号用数字或字母加数字的形式表示;后置代号则通过字母或字母加数字的形式表示。滚动轴承的代号反映出滚动轴承的结构、尺寸、公差等级和技术性能等。国家标准 GB/T 272—1993 中规定了滚动轴承代号中不同部分的具体含义。

10.2.2.1 基本代号

基本代号反映出轴承的基本类型、结构和尺寸,是轴承代号的基础。图10.8是基本代号的表示方法。

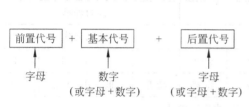

图 10.7 滚动轴承代号的构成

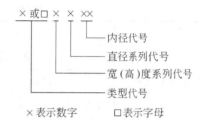

图 10.8 滚动轴承基本代号的表示方法

1. 内径代号

滚动轴承的内径 d 是轴承内圈与轴颈配合的直径,通过两位数字表示的内径代号反映轴承内径 d 的大小,表10.1是内径代号及其表示的内径值。当轴承内径 $d=10\sim17$ mm 时,其内径代号用专门规定的两位数字表示;当轴承内径 20 mm$\leqslant d\leqslant$495 mm 时,其内径值 $d=$ 内径代号$\times$ 5 mm;当轴承内径 $d<10$ mm 或 $d>$495 mm 时,内径代号直接用 d 的毫米值表示,并在内径代号前加"/"。图10.9是内径 $d<10$ mm 的微型滚动轴承。

表 10.1 滚动轴承内径代号(JB/T 2974—1993)

内径代号	00	01	02	03	04~99
轴承内径 d/mm	10	12	15	17	代号$\times$5

注:$d<10$ mm 或 $d>$495 mm 时,内径代号用直径 d 的毫米值直接表示,并在内径代号前加"/"。例如,轴承代号"618/2.5",表示滚动轴承的型号为深沟球轴承,内径代号"/2.5"表示轴承的内径 $d=2.5$ mm。

2. 直径系列和宽(高)度系列代号

1) 直径系列代号

内径相同的轴承可以有不同外径(图10.10),由此形成滚动轴承的直径系列。如图10.8所示,直径系列代号用一位数字表示,并且置于内径代号的左侧。表10.2表示了直径系列以及宽(高)度系列中各个代号(数字)的基本含义。直径系列代号 0 和 1 表示特轻系列,4 表示重系列。图10.10是内径相同但直径系列不同的 4 种轴承。由图10.10可见,轻系列轴承的外径比较小,而重系列轴承的外径则比较大。表10.2中列出了滚动轴承常用的直径系列代号,除此之外,向心轴承的直径系列代号还有 7、8、9;推力轴承的直径系列代号还有 5。表 10.3 列出了不同类型轴承的直径系列代号与轴承外径之间的定性关系。

图 10.9　微型轴承

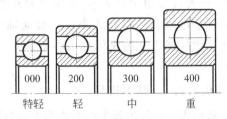

图 10.10　内径相同外径不同的轴承

表 10.2　直径系列和宽度系列代号

直径系列代号		向心轴承					推力轴承			
		宽度系列代号					高度系列代号			
		8	(0)	1	2	3~6	7	9	1	2
		特窄	窄	正常	宽	特宽	特低	低	正常	
		尺寸系列代号								
0	特轻		(0) 0	10	20				10	—
1			(0) 1	11	21				11	
2	轻		(0) 2	12	22				12	22
3	中		(0) 3	13	23				13	23
4	重		(0) 4	—	24				14	24

表 10.3　滚动轴承直径系列与轴承外径尺寸的定性关系

轴承类型	直径系列							
向心轴承	7	8	9	0	1	2	3	4
推力轴承	0	1	2	3	4	5		
轴承外径:	小————————→大							

2) 宽(高)度系列代号

　　宽(高)度系列代号反映出滚动轴承内径相同、外径也相同时,沿轴承轴线方向的不同尺寸。对于向心轴承,轴线方向的不同尺寸称为宽度系列;对于推力轴承,轴线方向的不同尺寸称为高度系列。宽(高)度系列代号用一位数字表示,并且如图 10.8 所示置于直径系列代号的左侧。宽(高)度系列越窄(低),说明轴承沿轴线方向的尺寸越小,反之沿轴线方向的尺寸越大。

　　表 10.2 中向心轴承的宽度系列代号为 0(窄系列)时,代号"0"可以省略不标。

3）尺寸系列代号

轴承的直径系列与宽（高）系列代号合并后，称为轴承的尺寸系列代号（表10.2）。即尺寸系列代号实际上由反映宽度系列和直径系列代号的两位数字组成，左侧数字表示宽度系列，右侧数字表示直径系列，图10.8所示基本代号中，内径代号左侧的两位数字组成滚动轴承的尺寸系列。例如，向心轴承的宽度系列代号是2（宽系列），直径系列代号是3（中系列），则其尺寸系列代号为23。

3. 类型代号

滚动轴承的类型代号位于基本代号的首位，用一位数字（或者字母）表示（图10.8）。表10.4是一些常用轴承的类型代号及其特性。由表10.4可知，调心球轴承的类型代号用一位数字"1"表示，而向心圆柱滚子轴承和滚针轴承的类型代号则用字母表示，其中，圆柱滚子轴承的类型代号是N，有内圈的滚针轴承类型代号是NA，无内圈的滚针轴承类型代号是RNA。当滚动轴承的类型代号为0时，可以省略不标。例如，双列角接触球轴承的类型代号是0（括号中的数字），故其基本代号中的类型代号0可以省略不标。

表 10.4 常用滚动轴承的类型及其性能

轴承类型		类型代号	结构简图	极限转速	主要特性及应用
双列角接触球轴承		(0)0000		较高	能够承受较大的径向载荷和双向轴向载荷
调心球轴承		10000		中	调心性能好，允许轴承内圈与外圈的轴线相对偏斜1.5°～3°，可以承受径向载荷以及不大的轴向载荷，不能承受纯轴向载荷
调心滚子轴承		20000C		低	特性与调心球轴承（10000型轴承）类似，但具有较高的承载能力，允许轴承内圈与外圈的轴线相对偏斜1°～2.5°
圆锥滚子轴承		30000		中	能同时承受径向载荷和轴向载荷，承载能力大。轴承的内外圈分离，安装方便。承受径向载荷时，会产生附加轴向力，一般成对使用
推力球轴承	单向	50000		低	只能承受轴向载荷，安装时轴线必须与轴承底座垂直，载荷作用线必须与轴线重合。转速很高时，滚动体离心力大，滚动体与保持架摩擦发热严重，使轴承寿命降低，故一般用于轴向载荷大，转速低的场合。 单向——只能承受单方向的载荷； 双向——可以承受双向载荷
	双向				
深沟球轴承		60000		高	主要承受径向载荷，也可承受一定的轴向载荷。轴向载荷较小，转速很高时，可以代替推力轴承承受纯轴向载荷

轴承类型	类型代号	结构简图	极限转速	主要特性及应用
角接触球轴承	70000C($\alpha=15°$) 70000AC($\alpha=25°$) 70000B($\alpha=40°$)	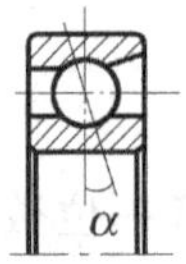	较高	能够同时承受径向载荷和轴向载荷,也可以承受纯轴向载荷。承受径向载荷时,会产生附加轴向力,一般成对使用。接触角 α 指滚动体与外圈滚道接触点处法线与轴承横截面(与轴承轴线垂直的平面)间的夹角。向心推力轴承承受轴向载荷的能力随着接触角 α 的增大而增大。即接触角 α 越大,轴承承受轴向载荷 F_a 的能力越大,承受径向载荷 F_r 的能力则越小。接触角 α 有 $15°$、$25°$ 和 $40°$
推力圆柱滚子轴承	80000	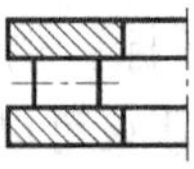	低	能承受较大的单向轴向载荷
圆柱滚子轴承	N0000	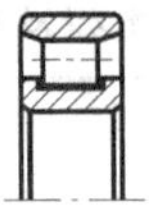	较高	能承受较大的径向载荷,轴承的内圈与外圈分离,两者沿轴线方向可以相对移动,不能承受轴向载荷
滚针轴承	NA0000	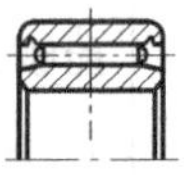	低	轴承径向尺寸小,只能承受径向载荷。价格低廉。轴承内圈与外圈分离,两者沿轴线方向可以有微量的相对移动
	RNA0000	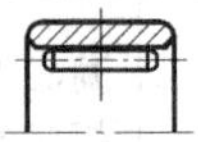		

10.2.2.2　前置代号

前置代号是基本代号左端的补充代号,用字母表示(图 10.7)。前置代号用于描述成套轴承的分部件,表 10.5 列出了前置代号及其含义。

表 10.5　滚动轴承的前置代号与含义

前置代号	含　　义	示　　例
L	可分离轴承的可分离内圈或者外圈	轴承代号:LNU207,其中"L"表示轴承 NU207 的内圈
R	不带可分离内圈或者外圈的轴承	轴承代号:RNA6904,其中"R"表示轴承 NA6904 无内圈
K	滚子和保持架组件	轴承代号:K81107,其中"K"表示轴承 81107 的滚子与保持架组件
WS	推力圆柱滚子轴承轴圈	轴承代号:WS81107,其中"WS"表示轴承 81107 的轴圈
GS	推力圆柱滚子轴承座圈	轴承代号:GS81107,其中"GS"表示轴承 81107 的座圈

注:NU207 型轴承,其中"NU"是轴承类型代号,表示圆柱滚子轴承;"07"是内径代号;"2"是直径系列代号;宽度系列代号为"0",在轴承代号中省略未标。

10.2.2.3　后置代号

如图 10.7 所示,后置代号是置于基本代号右端的补充代号,用字母或者字母加数字表示。主要反映：①轴承内部结构的改变和轴承接触角的大小（表 10.6）；②轴承密封、防尘和外部形状的变化；③轴承保持架结构及其材料的改变；④轴承材料的改变；⑤轴承的公差等级（表 10.7）；⑥轴承的游隙；⑦轴承的配对安装特性。采用轴承后置代号表示轴承若干特性时，可以根据表 10.8 排序后置代号。

表 10.6　滚动轴承内部结构常用代号（JB/T 2974—1993）

轴承类型	代号	含　义	示　例	轴承类型	代号	含　义	示　例
角接触球轴承	B	$\alpha=40°$	7210B	圆锥滚子轴承	B	接触角 α 加大	32310B
	C	$\alpha=15°$	7210C		E	加强型	N207E
	AC	$\alpha=25°$	7210AC				

表 10.7　滚动轴承公差等级代号（JB/T 2974—1993）

代号	省略	/P6	/P6x	/P5	/P4	/P2
公差等级标准	0 级	6 级	6x 级	5 级	4 级	2 级
示例	6203	6203/P6	30201/P6x	6203/P5	6203/P4	6203/P2

精度低————————➡精度高

表 10.8　滚动轴承后置代号排列顺序（JB/T 2974—1993）

后置代号（组）	1	2	3	4	5	6	7	8
含义	内部结构	密封与防尘套圈变形	保持架及材料	轴承材料	公差等级	游隙	配置	其他

例 10-1　试确定轴承代号 32310B/P6 各个符号的含义。

解　轴承代号 32310B/P6 由基本代号和后置代号组成。根据表 10.1、表 10.2、表 10.4、表 10.6 和表 10.7 中各个符号的含义，可以确定轴承 32310B/P6 的类型、结构尺寸、结构特征及其精度等。

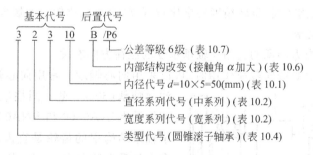

例 10-2　试确定轴承代号 203 各个符号的含义，说明轴承类型。

解

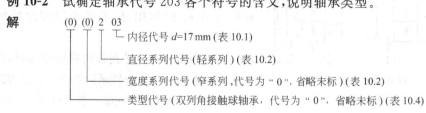

10.3　滚动轴承的选用

选择轴承时主要考虑 5 个方面的因素:

(1) 轴承工作载荷的大小、方向和性质。其中,工作载荷的方向指轴承承受径向载荷还是轴向载荷;载荷性质指轴承受到的载荷是静载荷、动载荷还是冲击载荷。

(2) 轴承转速的高低。

(3) 轴的刚度。

(4) 轴承的安装尺寸,以便确定轴承的内径、直径和宽(高)度系列尺寸。

(5) 轴承的供应情况和经济性。

10.3.1　各类滚动轴承的特点

了解不同类型轴承的特点是正确选择轴承的基础。

1. 球轴承

球轴承的滚动体是球体。表 10.4 中,滚动体为球体的轴承有:双列角接触球轴承((0)0000 型)、调心球轴承(10000 型)、推力球轴承(50000 型)、深沟球轴承(60000 型)和角接触球轴承(70000 型)。

球轴承的滚动体与滚道之间呈点接触,因此,承载能力低,抗冲击能力差,旋转精度高,极限转速高,刚性差,价格低廉。适用于轻载高速、旋转精度要求高、刚性要求低的场合。

2. 滚子轴承

滚子轴承的滚动体呈圆柱形或者圆锥形。常用的滚子轴承类型有:调心滚子轴承(20000C 型)、圆锥滚子轴承(30000 型)、圆柱滚子轴承(N0000 型)、推力圆柱滚子轴承(80000 型)和滚针轴承(NA0000 型和 RNA0000 型)。

滚子轴承的滚动体与滚道之间呈线接触,因此承载能力高、抗冲击能力强、刚性好。但是,旋转精度低,价格比较高。由于滚子轴承的滚动体与滚道呈线接触,摩擦大,温升比球轴承高,转速受到工作温度的限制,故极限转速低。鉴于滚子轴承的这些特点,在重载、有冲击载荷作用、刚性要求比较高、旋转精度要求比较低、转速要求比较低的场合常采用滚子轴承。

3. 向心、推力轴承

向心轴承或者推力轴承的选用与轴承承受的载荷方向有关。

当轴的支承处仅受径向载荷作用时,可以采用向心轴承。常用向心轴承的类型有:深沟球轴承(60000 型)、圆柱滚子轴承(N0000)、滚针轴承(NA0000 和 RNA0000)。图 10.11 所示轴系结构中的齿轮是直齿圆柱齿轮,齿轮啮合点处没有轴向力,这样,支承轴的轴承也只受到径向力 F_r 的作用,因此可选用深沟球轴承(60000 型)。

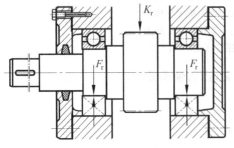

图 10.11　滚动轴承仅受径向力
F_r 作用的轴系结构

当轴的支承处仅受到轴向载荷作用时,应采用推力轴承。常用推力轴承的类型有:推力球轴承(50000 型)和推力圆柱滚子轴承(80000 型)。

如果轴的支承处同时承受径向载荷及轴向载荷,则应采用向心推力类轴承。常用的向心推力轴承类型有:圆锥滚子轴承(30000 型)或者角接触球轴承(70000 型)。轴向载荷较大时,应选用接触角 α 较大的向心推力轴承。向心推力轴承应成对使用,反向安装。图 10.12 所示轴系结构中的齿轮为斜齿圆柱齿轮,齿轮啮合处产生轴向力,故轴的支承处同时受到径向力和轴向力的作用。图 10.12(a)采用向心推力球轴承(70000 型)支承;图 10.12(b)则采用了圆锥滚子轴承(30000 型)支承。轴两端支承处采用的轴承类型相同,而且两端轴承的接触角方向相反。

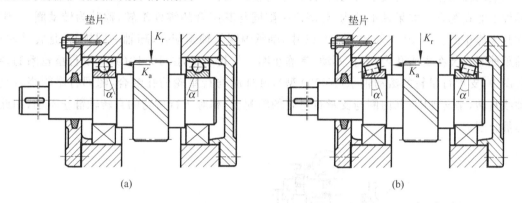

(a)　　　　　　　　　　　　　　　　　(b)

图 10.12　同时承受轴向及径向力作用的轴系结构
(a) 向心推力球轴承(70000 型)支承;(b) 圆锥滚子轴承(30000 型)支承

4. 调心轴承

表 10.4 中,调心球轴承(10000 型)和调心滚子轴承(20000C 型)均属于调心轴承(也称球面轴承)。调心轴承能够使两个轴承的中心自动对准,以适应轴颈中心线产生的偏斜或两端轴颈中心线产生的偏离,常用于两个轴承座孔的同心度难以保证,或者轴的刚度比较小,容易产生弯曲变形的场合。如果轴上某一支承采用了(自动调心轴承),则该轴上其他所有支承均应采用自动调心轴承。否则,将失去自动调心的作用。

10.3.2　滚动轴承的选用原则

选择滚动轴承时,主要从 4 个方面考虑采用什么类型的轴承。

(1) 根据作用于轴的载荷性质、轴的转速高低以及对轴的旋转精度和刚性要求,决定选用球轴承还是滚子轴承。

(2) 根据支承处的载荷方向,决定选用向心轴承、推力轴承还是向心推力轴承。

(3) 根据轴是否有调心要求,决定选用调心轴承还是非调心轴承。

(4) 考虑经济性时,球轴承比滚子轴承的价格低廉,另外,轴承的公差等级越高,价格越贵。不同精度等级的滚动轴承价格比是:当轴承的公差等级比为 P0:P6:P5:P4:P2 时,其价格比为 1:1.5:2:7:10。

选择轴承时可以参见表 10.4 中各种类型轴承的主要特性及其应用,或者参见滚动轴承标准手册。

10.4　滚动轴承的失效形式

滚动轴承的失效形式分为疲劳点蚀和塑性变形两种类型。

10.4.1　滚动轴承的疲劳点蚀

滚动轴承作为轴的支承时,其内圈通常与轴颈配合,其外圈常与机架上的轴承座孔或者零件上的孔配合。如果轴承的内、外圈之一随同与其配合的零件旋转,称其为转动圈,否则称其为静止圈。图10.1(b)和图10.12中,轴承内圈与轴颈配合,随轴一同旋转,是转动圈;轴承外圈安装在支座孔内,静止不动,是静止圈。与其相反,图10.13(a)所示行星轮系的结构图中,支承行星轮的滚动轴承(N0000型),其外圈与行星轮的孔配合,随同行星轮绕着其轴线自转,是转动圈;其内圈与支承行星轮的轴配合,相对于行星轮的自转轴静止不动,因此是静止圈。

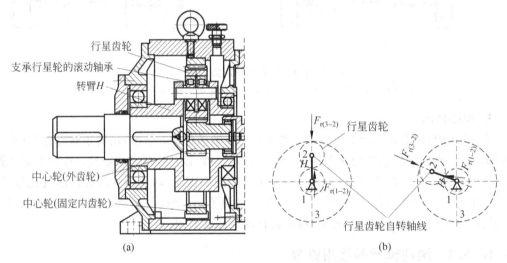

图 10.13　行星轮系

(a) 行星轮系结构装配图[52]；(b) 行星轮自转轴径向力分析

图10.14所示滚动轴承的滚动体分别与轴承的内圈和外圈接触。设滚动轴承承受的径向载荷为 F_r,则在径向载荷 F_r 的作用下,滚动轴承的内圈(图10.14(a))或者外圈(图10.14(b))会沿着 F_r 的作用方向产生偏移。在背离偏移方向的区域内,轴承的滚动体与内圈(图10.14(a))或者外圈(图10.14(b))脱离,该区域内的滚动体与内外圈滚道之间没有接触力的作用,称其为滚动轴承的非承载区。而位于偏移方向区域内的滚动体则与轴承的内、外圈滚道紧密接触,受到接触力的作用,称这一区域为滚动轴承的承载区。在承载区域的不同位置,滚动体与轴承内、外圈滚道之间的法向接触力 N_k 的大小不同,其中,沿径向载荷 F_r 方向线上的滚动体受到的法向接触力最大,远离径向载荷 F_r 方向线的滚动体受到的法向接触力逐渐减小。因此,轴承内、外圈滚道及滚动体在承载区不同位置处的弹性变形量有所不同。

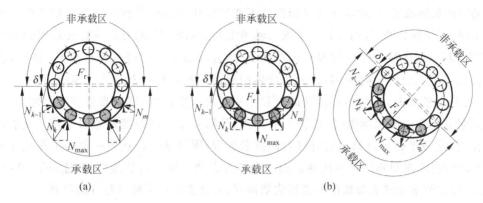

图 10.14　滚动轴承的承载区与非承载区

(a) 径向载荷 F_r 方向不变；(b) 径向载荷 F_r 方向变化

　　下面根据轴承所受径向载荷 F_r 的方向变化情况，分析轴承工作过程中，其内、外圈滚道及滚动体工作应力的变化情况。

　　1. 径向载荷 F_r 的大小和方向均保持不变

　　如图 10.14 所示，当作用于轴承上的径向载荷 F_r 的大小和方向均保持不变时，轴承的转动圈旋转至非承载区域无接触应力，旋转至承载区域时，则受到接触力的作用，产生接触应力。即轴承转动圈旋转一周的过程中受到变应力作用。轴承的静止圈虽然静止不动，但在承载区域不同位置上的接触应力不同；对于滚动体言，由于轴承工作时，其内、外圈之间存在相对转动（内、外圈中，一个是转动圈，一个是静止圈），在摩擦力的作用下，转动圈带动滚动体旋转，使得滚动体在内、外圈之间的位置不断改变，当滚动体运动到非承载区域时，没有接触力作用；进入承载区域后，受到接触力作用，因此，轴承的滚动体在运转过程中也受到变应力的作用。由此可见，轴承工作时，既使作用于轴承上的径向载荷 F_r，其大小和方向均保持不变，轴承的内圈、外圈和滚动体都会受到变化（或者不同）的接触应力作用。

　　图 10.11 所示轴系结构，其内圈随轴一同旋转，是转动圈；其外圈安装在箱体的轴承座孔中静止不动，是静止圈。当轴系结构中径向外载荷 K_r 的大小和方向恒定不变时，其支承处轴承受到的径向载荷 F_r 的大小和方向基本恒定。这种情况下（如图 10.14(a) 所示），轴承的承载区域位于轴承的下半圈，非承载区域则位于轴承的上半圈。当轴承的内圈（转动圈）随同轴旋转至非承载区域（上半圈）时不受力，旋转至承载区域（下半圈）时受到力的作用，即轴承内圈的应力在旋转一周的过程呈变化状态；轴承的外圈（静止圈）虽然静止不动，但在承载区不同位置处的接触应力不同。

　　2. 径向载荷 F_r 的方向随转动圈改变（相对转动圈保持不变）

　　图 10.13(b) 是与图 10.13(a) 行星轮系结构图对应的行星轮自转轴径向力分析图，由图 10.13(b) 知，支承行星轮自转轴的滚动轴承受的径向力，取决于行星轮 2 与中心轮 1 啮合处径向力 $F_{r(1-2)}$ 及其与中心轮 3 啮合处径向力 $F_{r(3-2)}$ 的综合作用效果，是 $F_{r(1-2)}$ 与 $F_{r(3-2)}$ 的合力，机构运转过程中，虽然径向力 $F_{r(1-2)}$ 和 $F_{r(3-2)}$ 的方向随着啮合点位置的变化而改变，但是 $F_{r(1-2)}$ 和 $F_{r(3-2)}$ 相对于支承行星轮的滚动轴承外圈（转动圈）言，其方向如图 10.14(b) 所示保持不变。由图 10.14(b) 可见，当作用于轴承上的径向载荷 F_r 的方向随

着转动圈的旋转改变(但相对于转动圈保持不变)时,转动圈在承载区域不同位置处的接触应力不同;对于静止圈言,由于作用于滚动轴承上径向载荷 F_r 的方向随着转动圈的旋转改变,因此,其承载区域的位置随着径向载荷 F_r 的方向和位置改变而不断变化,这样,静止圈各部位受到交变应力的作用;此时滚动体的运动情况与径向载荷 F_r 方向不变时的情形类似,也是在轴承内、外圈相对运动的过程中不断地改变位置,即受到变应力作用。

根据上述分析知,滚动轴承工作时,其内圈、外圈和滚动体的接触处都受到变化的接触应力作用,这种接触应力如果超过材料的疲劳极限,则轴承运转达到一定的工作循环次数后,便在滚动体、内圈和外圈的接触表面产生疲劳点蚀。疲劳点蚀是中、高速($n \geqslant 10$ r/min 时)连续转动的滚动轴承表现出的主要失效形式,对此类轴承需要进行寿命计算。

10.4.2 滚动轴承的塑性变形

当滚动轴承受到很大的静载荷或冲击载荷作用时,如果滚动体与内、外圈滚道接触处的局部应力超过材料的屈服极限,则滚动体以及轴承内、外圈的滚道表面便会产生塑性变形,塑性变形后的轴承运转时会引起剧烈的振动和噪声,以致轴承不能正常工作而失效。轴承工作时如果不经常转动、或者转速比较低($n < 10$ r/min)、或者间歇摆动、或者在较大静载荷或冲击载荷作用下运转时,其主要失效形式表现为塑性变形。对于这类工作条件下运转的轴承,为限制轴承的塑性变形,需对其进行静载荷能力计算。

10.5 滚动轴承的寿命和承载能力计算

10.5.1 滚动轴承寿命及其承载能力计算的相关术语

1. 滚动轴承的寿命

滚动轴承的寿命指轴承的内圈、外圈或滚动体三者中,有一者出现疲劳点蚀现象之前,轴承所经历的总转数,或者在一定转速下工作的总小时数。

2. 滚动轴承的基本额定寿命(L)

一批相同型号的轴承,即使材料相同、热处理方式相同、加工和装配方法相同,但是由于许多随机因素的影响,每个轴承的寿命并不相等,有时甚至相差几十倍,因此,不能以单个轴承的寿命作为一批轴承寿命的计算依据,而是采用具有一定可靠性的基本额定寿命作为衡量轴承寿命的指标。轴承基本额定寿命指一批相同的轴承,在相同的条件下运转,其中90%的轴承未出现疲劳点蚀前,每个轴承所经历的总转数,或者在一定转速下工作的总小时数。本书用符号"L"表示轴承的基本额定寿命。根据上述定义,对于一批轴承而言,轴承的基本额定寿命 L 指90%的轴承能够达到或者超过的寿命,因此,其可靠度为90%,也可谓单个轴承能够达到或者超过此寿命的概率为90%。

3. 滚动轴承的基本额定载荷

基本额定载荷是衡量轴承承载能力的重要指标。针对滚动轴承常见的两种不同失效形式,滚动轴承的基本额定载荷亦分为两种类别,即基本额定动载荷 C 和基本额定静载荷 C_0。

1) 基本额定动载荷 C

轴承的基本额定寿命 L 与载荷有关，滚动轴承承受的载荷越大，其基本额定寿命 L 就愈小，反之则相反。将基本额定寿命 $L=10^6\,r$ 时，轴承能够承受的载荷称为滚动轴承的基本额定动载荷 C。如果载荷的方向特性呈径向（垂直于轴线），称其为径向基本额定动载荷，用符号 "C_r" 表示；如果载荷的方向特性呈轴向（平行于轴线），则称其为轴向基本额定动载荷，用符号 "C_a" 表示[53]；基本额定动载荷 C 反映了在规定条件下（轴承额定寿命 $L=10^6\,r$ 时），滚动轴承抗疲劳点蚀的最大承载能力，是计算轴承寿命的重要参数。滚动轴承的基本额定动载荷 C 越大，表明其承载能力越强。

2) 基本额定静载荷 C_0

滚动轴承的基本额定静载荷 C_0 指：滚动体与滚道接触应力最大处，滚动体与内外圈滚道塑性变形量之和为滚动体直径的 1/10000 时，滚动轴承所承受的载荷。

各种类型滚动轴承的基本额定载荷（包括基本额定动载荷 C 和基本额定静载荷 C_0）的数值，可以从滚动轴承手册或滚动轴承的产品目录中查取[54]。

对于不同类型的滚动轴承，确定其基本额定动载荷 C 和基本额定静载荷 C_0 的条件有所不同。向心类或向心推力类滚动轴承，主要承受径向载荷，因此，其基本额定动载荷 C 和基本额定静载荷 C_0 的方向特性为径向载荷。而推力类滚动轴承，主要承受轴向载荷，其基本额定动载荷 C 和基本额定静载荷 C_0 的方向特性为轴向载荷。例如，深沟球轴承主要承受径向载荷，其基本额定动载荷 C 为径向基本额定动载荷，用符号 C_r 表示；其基本额定静载荷 C_0 为径向基本额定静载荷，用符号 C_{0r} 表示（见表 10.9，GB/T 276—1994）。单向推力轴承只承受轴向载荷，因此，其基本额定动载荷 C 为轴向基本额定动载荷，用符号 C_a 表示，其基本额定静载荷 C_0 为轴向额定动载荷，用符号 C_{0a} 表示（见表 10.10，GB/T 301—1995）[53~55]。

表 10.9　深沟球轴承尺寸和性能参数（摘自 GB/T 276—1994）[55]

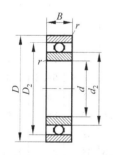 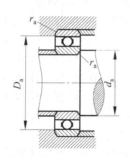

应用

主要承受纯径向载荷，也可承受轴向载荷。承受纯径向载荷时，接触角为零，结构简单，使用方便，应用广泛

基本尺寸/mm			基本额定载荷/kN		极限转速/r・min⁻¹		质量/kg	轴承代号	其他尺寸/mm			安装尺寸/mm			球径/mm	球数
d	D	B	C_r	C_{0r}	脂	油	$W\approx$	60000 型	$d_2\approx$	$D_2\approx$	r min	d_a min	D_a max	r_a max	D_w	Z
30	90	23	47.5	24.5	8000	10 000	0.710	6406	48.6	71.4	1.5	39	81	1.5	19.05	6
35	47	7	4.90	4.00	11 000	15 000	0.023	61 807	38.2	43.8	0.3	37.4	45	0.3	3.500	20
	55	10	9.50	6.80	10 000	13 000	0.078	61 907	41.1	48.9	0.6	40	51	0.6	5.556	14
	62	9	12.2	8.80	9500	12 000	0.107	16 007	44.6	53.5	0.3	37.4	59.6	0.3	6.350	14

续表

基本尺寸/mm			基本额定载荷/kN		极限转速/r·min⁻¹		质量/kg	轴承代号	其他尺寸/mm			安装尺寸/mm				球径/mm	球数
d	D	B	C_r	C_{0r}	脂	油	$W\approx$	60000型	$d_2\approx$	$D_2\approx$	r min	d_a min	D_a max	r_a max		D_w	Z
	62	14	16.2	10.5	9500	12 000	0.148	6007	43.3	53.7	1	41	56	1		8	11
	72	17	25.5	15.2	8500	11 000	0.288	6207	46.8	60.2	1.1	42	65	1		11.112	9
	80	21	33.4	19.2	8000	9500	0.455	6307	50.4	66.6	1.5	44	71	1.5		13.494	8
	100	25	56.8	29.5	6700	8500	0.926	6407	54.9	80.1	1.5	44	91	1.5		21	6
40	52	7	5.10	4.40	10 000	13 000	0.026	61 808	43.2	48.8	0.3	42.4	50	0.3		3.500	22
	62	12	13.7	9.90	9500	12 000	0.103	61 908	46.3	55.7	0.6	45	58	0.6		6.747	14
	68	9	12.6	9.60	9000	11 000	0.125	16 008	49.6	58.5	0.3	42.4	65.5	0.3		6.350	15
	68	15	17.0	11.8	9000	11 000	0.185	6008	48.8	59.2	1	46	62	1		8	12
	80	18	29.5	18.0	8000	10 000	0.368	6208	52.8	67.2	1.1	47	73	1		12	9
	90	23	40.8	24.0	7000	8500	0.639	6308	56.5	74.6	1.5	49	81	1.5		15.081	8
	110	27	65.5	37.5	6300	8000	1.221	6408	63.9	89.1	2	50	100	2		21	7
45	58	7	6.40	5.60	9000	12 000	0.030	61 809	48.3	54.7	0.3	47.4	56	0.3		3.969	22
	68	12	14.1	10.90	8500	11 000	0.123	61 909	51.8	61.2	0.6	50	63	0.6		6.747	15
	75	10	15.6	12.2	8000	10 000	0.155	16 009	55.0	65.0	0.6	50	70	0.6		7.144	15
	75	16	21.0	14.8	8000	10 000	0.230	6009	54.2	65.9	1	51	69	1		9	12
	85	19	31.5	20.5	7000	9000	0.416	6209	58.8	73.2	1.1	52	78	1		12	10
	100	25	52.8	31.8	6300	7500	0.837	6309	63.0	84.0	1.5	54	91	1.5		17.462	8
	120	29	77.5	45.5	5600	7000	1.520	6409	70.7	98.3	2	55	110	2		23	7
50	65	7	6.6	6.1	8500	10 000	0.043	61 810	54.3	60.7	0.3	52.4	62.6	0.3		3.969	24
	72	12	14.5	11.7	8000	9500	0.122	61 910	56.3	65.7	0.6	55	68	0.6		6.747	16
	80	16	22.0	16.2	7000	9000	0.250	6010	59.2	70.9	1	56	74	1		9	13
	90	20	35.0	23.2	6700	8500	0.463	6210	62.4	77.6	1.1	57	83	1		12.7	10
	110	27	61.8	38.0	6000	7000	1.082	6310	69.1	91.9	2	60	100	2		19.05	8
	130	31	92.2	55.2	5300	6300	1.855	6410	77.3	107.8	2.1	62	118	2.1		25.4	7
55	72	9	9.1	8.4	8000	9500	0.070	61 811	60.2	66.9	0.3	57.4	69.6	0.3		4.762	23
	80	13	15.9	13.2	7500	9000	0.170	61 911	62.9	72.2	1	61	75	1		7.144	16
	90	11	19.4	16.2	7000	8500	0.207	16 011	67.3	77.7	0.6	60	85	0.6		7.938	16
	90	18	30.2	21.8	7000	8500	0.362	6011	65.4	79.7	1.1	62	83	1		11	12
	100	21	43.2	29.2	6000	7500	0.603	6211	68.9	86.1	1.5	64	91	1.5		14.288	10
	120	29	71.5	44.8	5600	6700	1.367	6311	76.1	100.9	2	65	110	2		20.638	8
	140	33	100	62.5	4800	6000	2.316	6411	82.8	115.2	2.1	67	128	2.1		26.988	7
60	78	10	9.1	8.7	7000	8500	0.093	61 812	66.2	72.9	0.3	62.4	75.6	0.3		4.762	24
	85	13	16.4	14.2	6700	8000	0.181	61 912	67.9	77.2	1	66	80	1		7.144	17
	95	11	19.9	17.5	6300	7500	0.224	16 012	72.3	82.7	0.6	65	90	0.6		7.938	17
	95	18	31.5	24.2	6300	7500	0.385	6012	71.4	85.7	1.1	67	89	1		11	13

表 10.10　单向推力球轴承尺寸及性能参数(摘自 GB/T 301—1995)[55]

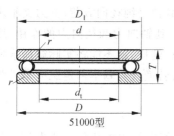

51000型

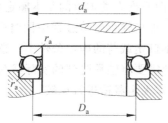

应用

单向推力球轴承只能承受一个方向的轴向载荷,可限制轴和壳体一个方向的轴向位移。为了防止钢球和沟道间引起过大的滑动,轴承在运行中的轴向载荷不能小于最小的轴向载荷。

轴向当量动载荷:$P_a = F_a$

轴向当量静载荷:$P_{0a} = F_a$

最小轴向载荷 $F_{amin} = A\left(\dfrac{n}{1000}\right)^2$

式中,n——转速,r/min

基本尺寸 /mm			基本额定载荷/kN		最小载荷常数	极限转速/ r·min⁻¹		质量 /kg	轴承代号	其他尺寸/mm			安装尺寸/mm		
d	D	T	C_a	C_{0a}	A	脂	油	$W \approx$	51000 型	d_1 min	D_1 max	r min	d_a min	D_a max	r_a max
10	24	9	10.0	14.0	0.001	6300	9000	0.019	51 100	11	24	0.3	18	16	0.3
	26	11	12.5	17.0	0.002	6000	8000	0.028	51 200	12	26	0.6	20	16	0.6
12	26	9	10.2	15.2	0.001	6000	8500	0.021	51 101	13	26	0.3	20	18	0.3
	28	11	13.2	19.0	0.002	5300	7500	0.031	51 201	14	28	0.6	22	18	0.6
15	28	9	10.5	16.8	0.002	5600	8000	0.022	51 102	16	28	0.3	23	20	0.3
	32	12	16.5	24.8	0.003	4800	6700	0.041	51 202	17	32	0.6	25	22	0.6
17	30	9	10.8	18.2	0.002	5300	7500	0.024	51 103	18	30	0.3	25	22	0.3
	35	12	17.0	27.2	0.004	4500	6300	0.048	51 203	19	35	0.6	28	24	0.6
20	35	10	14.2	24.5	0.004	4800	6700	0.036	51 104	21	35	0.3	29	26	0.3
	40	14	22.2	37.5	0.007	3800	5300	0.075	51 204	22	40	0.6	32	28	0.6
	47	18	35.0	55.8	0.016	3600	4500	0.15	51 304	22	47	1	36	31	1
25	42	11	15.2	30.2	0.005	4300	6000	0.055	51 105	26	42	0.6	35	32	0.6
	47	15	27.8	50.5	0.013	3400	4800	0.11	51 205	27	47	0.6	38	34	0.6
	52	18	35.5	61.5	0.021	3000	4300	0.17	51 305	27	52	1	41	36	1
	60	24	55.5	89.2	0.044	2200	3400	0.31	51 405	27	60	1	46	39	1
30	47	11	16.0	34.2	0.007	4000	5600	0.062	51 106	32	47	0.6	40	37	0.6
	52	16	28.0	54.2	0.016	3200	4500	0.13	51 206	32	52	0.6	43	39	0.6
	60	21	42.8	78.5	0.033	2400	3600	0.26	51 306	32	60	1	48	42	1
	70	28	72.5	125	0.082	1900	3000	0.51	51 406	32	70	1	54	46	1
35	52	12	18.2	41.5	0.010	3800	5300	0.077	51 107	37	52	0.6	45	42	0.6
	62	18	39.2	78.2	0.033	2800	4000	0.21	51 207	37	62	1	51	46	1
	68	24	55.2	105	0.059	2000	3200	0.37	51 307	37	68	1	55	48	1
	80	32	86.8	155	0.13	1700	2600	0.76	51 407	37	80	1.1	62	53	1

4. 滚动轴承的当量载荷

额定动载荷是衡量轴承承载能力的主要指标,对于不同类型的轴承,确定其基本额定载荷的条件不同。例如,向心类和向心推力类轴承的基本额定载荷是纯径向载荷;推力类轴承的基本额定载荷是纯轴向载荷。如果轴承运转过程中同时受到轴向力和径向力的作用,则作用于轴承上的实际载荷与基本额定载荷的确定条件不一致,这样,就不能将实际载荷直接与基本额定载荷进行比较。因此需要将轴承受到的实际载荷转换成与基本额定载荷条件相当的当量动载荷后,才能够与基本额定载荷进行比较。

1) 当量动载荷 P

当量动载荷 P 是一个与基本额定动载荷 C 的确定条件相当的假想载荷。即当量动载荷 P 与轴承上实际载荷的作用效果相同,同时也与基本额定动载荷 C 的确定条件匹配。在当量动载荷 P 的作用下,轴承的寿命与其实际承受的径向和轴向载荷复合作用下的寿命相同。滚动轴承的当量动载荷 P 可通过式(10-1)进行计算

$$P = XF_r + YF_a \qquad\qquad (10\text{-}1)$$

式(10-1)中,F_r 是轴承承受的径向载荷,N;F_a 是轴承受到的轴向载荷,N;X 是径向动载荷系数,即将滚动轴承的径向载荷 F_r 转化为当量动载荷的系数;Y 是轴向动载荷系数,即将滚动轴承的轴向载荷 F_a 转化为当量动载荷的系数。

各种类型滚动轴承的径向动载荷系数 X 和轴向动载荷系数 Y 可以从滚动轴承手册或滚动轴承的产品目录中查取。由表 10.11 和表 10.12,根据滚动轴承的轴向载荷 F_a 与径向载荷 F_r 的比值 F_a/F_r,可以查得深沟球轴承和推力球轴承的径向动载荷系数 X 和轴向动载荷系数 Y 的数值。

表 10.11　深沟球轴承的动载荷系数 X 和 Y 值(GB/T 6391—2003)[30,53]

F_a/C_{0r}	e	单列轴承				双列轴承			
		$\dfrac{F_a}{F_r} \leqslant e$		$\dfrac{F_a}{F_r} > e$		$\dfrac{F_a}{F_r} \leqslant e$		$\dfrac{F_a}{F_r} > e$	
		X	Y	X	Y	X	Y	X	Y
0.014	0.19	1	0	0.56	2.3	1	0	0.56	2.3
0.028	0.22				1.99				1.99
0.056	0.26				1.71				1.71
0.11	0.30				1.45				1.45
0.28	0.38				1.15				1.15
0.56	0.44				1.00				1.00

2) 当量静载荷 P_0

当量静载荷 P_0 是轴承受到的径向载荷 F_r 与轴向载荷 F_a 复合作用时的一个假想载荷。在当量静载荷 P_0 的作用下,滚动轴承产生的塑性变形量与实际载荷作用(径向载荷和轴向载荷的复合作用)下产生的塑性变形量完全相同。式(10-2)是滚动轴承当量静载荷 P_0 的计算公式。

$$P_0 = X_0 F_r + Y_0 F_a \qquad\qquad (10\text{-}2)$$

表 10.12　推力球轴承动载荷系数 X 和 Y 值（BG/T 6391—2003）[53]

α^a	单向轴承[b] $\frac{F_a}{F_r}>e$		双 向 轴 承				e
			$\frac{F_a}{F_r}\leqslant e$		$\frac{F_a}{F_r}>e$		
	X	Y	X	Y	X	Y	
$45°^c$	0.66		1.18	0.59	0.66		1.25
$50°$	0.73		1.37	0.57	0.73		1.49
$55°$	0.81		1.6	0.56	0.81		1.79
$60°$	0.92		1.9	0.55	0.92		2.17
$65°$	1.06	1	2.3	0.54	1.06	1	2.68
$70°$	1.28		2.9	0.53	1.28		3.43
$75°$	1.66		3.89	0.52	1.66		4.67
$80°$	2.43		5.86	0.52	2.43		7.09
$85°$	4.8		11.75	0.52	4.8		14.29

a　对于 α 的中间值，X、Y 和 e 的值由线性内插法求得；

b　$\frac{F_a}{F_r}\leqslant e$ 不适用于单向轴承；

c　对于 $\alpha>45°$ 的推力轴承，$\alpha=45°$ 的值可用于 α 在 $45°$ 和 $50°$ 之间的内插计算。

式（10-2）中，F_r 是轴承承受的径向载荷，N；F_a 是轴承的轴向载荷，N；X_0 是径向静载荷系数，即将滚动轴承径向载荷 F_r 转化为当量静载荷的系数；Y_0 是轴向静载荷系数，即将滚动轴承的轴向载荷 F_a 转化为当量静载荷的系数。各类滚动轴承的径向静荷系数 X_0 和轴向静载荷系数 Y_0 可以从滚动轴承手册或滚动轴承的产品目录中查取。表 10.13 是不同类型向心球轴承的径向静载荷系数 X_0 与轴向静载荷系数 Y_0 的值。

表 10.13　向心球轴承 X_0 和 Y_0 值（GB/T 4662—2003）[54]

轴 承 类 型		单 列 轴 承		双 列 轴 承	
		X_0	Y_0	X_0	Y_0
径向接触沟型球轴承		0.6	0.5	0.6	0.5
角接触沟型球轴承 α	15°	0.5	0.46	1	0.92
	20°	0.5	0.42	1	0.84
	25°	0.5	0.38	1	0.76
	30°	0.5	0.33	1	0.66
	35°	0.5	0.29	1	0.58
	40°	0.5	0.26	1	0.52
	45°	0.5	0.22	1	0.44
调心球轴承 $\alpha\neq0°$		0.5	$0.22\cot\alpha$	1	$0.44\cot\alpha$

10.5.2　滚动轴承的寿命和承载能力计算

1. 各种类型滚动轴承轴向载荷 F_a 的计算

轴系结构支承处的滚动轴承，其径向载荷 F_r 实际上就是支承处的径向支反力，其轴向载荷 F_a 的计算方法则与力学中轴系结构支承处的支反力计算有所不同，下面逐一讨论不同类型滚动轴承轴向载荷 F_a 的计算。

1) 向心类滚动轴承的轴向载荷 F_a 计算

向心类滚动轴承,例如,圆柱滚子轴承(N0000 型)和滚针轴承(NA0000 和 RNA0000 型)只能承受径向力,不能承受轴向力,因此这类轴承的轴向载荷为零,即向心滚动轴承的轴向载荷 $F_a=0$。

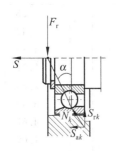

图 10.15　滚动轴承的附
加轴向力分析

2) 推力类滚动轴承轴向力 F_a 的计算

推力类滚动轴承,例如,推力球轴承(50000 型)和推力圆柱滚子轴承(80000 型)只能承受轴向载荷,不能承受径向载荷,因此这类轴承的轴向载荷就是轴承实际承受的轴向载荷。

3) 向心推力类和推力向心类滚动轴承的轴向力 F_a 计算

向心推力类和推力向心类滚动轴承,例如,圆锥滚子轴承(30000 型)和角接触球轴承(70000 型),由于其滚道与滚动体之间存在接触角 α(见图 10.12 或图 10.15),能够同时承受径向载荷和轴向载荷。设图 10.15 所示角接触球轴承仅受到径向载荷 F_r 的作用,在载荷 F_r 的作用下,设轴承承载区内域第 k 个滚动体受到的法向接触力为 N_k,这类滚动轴承结构由于存在接触角 α,因此力 N_k 可以分解成一个径向分力 S_{rk} 和一个轴向分力 S_{ak},承载区内所有滚动体的轴向分力 S_{ak} 合成后即形成轴向合力 S,即

$$S = \sum_{k=1}^{m} S_{ak} \tag{10-3}$$

式(10-3)中,m 是滚动轴承承载区内的滚动体数目。由此可见,具有接触角 α 的滚动轴承,由于其内部的结构特征,即使在纯径向载荷 F_r 的作用下,也会产生一个轴向力 S,称其为附加轴向力。即角接触滚动轴承的附加轴向力 S 并非由于外部轴向载荷的作用产生,而是作用于滚动轴承上的径向载荷 F_r 引起的轴向力。

表 10.14 是不同类型角接触球轴承的附加轴向力 S 的计算公式,其中,判断系数 e,根据滚动轴承承受的径向载荷 F_r 与径向额定静载荷 C_{0r} 的比值 F_r/C_{0r},由表 10.15 确定。单列圆锥滚子轴承附加轴向力 S 的计算方法参见国家标准 GB/T 297—1994(表 10.16)。

表 10.14　角接触球轴承附加轴向力 S[55]

接触角	附加轴向力 S 计算公式	接触角	附加轴向力 S 计算公式
$\alpha=15°$	$S=e\,F_r$(e 为判断系数)	$\alpha=40°$	$S=1.14\,F_r$
$\alpha=25°$	$S=0.68\,F_r$		

表 10.15　计算角接触球轴承附加轴向力 S 的判断系数 e[55]

F_r/C_{0r}	0.015	0.029	0.058	0.087	0.12	0.17	0.29	0.44	0.58
e	0.38	0.40	0.43	0.46	0.47	0.50	0.55	0.56	0.56

向心推力类和推力向心类滚动轴承附加轴向力 S 的作用线与轴承的轴线平行,其方向如图 10.15 所示,始终由轴承外圈喇叭口的小端指向大端。

当轴系结构支承处采用向心推力类或推力向心类滚动轴承时,为使两个支点处轴承的

表 10.16　单列圆锥滚子轴承尺寸及性能参数(摘自 GB/T 297—1994)[55]

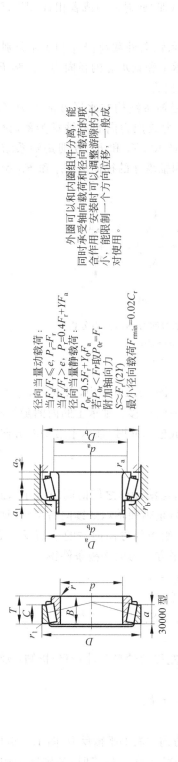

径向当量动载荷:
当 $F_a/F_r \le e$, $P_r=F_r$；
当 $F_a/F_r > e$, $P_r=0.4F_r+YF_a$
径向当量静载荷:
$P_{0r}=0.5F_r+Y_0F_a$
若 $P_{0r}<F_r$ 时取 $P_{0r}=F_r$
附加轴向力
$S\approx F_r/(2Y)$
最小径向载荷 $F_{rmin}=0.02C_r$

外圈可以和内圈组件分离,能同时承受轴向载荷和径向载荷的联合作用,能限制一个方向位移,一般做成对使用。安装时可以调整游隙的大小。

基本尺寸/mm					基本额定载荷/kN		极限转速/r·min⁻¹		质量/kg	计算系数			轴承代号 30000型	其他尺寸/mm			安装尺寸/mm								
d	D	T	B	C	C_a	C_{0a}	脂	油	$W\approx$	e	Y	Y_a		$a\approx$	r min	r_1 min	d_a min	d_b max	D_a min	D_a max	D_b min	a_1 min	a_2 min	r_a max	r_b max
15	42	14.25	13	11	22.8	21.5	9000	12000	0.094	0.29	2.1	1.2	30302	9.6	1	1	21	22	36	36	38	2	3.5	1	1
17	40	13.25	12	11	20.8	21.8	9000	12000	0.079	0.35	1.7	1	30203	9.9	1	1	23	23	34	34	37	2	2.5	1	1
	47	15.25	14	12	28.2	27.2	8500	11000	0.129	0.29	2.1	1.2	30303	10.4	1	1	23	25	40	41	43	3	3.5	1	1
	47	20.25	19	16	35.2	36.2	8500	11000	0.173	0.29	2.1	1.2	32303	12.3	1	1	23	24	39	41	43	3	4.5	1	1
20	37	12	12	9	13.2	17.5	9500	13000	0.056	0.32	1.9	1	32904	8.2	0.3	0.3	—	—	—	—	—	—	—	0.3	0.3
	42	15	15	12	25.0	28.2	8500	11000	0.095	0.37	1.6	0.9	32004	10.3	0.6	0.6	25	25	36	37	39	3	3	0.6	0.6
	47	15.25	14	12	28.2	30.5	8000	10000	0.126	0.35	1.7	1	30204	11.2	1	1	26	27	40	41	43	2	3.5	1	1
	52	16.25	15	13	33.0	33.2	7500	9500	0.165	0.3	2	1.1	30304	11.1	1.5	1.5	27	28	44	45	48	3	3.5	1.5	1.5
	52	22.25	21	18	42.8	46.2	7500	9500	0.230	0.3	2	1.1	32304	13.6	1.5	1.5	27	26	43	45	48	3	4.5	1.5	1.5

附加轴向力能够平衡,避免轴产生轴向窜动,这类轴承通常成对使用,并且反向安装,即成对安装的向心推力类或推力向心类轴承的外圈窄边相对(即"面对面")或者相背(即"背对背")安装,详见表 10.17 中的结构图。

表 10.17 中,K_a 和 K_r 分别是作用在轴上的径向和轴向外载荷;F_{rI} 和 F_{rII} 分别是轴承 I 和轴承 II 受到的径向力;S_I 和 S_{II} 分别是作用于轴承 I 和轴承 II 的径向力 F_{rI} 和 F_{rII} 引起的附加轴向力;F_{aI} 和 F_{aII} 分别是轴承 I 和 II 受到的轴向力。

轴承 I 和轴承 II 上的轴向力 F_{aI} 和 F_{aII},可以根据轴系结构在水平方向的力平衡条件确定其大小。以图 10.16 所示"面对面"安装的向心推力或推力向心类轴承为例,讨论轴承 I 和轴承 II 上轴向力 F_{aI} 和 F_{aII} 的计算方法。图 10.16 中,K_r 和 K_a 分别是轴系结构受到的径向外载荷和轴向外载荷;S_I 和 S_{II} 分别是轴承 I 和轴承 II 的径向力 F_{rI} 和 F_{rII} 引起的附加轴向力。

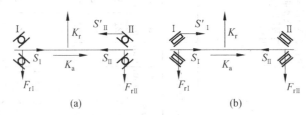

图 10.16 "面对面"安装的向心推力或推力向心轴承受力分析

(a) $K_a+S_I > S_{II}$; (b) $K_a+S_I < S_{II}$

(1) $K_a+S_I > S_{II}$ 时

通常,轴承内圈与轴颈配合较紧并随轴一同运动。图 10.16(a)中,当 $K_a+S_I > S_{II}$ 时,轴有向右移动的趋势,与轴紧配合的轴承内圈亦随轴一同右移。轴承 I 的内圈随轴右移后,其内、外圈滚道与滚动体之间的间隙增大,轴承 I 被"放松",此时,轴承 I 沿轴线方向的轴向力只有由径向力 F_{rI} 引起的附加轴向力 S_I。即

$$F_{aI} = S_I \tag{10-4}$$

图 10.16(a)中,轴承 II 的内圈随轴右移后,其滚道与滚动体之间的间隙减小,轴承 II 被"压紧"。当轴承 II 的滚道与滚动体紧密接触之后,为防止轴和轴承继续向右串动,轴承 II 的外圈必然受到轴承固定件(表 10.17 结构图中的端盖)给予的方向向左的平衡反力 S'_{II}。如果将轴系结构中的轴和轴承视为力分析对象,则由水平方向力的平衡条件得

$$S_{II} + S'_{II} - K_a - S_I = 0 \tag{10-5}$$

由式(10-5)求得被"压紧"端轴承 II 的轴向力 F_{aII} 为

$$F_{aII} = S_{II} + S'_{II} = K_a + S_I \tag{10-6}$$

(2) $K_a+S_I < S_{II}$ 时

如图 10.16(b)所示,当 $K_a+S_I < S_{II}$ 时,轴有向左移动的趋势,同理分析知:轴承 I 被"压紧",轴承 II 被"放松"。两个轴承的轴向力分别为

$$F_{aI} = S_I + S'_I = S_{II} - K_a \tag{10-7}$$

$$F_{aII} = S_{II} \tag{10-8}$$

式(10-7)中,S'_I 是轴承固定件作用于压紧端轴承 I 的、方向向右的平衡反力(图 10.16(b))。

当向心推力类轴承或推力向心类轴承采用"背对背"的安装型式时,其轴向力的计算方法与"面对面"安装时的分析方法类同。

由上述分析知,向心推力类轴承和推力向心类轴承(30000 型和 70000 型)的轴向力 F_a 是轴系结构受到的轴向外载荷 K_a 与轴承附加轴向载荷 S 共同作用的结果。表 10.17 列出了不同安装型式、不同情况下滚动轴承轴向力 F_a 的计算方法。根据上述分析结果以及表 10.17 的计算结果,得出结论:轴系结构采用角接触滚动轴承作为支承时,无论成对使用的轴承是"面对面"还是"背靠背"安装,压紧端轴承的轴向力等于作用于轴系结构的轴向外载荷 K_a 与放松端轴承内部轴向力 S 的代数和;而放松端轴承的轴向力则是其本身的内部轴向力。

表 10.17 向心推力类及推力向心类滚动轴承轴向载荷计算

安装型式 / 轴承类型		面对面安装(外圈窄边相对)	背靠背安装(外圈窄边相背)
角接触球轴承 70000 型	结构图		
	简图		
圆锥滚子轴承 30000 型	结构图		
	简图		
轴承的轴向力 F_{aI} 和 F_{aII} 的计算		若 $K_a+S_I>S_{II}$,则 轴承 I 放松:$F_{aI}=S_I$ 轴承 II 压紧:$F_{aII}=K_a+S_I$ 若 $K_a+S_I<S_{II}$,则 轴承 I 压紧:$F_{aI}=S_{II}-K_a$ 轴承 II 放松:$F_{aII}=S_{II}$	若 $K_a+S_{II}>S_I$,则 轴承 I 压紧:$F_{aI}=K_a+S_{II}$ 轴承 II 放松:$F_{aII}=S_{II}$ 若 $K_a+S_{II}<S_I$,则 轴承 I 放松:$F_{aI}=S_I$ 轴承 II 压紧:$F_{aII}=S_I-K_a$

2. 滚动轴承的寿命计算

大量的试验分析证明,滚动轴承的基本额定寿命 $L(L_h)$ 与基本额定动载荷 C 和当量动载荷 P 之间的关系为

$$L = \left(\frac{C}{P}\right)^{\varepsilon} \times 10^6 \, (\text{r}) \tag{10-9}$$

或

$$L_{\text{h}} = \frac{L}{60n} = \frac{10^6}{60n}\left(\frac{C}{P}\right)^{\varepsilon} (\text{h}) \tag{10-10}$$

式(10-9)和式(10-10)中,L 是通过轴承转数(r)表示的轴承基本额定寿命;L_{h} 是通过轴承运转的小时数(h)表示的轴承基本额定寿命;n 是轴承的转速,r/min;ε 是轴承的寿命指数,对于球轴承 $\varepsilon = 3$,对于滚子轴承 $\varepsilon = 10/3$。

轴承选定后,其基本额定动载荷 C 根据轴承手册或轴承的产品目录确定,其当量动载荷 P 由式(10-1)计算,这些参数确定之后,即可通过式(10-9)或式(10-10)分别计算出用转数(r)或小时数(h)表示的轴承工作寿命。

例 10-3 图 10.17 是某传动装置中一轴系结构的受力简图,已知该轴的转速 $n =$ 1400 r/min,轴的两个支承处均选用型号为 6211、外径 $D = 100$ mm 的深沟球轴承,轴承 I 和轴承 II 受到的径向载荷分别为 $F_{\text{rI}} = 2400$ N, $F_{\text{rII}} = 1290$ N,作用于轴上的轴向外载荷 $K_{\text{a}} = 1000$ N,方向如图所示,轴运转时有轻微冲击,试求轴承的寿命。

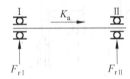

图 10.17 例 10-3 图

分析求解 深沟球轴承的滚道与滚动体之间没有接触角,其内圈与外圈之间能够在一定范围内相对游动,并且在径向载荷作用下不会产生内部轴向力。由该轴系结构的受力情况分析知,轴承 I 仅受到径向载荷 F_{rI} 的作用,轴承 II 受到径向载荷 F_{rII} 与轴向外载荷 K_{a} 的复合作用。

型号为 6211 的轴承 I 和轴承 II,其内径 $d = 55$ mm,由 GB/T 276—1994(表 10.9)查得,6211 型轴承的基本额定动载荷 $C = C_{\text{r}} = 43\,200$ N、基本额定静载荷 $C_0 = C_{0\text{r}} = 29\,200$ N。

(1)计算轴承 I 的寿命

轴承 I 仅受径向载荷 F_{rI} 的作用,故 $F_{\text{aI}}/F_{\text{rI}} = 0 \leqslant e$,由 GB/T 6391—2003(表 10.11)查得轴承的径向动载荷系数 $X = 1$,$Y = 0$,由式(10-1)求得轴承 I 的当量动载荷 P_{I} 为

$$P_{\text{I}} = XF_{\text{rI}} = 1 \times 2400 = 2400 \, (\text{N}) \tag{10-11}$$

球轴承的寿命指数 $\varepsilon = 3$,由式(10-10)求得轴承 I 的寿命 L_{hI} 为

$$L_{\text{hI}} = \frac{10^6}{60n}\left(\frac{C_{\text{r}}}{P_{\text{I}}}\right)^{\varepsilon} = \frac{16^6}{60 \times 1400}\left(\frac{43\,200}{2400}\right)^3 \approx 69\,429 \, (\text{h}) \tag{10-12}$$

即轴承 I 可以使用 69 429 h。

(2)计算轴承 II 的寿命

轴承 II 受到径向载荷 F_{rII} 与轴向外载荷 K_{a} 的复合作用,且 $F_{\text{rII}} = 2400$ N、轴向载荷 $F_{\text{aII}} = K_{\text{a}} = 1000$ N。

$$\frac{F_{\text{aII}}}{C_{0\text{r}}} = \frac{1000}{29\,200} = 0.034 \tag{10-13}$$

$$\frac{F_{\text{aII}}}{F_{\text{rII}}} = \frac{1000}{1290} = 0.775 > e \tag{10-14}$$

根据式(10-13)和式(10-14),由 GB/T 6391—2003(表 10.11)查得轴承 II 的径向动载荷系数 $X = 0.56$,通过内插法求得其轴向动载荷系数 $Y = 1.93$。由式(10-1)求得轴承 II 的当量动载荷 P_{II} 为

$$P_{\text{II}} = XF_{\text{rII}} + YF_{\text{aII}} = 0.56 \times 1290 + 1.93 \times 1000 = 2652.4 \, (\text{N}) \tag{10-15}$$

同理,由式(10-10)求得轴承 II 的寿命 L_{hII} 为

$$L_{hII} = \frac{10^6}{60n}\left(\frac{C}{P_{II}}\right)^{\varepsilon} = \frac{10^6}{60 \times 1400}\left(\frac{43\,200}{2652.4}\right)^3 \approx 51\,435 \text{ (h)} \qquad (10\text{-}16)$$

即轴承 II 可以使用 51 435 h。轴承 I 和轴承 II 组合使用的寿命取决于两者中寿命较低者,即该对轴承组合使用的寿命是 51 435 h。

3. 滚动轴承的选择计算

设计轴系结构的过程中,往往需要根据轴承的转速要求、使用寿命要求以及轴承承受的载荷选择滚动轴承。而轴承手册(或轴承的产品目录)中,只给出了衡量轴承承载能力的指标——基本额定载荷(即额定动载荷 C 和额定静载荷 C_0)。对于工作转速 $n>10$ r/min 的轴承,通常先由式(10-17)求得基本额定动载荷的计算值 C_j,再根据 C_j 选择轴承。

$$C_j = \frac{f_h f_d}{f_n f_T}P \qquad (10\text{-}17)$$

式(10-17)中,C_j 是基本额定动载荷的计算值,N;P 是当量动载荷,N,由式(10-1)计算;f_h 是寿命系数,令 $f_h = \sqrt[\varepsilon]{\dfrac{L_h}{500}}$,轴承使用寿命 L_h 的推荐值见表 10.18。选择轴承时,先根据不同设备的要求,确定轴承的预期使用寿命 L_h,再计算出寿命系数 f_h;f_n 是速度系数,令 $f_n = \sqrt[\varepsilon]{\dfrac{100}{3n}}$,其中,$n$ 是轴承工作所需的转速,r/min;f_d 是冲击载荷系数,由表 10.19 选取;f_T 是温度系数,由表 10.20 选取。

表 10.18　各类机械所需轴承使用寿命推荐值[55]

使 用 条 件	使用寿命/h
不经常使用的仪器和设备	300～3000
短期或间断使用的机械,中断使用不致引起严重后果,如手动机械、农业机械、装配吊车、自动送料装置	3000～8000
间断使用的机械,中断使用将引起严重后果,如发电站辅助设备、流水作业的传动装置、带式输送机、车间吊车	8000～12 000
每天 8 h 工作的机械、但经常不是满载荷使用,如电机、一般齿轮装置、压碎机、起重机和一般机械	10 000～25 000
每天 8 h 工作,满载荷使用,如机床、木材加工机械、工程机械、印刷机械、分离机、离心机	20 000～30 000
24 h 连续工作的机械,如压缩机、泵、电机、轮机齿轮装置、纺织机械	40 000～50 000
24 h 连续工作的机械、中断使用将引起严重后果,如纤维机械、造纸机械、电站主要设备、给排水设备、矿用泵、矿用通风机	约 100 000

表 10.19　冲击载荷系数 f_d[55]

载 荷 性 质	f_d	实　　例
无冲击或轻微冲击	1.0～1.2	电机、汽轮机、通风机、水泵
中等冲击	1.2～1.8	车辆、机床、起重机、冶金设备、内燃机
强大冲击	1.8～3.0	破碎机、轧钢机、石油钻机、振动筛

根据基本额定动载荷的计算值 C_j 选取轴承时,应使所选轴承的基本额定动载荷 C(径向额定动载荷 C_r 或轴向基本额定动载荷 C_a)大于基本额定动载荷的计算值 C_j,即 $C \geqslant C_j$。

表 10.20　温度系数 f_T [55]

工作温度/℃	<120	125	150	175	200	225	250	300
f_T	1.0	0.95	0.9	0.85	0.80	0.75	0.70	0.6

例 10-4　试为一常温下工作的鼓风机选择轴承类型并确定其尺寸。已知轴颈直径 $d=$ 35 mm,轴的转速 $n=2900$ r/min,轴承承受的径向载荷 $F_r=1800$ N、轴向载荷 $F_a=450$ N, 要求轴承的使用寿命 $L_h=8000$ h。

分析求解　根据上述滚动轴承的选择计算过程,首先应确定滚动轴承的额定动载荷计算值 C_j,再根据 C_j 选择滚动轴承的类型和型号。由式(10-17)确定额定动载荷计算值 C_j 时,需要根据式(10-1)求解轴承的当量动载荷 P。式(10-1)中的动载荷系数 X 和 Y 与轴承的基本额定静载荷 C_0 有关,在轴承类型和型号尚未确定的情况下,无法确定轴承的基本额定静载荷 C_0 的值。因此,需要预选滚动轴承的类型和型号,再计算和比较所选轴承的基本额定动载荷 C 是否大于其额定动载荷的计算值 C_j,如果 $C \geqslant C_j$,说明所选轴承满足要求。选择轴承的计算过程可以概括为下述几步。

(1) 预选轴承的类型和型号

由已知条件 $n=2900$ r/min,轴承的径向载荷 $F_r=1800$ N 以及轴承的轴向载荷 $F_a=$ 450 N 知,此轴承的转速要求比较高,作用于轴承上的径向载荷 F_r 远大于轴向载荷 F_a,即 $F_r \gg F_a$。根据表 10.4 和第 10.3 节分析知,球轴承的极限转速较高,其中,深沟球轴承(60000 型)能够承受比较大的径向载荷和一定的轴向载荷,成本低。

根据支承处的几何条件(轴颈直径 $d=35$ mm),分析轴承的工作条件、比较轴承的性能特点,拟选用外径 $D=72$ mm 的 6207 型深沟球轴承,其性能特点及其几何条件符合支承处的基本工作要求和几何尺寸要求。

由 GB/T 276—1994(表 10.9)查得所选 6207 型轴承的基本额定动载荷 $C_r=25\,500$ N, 基本额定静载荷 $C_{0r}=15\,200$ N。

(2) 计算轴承的当量动载荷 P

$$\frac{F_a}{C_{0r}} = \frac{450}{15\,200} = 0.03 \tag{10-18}$$

由 GB/T 6391—2003(表 10.11),通过内插法求得比较系数 $e \approx 0.22$。

$$\frac{F_a}{F_r} = \frac{450}{1800} = 0.25 > e \tag{10-19}$$

由 GB/T 6391—2003(表 10.11)知,该轴承的径向动载荷系数 $X=0.56$,由内插法求得轴承的轴向动载荷系数 $Y=1.97$。根据式(10-1)计算该轴承的当量动载荷 P 为

$$P = XF_r + YF_a = 0.56 \times 1800 + 1.97 \times 450 = 1894.5\ (\text{N}) \tag{10-20}$$

(3) 计算支承处轴承所需的基本额定动载荷 C_j

根据题意,要求轴承的使用寿命 $L_h=8000$ h,预选轴承 6207(球轴承)的寿命指数 $\varepsilon=3$, 这样,寿命系数 $f_h = \sqrt[\varepsilon]{\dfrac{L_h}{500}} = \sqrt[3]{\dfrac{8000}{500}} = 2.52$;速度系数 $f_n = \sqrt[\varepsilon]{\dfrac{100}{3n}} = \sqrt[3]{\dfrac{100}{3 \times 2900}} = 0.226$;鼓风机工作载荷比较平稳,由表 10.19,取冲击载荷系数 $f_d = 1.2$;鼓风机在常温下工作(工作温度低于 120℃),由表 10.20 查得温度系数 $f_T = 1$。将上述各参数代入式(10-17)中,求得

额定动载荷的计算值 C_j 为

$$C_j = \frac{f_h f_d}{f_n f_T}P = \frac{2.52 \times 1.2}{0.226 \times 1} \times 1894.5 = 25\,349.4(\text{N}) \tag{10-21}$$

比较 6207 型轴承的基本额定动载荷 $C_r = 25\,500$ N 与轴承所需基本额定动载荷的计算值 $C_j = 25\,349.4$ N 知：$C_r > C_j$，说明所选轴承 6207 满足要求。

4. 滚动轴承的静载荷能力计算

10.4.2 节中曾谈到，对于因塑性变形而失效的滚动轴承，应进行静载荷能力计算。通过式(10-22)可以求得滚动轴承额定静载荷的计算值。

$$C_{0j} = S_0 P_0 \tag{10-22}$$

式(10-22)中，C_{0j} 是滚动轴承基本额定静载荷的计算值，N；P_0 是轴承当量静载荷，N，由式(10-2)计算；S_0 是安全系数，根据轴承的工作条件和要求由表 10-21 选取。如果所选轴承的基本额定静载荷值 C_0 大于额定静载荷的计算值 C_{0j}，说明所选轴承符合要求。

表 10.21 静载荷安全系数 S_0[30]

工 作 条 件	旋 转 轴 承			非旋转或摆动轴承
	运行时的低噪声要求			
	较低	一般	较高	
无振动，一般场合	0.5～1	1～1.5	2～3.5	0.5～1
振动冲击场合	≥(1.5～2.5)	≥(1.5～3)	≥(2～4)	≥(1～2)

注：球轴承取小值，滚子轴承取大值。

10.6 滚动轴承的组合设计

轴系结构中的轴通常由两个或两个以上的轴承支承，即支承轴的滚动轴承通常成组使用。为保证轴承正常工作，一方面要正确地选择轴承的类型和型号，另一方面要合理地进行轴承的组合设计。

轴承的组合设计过程中，主要考虑下述几个方面的问题：
(1) 支承的刚度和同轴度；
(2) 轴承的轴向固定与调整；
(3) 轴承的配合与装拆；
(4) 轴承的润滑与密封。

10.6.1 保证轴承支座的刚度和同轴度

1. 支座刚度对轴承工作的影响及其提高措施

轴承的支座刚度较弱时，在力的作用下容易产生变形，影响轴承滚动体在内、外圈滚道之间正常运转，降低轴承的旋转精度，导致轴承过早损坏、缩短其使用寿命。

通过增加轴承支座孔的壁厚，或者为轴承支座设置加强筋(图 10.18)，可以提高轴承支座的刚度。

2. 支座孔同轴度对轴承工作的影响及其保证措施

轴承作为轴的支承件时，内圈安装在轴颈上，其中心线与轴颈的中心线重合；外圈安装在轴承的支座孔中,其中心线与轴承座孔的中心线重合。如果一根轴上两个支承处的轴承支座孔存在同轴度误差,则轴颈的轴心线与轴承支座孔的中心线偏离,这将导致轴承的内圈中心线与外圈中心线产生偏斜,影响轴承正常运转。

　　为减小支座孔的同轴度误差,同一根轴的轴承座孔应尽量采用相同直径,并且尽可能设计在整体结构的机架中,以便利用镗刀同时加工出机架上两端支承处的轴承座孔,这样,有利于保证支座孔的同轴度。如果同一根轴两端支承处的轴承外径不同,如图10.19所示,可以在外径小的轴承端增加一个套杯。

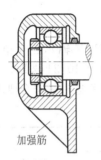

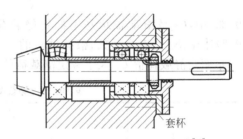

图10.18　轴承支承座处的加强筋[48]　　　　　图10.19　采用套杯的支座孔[48]

10.6.2　滚动轴承的轴向固定与调整

10.6.2.1　滚动轴承的轴向固定

轴向固定滚动轴承的目的可以概括为两个方面:

(1) 使轴和安装在轴上的零件相对于机架有确定的轴向位置;

(2) 能够将轴上零件的轴向力传递至机架和支座上。

滚动轴承的轴向固定,实质上就是确定滚动轴承的轴向位置。

　　轴工作时,受热会伸长,其伸长量随着工作温度的变化而改变。因此,固定滚动轴承的轴向位置时,必须保证轴在工作温度变化时能够自由伸缩,即应该允许滚动轴承在一定范围内的轴向游隙,以防轴受热伸长时轴承被卡死而不能正常运转。

　　1. 轴向固定滚动轴承的结构型式

　　轴向固定滚动轴承的常见结构型式有3种:①两端固定;②一端固定,一端游动;③两端游动。

　　1) 两端固定的结构型式

　　轴系结构中,借助两个支承处的滚动轴承分别限制轴在不同方向的轴向移动,这种轴向固定滚动轴承的方式,称为两端固定的结构型式。图9.10和图10.12所示轴系结构中,左侧滚动轴承限制轴向左移动,右侧滚动轴承则限制轴向右移动,这样,在轴系结构两个支承处滚动轴承的联合作用下,限制了轴沿水平方向(向左或右)的移动。

　　考虑轴工作时受热伸长,支承轴的滚动轴承应保留一定的轴向间隙。如果所选轴承的内部间隙不能调整,例如,图10.20所示深沟球轴承轴向固定,由于深沟球轴承的内部间隙不能调整,因此采用端盖固定轴承外圈的轴向位置时,应在端盖与轴承外圈端面之间留出一个热补偿间隙 c(通常 $c=0.2\sim0.3$ mm)。对于内部间隙可以调整的轴承(例如,30000型或70000型轴承),则可通过增减端盖与机架之间的垫片(图10.12),或者通过调节螺钉调整轴承间隙(图10.21)。30000型圆锥滚子轴承的内圈与外圈可以分离,安装时应使轴承内部保留一定的轴向游隙,这样,当轴受热膨胀时,轴承的内圈与外圈之间能够沿轴线产生一定的相对移动,以保证轴承不致被卡死。

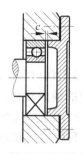
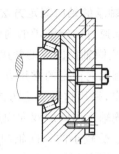

图 10.20　轴系结构热补偿间隙[48]　　　　　　图 10.21　调节螺钉调整轴承间隙[30]

　　对于工作温度变化不大的短轴,即轴的热伸长量不大时,适于采用两端固定的结构型式进行轴承的轴向固定。

　　2)一端固定、一端游动的结构型式

　　图 10.22 所示轴系结构中,左端支承处滚动轴承外圈的两个端面固定,由此限制了轴沿轴线的双向移动;右端支承处滚动轴承的外圈可以在支座孔内沿轴向移动,以保证轴受热伸长时可以沿轴线方向自由游动,游动轴承的内圈应与轴固定,以避免轴承松脱。图 10.23 所示支承采用可分离型圆柱滚子轴承(N0000 型),虽然轴承的内圈和外圈两侧均固定,但是两者沿轴线方向可以相对移动,当轴受热伸长时,安装在轴上的轴承内圈可以随同轴一起相对于轴承外圈往右移动。

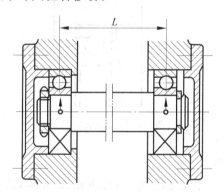
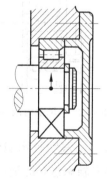

图 10.22　一端固定、一端游动的支承[40]　　　　图 10.23　游动支承[40]

　　一端固定、一端游动的结构型式在各类机床主轴、工作温度较高的蜗杆轴,以及跨距大的长轴支承中得到广泛应用。支承轴的轴向定位精度取决于固定端轴承的轴向游隙大小。

　　3)两端游动的结构型式

　　轴上两端支承处的滚动轴承外圈沿轴向均没有精确的轴向定位,属于两端游动的结构型式。图 10.24 所示轴系结构中的轴是人字齿轮轴,两端支承处的滚动轴承外圈都能够沿轴线方向游动。采用人字齿轮的减速器中,通常对低速轴进行轴向固定,高速轴的轴向位置则通过其上人字齿轮与低速轴上人字齿轮的啮合实现自动定位,

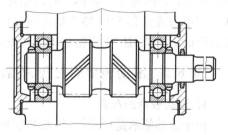

图 10.24　两端游动的结构型式

因此,采用人字齿轮传递运动和动力的高速轴,其两端支承只能采用游动的结构型式,以避免人字齿轮啮合点与支承处沿轴线方向形成过约束,产生轴向定位干涉。

2. 滚动轴承的轴向固定方法

滚动轴承通过固定轴承的内圈或(和)外圈实现轴向固定。

1) 轴承内圈轴向固定的常用方法

轴承内圈轴向固定的常用方法有:①利用轴肩(图10.12)或套筒(图9.10)对轴承内圈进行单向固定,采用这种固定方式的轴承内圈只能承受单方向的轴向载荷;②利用轴肩和弹性挡圈实现轴承内圈的双向固定(图10.22右端轴承、图10.23),采用这种方式固定的轴承内圈可以承受较小的双向轴向力,用于转速较低的场合;③利用轴肩和轴端挡圈实现轴承内圈的双向固定(图10.25),这种形式固定的内圈可以承受中等大小的双向轴向力;④通过轴肩(或者套筒)与圆螺母配合实现轴承内圈的双向固定(图10.18,图10.19、图10.22),采用这种方式固定的轴承内圈能够承受较大的双向轴向力,适于转速较高的场合。

2) 轴承外圈轴向固定的常用方法

轴承外圈轴向固定的常用方法有:①利用端盖对轴承外圈进行单向固定(图9.10、图10.20和图10.21),采用这种形式固定的轴承外圈可以承受比较大的单向轴向力;②利用端盖和支座孔凸肩双向固定轴承外圈(图10.22左端轴承、图10.23),通过这种方式固定的轴承外圈能够承受比较大的双向轴向力;③利用弹性挡圈和支座孔凸肩双向固定轴承外圈(图10.26),采用这种轴向固定形式的轴承外圈只能承受较小的双向轴向力。

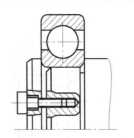

图 10.25　轴承内圈固定[30]

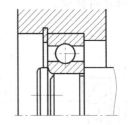

图 10.26　轴承外圈固定[30]

10.6.2.2　滚动轴承组合的轴向位置调整

调整滚动轴承组合的轴向位置,其目的是为了保证轴上零件(如齿轮、带轮等)具有准确的工作位置。滚动轴承组合的轴向位置通常采用螺纹零件或者调整垫片厚度进行调整。

设计圆锥齿轮的轴系结构时,需要考虑圆锥齿轮轴向位置的调整,以使两个圆锥齿轮的节锥顶点重合(图10.27(a)),以保证圆锥齿轮能够正确啮合。图10.27(b)所示轴系结构有两组垫片,其中,套杯与箱体之间的垫片1用于调整圆锥齿轮的轴向位置,即轴系结构中的两个轴承均装在套杯中,整个轴承的组合可以随套杯一同沿轴线方向移动。套杯与轴承端盖之间的垫片2则用于调整轴承的间隙。

10.6.3　滚动轴承的配合、安装与拆卸

1. 滚动轴承的配合

由于滚动轴承是标准件,因此与轴承配合的零件,应以轴承为基准件,即轴承内圈与轴的配合应采用基孔制,轴承的外圈与孔的配合应采用基轴制。

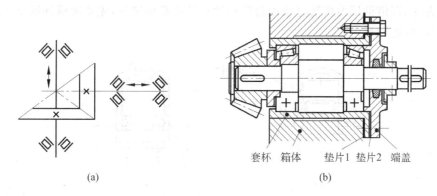

图 10.27 圆锥齿轮轴向位置调整[30]

(a) 节锥顶点重合；(b) 圆锥齿轮轴系结构

1）轴承配合考虑的因素

选择轴承的配合类型和公差等级时，主要考虑：轴承的类型和尺寸，轴承承受的载荷大小、方向和性质（即轴承是旋转还是摆动，是承受静载荷、动载荷、还是振动载荷？），轴承的转速和旋转精度要求，轴承的工作温度，以及轴承装拆的方便性等。

2）确定轴承配合的方法

轴承的转动圈通常随与其配合的零件一同运动，一般采用较紧的过渡配合或过盈配合。轴承的转速越高、承受的载荷或振动越大，采用的配合应越紧。

轴承的静止圈通常采用比较松的过渡配合或者间隙配合，对于游动端轴承的游动套圈（一般是外圈）或经常拆卸的轴承，应采用间隙配合。

3）轴承配合对其工作性能的影响

采用过盈配合的轴承，如果过盈量太大，对于轴承的内圈而言，会导致内圈弹性膨胀；对于轴承的外圈而言，会导致外圈收缩，其结果使得轴承组件之间的径向间隙减小甚至消失，影响轴承正常运转。

如果轴承的配合过松，则轴承内、外圈之间的同轴度较差，会降低轴承的旋转精度。此外，过松的配合还会导致轴承的内圈或者外圈相对于自身的配合面产生滑动，导致配合面划伤。

关于滚动轴承公差与配合的具体选用，可参考机械设计手册或轴承手册。

2. 滚动轴承的安装与拆卸

滚动轴承的内圈、外圈和滚动体有比较高的加工精度，如果装拆方法不正确，将直接影响到轴承的工作精度和使用寿命。滚动轴承的安装与拆卸方法，需根据轴承的结构、尺寸和配合性质确定。安装和拆卸轴承的作用力不能直接施加在轴承的滚动体上，以免轴承工作表面形成压痕，影响轴承的工作精度和使用性能，轴承的保持架、密封圈和防尘盖等零件容易变形，安装与拆卸时应注意不要在这些零件上施加作用力。

1）滚动轴承的安装

如果滚动轴承的内圈与轴颈采用紧配合，外圈与轴承座孔选用比较松的配合，则常采用图 10.28(a) 所示的安装方法，即借助软金属材料制作而成的装配套管，利用压力机在轴承内圈的端面上加压，将内圈先压装到轴颈上，再将安装了轴承的轴装入轴承座孔中。如果滚动轴承的外圈与轴承座孔采用紧配合，内圈与轴颈选用比较松的配合，则可采用图 10.28(b) 所示的安装方法,即借助压力机通过装配套管在轴承外圈端面加压,先将轴承外圈压入轴承座孔内,再将轴装进轴承内。

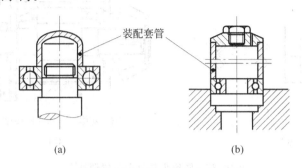

图 10.28　滚动轴承的安装方法[56]

(a) 紧配合轴承内圈的安装方法;(b) 紧配合轴承外圈的安装方法

对于尺寸较大、采用过盈配合的轴承,常采用加热安装的方法。例如,将轴承或者轴承内圈放入油箱内均匀加热至 $80\sim100\,^\circ\!\mathrm{C}$,使其膨胀后,再装到轴颈上。

2) 滚动轴承的拆卸

滚动轴承的拆卸,一般以不损坏轴承及其配合件的精度为原则,拆卸力不应直接或间接地作用于轴承的滚动体上。

滚动轴承作为轴的支承时,其内圈与轴颈常采用紧配合,其外圈与轴承座孔的配合一般较松。因此,拆卸不可分离型轴承(例如,60000 型深沟球轴承)时,可以先将轴和轴承从轴承支座孔中一同取出(图 10.29(a)),再利用压力机(图 10.29(b))或者专用拆卸工具(图 9.9(d),图 10.29(c))从轴上卸下轴承。拆卸可分离型轴承(如 N0000 型圆柱滚子轴承)时,可以按照图 10.30 所示拆卸方式,先将轴连同轴承内圈一同取出,再从轴承座孔中取出轴承外圈和滚动体,然后利用压力机或者专用拆卸工具从轴上卸下轴承内圈。

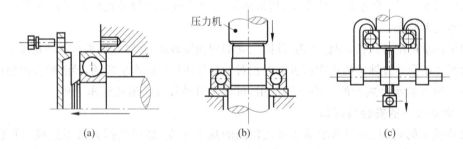

图 10.29　不可分离的滚动轴承拆卸[30,56]

(a) 整体取出轴与轴承;(b) 压力机拆卸轴上的轴承;(c) 专用工具拆卸轴承

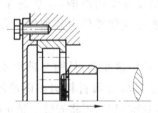

图 10.30　可分离的滚动轴承拆卸[30,56]

10.6.4 滚动轴承的润滑与密封

滚动轴承的润滑和密封直接影响到轴承的工作性能和使用寿命,也是滚动轴承组合设计需要考虑的重要问题。

1. 滚动轴承的润滑

滚动轴承运转过程中,其内各组成元件(外圈、内圈、滚动体和保持架)之间均存在不同程度的相对滑动,由此引起摩擦发热和元件的磨损。通过润滑,可以减少滚动轴承组成元件之间的摩擦和磨损,提高轴承的运转效率,延长其使用寿命,同时还可以起到冷却、吸振、防锈和减噪的作用。

滚动轴承的主要润滑剂分为润滑脂和润滑油两大类别,亦可采用固体润滑剂(如石墨)。选择润滑剂时主要考虑轴承的工作温度、工作载荷和工作转速。下面分别讨论各个因素对轴承润滑剂的影响。

1) 轴承的工作温度

各种润滑剂都有其相应的工作温度范围。轴承的工作温度过高,会使润滑剂的黏度降低、润滑效果变差,以致润滑完全失效。

2) 轴承的工作载荷

润滑剂的黏度随着压力而改变,轴承承受的载荷增大,则润滑区内润滑油的压力增加,黏度会降低,导致油膜厚度减小,甚至破裂。因此,轴承的工作载荷越大,所用润滑油的黏度也应越大。

3) 轴承的工作转速

轴承的工作转速越高,其内部元件间的摩擦发热量越大。因此,选择润滑油黏度时,还需考虑轴承的速度因素 dn 值(d 为轴承内径,mm;n 为轴承的转速,r/min)。

图 10.31 是轴承的速度因素 dn、轴承的工作温度与润滑剂黏度的关系曲线。滚动轴承润滑剂所需的恩氏黏度°E,可以根据轴承的工作温度及其速度因素 dn 值,由图 10.31 确定。润滑剂的黏度确定之后,即可从润滑油的产品目录中选择符合要求的润滑油牌号。

目前,德国正在研制一种比较先进的滚动轴承,其滚动体外表镀上可以进行自润滑的材料,这种滚动轴承工作时无须任何润滑剂,可以大幅提高滚动轴承的工作寿命、改善其工作性能和旋转精度。

2. 滚动轴承的密封

密封滚动轴承起到两个作用:①防止润滑剂流失;②避免灰尘、杂质和湿气等侵入轴承内部,由此保持轴承具有良好的润滑条件和工作环境,使其达到预期的使

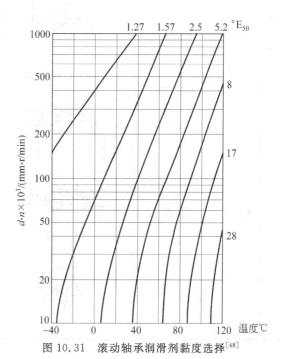

图 10.31 滚动轴承润滑剂黏度选择[48]

用寿命。滚动轴承的密封型式有非接触式和接触式两大类别。选择滚动轴承密封型式时考虑的主要因素有：①滚动轴承的外部工作环境；②滚动轴承的工作转速和工作温度；③轴的支承结构特点；④润滑剂的种类和性能[56]。表10.22列出了滚动轴承常用的密封型式及其特点和应用场合。

表 10.22　滚动轴承的密封型式[40,48,55,56]

型　式			结　构　图	特点和应用场合
非接触式	间隙式	缝隙式		端盖与轴配合面之间的间隙越小、轴向宽度越长,密封效果越好。通常取径向间隙为0.1~0.3 mm。 　适用于环境比较干净的脂润滑工作条件
		沟槽式		端盖配合面上沿径向开有沟槽,沟槽的宽度为3~4 mm,槽深约5 mm,沟槽内充填润滑脂,可以提高密封效果
		螺旋沟槽式		端盖配合面上沿径向开有螺旋沟槽,借助螺旋槽可以将沿轴外流的润滑油送回轴承内。螺旋的旋向取决于轴的旋转方向,可以是左旋,也可以是右旋
		W 形沟槽式		轴或轴套上沿径向开有"W"沟槽,端盖孔内开有回油槽。通过"W"沟槽,可将甩至端盖孔壁上的油回收至轴承内或者箱体内
	迷宫式	轴向迷宫		迷宫曲路由套和端盖的轴向间隙组成,迷宫曲路沿径向展开,曲路折回次数不宜过多。 　端盖不需剖分,装拆方便,应用比较广泛
		径向迷宫		迷宫曲路由套和端盖的径向间隙组成,迷宫曲路沿轴向展开。曲路折回次数越多,密封效果越好。 　端盖需采用剖分式,径向尺寸紧凑。适用于轴承工作环境比较脏的场合
		斜向迷宫		迷宫曲路由套与端盖的径向间隙和倾斜间隙组成,端盖倾斜面可以在一定范围内绕轴承中心摆动。 　适用于调心轴承密封

续表

型　式			结构图	特点和应用场合
非接触式	迷宫式	组合式迷宫		迷宫曲路由两组"T"形垫圈组成,占用空间小。垫圈成组安装,数量越多,密封效果越好。 成本低,适于成批生产
	垫圈式	旋转垫圈		垫圈随轴一同旋转,轴的转速越高密封效果越好。垫圈可以防止润滑油外泄,也可阻挡杂物侵入轴承
		静止垫圈		垫圈压紧在轴承外圈的端面上,轴旋转的过程中,垫圈静止不动。 主要用于防止外部灰尘和杂质侵入轴承内部
接触式	毡封式	单毡圈		矩形断面的毛毡圈装在端盖的梯形槽内,通过对轴产生一定的压力起到密封作用。毡圈数目越多,密封效果越好。 适用于与毡圈接触的轴颈圆周速度 $v \leqslant 4 \sim 5$ m/s,工作温度低于 90℃,采用脂润滑,工作环境清洁的场合
		双毡圈		
	油封式（皮碗式）	唇面面向轴承		油封式密封圈采用耐油橡胶制成,其内用一螺旋弹簧压在密封圈的唇部,使其与轴紧密接触,以保证良好的密封效果。当密封圈的唇面面向轴承时,其作用主要是防止润滑油外流;当密封圈的唇面背向轴承时,其作用主要是防止灰尘及杂质侵入轴承内部;同时采用两个油封式密封圈相对安装时,既可防止润滑油外泄,又可防止灰尘及杂质侵入轴承内
		唇面背向轴承		
		双向密封		
综合式	轴向迷宫＋毛毡			根据轴承的工作环境和不同的密封要求,工程实践中常常综合运用不同的密封方式,以达到更好的密封效果
	静止垫圈＋油封			

习　题

选择填空分析题

1. 滑动轴承的组成元件有_____,其组成元件之间的摩擦性质为_____摩擦。
　　A. 滚动体　　　　　　B. 内圈　　　　　　C. 轴颈　　　　　　D. 外圈
　　E. 支座孔　　　　　　F. 保持架　　　　　　G. 滚动　　　　　　H. 滑动

2. 已知滚动轴承的工作要求是:主要承受径向力,同时需要承受较小的轴向力,轴承转速较高。选择滚动轴承时,应优先考虑选用_____。分析并说明所选轴承类型的理由。
　　A. 向心球轴承　　　　B. 调心球轴承　　　　C. 角接触球轴承　　D. 推力球轴承

3. 下列 4 种轴承中,能够同时承受较大的径向和轴向载荷的轴承是_____型。说明该轴承的类型、内径值及其尺寸系列。
　　A. 2308　　　　　　　B. 308　　　　　　　C. 8308　　　　　　D. 7308

4. _____能够同时承受较大的径向力和轴向力。
　　A. 圆锥滚子轴承(3000 型)　　　　　　　B. 球面滚子轴承(1000 型)
　　C. 圆柱滚子轴承(N000 型)　　　　　　　D. 推力轴承(8000 型)

5. 型号为 62218 的滚动轴承内径是_____mm,说明这种轴承类型名称、特点及适用场合。
　　A. 8　　　　　　　　 B. 21　　　　　　　 C. 18　　　　　　　 D. 90

6. 代号为"32312"的滚动轴承,其类型为_____,轴承的内径为_____。
　　A. 圆锥滚子轴承　　 B. 推力球轴承　　　 C. 深沟球轴承　　　 D. 12 mm
　　E. 31 mm　　　　　　F. 60 mm

7. 下述 4 种滚动轴承中,_____型轴承只能承受轴向载荷;而_____型轴承不仅可以承受径向载荷,还能够承受不大的轴向载荷。
　　A. 60000　　　　　　B. NA0000　　　　　C. 50000　　　　　　D. N0000

8. 尺寸系列相同的球轴承与滚子轴承对比,_____轴承的承载能力比较高,_____轴承的极限转速比较高。
　　A. 球　　　　　　　　B. 滚子

9. 代号为"N308"的滚动轴承,其类型为_____,轴承内径是_____,精度等级是_____。
　　A. 8 mm　　　　　　B. 308 mm　　　　　C. 40 mm　　　　　　D. 最高级
　　E. 6 级　　　　　　 F. 最低级　　　　　　G. 滚针轴承　　　　H. 圆柱滚子轴承
　　I. 双列角接触球轴承

10. 滚动轴承的内圈与轴颈应采用_____的配合,外圈与轴承座孔应采用_____的配合。
　　A. 基孔制　　　　　　B. 基轴制

11. 旋转速度 $n > 10$ r/min 连续转动的滚动轴承,其失效形式是_____,对这类轴承应进行_____计算;低速运转的滚动轴承($n < 10$ r/min),受到冲击载荷作用时,其失效形式是_____,对这类轴承应进行_____计算。
　　A. 塑性变形　　　　　B. 疲劳点蚀　　　　C. 静载荷能力　　　 D. 寿命

12. 滚动轴承产生疲劳点蚀的原因是轴承的内圈、外圈和滚动体_____。
　　A. 受到变化的接触应力作用　　　　B. 产生塑性变形
　　C. 接触处的局部应力过大

13. 滚动轴承的基本额定寿命指同一批轴承中_____轴承所能达到的寿命。
　　A. 99%　　　　　　　B. 90%　　　　　　　C. 98%　　　　　　　D. 50%

14. 滚动轴承的基本额定动载荷是轴承_____时,轴承能够承受的载荷。
　　A. 产生疲劳点蚀　　B. 产生塑性变形　　C. 基本额定寿命$L=10^6$

15. 滚动轴承的接触式密封型式有_____密封。
　　A. 迷宫式　　　　　　B. 毡封式　　　　　　C. 缝隙式　　　　　　D. 垫圈式

16. 当滚动轴承的工作载荷大、轴颈的圆周速度低、轴承工作温度高时,应选用_____的润滑剂。
　　A. 黏度高　　　　　　B. 黏度低

计算题

1. 图 10.32 所示轴系结构简图中,轴的旋转速 $n=1000$ r/min,轴的两个支承Ⅰ及Ⅱ处拟采用 32004 型圆锥滚子轴承(背靠背安装),轴上同时受到径向外载荷 K_r 与轴向外载荷 K_a 的作用,其中,$K_r=6000$ N,$K_a=1030$ N,方向如图所示。力的作用点与两个支承处的距离如图所示,分别为 200 mm 和 100 mm。轴运转平稳,试求该轴承组合的使用寿命(轴承Ⅰ与轴承Ⅱ寿命较低者为轴承组合的使用寿命),并根据两个轴承使用寿命的计算结果,分析阐明该轴承组合是否合理?

2. 图 10.33 为某装置中轴系结构简图,轴采用两个接触角 $\alpha=25°$ 的 70000 型角接触球轴承支承,轴端同时受到径向外载荷 K_r 与轴向外载荷 K_a 的作用,其中轴向外载荷 $K_a=820$ N,径向外载荷 $K_r=1640$ N,方向如图所示。已知 $L_1=200$ mm,$L_2=40$ mm,试分别计算轴承Ⅰ和轴承Ⅱ承受的径向载荷 $F_{Ⅰr}$ 与 $F_{Ⅱr}$ 及其轴向载荷 $F_{Ⅰa}$ 和 $F_{Ⅱa}$。

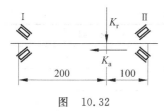

图　10.32

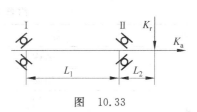

图　10.33

3. 图 10.34 所示轴系结构,拟采用 60000 型深沟球轴承作为轴的支承,已知两个支承处承受的径向载荷分别为 $F_{rⅠ}=2500$ N,$F_{rⅡ}=3000$ N,斜齿轮啮合点处的轴向载荷 $K_a=800$ N,方向如图所示,轴的转速 $n=200$ r/min,轴系结构的载荷特性呈轻微冲击,要求轴承的使用寿命 $L_h=40\,000$ (h),试确定轴承的型号。

实践练习题

列举出 5 种以上你在生活、工作场所见到的应用轴承的产品,并且根据轴承支承零件的工作条件(载荷特性、运转速度等)定性分析所用轴承的类型及其合理性。

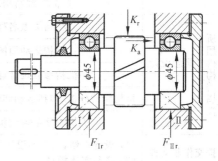

图　10.34

附录　产品设计文档

附表 1　提交三维软件建模

作　者		姓　名		学　号	
产品属性		名称			
		用途			
		功能			
		使用方法			
		设计产品采用的软件名称			
		产品三维模型图			
所用机构的属性	概念设计	机构类型名称			
		机构运动简图			
		机构参数设计计算			
	机构特性分析(包括运动和传力性能分析)				
	详细设计	机构的零部件结构设计			
提交作业文件		(1) 设计产品所用软件的文件格式,即源文件; (2) 产品三维模型图及其动画文件(avi 文件格式); (3) 设计文档,按产品设计文档要求填写设计内容(.doc 文件格式)。			

附表 2　提交实体模型

作　者		姓　名		学　号	
产品属性		名称			
		用途			
		功能			
		使用方法			
		设计产品采用的软件名称			
		产品三维结构图			
所用机构的属性	概念设计	机构类型名称			
		机构运动简图			
		机构参数设计计算			
	机构特性分析(包括运动和传力性能分析)				
	详细设计	机构的零部件结构设计			
提交作业文件		(1) 设计文档,按产品设计文档要求填写设计内容(.doc 文件格式); (2) 产品实体模型。			

附录 3　提交设计图纸

作　者		姓　名		学　号	
产品属性		名称			
		用途			
		功能			
		使用方法			
		产品三维结构图			
所用机构的属性	概念设计	机构类型名称			
		机构运动简图			
		机构参数设计计算			
		机构特性分析(包括运动和传力性能分析)			
	详细设计	机构的零部件结构设计			
提交作业文件		(1) 设计文档,按产品设计文档要求填写设计内容(.doc 文件格式); (2) 产品总体装配图和零件图图纸。			

参 考 文 献

[1] 钱碧波,潘晓弘,程耀东,等.纳米技术与微型机械[J].机电工程,1998(1):56-58.

[2] 温诗铸.微型机械与纳米机械学研究[J].现代科学仪器,1998(1-2):24-27.

[3] 白春礼.全面理解纳米科技内涵,促进纳米科技在我国的健康发展[J].微纳电子技术,2003(1):
    1-3,11.

[4] 纳米齿轮[OL].[2005-05-17].http://www.szkp.org.cn/.

[5] 乐俊淮.纳米——造个战士像蚂蚁[N].北京青年报,2001-01-08.

[6] 梁子.提包大的微型人造卫星本事大[N].北京青年报,2001-11-26.

[7] 军光.中国研制出能够在人体内游动的微型机器人[OL].[2004-10-09].http://tech.tom.com.

[8] 张咏晴.上海交大研制成功检验检测用机器人[N].文汇报,2000-12-07.

[9] 何柳.微型机器人 太空当医生[N].文汇报,2005-10-28.

[10] 高传.机器人能在脊椎中行走[OL].[2006-11-15].http://www.enorth.com.cn.

[11] 纳米弹簧 纳米技术铸造"袖珍军团"[OL].[2005-05-17].888弹簧信息网.

[12] http://www.jdjz.net.

[13] 电脑假手有感觉——用大脑控制5指可独立活动[OL].[2006-03-09].http://www.enorth.
    com.cn.

[14] 改变生活的科技发明.文汇报[N],2006-01-03.

[15] 郑蔚.信息化正在提升上海工业——2005上海国际工业博览会侧记改变生活的科技发明[N].文汇
    报,2005-11-05.

[16] 何德功.日本制成像蛇一样游泳的机器人仅厚200微米[OL].[2005-03-06].http://www.peoplel.
    com.cn.

[17] 我国首台蛇形机器人诞生.解放军报(网络版)[OL].[2001-11-27].http://www.pladaily.com.cn/
    gb/pladaily.

[18] 爱知世博将展65种机器人——样机提前亮相[OL].[2005-05-12].http://sohu.com.

[19] 谭红力,潘献飞.仿生机器人向大自然学习[OL].[2007-06-12].http://www2.ccw.com.cn/02/
    0207/b/0207b02_5.asp.

[20] 李燕博.长1米重25公斤鱼形机器人"游"进世博会[OL].[2005-06-10].http://www.xinhuanet.com.

[21] 我校鱼形机器人参与国家水下考古探测[OL].[2004-08-25].http://news.buaa.edu.cn.

[22] 严建卫.德机器人探测水下6千米 可通过互联网遥控[N].文汇报,2004-03-26.

[23] 邹慧君,蓝兆辉,王石刚,等.机构学研究现状、发展趋势和应用前景[OL].http://www.ccmn.
    com.cn.

[24] www.kdnet.net.

[25] 清华大学精仪系制造所机器人及其自动化实验室.项目成果[OL].http://www.pim.tsinghua.edu.
    cn/keyandanwei/me/robot.

[26] 佚名.仿生机器人[OL].[2005-04-28].http://www.robotsky.com.

[27] 申永胜.机械原理网络课件[CD].北京:高等教育出版社,高等教育电子音像出版社,2003.

[28] 申永胜.机械原理多媒体教学系统[CD].北京:清华大学出版社,2002.

[29] 潘存云,王玲.机械设计基础课件[CD].北京:高等教育出版社,高等教育电子音像出版社,2005.

[30] 汪信远.机械设计基础[M].3版.北京:高等教育出版社,2002.

[31] 机械工艺和技术——铸造[OL].http://www.6sq.net.

[32] 唐林.产品概念设计基本原理及方法[M].北京:国防工业出版社,2006.

[33] 廖林清,郑光泽,刘玉霞,等.现代设计方法[M].重庆:重庆大学出版社,2000.

[34] 西南科技大学.机械设计基础网络课件[CD].北京:高等教育出版社,高等教育电子音像出版社,2003.

[35] 汪恺,唐保宁,陈增群,等.中华人民共和国国家标准《机械制图 机构运动简图符号》(GB 4460—1984)[M].北京:中国标准出版社,1984.

[36] 东华大学.机械原理网络课件[CD].上海:东华大学,2005.

[37] 百科ROBOT.空间连杆机构[OL].[2012-01-09].http://baike.baidu.com/view/1421428.htm.

[38] 国家精品课程.机织学.上海:东华大学,2005.

[39] 西北工业大学国家精品课程.机械原理[OL].http://jpkc.nwpu.edu.cn/jp2003,2003.

[40] 杨可桢,程光蕴.机械设计基础[M].4版.北京:高等教育出版社,1999.

[41] 孙恒,陈作模.机械原理[M].4版.北京:高等教育出版社,2001.

[42] 《简明数学手册》编写组.简明数学手册[M].上海:上海教育出版社,1977.

[43] 王启义.中国机械设计大典[M].南昌:江西科技出版社,2002.

[44] 佚名.螺旋传动[OL].[2006-05-02].http://www.yjrx.com/machine/ShowArticle.asp.

[45] 中国化工仪器网.千分尺[OL].http://www.chem17.com/products/show/194398.asp.

[46] 成大先.机械设计手册[M].北京:化学工业出版社,2004.

[47] 蔡春源.机械设计手册——第35篇 齿轮传动[M].2版.北京:机械工业出版社,2000.

[48] 西北工业大学机械原理及机械零件教研组.机械设计[M].北京:人民教育出版社,1979.

[49] 中华人民共和国国家质量监督检验检疫总局,中国国家标准化管理委员会.中华人民共和国国家标准——圆柱齿轮—精度制(GB/T 10095.1—2008)[M].北京:中国标准出版社,2008.

[50] 国家"十一五"电子出版物规划项目(数字化手册编委会).2008机械设计手册新编软件版[M].北京:化学工业出版社,2008.

[51] 牛锡传,王文生.轴的设计[M].北京:国防工业出版社,1993.

[52] 现代机械传动手册编辑委员会.现代机械传动手册[M].北京:机械工业出版社,1995.

[53] 中华人民共和国国家质量监督检验检疫总局.中华人民共和国国家标准——滚动轴承 额定动载荷和额定寿命(GB/T6391—2003)[M].北京:中国标准出版社,2004.

[54] 中华人民共和国国家质量监督检验检疫总局.中华人民共和国国家标准——滚动轴承 额定静载荷(GB/T 4662—2003)[M].北京:中国标准出版社,2004.

[55] 成大先.机械设计手册:轴承[M].5版.北京:化学工业出版社,2010.

[56] 徐灏.机械设计手册[M].2版.北京:机械工业出版社,2000.

[57] 庞振基,付雄刚.精密机械零件[M].北京:机械工业出版社,1989.

[58] 黄锡凯,文纬.机械原理[M].5版.北京:人民教育出版社,1981.